1節 式の計算

1 整式の乗法

本編 p.004

A

1 (1) $(x+2)^3=x^3+3\cdot x^2\cdot 2+3\cdot x\cdot 2^2+2^3$

$=\boldsymbol{x^3+6x^2+12x+8}$

(2) $(x-3)^3=x^3-3\cdot x^2\cdot 3+3\cdot x\cdot 3^2-3^3$

$=\boldsymbol{x^3-9x^2+27x-27}$

(別解) $(a+b)^3$ の展開公式を利用してもよい。

$(x-3)^3=\{x+(-3)\}^3$

$=x^3+3\cdot x^2\cdot(-3)+3\cdot x\cdot(-3)^2+(-3)^3$

$=\boldsymbol{x^3-9x^2+27x-27}$

(3) $(x+4y)^3$

$=x^3+3\cdot x^2\cdot 4y+3\cdot x\cdot(4y)^2+(4y)^3$

$=\boldsymbol{x^3+12x^2y+48xy^2+64y^3}$

(4) $(2x-3y)^3$

$=(2x)^3-3\cdot(2x)^2\cdot 3y+3\cdot 2x\cdot(3y)^2-(3y)^3$

$=\boldsymbol{8x^3-36x^2y+54xy^2-27y^3}$

(別解) $(a+b)^3$ の展開公式を利用してもよい。

$(2x-3y)^3=\{2x+(-3y)\}^3$

$=(2x)^3+3\cdot(2x)^2\cdot(-3y)+3\cdot(2x)\cdot(-3y)^2+(-3y)^3$

$=\boldsymbol{8x^3-36x^2y+54xy^2-27y^3}$

2 (1) $(x+4)(x^2-4x+16)$

$=(x+4)(x^2-x\cdot 4+4^2)$

$=x^3+4^3$ ← $(a+b)(a^2-ab+b^2)=a^3+b^3$

$=\boldsymbol{x^3+64}$

(2) $(3a-b)(9a^2+3ab+b^2)$

$=(3a-b)\{(3a)^2+3a\cdot b+b^2\}$

$=(3a)^3-b^3$ ← $(a-b)(a^2+ab+b^2)=a^3-b^3$

$=\boldsymbol{27a^3-b^3}$

3 (1) a^3+8

$=a^3+2^3$ ↓ $a^3+b^3=(a+b)(a^2-ab+b^2)$

$=(a+2)(a^2-a\cdot 2+2^2)$

$=\boldsymbol{(a+2)(a^2-2a+4)}$

(2) x^3-64

$=x^3-4^3$ ↓ $a^3-b^3=(a-b)(a^2+ab+b^2)$

$=(x-4)(x^2+x\cdot 4+4^2)$

$=\boldsymbol{(x-4)(x^2+4x+16)}$

(3) $8a^3+27b^3$

$=(2a)^3+(3b)^3$

$=(2a+3b)\{(2a)^2-2a\cdot 3b+(3b)^2\}$

$=\boldsymbol{(2a+3b)(4a^2-6ab+9b^2)}$

(4) $125x^3-8y^3$

$=(5x)^3-(2y)^3$

$=(5x-2y)\{(5x)^2+5x\cdot 2y+(2y)^2\}$

$=\boldsymbol{(5x-2y)(25x^2+10xy+4y^2)}$

B

4 (1) $(a+1)^3(a-1)^3$

$=\{(a+1)(a-1)\}^3$ ← $A^3B^3=(AB)^3$

$=(a^2-1)^3$

$=(a^2)^3-3\cdot(a^2)^2\cdot 1+3\cdot a^2\cdot 1^2-1^3$ ← $(a^m)^n=a^{mn}$

$=\boldsymbol{a^6-3a^4+3a^2-1}$

(2) $(x+2)(x-2)(x^2+2x+4)(x^2-2x+4)$

$=(x+2)(x^2-2x+4)\times(x-2)(x^2+2x+4)$

$=(x^3+8)(x^3-8)$ ↑ 掛ける組合せを工夫

$=(x^3)^2-8^2$ ← $(a^m)^n=a^{mn}$

$=\boldsymbol{x^6-64}$

5 (1) $3x^3+\dfrac{1}{9}=\dfrac{1}{9}(27x^3+1)$ ← $(3x)^3+1^3$

$=\boldsymbol{\dfrac{1}{9}(3x+1)(9x^2-3x+1)}$

(別解)

$3x^3+\dfrac{1}{9}=3\left(x^3+\dfrac{1}{27}\right)$ ← $x^3+\left(\dfrac{1}{3}\right)^3$

$=\boldsymbol{3\left(x+\dfrac{1}{3}\right)\left(x^2-\dfrac{1}{3}x+\dfrac{1}{9}\right)}$

(2) $(2x-y)^3+(x-2y)^3$

$=\{(2x-y)+(x-2y)\}$　A^3+B^3 と見て因数分解

$\times\{(2x-y)^2-(2x-y)(x-2y)+(x-2y)^2\}$

$=(3x-3y)(3x^2-3xy+3y^2)$

$=\mathbf{9(x-y)(x^2-xy+y^2)}$

(別解)

$(2x-y)^3+(x-2y)^3$

$=(8x^3-12x^2y+6xy^2-y^3)$

$\quad+(x^3-6x^2y+12xy^2-8y^3)$

$=9x^3-18x^2y+18xy^2-9y^3$

$=9(x^3-y^3)-18xy(x-y)$

$=9(x-y)(x^2+xy+y^2)-18xy(x-y)$

$=9(x-y)\{(x^2+xy+y^2)-2xy\}$

$=\mathbf{9(x-y)(x^2-xy+y^2)}$

6 (1) $8x^3-12x^2+6x-1$

$=(2x)^3-3\cdot(2x)^2\cdot1+3\cdot2x\cdot1^2-1^3$

$=\mathbf{(2x-1)^3}$　$a^3-3a^2b+3ab^2-b^3=(a-b)^3$

(別解)

$8x^3-12x^2+6x-1$

$=8x^3-1-12x^2+6x$

$=(2x)^3-1^3-6x(2x-1)$

$=(2x-1)(4x^2+2x+1)-6x(2x-1)$

$=(2x-1)\{(4x^2+2x+1)-6x\}$

$=(2x-1)(4x^2-4x+1)$

$=(2x-1)(2x-1)^2=\mathbf{(2x-1)^3}$

(2) $(x+4)^3+3(x+4)^2+3(x+4)+1$

$=\{(x+4)+1\}^3$　$x+4=A$ とおくと $A^3+3A^2+3A+1=(A+1)^3$

$=\mathbf{(x+5)^3}$

C

7 (1) a^6+7a^3-8

$=(a^3)^2+7a^3-8$　⇦ $a^6=(a^3)^2$ と考える。

$=(a^3-1)(a^3+8)$　$A^2+7A-8=(A-1)(A+8)$

$=(a-1)(a^2+a+1)(a+2)(a^2-2a+4)$

$=\mathbf{(a-1)(a+2)(a^2+a+1)(a^2-2a+4)}$

(2) $64x^6-y^6$　⇦ $64x^6=(8x^3)^2$, $y^6=(y^3)^2$ と考える。

$=(8x^3)^2-(y^3)^2$ ← A^2-B^2 と見る。

$=(8x^3+y^3)(8x^3-y^3)$

$=\{(2x)^3+y^3\}\{(2x)^3-y^3\}$

$=(2x+y)\{(2x)^2-2x\cdot y+y^2\}\times(2x-y)\{(2x)^2+2x\cdot y+y^2\}$

$=(2x+y)(4x^2-2xy+y^2)(2x-y)(4x^2+2xy+y^2)$

$=\mathbf{(2x+y)(2x-y)(4x^2+2xy+y^2)(4x^2-2xy+y^2)}$

(別解)

$64x^6-y^6$　⇦ $64x^6=(4x^2)^3$, $y^6=(y^2)^3$ と考える。

$=(4x^2)^3-(y^2)^3$ ← A^3-B^3 と見る。

$=(4x^2-y^2)\{\underline{(4x^2)^2+4x^2\cdot y^2+(y^2)^2}\}$

$=\{(2x)^2-y^2\}\{\underline{(4x^2+y^2)^2-4x^2\cdot y^2}\}$　$A^2+AB+B^2=(A+B)^2-AB$

$=(2x+y)(2x-y)\{(4x^2+y^2)^2-4x^2\cdot y^2\}$

$=(2x+y)(2x-y)(4x^2+y^2+2xy)(4x^2+y^2-2xy)$

$=\mathbf{(2x+y)(2x-y)(4x^2+2xy+y^2)(4x^2-2xy+y^2)}$

2 二項定理

本編 p.005～006

A

8 下のパスカルの三角形より

(1) $(a+b)^8$

$=\boldsymbol{a^8+8a^7b+28a^6b^2+56a^5b^3+70a^4b^4}$

$\boldsymbol{+56a^3b^5+28a^2b^6+8ab^7+b^8}$

(2) $(a+b)^9$

$=\boldsymbol{a^9+9a^8b+36a^7b^2+84a^6b^3+126a^5b^4}$

$\boldsymbol{+126a^4b^5+84a^3b^6+36a^2b^7+9ab^8+b^9}$

```
                1   1
              1   2   1
            1   3   3   1
          1   4   6   4   1
        1   5  10  10   5   1
      1   6  15  20  15   6   1
    1   7  21  35  35  21   7   1
  1   8  28  56  70  56  28   8   1
1   9  36  84 126 126  84  36   9   1
```

9 (1) $(x+1)^6$

$={}_6C_0x^6+{}_6C_1x^5+{}_6C_2x^4$

$+{}_6C_3x^3+{}_6C_4x^2+{}_6C_5x+{}_6C_6$

$=\boldsymbol{x^6+6x^5+15x^4+20x^3+15x^2+6x+1}$

(2) $(a-2b)^5$

$={}_5C_0a^5+{}_5C_1a^4(-2b)+{}_5C_2a^3(-2b)^2$

$+{}_5C_3a^2(-2b)^3+{}_5C_4a(-2b)^4+{}_5C_5(-2b)^5$

$=\boldsymbol{a^5-10a^4b+40a^3b^2-80a^2b^3+80ab^4-32b^5}$

(3) $\left(x+\frac{1}{2}\right)^5$

$={}_5C_0x^5+{}_5C_1x^4\cdot\frac{1}{2}+{}_5C_2x^3\cdot\left(\frac{1}{2}\right)^2$

$+{}_5C_3x^2\cdot\left(\frac{1}{2}\right)^3+{}_5C_4x\cdot\left(\frac{1}{2}\right)^4+{}_5C_5\cdot\left(\frac{1}{2}\right)^5$

$=\boldsymbol{x^5+\frac{5}{2}x^4+\frac{5}{2}x^3+\frac{5}{4}x^2+\frac{5}{16}x+\frac{1}{32}}$

(4) $(3x-2y)^4$

$={}_4C_0(3x)^4+{}_4C_1(3x)^3(-2y)$

$+{}_4C_2(3x)^2(-2y)^2+{}_4C_3(3x)(-2y)^3$

$+{}_4C_4(-2y)^4$

$=\boldsymbol{81x^4-216x^3y+216x^2y^2-96xy^3+16y^4}$

10 (1) 展開式における一般項は

${}_9C_rx^{9-r}\cdot1^r={}_9C_rx^{9-r}$

$r=3$ のとき, ← $9-r=6$

これは x^6 の項を表すから,

求める係数は

${}_9C_3=\boldsymbol{84}$

(2) 展開式における一般項は

${}_8C_r(2a)^{8-r}(-1)^r$

$={}_8C_r\cdot2^{8-r}(-1)^ra^{8-r}$

$r=5$ のとき, ← $8-r=3$

これは a^3 の項を表すから,

求める係数は

${}_8C_5\cdot2^3(-1)^5=\boldsymbol{-448}$

(3) 展開式における一般項は

${}_6C_r(x^2)^{6-r}(3y)^r={}_6C_r\cdot3^rx^{12-2r}y^r$

$r=4$ のとき, ← $12-2r=4$, $r=4$

これは x^4y^4 の項を表すから,

求める係数は

${}_6C_4\cdot3^4=\boldsymbol{1215}$

(4) 展開式における一般項は

${}_7C_r(x^3)^{7-r}(-2x)^r$

$={}_7C_r(-2)^r\cdot(x^3)^{7-r}\cdot x^r$ ←

$={}_7C_r(-2)^rx^{21-2r}$ 　$3(7-r)+r=21-2r$

$r=5$ のとき, ← $21-2r=11$

これは x^{11} の項を表すから,

求める係数は

${}_7C_5(-2)^5=\boldsymbol{-672}$

11 二項定理より

$(1+x)^n={}_nC_0+{}_nC_1x+{}_nC_2x^2+\cdots\cdots$

$+{}_nC_{n-1}x^{n-1}+{}_nC_nx^n$ ……①

(1) ①に $x=3$ を代入すると

$(1+3)^n={}_nC_0+{}_nC_1\cdot3+{}_nC_2\cdot3^2+\cdots\cdots$

$+{}_nC_{n-1}\cdot3^{n-1}+{}_nC_n\cdot3^n$

よって

${}_nC_0+3{}_nC_1+3^2{}_nC_2+\cdots\cdots$

$+3^{n-1}{}_nC_{n-1}+3^n{}_nC_n=4^n$ 終

(2) ①に $x=-\frac{1}{2}$ を代入すると

$$\left(1-\frac{1}{2}\right)^n={}_n\mathrm{C}_0+{}_n\mathrm{C}_1\cdot\left(-\frac{1}{2}\right)+{}_n\mathrm{C}_2\cdot\left(-\frac{1}{2}\right)^2+{}_n\mathrm{C}_3\cdot\left(-\frac{1}{2}\right)^3+\cdots\cdots+{}_n\mathrm{C}_n\cdot\left(-\frac{1}{2}\right)^n$$

よって $${}_n\mathrm{C}_0-\frac{{}_n\mathrm{C}_1}{2}+\frac{{}_n\mathrm{C}_2}{2^2}-\frac{{}_n\mathrm{C}_3}{2^3}+\cdots\cdots+(-1)^n\cdot\frac{{}_n\mathrm{C}_n}{2^n}=\left(\frac{1}{2}\right)^n$$ 終

B

12 (1) $(a+b+c)^6=\{(a+b)+c\}^6$ としたときの展開式における一般項は

$${}_6\mathrm{C}_r(a+b)^{6-r}c^r$$

$r=1$ のとき，c の次数が 1 になるから，a^3b^2c の項は ${}_6\mathrm{C}_1(a+b)^5c$ の展開式の中にある。

ここで，$(a+b)^5$ の展開式において a^3b^2 の項の係数は ${}_5\mathrm{C}_2$

よって，求める項の係数は

$${}_6\mathrm{C}_1\times{}_5\mathrm{C}_2=\mathbf{60}$$

(別解) 展開式における一般項は

$$\frac{6!}{p!q!r!}a^pb^qc^r$$

ただし，p，q，r は 0 以上の整数で

$$p+q+r=6$$

$p=3$，$q=2$，$r=1$ のとき，これは a^3b^2c の項を表すから，求める係数は

$$\frac{6!}{3!2!1!}=\mathbf{60}$$

(2) $(a+b-c)^7=\{(a+b)-c\}^7$ としたときの展開式における一般項は

$${}_7\mathrm{C}_r(a+b)^{7-r}(-c)^r$$
$$={}_7\mathrm{C}_r(-1)^r(a+b)^{7-r}\cdot c^r$$

$r=2$ のとき，c の次数が 2 になるから，$a^2b^3c^2$ の項は ${}_7\mathrm{C}_2(-1)^2(a+b)^5c^2$ の展開式の中にある。

ここで，$(a+b)^5$ の展開式において a^2b^3 の項の係数は ${}_5\mathrm{C}_3$

よって，求める項の係数は

$${}_7\mathrm{C}_2\cdot(-1)^2\times{}_5\mathrm{C}_3=\mathbf{210}$$

(別解) 展開式における一般項は

$$\frac{7!}{p!q!r!}a^pb^q(-c)^r$$
$$=\frac{7!}{p!q!r!}(-1)^ra^pb^qc^r$$

ただし，p，q，r は 0 以上の整数で

$$p+q+r=7$$

$p=2$，$q=3$，$r=2$ のとき，これは $a^2b^3c^2$ の項を表すから，求める係数は

$$\frac{7!}{2!3!2!}(-1)^2=\mathbf{210}$$

(3) $(x-y+4z)^8=\{(x-y)+4z\}^8$ としたときの展開式における一般項は

$${}_8\mathrm{C}_r(x-y)^{8-r}(4z)^r={}_8\mathrm{C}_r\cdot4^r(x-y)^{8-r}z^r$$

$r=2$ のとき，z の次数が 2 になるから，$x^3y^3z^2$ の項は ${}_8\mathrm{C}_2\cdot4^2(x-y)^6z^2$ の展開式の中にある。

ここで，$(x-y)^6$ の展開式において x^3y^3 の項の係数は ${}_6\mathrm{C}_3\cdot(-1)^3$

よって，求める項の係数は

$${}_8\mathrm{C}_2\cdot4^2\times{}_6\mathrm{C}_3\cdot(-1)^3=\mathbf{-8960}$$

(別解) 展開式における一般項は

$$\frac{8!}{p!q!r!}x^p(-y)^q(4z)^r$$
$$=\frac{8!}{p!q!r!}(-1)^q\cdot4^rx^py^qz^r$$

ただし，p，q，r は 0 以上の整数で

$$p+q+r=8$$

$p=3$，$q=3$，$r=2$ のとき，これは $x^3y^3z^2$ の項を表すから，求める係数は

$$\frac{8!}{3!3!2!}(-1)^3\cdot4^2=\mathbf{-8960}$$

(4) $(2x-3y-z)^5=\{(2x-3y)-z\}^5$ としたときの展開式における一般項は

$${}_5C_r(2x-3y)^{5-r}(-z)^r$$
$$={}_5C_r\cdot(-1)^r(2x-3y)^{5-r}z^r$$

$r=1$ のとき，z の次数が1になるから，x^2y^2z の項は ${}_5C_1\cdot(-1)(2x-3y)^4z$ の展開式の中にある。

ここで，$(2x-3y)^4$ の展開式において

x^2y^2 の項の係数は　${}_4C_2\cdot2^2\cdot(-3)^2$

よって，求める項の係数は

$${}_5C_1\cdot(-1)\times{}_4C_2\cdot2^2\cdot(-3)^2=\mathbf{-1080}$$

(別解)　展開式における一般項は

$$\frac{5!}{p!q!r!}(2x)^p(-3y)^q(-z)^r$$
$$=\frac{5!}{p!q!r!}\cdot2^p(-3)^q(-1)^rx^py^qz^r$$

ただし，p，q，r は0以上の整数で

$p+q+r=5$

$p=2$，$q=2$，$r=1$ のとき，これは x^2y^2z の項を表すから，求める係数は

$$\frac{5!}{2!2!1!}\cdot2^2(-3)^2(-1)=\mathbf{-1080}$$

C

13 (1)　展開式における一般項は

$${}_9C_rx^{9-r}\left(\frac{2}{x}\right)^r={}_9C_r2^r\frac{x^{9-r}}{x^r}$$

$\dfrac{x^{9-r}}{x^r}=x^3$ とおくと　$x^{9-r}=x^3x^r$

すなわち　$x^{9-r}=x^{3+r}$

両辺の x の指数を比較して　$9-r=3+r$

これから　$r=3$

よって，求める係数は　${}_9C_32^3=84\cdot8=\mathbf{672}$

(2)　展開式における一般項は

$${}_8C_r(3x^3)^{8-r}\left(-\frac{1}{x}\right)^r={}_8C_r3^{8-r}x^{3(8-r)}(-1)^r\frac{1}{x^r}$$
$$={}_8C_r3^{8-r}(-1)^r\frac{x^{24-3r}}{x^r}$$

$\dfrac{x^{24-3r}}{x^r}=1$ とおくと　$x^{24-3r}=x^r$ ⟵ 定数項では　$x^0=1$

両辺の x の指数を比較して　$24-3r=r$

これから　$r=6$

よって，定数項は　${}_8C_63^2(-1)^6=28\cdot9\cdot1=\mathbf{252}$

14 (1)　展開式における一般項は

$$\frac{4!}{p!q!r!}(x^2)^p(-x)^q\cdot3^r=\frac{4!}{p!q!r!}(-1)^q\cdot3^rx^{2p+q}$$

ただし，p，q，r は0以上の整数で　$p+q+r=4$　……①

これが x^3 の項を表すのは　$2p+q=3$　……②

①，②を満たす p，q，r の組は

$(p,\ q,\ r)=(0,\ 3,\ 1),\ (1,\ 1,\ 2)$

㊫ p.53 章末A 1

二項定理

$(a+b)^n$ の展開式の一般項は
${}_nC_ra^{n-r}b^r$
$(r=0,\ 1,\ 2,\ \cdots,\ n)$

⇦ $\dfrac{1}{x^r}=x^{-r}$ (数学Ⅱ・4章)

を用いると　$\dfrac{x^{9-r}}{x^r}=x^{9-2r}$

$9-2r=3$　より　$r=3$

⇦ $\dfrac{1}{x^r}=x^{-r}$ (数学Ⅱ・4章)

を用いると　$\dfrac{x^{24-3r}}{x^r}=x^{24-4r}$

$24-4r=0$　より　$r=6$

㊫ p.53 章末A 1

多項定理

$(a+b+c)^n$ の展開式における $a^pb^qc^r$ の項は
$\dfrac{n!}{p!q!r!}a^pb^qc^r$
ただし　$p+q+r=n$

よって，求める係数は

$$\frac{4!}{0!3!1!}(-1)^3\cdot3+\frac{4!}{1!1!2!}(-1)\cdot3^2 \longleftarrow 0!=1$$

$$=-12-108=\mathbf{-120}$$

⇦ $2p+q=3$ より　$q=3-2p$
$p=0$ のとき　$q=3$
$p=1$ のとき　$q=1$
$p\geqq2$ のとき　$q<0$（不適）

(2) 展開式における一般項は

$$\frac{5!}{p!q!r!}(x^2)^p(2x)^q(-3)^r=\frac{5!}{p!q!r!}2^q(-3)^rx^{2p+q}$$

ただし，p，q，r は0以上の整数で　$p+q+r=5$　……①

これが x^4 の項を表すのは　$2p+q=4$　……②

①，②を満たす p，q，r の組は

$(p,\ q,\ r)=(0,\ 4,\ 1),\ (1,\ 2,\ 2),\ (2,\ 0,\ 3)$

よって，求める係数は

$$\frac{5!}{0!4!1!}2^4(-3)+\frac{5!}{1!2!2!}2^2(-3)^2+\frac{5!}{2!0!3!}2^0(-3)^3 \quad (2^0=1)$$

$$=-240+1080-270=\mathbf{570}$$

⇦ $2p+q=4$ より $q=4-2p$
$p=0$ のとき　$q=4$
$p=1$ のとき　$q=2$
$p=2$ のとき　$q=0$
$p\geqq3$ のとき　$q<0$（不適）

3 整式の除法

本編 p.007

A

15　$A=(4x-1)(x^2-x+2)+3$ ← $A=(4x-1)\times$(商)$+$(余り)

$=\boldsymbol{4x^3-5x^2+9x+1}$

16 (1)

$$\begin{array}{r} 3x+2 \\ 2x-3\,\big)\,\overline{6x^2-5x+2} \\ \underline{6x^2-9x} \\ 4x+2 \\ \underline{4x-6} \\ 8 \end{array}$$

よって，**商 $3x+2$，余り 8**

(2)

$$\begin{array}{r} x^2+3x-1 \\ x-2\,\big)\,\overline{x^3+x^2-7x-4} \\ \underline{x^3-2x^2} \\ 3x^2-7x \\ \underline{3x^2-6x} \\ -x-4 \\ \underline{-x+2} \\ -6 \end{array}$$

よって，**商 x^2+3x-1，余り -6**

(3)

$$\begin{array}{r} 2x-3 \\ x^2-x+2\,\big)\,\overline{2x^3-5x^2+x-1} \\ \underline{2x^3-2x^2+4x} \\ -3x^2-3x-1 \\ \underline{-3x^2+3x-6} \\ -6x+5 \end{array}$$

よって，**商 $2x-3$，余り $-6x+5$**

(4)

$$\begin{array}{r} 3x-4 \\ x^2+1\,\big)\,\overline{3x^3-4x^2\ \boxed{}\ -2} \\ \underline{3x^3+3x} \\ -4x^2-3x-2 \\ \underline{-4x^2-4} \\ -3x+2 \end{array}$$

← 1次の項の場所を空けておく。

よって，**商 $3x-4$，余り $-3x+2$**

(5) 降べきの順に整理してから筆算する。

$$
\begin{array}{r}
x^2+3x+1 \\
x^2-3x+1 \overline{\big) x^4 \ \square \ -7x^2 \ \square \ +1} \\
\underline{x^4-3x^3+x^2 } \\
3x^3-8x^2 \\
\underline{3x^3-9x^2+3x } \\
x^2-3x+1 \\
\underline{x^2-3x+1} \\
0
\end{array}
$$

3次と1次の項の場所を空けておく。

余りが0なので割り切れる。→ 0

よって，**商 x^2+3x+1，余り 0**

17 条件より

$2x^3-5x^2-4x+16=B(2x-3)-x+7$ ← $A=B\times Q+R$

と表されるから

$B(2x-3)=2x^3-5x^2-3x+9$ …(＊)

$B=(2x^3-5x^2-3x+9)\div(2x-3)$

$$
\begin{array}{r}
x^2-x-3 \\
2x-3 \overline{\big) 2x^3-5x^2-3x+9} \\
\underline{2x^3-3x^2 } \\
-2x^2-3x \\
\underline{-2x^2+3x } \\
-6x+9 \\
\underline{-6x+9} \\
0
\end{array}
$$

(＊)式から余りは0になる。

上の計算より **$B=x^2-x-3$**

B

18 (1)

$$
\begin{array}{r}
3x^2+3xy+4y^2 \\
x-y \overline{\big) 3x^3 \ \square \ +xy^2-4y^3} \\
\underline{3x^3-3x^2y } \\
3x^2y+xy^2 \\
\underline{3x^2y-3xy^2 } \\
4xy^2-4y^3 \\
\underline{4xy^2-4y^3} \\
0
\end{array}
$$

xについての2次の項の場所を空ける。

よって，**商 $3x^2+3xy+4y^2$，余り 0**

(2)

$$
\begin{array}{r}
x-2y \\
x^2+2xy-y^2 \overline{\big) x^3 \ \square \ -5xy^2+2y^3} \\
\underline{x^3+2x^2y-xy^2 } \\
-2x^2y-4xy^2+2y^3 \\
\underline{-2x^2y-4xy^2+2y^3} \\
0
\end{array}
$$

xについての2次の項の場所を空ける。

よって，**商 $x-2y$，余り 0**

19

$$
\begin{array}{r}
x+a-1 \\
x^2+x+1 \overline{\big) x^3+ax^2+bx+4} \\
\underline{x^3+x^2+x } \\
(a-1)x^2+(b-1)x+4 \\
\underline{(a-1)x^2+(a-1)x+a-1} \\
(-a+b)x-a+5
\end{array}
$$

上の計算より，商 $x+a-1$

余り $(-a+b)x-a+5$

余りが $5x+7$ であるから

$-a+b=5$，$-a+5=7$

よって，**$a=-2$，$b=3$**

このとき，商は **$x-3$**

(参考)

求める商を $x+c$ とすると

x^3+ax^2+bx+4

$=(x^2+x+1)(x+c)+5x+7$

と表せる。この式から，3節で学習する恒等式の考えを用いて，両辺の係数を比較する方法もある。

20 (1)

$$
\begin{array}{r}
x-3y+3 \\
x+2y\,\big)\,x^2+(-y+3)x+2y^2+4y-5 \\
\underline{x^2 \qquad +2yx \qquad\qquad\qquad} \\
(-3y+3)x+2y^2+4y-5 \\
\underline{(-3y+3)x-6y^2+6y \quad} \\
8y^2-2y-5
\end{array}
$$

よって，**商** $\boldsymbol{x-3y+3}$，**余り** $\boldsymbol{8y^2-2y-5}$

(2)

$$
\begin{array}{r}
y-x+2 \\
2y+x\,\big)\,2y^2+(-x+4)y+x^2+3x-5 \\
\underline{2y^2 \qquad +xy \qquad\qquad\qquad} \\
(-2x+4)y+x^2+3x-5 \\
\underline{(-2x+4)y-x^2+2x \quad} \\
2x^2+\ x-5
\end{array}
$$

よって，**商** $\boldsymbol{y-x+2}$，**余り** $\boldsymbol{2x^2+x-5}$

4 分数式

本編 p.008～010

A

21 (1) $\dfrac{15a^3b}{12a^2b^3}=\boldsymbol{\dfrac{5a}{4b^2}}$

(2) $\dfrac{18ab^5c^4}{24a^3bc^2}=\boldsymbol{\dfrac{3b^4c^2}{4a^2}}$

(3) $\dfrac{8a^2b+12ab^2}{16a^2b}=\dfrac{4ab(2a+3b)}{16a^2b}$ ← 共通因数をくくり出す。

$=\boldsymbol{\dfrac{2a+3b}{4a}}$

(4) $\dfrac{x^2-2x-8}{x^2-4}=\dfrac{(x+2)(x-4)}{(x+2)(x-2)}=\boldsymbol{\dfrac{x-4}{x-2}}$

(5) $\dfrac{2x^2-3x-2}{x^2+x-6}=\dfrac{(2x+1)(x-2)}{(x-2)(x+3)}=\boldsymbol{\dfrac{2x+1}{x+3}}$

(6) $\dfrac{x^3+y^3}{x^2+3xy+2y^2}=\dfrac{(x+y)(x^2-xy+y^2)}{(x+y)(x+2y)}$

$=\boldsymbol{\dfrac{x^2-xy+y^2}{x+2y}}$

22 (1) $\dfrac{2x}{x^2-x-2}\times(x+1)$

$=\dfrac{2x}{(x-2)(x+1)}\times(x+1)=\boldsymbol{\dfrac{2x}{x-2}}$

(2) $\dfrac{8a^3x^2y}{3b^2}\div\dfrac{4a^5y^3}{9bx^2}$

$=\dfrac{8a^3x^2y}{3b^2}\times\dfrac{9bx^2}{4a^5y^3}=\boldsymbol{\dfrac{6x^4}{a^2by^2}}$

(3) $\dfrac{a^2-3a}{a^2+2a-3}\times\dfrac{a^2-1}{a^2-9}$

$=\dfrac{a(a-3)}{(a-1)(a+3)}\times\dfrac{(a+1)(a-1)}{(a+3)(a-3)}$

$=\boldsymbol{\dfrac{a(a+1)}{(a+3)^2}}$

(4) $\dfrac{a^2+a-6}{a^2-4a+3}\div\dfrac{a^2-4a+4}{a^2+a-2}$

$=\dfrac{a^2+a-6}{a^2-4a+3}\times\dfrac{a^2+a-2}{a^2-4a+4}$

$=\dfrac{(a-2)(a+3)}{(a-1)(a-3)}\times\dfrac{(a-1)(a+2)}{(a-2)^2}$

$=\boldsymbol{\dfrac{(a+2)(a+3)}{(a-2)(a-3)}}$

(5) $\dfrac{x^2+2x-8}{2x^2+3x-2}\times\dfrac{2x^2-3x+1}{3x^2-12}$

$=\dfrac{(x-2)(x+4)}{(2x-1)(x+2)}\times\dfrac{(2x-1)(x-1)}{3(x+2)(x-2)}$

$=\boldsymbol{\dfrac{(x-1)(x+4)}{3(x+2)^2}}$

(6) $\dfrac{2x^2-4x+8}{x^2+2x}\div(x^3+8)$

$=\dfrac{2x^2-4x+8}{x^2+2x}\times\dfrac{1}{x^3+8}$

$=\dfrac{2(x^2-2x+4)}{x(x+2)}\times\dfrac{1}{(x+2)(x^2-2x+4)}$

$=\boldsymbol{\dfrac{2}{x(x+2)^2}}$

23 (1) $\dfrac{x^2}{x+3}+\dfrac{3x}{x+3}$

$=\dfrac{x^2+3x}{x+3}=\dfrac{x(x+3)}{x+3}=\boldsymbol{x}$

(2) $\dfrac{x^2}{x^2-4}-\dfrac{4x-4}{x^2-4}=\dfrac{x^2-4x+4}{x^2-4}$

$=\dfrac{(x-2)^2}{(x+2)(x-2)}=\boldsymbol{\dfrac{x-2}{x+2}}$

(3) $\dfrac{1}{x^3-1}-\dfrac{x}{x^3-1}$

$=\dfrac{-x+1}{x^3-1}$

$=\dfrac{-(x-1)}{(x-1)(x^2+x+1)}=-\boldsymbol{\dfrac{1}{x^2+x+1}}$

(4) $\dfrac{a}{a^2-b^2}+\dfrac{b}{b^2-a^2}$

$=\dfrac{a}{a^2-b^2}-\dfrac{b}{a^2-b^2}=\dfrac{a-b}{a^2-b^2}$

$=\dfrac{a-b}{(a+b)(a-b)}=\boldsymbol{\dfrac{1}{a+b}}$

24 (1) $\dfrac{3}{x-3}+\dfrac{5}{x+5}=\dfrac{3(x+5)+5(x-3)}{(x-3)(x+5)}$

$=\boldsymbol{\dfrac{8x}{(x-3)(x+5)}}$

(2) $\dfrac{x}{x+1}-\dfrac{1}{2x+1}=\dfrac{x(2x+1)-(x+1)}{(x+1)(2x+1)}$

$=\boldsymbol{\dfrac{2x^2-1}{(x+1)(2x+1)}}$

(3) $\dfrac{a}{a+b}+\dfrac{b}{a-b}=\dfrac{a(a-b)+b(a+b)}{(a+b)(a-b)}$

$=\boldsymbol{\dfrac{a^2+b^2}{(a+b)(a-b)}}$

(4) $\dfrac{1}{x-1}+\dfrac{2+x}{2(1-x)}=\dfrac{1}{x-1}-\dfrac{2+x}{2(x-1)}$

$=\dfrac{2-(2+x)}{2(x-1)}$

$=-\boldsymbol{\dfrac{x}{2(x-1)}}$

25 (1) $\dfrac{x+1}{x-1}-\dfrac{4x}{x^2-1}$

$=\dfrac{x+1}{x-1}-\dfrac{4x}{(x-1)(x+1)}$

$=\dfrac{(x+1)^2-4x}{(x-1)(x+1)}=\dfrac{x^2-2x+1}{(x-1)(x+1)}$

$=\dfrac{(x-1)^2}{(x-1)(x+1)}=\boldsymbol{\dfrac{x-1}{x+1}}$

(2) $\dfrac{3}{x^2+3x}-\dfrac{4}{x^2+2x-3}$

$=\dfrac{3}{x(x+3)}-\dfrac{4}{(x-1)(x+3)}$

$=\dfrac{3(x-1)-4x}{x(x-1)(x+3)}=\dfrac{-x-3}{x(x-1)(x+3)}$

$=\dfrac{-(x+3)}{x(x-1)(x+3)}=-\boldsymbol{\dfrac{1}{x(x-1)}}$

(3) $\dfrac{x-4}{x^2+x-2}-\dfrac{x-2}{2x^2-3x+1}$

$=\dfrac{x-4}{(x-1)(x+2)}-\dfrac{x-2}{(2x-1)(x-1)}$

$=\dfrac{(x-4)(2x-1)-(x-2)(x+2)}{(x-1)(x+2)(2x-1)}$

$=\dfrac{x^2-9x+8}{(x-1)(x+2)(2x-1)}$

$=\dfrac{(x-1)(x-8)}{(x-1)(x+2)(2x-1)}=\boldsymbol{\dfrac{x-8}{(x+2)(2x-1)}}$

(4) $\dfrac{1}{x+1}+\dfrac{3x}{x^3+1}$

$=\dfrac{1}{x+1}+\dfrac{3x}{(x+1)(x^2-x+1)}$

$=\dfrac{(x^2-x+1)+3x}{(x+1)(x^2-x+1)}$

$=\dfrac{(x+1)^2}{(x+1)(x^2-x+1)}=\boldsymbol{\dfrac{x+1}{x^2-x+1}}$

26 (1) $\dfrac{1+\dfrac{1}{x-1}}{1-\dfrac{1}{x-1}}=\dfrac{\dfrac{(x-1)+1}{x-1}}{\dfrac{(x-1)-1}{x-1}}=\dfrac{\dfrac{x}{x-1}}{\dfrac{x-2}{x-1}}$

$=\dfrac{x}{x-1}\div\dfrac{x-2}{x-1}$

$=\dfrac{x}{x-1}\times\dfrac{x-1}{x-2}=\boldsymbol{\dfrac{x}{x-2}}$

(別解) 分母と分子に $x-1$ を掛けて

$\dfrac{1+\dfrac{1}{x-1}}{1-\dfrac{1}{x-1}}=\dfrac{\left(1+\dfrac{1}{x-1}\right)\times(x-1)}{\left(1-\dfrac{1}{x-1}\right)\times(x-1)}$

$=\dfrac{(x-1)+1}{(x-1)-1}=\boldsymbol{\dfrac{x}{x-2}}$

(2) $\dfrac{1+\dfrac{1}{x-2}}{x+\dfrac{1}{x-2}}=\dfrac{\dfrac{(x-2)+1}{x-2}}{\dfrac{x(x-2)+1}{x-2}}=\dfrac{\dfrac{x-1}{x-2}}{\dfrac{x^2-2x+1}{x-2}}$

$=\dfrac{x-1}{x-2}\div\dfrac{(x-1)^2}{x-2}$

$=\dfrac{x-1}{x-2}\times\dfrac{x-2}{(x-1)^2}=\boldsymbol{\dfrac{1}{x-1}}$

(別解) 分母と分子に $x-2$ を掛けて

$\dfrac{1+\dfrac{1}{x-2}}{x+\dfrac{1}{x-2}}=\dfrac{\left(1+\dfrac{1}{x-2}\right)\times(x-2)}{\left(x+\dfrac{1}{x-2}\right)\times(x-2)}$

$=\dfrac{(x-2)+1}{x(x-2)+1}$

$=\dfrac{x-1}{(x-1)^2}=\boldsymbol{\dfrac{1}{x-1}}$

(3) $\dfrac{x-1-\dfrac{x-3}{x+3}}{x+1+\dfrac{x-3}{x+3}}=\dfrac{\dfrac{(x-1)(x+3)-(x-3)}{x+3}}{\dfrac{(x+1)(x+3)+(x-3)}{x+3}}$

$=\dfrac{\dfrac{x^2+x}{x+3}}{\dfrac{x^2+5x}{x+3}}=\dfrac{x(x+1)}{x+3}\div\dfrac{x(x+5)}{x+3}$

$=\dfrac{x(x+1)}{x+3}\times\dfrac{x+3}{x(x+5)}$

$=\boldsymbol{\dfrac{x+1}{x+5}}$

(別解) 分母と分子に $x+3$ を掛けて

$\dfrac{x-1-\dfrac{x-3}{x+3}}{x+1+\dfrac{x-3}{x+3}}=\dfrac{\left(x-1-\dfrac{x-3}{x+3}\right)\times(x+3)}{\left(x+1+\dfrac{x-3}{x+3}\right)\times(x+3)}$

$=\dfrac{(x-1)(x+3)-(x-3)}{(x+1)(x+3)+(x-3)}$

$=\dfrac{x^2+x}{x^2+5x}$

$=\dfrac{x(x+1)}{x(x+5)}=\boldsymbol{\dfrac{x+1}{x+5}}$

B

27 (1) $\dfrac{1}{1-x}+\dfrac{1}{1+x}-\dfrac{2}{1+x^2}$

$=\dfrac{(1+x)+(1-x)}{(1-x)(1+x)}-\dfrac{2}{1+x^2}$

分母の次数が同じ 2 項を先に計算

$=\dfrac{2}{(1-x)(1+x)}-\dfrac{2}{1+x^2}$

$=\dfrac{2(1+x^2)-2(1-x)(1+x)}{(1-x)(1+x)(1+x^2)}$

$=\boldsymbol{\dfrac{4x^2}{(1-x)(1+x)(1+x^2)}}$

(2) $\dfrac{1}{x^2-x}-\dfrac{2}{x^2-1}+\dfrac{3}{x^2+3x}$

$=\dfrac{1}{x(x-1)}-\dfrac{2}{(x+1)(x-1)}+\dfrac{3}{x(x+3)}$

$=\dfrac{(x+1)(x+3)-2x(x+3)+3(x+1)(x-1)}{x(x+1)(x-1)(x+3)}$

$=\dfrac{2x^2-2x}{x(x+1)(x-1)(x+3)}$

$=\dfrac{2x(x-1)}{x(x+1)(x-1)(x+3)}=\boldsymbol{\dfrac{2}{(x+1)(x+3)}}$

(3) $\dfrac{x-2}{2x^2+x-1}+\dfrac{x-7}{2x^2-5x+2}+\dfrac{2x+1}{x^2-x-2}$

$=\dfrac{x-2}{(2x-1)(x+1)}$

$+\dfrac{x-7}{(2x-1)(x-2)}+\dfrac{2x+1}{(x+1)(x-2)}$

$=\dfrac{(x-2)^2+(x-7)(x+1)+(2x+1)(2x-1)}{(2x-1)(x+1)(x-2)}$

$=\dfrac{6x^2-10x-4}{(2x-1)(x+1)(x-2)}$

$=\dfrac{2(3x+1)(x-2)}{(2x-1)(x+1)(x-2)}$

$=\boldsymbol{\dfrac{2(3x+1)}{(2x-1)(x+1)}}$

(4) $\dfrac{x^2-3x+2}{x^2+5x+4}\times\dfrac{6x^2+6x}{x^2-4}\div\dfrac{2x^2+6x-8}{x^2+4x+4}$

$=\dfrac{x^2-3x+2}{x^2+5x+4}\times\dfrac{6x^2+6x}{x^2-4}\times\dfrac{x^2+4x+4}{2x^2+6x-8}$

$=\dfrac{(x-1)(x-2)}{(x+1)(x+4)}$

$\times\dfrac{6x(x+1)}{(x+2)(x-2)}\times\dfrac{(x+2)^2}{2(x-1)(x+4)}$

$=\boldsymbol{\dfrac{3x(x+2)}{(x+4)^2}}$

(5) $\left(1-\dfrac{5}{x^2+1}\right)\div\left(1-\dfrac{2x}{x-2}\right)$

$=\dfrac{(x^2+1)-5}{x^2+1}\div\dfrac{(x-2)-2x}{x-2}$

$=\dfrac{(x+2)(x-2)}{x^2+1}\times\dfrac{x-2}{-(x+2)}=\boldsymbol{-\dfrac{(x-2)^2}{x^2+1}}$

(6) $\left(\dfrac{a-b}{a+b}+\dfrac{a+b}{a-b}\right)\div\left(\dfrac{b}{a}+\dfrac{a}{b}\right)$

$=\dfrac{(a-b)^2+(a+b)^2}{(a+b)(a-b)}\div\dfrac{b^2+a^2}{ab}$

$=\dfrac{2(a^2+b^2)}{(a+b)(a-b)}\times\dfrac{ab}{a^2+b^2}$

$=\boldsymbol{\dfrac{2ab}{(a+b)(a-b)}}$

28 (1) $\dfrac{\dfrac{1}{x+3}-\dfrac{1}{x-3}}{\dfrac{1}{x+3}+\dfrac{1}{x-3}}$

$=\dfrac{\dfrac{(x-3)-(x+3)}{(x+3)(x-3)}}{\dfrac{(x-3)+(x+3)}{(x+3)(x-3)}}=\dfrac{\dfrac{-6}{(x+3)(x-3)}}{\dfrac{2x}{(x+3)(x-3)}}$

$=\dfrac{-6}{(x+3)(x-3)}\div\dfrac{2x}{(x+3)(x-3)}$

$=\dfrac{-6}{(x+3)(x-3)}\times\dfrac{(x+3)(x-3)}{2x}=\boldsymbol{-\dfrac{3}{x}}$

(別解) 分母と分子に $(x+3)(x-3)$ を掛けて

$\dfrac{\dfrac{1}{x+3}-\dfrac{1}{x-3}}{\dfrac{1}{x+3}+\dfrac{1}{x-3}}=\dfrac{\left(\dfrac{1}{x+3}-\dfrac{1}{x-3}\right)\times(x+3)(x-3)}{\left(\dfrac{1}{x+3}+\dfrac{1}{x-3}\right)\times(x+3)(x-3)}$

$=\dfrac{(x-3)-(x+3)}{(x-3)+(x+3)}=\dfrac{-6}{2x}=\boldsymbol{-\dfrac{3}{x}}$

(2) $\dfrac{\dfrac{x+y}{x-y}-\dfrac{x-y}{x+y}}{\dfrac{x+y}{x-y}+\dfrac{x-y}{x+y}}$

$=\dfrac{\dfrac{(x+y)^2-(x-y)^2}{(x-y)(x+y)}}{\dfrac{(x+y)^2+(x-y)^2}{(x-y)(x+y)}}=\dfrac{\dfrac{4xy}{(x-y)(x+y)}}{\dfrac{2x^2+2y^2}{(x-y)(x+y)}}$

$=\dfrac{4xy}{(x-y)(x+y)}\div\dfrac{2(x^2+y^2)}{(x-y)(x+y)}$

$=\dfrac{4xy}{(x-y)(x+y)}\times\dfrac{(x-y)(x+y)}{2(x^2+y^2)}$

$=\boldsymbol{\dfrac{2xy}{x^2+y^2}}$

(別解) 分母と分子に $(x+y)(x-y)$ を掛けて

$\dfrac{\dfrac{x+y}{x-y}-\dfrac{x-y}{x+y}}{\dfrac{x+y}{x-y}+\dfrac{x-y}{x+y}}=\dfrac{\left(\dfrac{x+y}{x-y}-\dfrac{x-y}{x+y}\right)\times(x+y)(x-y)}{\left(\dfrac{x+y}{x-y}+\dfrac{x-y}{x+y}\right)\times(x+y)(x-y)}$

$=\dfrac{(x+y)^2-(x-y)^2}{(x+y)^2+(x-y)^2}=\dfrac{4xy}{2(x^2+y^2)}$

$=\boldsymbol{\dfrac{2xy}{x^2+y^2}}$

(3) $1-\dfrac{1}{1-\dfrac{1}{1-x}}=1-\dfrac{1}{\dfrac{(1-x)-1}{1-x}}$

$=1-\dfrac{1}{\dfrac{-x}{1-x}}=1+\dfrac{1}{\dfrac{x}{1-x}}$

$=1+\dfrac{1-x}{x}$

$=\dfrac{x+(1-x)}{x}=\boldsymbol{\dfrac{1}{x}}$

(別解) 分子と分母に $1-x$ を掛けて,

$1-\dfrac{1}{1-\dfrac{1}{1-x}}=1-\dfrac{1\times(1-x)}{\left(1-\dfrac{1}{1-x}\right)\times(1-x)}$

$=1-\dfrac{1-x}{(1-x)-1}=1+\dfrac{1-x}{x}$

$=\dfrac{x+(1-x)}{x}=\boldsymbol{\dfrac{1}{x}}$

C

29 (1) $\dfrac{1}{x+1}-\dfrac{1}{x+2}+\dfrac{1}{x-3}-\dfrac{1}{x-4}$

$=\left(\dfrac{1}{x+1}-\dfrac{1}{x+2}\right)+\left(\dfrac{1}{x-3}-\dfrac{1}{x-4}\right)$

⇦分子が定数になるように2項ずつ組み合わせると，後の計算がスムーズ。

$=\dfrac{1}{(x+1)(x+2)}-\dfrac{1}{(x-3)(x-4)}$

$=\dfrac{(x-3)(x-4)-(x+1)(x+2)}{(x+1)(x+2)\cdot(x-3)(x-4)}$

$=\dfrac{(x^2-7x+12)-(x^2+3x+2)}{(x+1)(x+2)(x-3)(x-4)}$

$=\dfrac{-10x+10}{(x+1)(x+2)(x-3)(x-4)}$

$=-\boldsymbol{\dfrac{10(x-1)}{(x+1)(x+2)(x-3)(x-4)}}$

(2) $\dfrac{1}{x}-\dfrac{1}{x-1}-\dfrac{2}{2x+1}+\dfrac{2}{2x-1}$

$=\left(\dfrac{1}{x}-\dfrac{1}{x-1}\right)+\left(-\dfrac{2}{2x+1}+\dfrac{2}{2x-1}\right)$

⇦分子が定数になるように2項ずつ組み合わせると，後の計算がスムーズ。

$=\dfrac{(x-1)-x}{x(x-1)}+\dfrac{-2(2x-1)+2(2x+1)}{(2x+1)(2x-1)}$

$=\dfrac{-1}{x(x-1)}+\dfrac{4}{(2x+1)(2x-1)}$

$=\dfrac{-(2x+1)(2x-1)+4x(x-1)}{x(x-1)\cdot(2x+1)(2x-1)}$

$=\dfrac{-4x^2+1+4x^2-4x}{x(x-1)(2x+1)(2x-1)}$

$=-\boldsymbol{\dfrac{4x-1}{x(x-1)(2x+1)(2x-1)}}$

(3) $\dfrac{x+2}{x}-\dfrac{x+3}{x+1}+\dfrac{x-4}{x-6}-\dfrac{x-5}{x-7}$

⇦(分子の次数)≧(分母の次数)であるから，(整式)＋(分数式)に変形する。

$=\dfrac{x+2}{x}-\dfrac{(x+1)+2}{x+1}+\dfrac{(x-6)+2}{x-6}-\dfrac{(x-7)+2}{x-7}$

$=\left(1+\dfrac{2}{x}\right)-\left(1+\dfrac{2}{x+1}\right)+\left(1+\dfrac{2}{x-6}\right)-\left(1+\dfrac{2}{x-7}\right)$

$=\left(\dfrac{2}{x}-\dfrac{2}{x+1}\right)+\left(\dfrac{2}{x-6}-\dfrac{2}{x-7}\right)$

$=\dfrac{2}{x(x+1)}-\dfrac{2}{(x-6)(x-7)}$

$=\dfrac{2(x-6)(x-7)-2x(x+1)}{x(x+1)\cdot(x-6)(x-7)}$

$$=\frac{-28x+84}{x(x+1)(x-6)(x-7)}$$

$$=-\frac{\mathbf{28(x-3)}}{\mathbf{x(x+1)(x-6)(x-7)}}$$

(4) $\frac{x+2}{x+1}-\frac{x+4}{x+3}-\frac{x-6}{x-5}+\frac{x-8}{x-7}$

$$=\frac{(x+1)+1}{x+1}-\frac{(x+3)+1}{x+3}-\frac{(x-5)-1}{x-5}+\frac{(x-7)-1}{x-7}$$

$$=\left(1+\frac{1}{x+1}\right)-\left(1+\frac{1}{x+3}\right)-\left(1-\frac{1}{x-5}\right)+\left(1-\frac{1}{x-7}\right)$$

$$=\left(\frac{1}{x+1}-\frac{1}{x+3}\right)+\left(\frac{1}{x-5}-\frac{1}{x-7}\right)$$

$$=\frac{2}{(x+1)(x+3)}-\frac{2}{(x-5)(x-7)}$$

$$=\frac{2(x-5)(x-7)-2(x+1)(x+3)}{(x+1)(x+3)\cdot(x-5)(x-7)}$$

$$=\frac{2(x^2-12x+35)-2(x^2+4x+3)}{(x+1)(x+3)(x-5)(x-7)}$$

$$=\frac{-32x+64}{(x+1)(x+3)(x-5)(x-7)}$$

$$=-\frac{\mathbf{32(x-2)}}{\mathbf{(x+1)(x+3)(x-5)(x-7)}}$$

⇦(分子の次数)≧(分母の次数)であるから，(整式)＋(分数式)に変形する。

30 (1) $\frac{2}{x(x+2)}+\frac{2}{(x+2)(x+4)}+\frac{2}{(x+4)(x+6)}$

$$=\left(\frac{1}{x}-\frac{1}{x+2}\right)+\left(\frac{1}{x+2}-\frac{1}{x+4}\right)+\left(\frac{1}{x+4}-\frac{1}{x+6}\right)$$

$$=\frac{1}{x}-\frac{1}{x+6}$$

$$=\frac{\mathbf{6}}{\mathbf{x(x+6)}}$$

⇦各項を2つの分数式の差に分解（部分分数分解）

$$\frac{2}{x(x+2)}=\frac{(x+2)-x}{x(x+2)}=\frac{1}{x}-\frac{1}{x+2}$$

(2) $\frac{1}{x(x-1)}+\frac{1}{(x-1)(x-2)}+\frac{1}{(x-2)(x-3)}$

$$=\left(-\frac{1}{x}+\frac{1}{x-1}\right)+\left(-\frac{1}{x-1}+\frac{1}{x-2}\right)+\left(-\frac{1}{x-2}+\frac{1}{x-3}\right)$$

$$=-\frac{1}{x}+\frac{1}{x-3}$$

$$=\frac{\mathbf{3}}{\mathbf{x(x-3)}}$$

⇦各項を2つの分数式の差に分解（部分分数分解）

$$\frac{1}{(x-1)(x-2)}=\frac{-(x-2)+(x-1)}{(x-1)(x-2)}=-\frac{1}{x-1}+\frac{1}{x-2}$$

2節 複素数と方程式

1 複素数

本編 p.011〜012

A

31 (1) **実部は -3, 虚部は 2**

(2) **実部は 1, 虚部は -5**

(3) **実部は 0, 虚部は $\sqrt{7}$** ←— $0+\sqrt{7}i$

(4) **実部は -6, 虚部は 0** ←— $-6+0i$

虚部には i を付けて答えないように注意

32 (1) $\boldsymbol{x=4,\ y=-1}$

(2) $\boldsymbol{x=7,\ y=3}$

(3) x, y が実数より, $3x-y$, $x+2y$ も実数であるから

$3x-y=-5,\ x+2y=3$

これを解いて $\boldsymbol{x=-1,\ y=2}$

(4) x, y が実数より, $x-2y-7$, $2x+y+1$ も実数であるから

$x-2y-7=0,\ 2x+y+1=0$

これを解いて $\boldsymbol{x=1,\ y=-3}$

33 (1) $(4+3i)+(2-5i)=(4+2)+(3-5)i$

$=\boldsymbol{6-2i}$

(2) $(1+2i)-(3-4i)=(1-3)+(2+4)i$

$=\boldsymbol{-2+6i}$

(3) $(2-i)(5+6i)=10+(12-5)i-6i^2$

$=10+7i+6=\boldsymbol{16+7i}$

(4) $(1-5i)(3-4i)=3+(-4-15)i+20i^2$

$=3-19i-20=\boldsymbol{-17-19i}$

(5) $(4-5i)^2=4^2-2\cdot4\cdot5i+(5i)^2$

$=16-40i+25i^2$

$=16-40i-25=\boldsymbol{-9-40i}$

(6) $(7+3i)(7-3i)=7^2-(3i)^2$

$=49-9i^2$

$=49+9=\boldsymbol{58}$

34 (1) $\boldsymbol{5-2i}$

(2) $\boldsymbol{1+4i}$

(3) $\boldsymbol{\sqrt{3}i}$

(4) $\boldsymbol{5}$ ←— $5=5+0i$

35 (1) $\dfrac{5}{2+i}=\dfrac{5(2-i)}{(2+i)(2-i)}$

$=\dfrac{10-5i}{4-i^2}$

$=\dfrac{10-5i}{5}=\boldsymbol{2-i}$

(2) $\dfrac{i}{3-4i}=\dfrac{i(3+4i)}{(3-4i)(3+4i)}$

$=\dfrac{3i+4i^2}{9-16i^2}$

$=\boldsymbol{\dfrac{-4+3i}{25}}\left(=-\dfrac{4}{25}+\dfrac{3}{25}i\right)$

(3) $\dfrac{1+3i}{1-3i}=\dfrac{(1+3i)^2}{(1-3i)(1+3i)}$

$=\dfrac{1+6i+9i^2}{1-9i^2}$

$=\dfrac{-8+6i}{10}$

$=\boldsymbol{\dfrac{-4+3i}{5}}\left(=-\dfrac{4}{5}+\dfrac{3}{5}i\right)$

(4) $\dfrac{-1+2i}{i}=\dfrac{(-1+2i)i}{i^2}$ ←— 分子と分母に $-i$ をかけてもよい

$=\dfrac{-i+2i^2}{-1}=\boldsymbol{2+i}$

36 (1) $\sqrt{-3}\sqrt{-12}=\sqrt{3}i\times\sqrt{12}i$

$=\sqrt{3}\times2\sqrt{3}i^2$

$=\boldsymbol{-6}$

$\sqrt{-3}\sqrt{-12}=\sqrt{(-3)\times(-12)}$

$=\sqrt{36}=6$

としてはならない。

(2) $\dfrac{\sqrt{-32}}{\sqrt{-8}}=\dfrac{\sqrt{32}i}{\sqrt{8}i}=\dfrac{4\sqrt{2}}{2\sqrt{2}}=\boldsymbol{2}$

(3) $\dfrac{\sqrt{-42}}{\sqrt{6}}=\dfrac{\sqrt{42}i}{\sqrt{6}}=\sqrt{\dfrac{42}{6}}i=\boldsymbol{\sqrt{7}i}$

(4) $\dfrac{\sqrt{24}}{\sqrt{-18}}=\dfrac{2\sqrt{6}}{3\sqrt{2}i}=\dfrac{2\sqrt{6}\sqrt{2}i}{3\cdot(\sqrt{2}i)^2}$

$=\dfrac{4\sqrt{3}i}{6i^2}=\boldsymbol{-\dfrac{2\sqrt{3}}{3}i}$

B

37 (1) x, y が実数より, $4x-3y$, $x-1$ も実数であるから

$4x-3y=5$, $x-1=y$ ← 両辺の実部と虚部をそれぞれ比較する。

これを解いて　$\boldsymbol{x=2}$, $\boldsymbol{y=1}$

(2) 左辺を整理すると

$(x+3y)+(2x-y)i=7i$

x, y が実数より, $x+3y$, $2x-y$ も実数であるから

$x+3y=0$, $2x-y=7$ ← $7i=0+7i$

これを解いて　$\boldsymbol{x=3}$, $\boldsymbol{y=-1}$

(3) 左辺を整理すると

$x+(-x+y)i-yi^2=2-4i$

$(x+y)+(-x+y)i=2-4i$

x, y が実数より, $x+y$, $-x+y$ も実数であるから

$x+y=2$, $-x+y=-4$

これを解いて　$\boldsymbol{x=3}$, $\boldsymbol{y=-1}$

(別解)　両辺を $1-i$ で割って

$$x+yi=\frac{2-4i}{1-i}=\frac{(2-4i)(1+i)}{(1-i)(1+i)}$$
$$=\frac{2-2i-4i^2}{1-i^2}=\frac{6-2i}{2}=3-i$$

よって　$\boldsymbol{x=3}$, $\boldsymbol{y=-1}$

(4) 両辺に $x+i$ をかけて

$$3+yi=(1+2i)(x+i)=x+(2x+1)i+2i^2$$
$$=x-2+(2x+1)i$$

x, y が実数より, $x-2$, $2x+1$ も実数であるから

$x-2=3$, $2x+1=y$

これを解いて　$\boldsymbol{x=5}$, $\boldsymbol{y=11}$

38 (1) $\dfrac{4-3i}{4+3i}+\dfrac{4+3i}{4-3i}$

$$=\frac{(4-3i)^2+(4+3i)^2}{(4+3i)(4-3i)}$$
$$=\frac{(16-24i+9i^2)+(16+24i+9i^2)}{16-9i^2}$$
$$=\boldsymbol{\frac{14}{25}}$$

(2) $\dfrac{1-5i}{1-i}\times\dfrac{1-3i}{5+i}$

$$=\frac{(1-5i)(1-3i)}{(1-i)(5+i)}=\frac{1-8i+15i^2}{5-4i-i^2}$$
$$=\frac{-14-8i}{6-4i}=-\frac{7+4i}{3-2i}$$
$$=-\frac{(7+4i)(3+2i)}{(3-2i)(3+2i)}=-\frac{21+26i+8i^2}{9-4i^2}$$
$$=-\frac{13+26i}{13}=\boldsymbol{-1-2i}$$

(3) $\left(\dfrac{\sqrt{3}-i}{\sqrt{3}+i}\right)^2=\dfrac{3-2\sqrt{3}i+i^2}{3+2\sqrt{3}i+i^2}$

$$=\frac{2-2\sqrt{3}i}{2+2\sqrt{3}i}=\frac{1-\sqrt{3}i}{1+\sqrt{3}i}$$
$$=\frac{(1-\sqrt{3}i)^2}{(1+\sqrt{3}i)(1-\sqrt{3}i)}$$
$$=\frac{1-2\sqrt{3}i+3i^2}{1-3i^2}=\frac{-2-2\sqrt{3}i}{4}$$
$$=-\boldsymbol{\frac{1+\sqrt{3}i}{2}}\left(=-\frac{1}{2}-\frac{\sqrt{3}}{2}i\right)$$

(別解)

$$\frac{\sqrt{3}-i}{\sqrt{3}+i}=\frac{(\sqrt{3}-i)^2}{(\sqrt{3}+i)(\sqrt{3}-i)}=\frac{3-2\sqrt{3}i+i^2}{(\sqrt{3})^2-i^2}$$
$$=\frac{2-2\sqrt{3}i}{4}=\frac{1-\sqrt{3}i}{2}$$

したがって

$$\left(\frac{\sqrt{3}-i}{\sqrt{3}+i}\right)^2=\left(\frac{1-\sqrt{3}i}{2}\right)^2$$
$$=\frac{1-2\sqrt{3}i+(\sqrt{3}i)^2}{4}$$
$$=\frac{-2-2\sqrt{3}i}{4}$$
$$=-\boldsymbol{\frac{1+\sqrt{3}i}{2}}\left(=-\frac{1}{2}-\frac{\sqrt{3}}{2}i\right)$$

(4) $(2+i)^3+(2-i)^3$

$$=(8+12i+6i^2+i^3)+(8-12i+6i^2-i^3)$$
$$=\boldsymbol{4}$$

(5) $(1+i)(3-i)(4+i)$

$$=(3+2i-i^2)(4+i)=(4+2i)(4+i)$$
$$=16+12i+2i^2=\boldsymbol{14+12i}$$

(6) $\left(1+i+\dfrac{1}{1-i}\right)\left(1-i-\dfrac{1}{1+i}\right)$

$=\dfrac{(1+i)(1-i)+1}{1-i}\cdot\dfrac{(1-i)(1+i)-1}{1+i}$

$=\dfrac{(1-i^2)+1}{1-i}\cdot\dfrac{(1-i^2)-1}{1+i}$

$=\dfrac{3\cdot1}{(1-i)(1+i)}$

$=\dfrac{3}{1-i^2}=\mathbf{\dfrac{3}{2}}$

39 (1) $(\sqrt{-3}+\sqrt{8})(\sqrt{-18}-\sqrt{12})$

$=(\sqrt{3}i+2\sqrt{2})(3\sqrt{2}i-2\sqrt{3})$

$=3\sqrt{6}i^2+6i-4\sqrt{6}$

$=\mathbf{-7\sqrt{6}+6i}$

(2) $\dfrac{2+\sqrt{-2}}{2-\sqrt{-2}}=\dfrac{2+\sqrt{2}i}{2-\sqrt{2}i}$

$=\dfrac{(2+\sqrt{2}i)^2}{(2-\sqrt{2}i)(2+\sqrt{2}i)}$

$=\dfrac{4+4\sqrt{2}i+2i^2}{4-2i^2}=\dfrac{2+4\sqrt{2}i}{6}$

$=\mathbf{\dfrac{1+2\sqrt{2}i}{3}}\left(=\mathbf{\dfrac{1}{3}+\dfrac{2\sqrt{2}}{3}i}\right)$

(3) $\left(\dfrac{1+\sqrt{-3}}{2}\right)^3$

$=\left(\dfrac{1+\sqrt{3}i}{2}\right)^3$ ← $(a+b)^3=a^3+3a^2b+3ab^2+b^3$

$=\dfrac{1+3\sqrt{3}i+9i^2+3\sqrt{3}i^3}{8}$

$=\dfrac{-8}{8}=\mathbf{-1}$

C

40 (1) $\alpha+\beta=\dfrac{1}{1+2i}+\dfrac{1}{1-2i}$

$=\dfrac{(1-2i)+(1+2i)}{(1+2i)(1-2i)}=\dfrac{2}{1-4i^2}=\mathbf{\dfrac{2}{5}}$

(2) $\alpha\beta=\dfrac{1}{1+2i}\times\dfrac{1}{1-2i}=\dfrac{1}{1-4i^2}=\mathbf{\dfrac{1}{5}}$

(3) $\alpha^2\beta+\alpha\beta^2=\alpha\beta(\alpha+\beta)$

$=\dfrac{1}{5}\times\dfrac{2}{5}=\mathbf{\dfrac{2}{25}}$

⇦直接 α, β の値を代入してもよいが計算が煩雑。与えられた式を $\alpha+\beta$, $\alpha\beta$ の式で表すことを考える。

(4) $(\alpha-3)(\beta-3)=\alpha\beta-3(\alpha+\beta)+9$

$=\dfrac{1}{5}-3\times\dfrac{2}{5}+9=\mathbf{8}$

(5) $\alpha^2+\beta^2=(\alpha+\beta)^2-2\alpha\beta$

$=\left(\dfrac{2}{5}\right)^2-2\times\dfrac{1}{5}=\mathbf{-\dfrac{6}{25}}$

⇦ $(\alpha+\beta)^2=\alpha^2+2\alpha\beta+\beta^2$ より $\alpha^2+\beta^2=(\alpha+\beta)^2-2\alpha\beta$

(6) $\alpha^3+\beta^3=(\alpha+\beta)^3-3\alpha\beta(\alpha+\beta)$

$=\left(\dfrac{2}{5}\right)^3-3\times\dfrac{1}{5}\times\dfrac{2}{5}=\mathbf{-\dfrac{22}{125}}$

⇦ $(\alpha+\beta)^3=\alpha^3+3\alpha^2\beta+3\alpha\beta^2+\beta^3$ より

$\alpha^3+\beta^3$

$=(\alpha+\beta)^3-3\alpha^2\beta-3\alpha\beta^2$

$=(\alpha+\beta)^3-3\alpha\beta(\alpha+\beta)$

(別解)

$\alpha^3+\beta^3=(\alpha+\beta)(\alpha^2-\alpha\beta+\beta^2)$

$=(\alpha+\beta)\{(\alpha^2+\beta^2)-\alpha\beta\}$

$=\dfrac{2}{5}\times\left\{\left(-\dfrac{6}{25}\right)-\dfrac{1}{5}\right\}=\dfrac{2}{5}\times\left(-\dfrac{11}{25}\right)=\mathbf{-\dfrac{22}{125}}$

41 $\alpha=2a-1+ai$ より

$$\alpha^2=(2a-1+ai)^2=\{(2a-1)+ai\}^2$$
$$=(2a-1)^2+2a(2a-1)i+a^2i^2$$
$$=3a^2-4a+1+2a(2a-1)i$$
$$=(3a-1)(a-1)+2a(2a-1)i$$

ここで，a が実数より $(3a-1)(a-1)$，$2a(2a-1)$ も実数である。

(1) α^2 が実数であるから

$$2a(2a-1)=0$$

よって　$\boldsymbol{a=0,\ \frac{1}{2}}$

(2) α^2 が純虚数であるから

$(3a-1)(a-1)=0$ ……①　かつ　$2a(2a-1)\neq 0$ ……②

①より　$a=\frac{1}{3},\ 1$

これらはいずれも②を満たす。

よって　$\boldsymbol{a=\frac{1}{3},\ 1}$

⇦ $a+bi$（a，b は実数）が実数 ⇔ $b=0$

⇦ $a+bi$（a，b は実数）が純虚数 ⇔ $a=0$，$b\neq 0$

⇦ $b\neq 0$ の確認

2　2次方程式

本編 p.013〜017

A

42 (1) 解の公式を用いて

$$x=\frac{-(-3)\pm\sqrt{(-3)^2-4\cdot1\cdot4}}{2\cdot1}$$
$$=\frac{3\pm\sqrt{-7}}{2}=\boldsymbol{\frac{3\pm\sqrt{7}i}{2}}\left(=\boldsymbol{\frac{3}{2}\pm\frac{\sqrt{7}}{2}i}\right)$$

(2) 解の公式を用いて

$$x=\frac{-5\pm\sqrt{5^2-4\cdot2\cdot4}}{2\cdot2}$$
$$=\frac{-5\pm\sqrt{-7}}{4}$$
$$=\boldsymbol{\frac{-5\pm\sqrt{7}i}{4}}\left(=\boldsymbol{-\frac{5}{4}\pm\frac{\sqrt{7}}{4}i}\right)$$

(3) 解の公式を用いて ⟵ $b'=-2$

$$x=\frac{-(-2)\pm\sqrt{(-2)^2-3\cdot8}}{3}$$
$$=\frac{2\pm\sqrt{-20}}{3}$$
$$=\boldsymbol{\frac{2\pm2\sqrt{5}i}{3}}\left(=\boldsymbol{\frac{2}{3}\pm\frac{2\sqrt{5}}{3}i}\right)$$

(4) 両辺に -1 を掛けて ⟵ x^2 の係数を正にする。

$$x^2-6x+3=0$$

解の公式を用いて ⟵ $b'=-3$

$$x=\frac{-(-3)\pm\sqrt{(-3)^2-1\cdot3}}{1}$$
$$=\boldsymbol{3\pm\sqrt{6}}$$

(5) 両辺に -4 を掛けて ⟵ x^2 の係数を正にする。

$$4x^2-4\sqrt{3}x+3=0$$

解の公式を用いて ⟵ $b'=-2\sqrt{3}$

$$x=\frac{-(-2\sqrt{3})\pm\sqrt{(-2\sqrt{3})^2-4\cdot3}}{4}$$
$$=\frac{2\sqrt{3}}{4}=\boldsymbol{\frac{\sqrt{3}}{2}}$$

(6) 整理して　$4x^2+8x+5=0$

解の公式を用いて ⟵ $b'=4$

$$x=\frac{-4\pm\sqrt{4^2-4\cdot5}}{4}=\frac{-4\pm\sqrt{-4}}{4}$$
$$=\frac{-4\pm2i}{4}=\boldsymbol{\frac{-2\pm i}{2}}\left(=\boldsymbol{-1\pm\frac{1}{2}i}\right)$$

43 2次方程式の判別式を D とする。

(1) $D=7^2-4\cdot1\cdot9=13>0$

であるから，**異なる2つの実数解**をもつ。

(2) $D=(-5)^2-4\cdot2\cdot6=-23<0$

であるから，**異なる2つの虚数解**をもつ。

(3) $D=3^2-4\cdot5\cdot(-1)=29>0$

であるから，**異なる2つの実数解**をもつ。

(4) 両辺に -1 を掛けて　$3x^2-x+2=0$ ← x^2 の係数を正にする。

$D=(-1)^2-4\cdot3\cdot2=-23<0$

であるから，**異なる2つの虚数解**をもつ。

(5) 両辺に6を掛けて　$6x^2+4x+1=0$ ← 係数を整数にする。

$\dfrac{D}{4}=2^2-6\cdot1=-2<0$ ← $b'=2$

であるから，**異なる2つの虚数解**をもつ。

(6) $D=(\sqrt{6})^2-4\cdot1\cdot\dfrac{3}{2}=0$

であるから，**重解**をもつ。

44 2次方程式の判別式を D とする。

(1) $D=a^2-4\cdot1\cdot(2a-3)$

$=a^2-8a+12=(a-2)(a-6)$

$D>0$，すなわち　$\boldsymbol{a<2,\ 6<a}$ **のとき異なる2つの実数解**をもつ。

$D=0$，すなわち　$\boldsymbol{a=2,\ 6}$ **のとき重解**をもつ。

$D<0$，すなわち　$\boldsymbol{2<a<6}$ **のとき異なる2つの虚数解**をもつ。

(2) $\dfrac{D}{4}=(-a)^2-3\cdot a$ ← $b'=-a$

$=a^2-3a=a(a-3)$

$D>0$，すなわち　$\boldsymbol{a<0,\ 3<a}$ **のとき異なる2つの実数解**をもつ。

$D=0$，すなわち　$\boldsymbol{a=0,\ 3}$ **のとき重解**をもつ。

$D<0$，すなわち　$\boldsymbol{0<a<3}$ **のとき異なる2つの虚数解**をもつ。

B

45 2次方程式の判別式を D とする。

(1) $D=m^2-4\cdot1\cdot(-m+3)$

$=m^2+4m-12=(m-2)(m+6)$

重解をもつのは $D=0$ のときであるから

$(m-2)(m+6)=0$

よって　$m=2,\ -6$

重解は $x=-\dfrac{m}{2}$ であるから

$\boldsymbol{m=2}$ **のとき**　$\boldsymbol{x=-1}$

$\boldsymbol{m=-6}$ **のとき**　$\boldsymbol{x=3}$

← $ax^2+bx+c=0\ (a\neq0)$ において $D=b^2-4ac=0$ のときの重解は $x=\dfrac{-b\pm\sqrt{0}}{2a}=-\dfrac{b}{2a}$

(2) $\dfrac{D}{4}=\{-(m-4)\}^2-2\cdot m$ ← $b'=-(m-4)$

$=m^2-10m+16=(m-2)(m-8)$

重解をもつのは $D=0$ のときであるから

$(m-2)(m-8)=0$

よって　$m=2,\ 8$

重解は $x=\dfrac{m-4}{2}$ であるから

$\boldsymbol{m=2}$ **のとき**　$\boldsymbol{x=-1}$

$\boldsymbol{m=8}$ **のとき**　$\boldsymbol{x=2}$

46 2次方程式の判別式を D とする。

(1) $\dfrac{D}{4}=(-2k)^2-1\cdot(-3k+1)$ ← $b'=-2k$

$=4k^2+3k-1=(4k-1)(k+1)$

異なる2つの実数解をもつのは $D>0$ のときであるから

$(4k-1)(k+1)>0$

よって　$\boldsymbol{k<-1,\ \dfrac{1}{4}<k}$

(2) $D=(-k)^2-4\cdot1\cdot(k^2-3)$

$=-3k^2+12=-3(k+2)(k-2)$

虚数解をもつのは $D<0$ のときであるから

$-3(k+2)(k-2)<0$

$(k+2)(k-2)>0$

よって　$\boldsymbol{k<-2,\ 2<k}$

47 $x^2+2kx+2k^2-4=0$ ……①

$x^2-2x+k=0$ ……②

の判別式をそれぞれ D_1，D_2 とすると

$\dfrac{D_1}{4}=k^2-1\cdot(2k^2-4)$ ← $b'=k$

$=-k^2+4=-(k+2)(k-2)$

$\dfrac{D_2}{4}=(-1)^2-1\cdot k=1-k$ ← $b'=-1$

(1) ①，②がともに実数解をもつのは

$D_1\geqq 0$ かつ $D_2\geqq 0$

のときであるから

$-2\leqq k\leqq 2$ かつ $k\leqq 1$

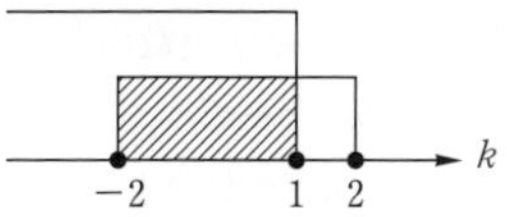

よって **$-2\leqq k\leqq 1$**

(2) ①，②の一方が実数解をもち，他方が虚数解をもつのは，次の(i)，(ii)のときである。

(i) $D_1\geqq 0$ かつ $D_2<0$

$-2\leqq k\leqq 2$ かつ $k>1$ より

$1<k\leqq 2$

(ii) $D_1<0$ かつ $D_2\geqq 0$

$k<-2$，$2<k$ かつ $k\leqq 1$ より

$k<-2$

(i)

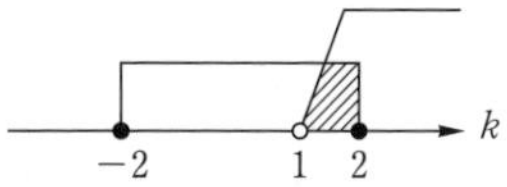

(ii)

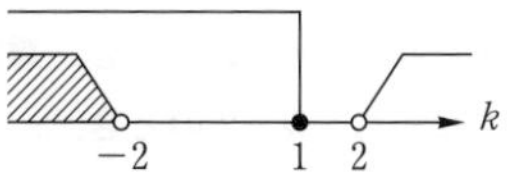

(i)，(ii)より

$k<-2$，$1<k\leqq 2$

48 2 次方程式の判別式を D とする。

(1) $D=(a-4)^2-4\cdot 1\cdot(-2a+3)=a^2+4$

a の値に関係なく $D>0$ であるから

異なる 2 つの実数解をもつ。

(2) $\dfrac{D}{4}=(-2a)^2-5(a^2-2a+5)$ ← $b'=-2a$

$=-a^2+10a-25=-(a-5)^2$

a の値に関係なく $D\leqq 0$ であるから

$D=0$，すなわち

$a=5$ のとき，重解をもつ。

$D<0$，すなわち

$a\neq 5$ のとき，異なる 2 つの虚数解をもつ。

C

49 2 次方程式の判別式を D とする。

(1) $k\neq 0$ のとき，方程式は 2 次方程式となる。

$\dfrac{D}{4}=(-3)^2-k\cdot 3=9-3k=3(3-k)$ ← $b'=-3$

$D>0$，すなわち **$k<0$，$0<k<3$ のとき**， ← $k\neq 0$ かつ $k<3$

異なる 2 つの実数解をもつ。

$D=0$，すなわち **$k=3$ のとき，重解**をもつ。

$D<0$，すなわち **$k>3$ のとき**，

異なる 2 つの虚数解をもつ。

$k=0$ のとき，方程式は 1 次方程式 $-6x+3=0$ となるから

1 つの実数解をもつ。

> **2 次方程式の解と判別式**
>
> $ax^2+bx+c=0$ $(a\neq 0)$ は
> 判別式を D とするとき
> $D>0$ ⇔ 異なる 2 つの実数解
> $D=0$ ⇔ 重解 $x=-\dfrac{b}{2a}$
> $D<0$ ⇔ 異なる 2 つの虚数解
> をもつ。

(2) $k \neq 1$ のとき，方程式は 2 次方程式となる。

$$\frac{D}{4}=(-k)^2-(k-1)(k+2)=-k+2 \longleftarrow b'=-k$$

$D>0$，すなわち　**$k<1$，$1<k<2$ のとき**，$\longleftarrow$ $k \neq 1$ かつ $k<2$

異なる 2 つの実数解をもつ。

$D=0$，すなわち　**$k=2$ のとき**，**重解**をもつ。

$D<0$，すなわち　**$k>2$ のとき**，

異なる 2 つの虚数解をもつ。

$k=1$ のとき，方程式は 1 次方程式 $-2x+3=0$ となるから

1 つの実数解をもつ。

⇦ (x^2 の係数)$\neq 0$ のとき。

⇦ (x^2 の係数)$=0$ のとき。

50　等式を変形して

$(2x^2+5x+2)+(x^2-x-6)i=0$

x が実数のとき，$2x^2+5x+2$，x^2-x-6 はともに実数であるから

$2x^2+5x+2=0$　……①

$x^2-x-6=0$　……②

①より　$(2x+1)(x+2)=0$

よって　$x=-\frac{1}{2}$，-2

②より　$(x+2)(x-3)=0$

よって　$x=-2$，3

ゆえに，求める実数 x の値は　　**$x=-2$**

⇦①，②をともに満たす。

複素数の相等

a，b，c，d が実数のとき

$a+bi=c+di$

$\Leftrightarrow a=c$ かつ $b=d$

$a+bi=0 \Leftrightarrow a=b=0$

A

51 (1)　$\alpha+\beta=-\frac{3}{1}=\mathbf{-3}$，$\alpha\beta=\frac{6}{1}=\mathbf{6}$

(2)　$\alpha+\beta=-\frac{-5}{2}=\mathbf{\frac{5}{2}}$，$\alpha\beta=\mathbf{\frac{7}{2}}$

(3)　$\alpha+\beta=-\frac{-4}{6}=\mathbf{\frac{2}{3}}$，$\alpha\beta=\frac{-3}{6}=\mathbf{-\frac{1}{2}}$

(4)　両辺に -1 を掛けて　$4x^2+x-2=0$

よって

$\alpha+\beta=\mathbf{-\frac{1}{4}}$，$\alpha\beta=\frac{-2}{4}=\mathbf{-\frac{1}{2}}$

(別解)

そのまま解と係数の関係を用いて

$\alpha+\beta=-\frac{-1}{-4}=\mathbf{-\frac{1}{4}}$，$\alpha\beta=\frac{2}{-4}=\mathbf{-\frac{1}{2}}$

(5)　両辺に 12 を掛けて　$6x^2+8x-9=0$

よって

$\alpha+\beta=-\frac{8}{6}=\mathbf{-\frac{4}{3}}$，$\alpha\beta=\frac{-9}{6}=\mathbf{-\frac{3}{2}}$

(別解)

そのまま解と係数の関係を用いて

$\alpha+\beta=-\frac{\frac{2}{3}}{\frac{1}{2}}=\mathbf{-\frac{4}{3}}$，$\alpha\beta=\frac{-\frac{3}{4}}{\frac{1}{2}}=\mathbf{-\frac{3}{2}}$

(6)　$\alpha+\beta=-\frac{0}{3}=\mathbf{0}$，$\alpha\beta=\mathbf{\frac{4}{3}}$

└ $3x^2+0\cdot x+4=0$

52 解と係数の関係から

$\alpha+\beta=-\dfrac{-4}{2}=2,\ \alpha\beta=\dfrac{3}{2}$

(1) $(\alpha-2)(\beta-2)=\alpha\beta-2(\alpha+\beta)+4$

$=\dfrac{3}{2}-2\cdot2+4=\boldsymbol{\dfrac{3}{2}}$

(2) $\alpha^2+\beta^2=(\alpha+\beta)^2-2\alpha\beta$

$=2^2-2\cdot\dfrac{3}{2}=\mathbf{1}$

(3) $(\alpha-\beta)^2=\alpha^2+\beta^2-2\alpha\beta$ ← (2)より $\alpha^2+\beta^2=1$

$=1-2\cdot\dfrac{3}{2}=\mathbf{-2}$

(別解) $(\alpha-\beta)^2=(\alpha+\beta)^2-4\alpha\beta$

$=2^2-4\cdot\dfrac{3}{2}=\mathbf{-2}$

(4) $\alpha^3+\beta^3=(\alpha+\beta)^3-3\alpha\beta(\alpha+\beta)$

$=2^3-3\cdot\dfrac{3}{2}\cdot2=\mathbf{-1}$

(別解) $\alpha^3+\beta^3=(\alpha+\beta)(\alpha^2-\alpha\beta+\beta^2)$ ← 因数分解の利用

$=2\times\left(1-\dfrac{3}{2}\right)=\mathbf{-1}$

(5) $\dfrac{\beta^2}{\alpha}+\dfrac{\alpha^2}{\beta}=\dfrac{\alpha^3+\beta^3}{\alpha\beta}$ ← (4)より $\alpha^3+\beta^3=-1$

$=-1\div\dfrac{3}{2}=\boldsymbol{-\dfrac{2}{3}}$

(6) $\dfrac{\beta}{\alpha-1}+\dfrac{\alpha}{\beta-1}=\dfrac{\beta(\beta-1)+\alpha(\alpha-1)}{(\alpha-1)(\beta-1)}$

$=\dfrac{\alpha^2+\beta^2-(\alpha+\beta)}{\alpha\beta-(\alpha+\beta)+1}$ ← (2)より $\alpha^2+\beta^2=1$

$=(1-2)\div\left(\dfrac{3}{2}-2+1\right)=\mathbf{-2}$

53 2つの解を $2\alpha,\ 3\alpha\ (\alpha\neq0)$ とすると，
解と係数の関係から ← 2つの解の比が 2：3

$2\alpha+3\alpha=10$ ……①

$2\alpha\cdot3\alpha=k$ ……②

①より　$\alpha=2$

②に代入して　$k=6\alpha^2=6\cdot2^2=\mathbf{24}$

このとき，2つの解は　$\boldsymbol{x=4,\ 6}$ ← 2つの解は 2α と 3α

54 (1) $x^2-3x+1=0$ を解くと　$x=\dfrac{3\pm\sqrt{5}}{2}$

よって　x^2-3x+1

$=\boldsymbol{\left(x-\dfrac{3+\sqrt{5}}{2}\right)\left(x-\dfrac{3-\sqrt{5}}{2}\right)}$

(2) $2x^2-5x+4=0$ を解くと　$x=\dfrac{5\pm\sqrt{7}i}{4}$

よって　$2x^2-5x+4$

$=\boldsymbol{2\left(x-\dfrac{5+\sqrt{7}i}{4}\right)\left(x-\dfrac{5-\sqrt{7}i}{4}\right)}$

← x^2 の係数2の付け忘れに注意

(3) $3x^2+4x-2=0$ を解くと　$x=\dfrac{-2\pm\sqrt{10}}{3}$

よって

$3x^2+4x-2$

$=3\left(x-\dfrac{-2+\sqrt{10}}{3}\right)\left(x-\dfrac{-2-\sqrt{10}}{3}\right)$

$=\boldsymbol{3\left(x+\dfrac{2-\sqrt{10}}{3}\right)\left(x+\dfrac{2+\sqrt{10}}{3}\right)}$

← x^2 の係数3の付け忘れに注意

(4) $x^2-6x+10=0$ を解くと　$x=3\pm i$

よって　$x^2-6x+10$

$=\{x-(3+i)\}\{x-(3-i)\}$

$=\boldsymbol{(x-3-i)(x-3+i)}$

(5) $4x^2+9=0$ を解くと　$x=\pm\dfrac{3}{2}i$

よって　$4x^2+9$

$=4\left(x-\dfrac{3}{2}i\right)\left\{x-\left(-\dfrac{3}{2}i\right)\right\}$

$=\boldsymbol{(2x-3i)(2x+3i)}$

← x^2 の係数4の付け忘れに注意

(6) $9x^2+12x+5=0$ を解くと　$x=\dfrac{-2\pm i}{3}$

よって　$9x^2+12x+5$

$=9\left(x-\dfrac{-2+i}{3}\right)\left(x-\dfrac{-2-i}{3}\right)$

$=\boldsymbol{(3x+2-i)(3x+2+i)}$

← x^2 の係数9の付け忘れに注意

55 (1) 2つの解の和が　$-3+5=2$

2つの解の積が　$-3\times 5=-15$

であるから　$\boldsymbol{x^2-2x-15=0}$

(2) 2つの解の和が

$$\frac{-2+\sqrt{5}}{3}+\frac{-2-\sqrt{5}}{3}=-\frac{4}{3}$$

2つの解の積が

$$\frac{-2+\sqrt{5}}{3}\times\frac{-2-\sqrt{5}}{3}=-\frac{1}{9}$$

であるから　$x^2+\frac{4}{3}x-\frac{1}{9}=0$

すなわち　$\boldsymbol{9x^2+12x-1=0}$

(3) 2つの解の和が

$$\frac{1+3i}{4}+\frac{1-3i}{4}=\frac{1}{2}$$

2つの解の積が

$$\frac{1+3i}{4}\times\frac{1-3i}{4}=\frac{5}{8}$$

であるから　$x^2-\frac{1}{2}x+\frac{5}{8}=0$

すなわち　$\boldsymbol{8x^2-4x+5=0}$

56 解と係数の関係から

$$\alpha+\beta=-\frac{-2}{1}=2,\ \alpha\beta=\frac{3}{1}=3$$

(1) $(3-\alpha)+(3-\beta)=6-(\alpha+\beta)$

$=6-2=4$

$(3-\alpha)(3-\beta)=9-3(\alpha+\beta)+\alpha\beta$

$=9-3\cdot 2+3=6$

よって，求める2次方程式の1つは

$\boldsymbol{x^2-4x+6=0}$

(2) $\frac{1}{\alpha}+\frac{1}{\beta}=\frac{\alpha+\beta}{\alpha\beta}=\frac{2}{3}$

$\frac{1}{\alpha}\times\frac{1}{\beta}=\frac{1}{\alpha\beta}=\frac{1}{3}$

よって，求める2次方程式の1つは

$x^2-\frac{2}{3}x+\frac{1}{3}=0$

すなわち　$\boldsymbol{3x^2-2x+1=0}$

(3) $\alpha^2+\beta^2=(\alpha+\beta)^2-2\alpha\beta$

$=2^2-2\cdot 3=-2$

$\alpha^2\beta^2=(\alpha\beta)^2=3^2=9$

よって，求める2次方程式の1つは

$\boldsymbol{x^2+2x+9=0}$

57 $x^2+ax+b=0$ の係数はすべて実数であるから，$-1+4i$ が解ならば，それと共役な複素数 $-1-4i$ も解である。

よって，解と係数の関係から

$(-1+4i)+(-1-4i)=-a$

$(-1+4i)(-1-4i)=b$

ゆえに　$\boldsymbol{a=2,\ b=17}$

(別解)

$-1+4i$ が方程式の解であるから

$(-1+4i)^2+a(-1+4i)+b=0$

$1-8i+16i^2-a+4ai+b=0$

$-a+b-15+4(a-2)i=0$

$-a+b-15$，$4(a-2)$ は実数であるから

$-a+b-15=0$，$4(a-2)=0$

これを解いて，$\boldsymbol{a=2,\ b=17}$

B

58 この2次方程式の判別式を D とすると

$D=k^2-4\cdot1\cdot(-k+8)$
$=k^2+4k-32$
$=(k+8)(k-4)$

また，2つの解を α，β とすると，解と係数の関係より

$\alpha+\beta=-k$，$\alpha\beta=-k+8$

(1) 異なる2つの実数解をもつから　$D>0$

$(k+8)(k-4)>0$ より

$k<-8$，$4<k$　……①

このとき，2つの実数解 α，β がともに正となるには

$\alpha+\beta>0$　かつ　$\alpha\beta>0$

$\alpha+\beta=-k>0$ より　$k<0$　……②

$\alpha\beta=-k+8>0$ より　$k<8$　……③

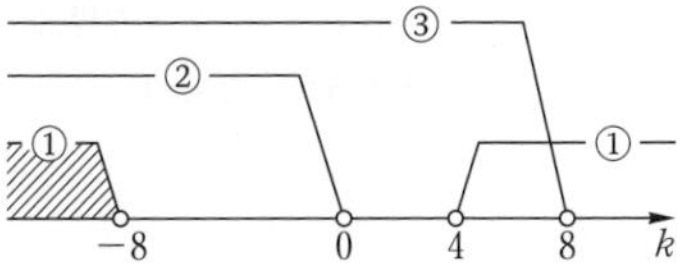

①，②，③の共通範囲を求めて　$\boldsymbol{k<-8}$

(2) 異なる2つの実数解をもつから　$D>0$

$(k+8)(k-4)>0$ より

$k<-8$，$4<k$　……①

このとき，2つの実数解 α，β がともに負となるには

$\alpha+\beta<0$　かつ　$\alpha\beta>0$

$\alpha+\beta=-k<0$ より　$k>0$　……②

$\alpha\beta=-k+8>0$ より　$k<8$　……③

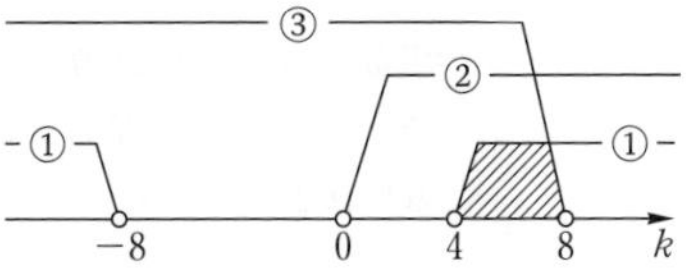

①，②，③の共通範囲を求めて　$\boldsymbol{4<k<8}$

(3) 正の解と負の解をもつには

$\alpha\beta<0$

$\alpha\beta=-k+8<0$ より　$\boldsymbol{k>8}$

59 (1) 2つの解を α，$\alpha+4$ とすると，解と係数の関係から　←2つの解の差が4

$\alpha+(\alpha+4)=-k$　……①

$\alpha(\alpha+4)=-3$　……②

②より　$\alpha^2+4\alpha+3=0$

$(\alpha+1)(\alpha+3)=0$

よって　$\alpha=-1$，-3

①より，$\alpha=-1$ のとき　$k=-2$

$\alpha=-3$ のとき　$k=2$

ゆえに

$\boldsymbol{k=-2}$ のとき，2つの解は　$\boldsymbol{x=-1,\ 3}$

$\boldsymbol{k=2}$ のとき，2つの解は　$\boldsymbol{x=-3,\ 1}$

(2) 2つの解を α，α^2 とすると，解と係数の関係から

$\alpha+\alpha^2=6$　……①

$\alpha\cdot\alpha^2=k$　……②

①より　$\alpha^2+\alpha-6=0$

$(\alpha-2)(\alpha+3)=0$

よって　$\alpha=2$，-3

②より，$\alpha=2$ のとき　$k=8$

$\alpha=-3$ のとき　$k=-27$

ゆえに

$\boldsymbol{k=8}$ のとき，2つの解は　$\boldsymbol{x=2,\ 4}$

$\boldsymbol{k=-27}$ のとき，2つの解は　$\boldsymbol{x=-3,\ 9}$

60 (1) x，y を解とする2次方程式は

$t^2-4t-12=0$

$(t+2)(t-6)=0$ より　$t=-2$，6

よって　$\boldsymbol{(x,\ y)=(-2,\ 6),\ (6,\ -2)}$

(2) $x^2-xy+y^2=-8$ より

$(x+y)^2-3xy=-8$

これに $x+y=2$ を代入して整理すると

$xy=4$

よって，x，y を解とする2次方程式は

$t^2-2t+4=0$

これを解いて　$t=1\pm\sqrt{3}i$

ゆえに　$\boldsymbol{(x,\ y)=(1+\sqrt{3}i,\ 1-\sqrt{3}i),}$

$\boldsymbol{(1-\sqrt{3}i,\ 1+\sqrt{3}i)}$

61 $x^2+ax+b=0$ の2つの解を α, β とおくと，解と係数の関係から

$\alpha+\beta=-a$ ……①，$\alpha\beta=b$ ……②

また，$x^2+bx+a-7=0$ の2つの解が $\alpha+1$, $\beta+1$ であるとき，解と係数の関係から

$(\alpha+1)+(\beta+1)=-b$ ……③

$(\alpha+1)(\beta+1)=a-7$ ……④

③より　$\alpha+\beta=-b-2$

これに①を代入して

$-a=-b-2$ より　$a-b=2$ ……⑤

④より　$\alpha\beta+(\alpha+\beta)=a-8$

これに①，②を代入して

$b-a=a-8$ より　$2a-b=8$ ……⑥

⑤，⑥を解いて

$\boldsymbol{a=6,\ b=4}$

62 (1) x^4+7x^2-18

$=\boldsymbol{(x^2-2)(x^2+9)}$ ……①

$=\boldsymbol{(x+\sqrt{2})(x-\sqrt{2})(x^2+9)}$ ……②

$=\boldsymbol{(x+\sqrt{2})(x-\sqrt{2})(x+3i)(x-3i)}$ ……③

(2) $3x^4+11x^2-4$

$=\boldsymbol{(3x^2-1)(x^2+4)}$ ……①

$=\boldsymbol{(\sqrt{3}x+1)(\sqrt{3}x-1)(x^2+4)}$ ……②

$=\boldsymbol{(\sqrt{3}x+1)(\sqrt{3}x-1)(x+2i)(x-2i)}$ ……③

C

63 2次方程式 $x^2-2kx+3k+4=0$ ……① の判別式を D とすると

$$\frac{D}{4}=(-k)^2-1\cdot(3k+4) \longleftarrow b'=-k$$

$$=k^2-3k-4=(k+1)(k-4)$$

$x^2-2kx+3k+4$ が1次式の平方となるとき，2次方程式①は重解をもつ。

このとき，$D=0$ より　$(k+1)(k-4)=0$

これを解いて　$\boldsymbol{k=-1,\ 4}$

⇦ $x^2-2kx+3k+4=(x-\alpha)^2$ となるとき，2次方程式①は重解 $x=\alpha$ をもつ。

64 この2次方程式の判別式を D とすると

$$D=k^2-4(-2k+5)$$

$$=k^2+8k-20=(k-2)(k+10)$$

また，2つの解を α, β とすると，解と係数の関係より

$$\alpha+\beta=-\frac{k}{1}=-k,\ \alpha\beta=\frac{-2k+5}{1}=-2k+5$$

(1) 2つの解がともに実数解であるから　$D\geqq 0$

$(k-2)(k+10)\geqq 0$ より

$k\leqq -10,\ 2\leqq k$ ……①

このとき，2つの実数解 α, β がともに1より大きくなるには

$(\alpha-1)+(\beta-1)>0$　かつ　$(\alpha-1)(\beta-1)>0$

$(\alpha-1)+(\beta-1)>0$ より　$\alpha+\beta>2$

すなわち　$-k>2$

よって　$k<-2$ ……②

⇦虚数の大小関係は考えないので，1より大きい解は実数解でなければならない。

⇦ $\alpha>1$, $\beta>1$ より $\alpha-1>0$, $\beta-1>0$

$(\alpha-1)(\beta-1)>0$ より　$\alpha\beta-(\alpha+\beta)+1>0$

すなわち　$(-2k+5)-(-k)+1>0$

よって　　$k<6$　……③

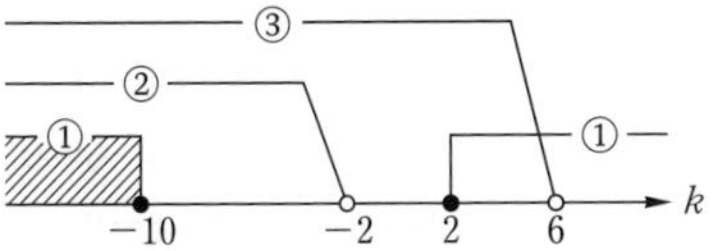

①，②，③の共通範囲を求めて

　$k \leqq -10$

(2)　2つの解がともに実数解であるから　$D \geqq 0$

⇦虚数の大小関係は考えないので，1より小さい解は実数解でなければならない。

$(k-2)(k+10) \geqq 0$ より

　$k \leqq -10$，$2 \leqq k$　……①

このとき，2つの実数解 α，β がともに1より小さくなるには

　$(\alpha-1)+(\beta-1)<0$　かつ　$(\alpha-1)(\beta-1)>0$

⇦ $\alpha<1$，$\beta<1$ より
　$\alpha-1<0$，$\beta-1<0$

$(\alpha-1)+(\beta-1)<0$ より　$\alpha+\beta<2$

すなわち　$-k<2$

よって　　$k>-2$　……②

$(\alpha-1)(\beta-1)>0$ より　$\alpha\beta-(\alpha+\beta)+1>0$

すなわち　$(-2k+5)-(-k)+1>0$

よって　　$k<6$　……③

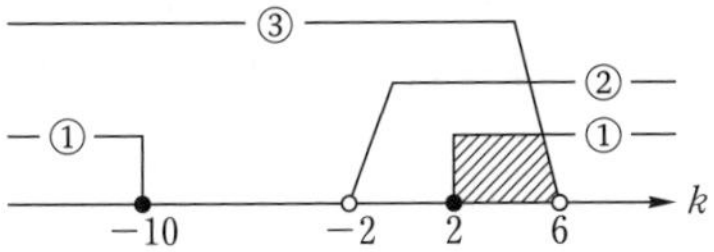

①，②，③の共通範囲を求めて

　$2 \leqq k < 6$

(3)　1つの解が1より大きく，他の解が1より小さくなるためには

⇦ $\alpha>1$，$\beta<1$
　または　$\alpha<1$，$\beta>1$ より
　$\alpha-1$ と $\beta-1$ は異符号

　$(\alpha-1)(\beta-1)<0$ より　$\alpha\beta-(\alpha+\beta)+1<0$

すなわち　$(-2k+5)-(-k)+1<0$

よって　　**$k>6$**

3 剰余の定理と因数定理

本編 p.018〜019

A

65 (1) $P(x)=x^2-4x+5$ とおく。

求める余りは

$P(2)=4-8+5=\mathbf{1}$

(2) $P(x)=x^3-6x^2-4x+8$ とおく。

求める余りは

$P(-1)=-1-6+4+8=\mathbf{5}$

(3) $P(x)=2x^3-5x^2-7x+9$ とおく。

求める余りは

$P(-2)=-16-20+14+9=\mathbf{-13}$

(4) $P(x)=3x^3-4x^2-11x-12$ とおく。

求める余りは

$P(3)=81-36-33-12=\mathbf{0}$

66 (1) $P(x)=2x^3+7x^2-5x-3$ とおく。

求める余りは

$P\left(-\frac{1}{2}\right)=-\frac{1}{4}+\frac{7}{4}+\frac{5}{2}-3=\mathbf{1}$

(2) $P(x)=3x^3-5x^2-x+4$ とおく。

求める余りは

$P\left(\frac{2}{3}\right)=\frac{8}{9}-\frac{20}{9}-\frac{2}{3}+4=\mathbf{2}$

67 (1) $P(x)=x^3+ax^2-4x-2$ とおく。

$P(x)$ を $x-3$ で割ると -5 余るから

$P(3)=-5$ が成り立てばよい。

よって　$27+9a-12-2=-5$

ゆえに　$\boldsymbol{a=-2}$

(2) $P(x)=x^3-5x^2+ax-2a$ とおく。

$P(x)$ を $x+1$ で割ると 3 余るから

$P(-1)=3$ が成り立てばよい。

よって　$-1-5-a-2a=3$

ゆえに　$\boldsymbol{a=-3}$

(3) $P(x)=x^3+ax^2-4ax+12$ とおく。

$P(x)$ は $x-2$ で割り切れるから

$P(2)=0$ が成り立てばよい。←割り切れる ⇔ 余り=0

よって　$8+4a-8a+12=0$

ゆえに　$\boldsymbol{a=5}$

68 (1) $P(x)=x^3+2x^2-5x-6$ とおく。

$P(1)=1+2-5-6=-8$　×

$P(-1)=-1+2+5-6=0$　○

$P(2)=8+8-10-6=0$　○

$P(-2)=-8+8+10-6=4$　×

$P(3)=27+18-15-6=24$　×

よって，$P(x)$ の因数であるのは

$\boldsymbol{x+1,\ x-2}$

(2) $P(x)=x^3-4x^2-3x+18$ とおく。

$P(1)=1-4-3+18=12$　×

$P(-1)=-1-4+3+18=16$　×

$P(2)=8-16-6+18=4$　×

$P(-2)=-8-16+6+18=0$　○

$P(3)=27-36-9+18=0$　○

よって，$P(x)$ の因数であるのは

$\boldsymbol{x+2,\ x-3}$

69 (1) $P(x)=x^3+x^2-5x+3$ とおく。

$P(1)=1+1-5+3=0$

よって，$P(x)$ は $x-1$ を因数にもつ。

$$
\begin{array}{r}
x^2+2x-3 \\
x-1\,\big)\,\overline{x^3+x^2-5x+3} \\
\underline{x^3-x^2} \\
2x^2-5x \\
\underline{2x^2-2x} \\
-3x+3 \\
\underline{-3x+3} \\
0
\end{array}
$$

$P(x)=(x-1)(x^2+2x-3)$

$=\boldsymbol{(x-1)^2(x+3)}$

(2) $P(x)=x^3-4x^2+x+6$ とおく。

$P(-1)=-1-4-1+6=0$

よって，$P(x)$ は $x+1$ を因数にもつ。

$$
\begin{array}{r}
x^2-5x+6 \\
x+1\,\big)\,\overline{x^3-4x^2+x+6} \\
\underline{x^3+x^2} \\
-5x^2+x \\
\underline{-5x^2-5x} \\
6x+6 \\
\underline{6x+6} \\
0
\end{array}
$$

$P(x)=(x+1)(x^2-5x+6)$

$=\boldsymbol{(x+1)(x-2)(x-3)}$

(3) $P(x)=x^3-3x^2-10x+24$ とおく。

$P(2)=8-12-20+24=0$

よって，$P(x)$ は $x-2$ を因数にもつ。

$$\begin{array}{r|l} & x^2-x-12 \\ x-2 & x^3-3x^2-10x+24 \\ & x^3-2x^2 \\ \hline & -x^2-10x \\ & -x^2+2x \\ \hline & -12x+24 \\ & -12x+24 \\ \hline & 0 \end{array}$$

$P(x)=(x-2)(x^2-x-12)$

$\quad=\boldsymbol{(x-2)(x+3)(x-4)}$

(4) $P(x)=2x^3-3x^2-11x+6$ とおく。

$P(-2)=-16-12+22+6=0$

よって，$P(x)$ は $x+2$ を因数にもつ。

$$\begin{array}{r|l} & 2x^2-7x+3 \\ x+2 & 2x^3-3x^2-11x+6 \\ & 2x^3+4x^2 \\ \hline & -7x^2-11x \\ & -7x^2-14x \\ \hline & 3x+6 \\ & 3x+6 \\ \hline & 0 \end{array}$$

$P(x)=(x+2)(2x^2-7x+3)$

$\quad=\boldsymbol{(x+2)(x-3)(2x-1)}$

B

70 $P(x)$ を $(x-2)(x+4)$ で割ったときの商を $Q(x)$，余りを $ax+b$ とおくと

↑2 次式で割るので，余りは 1 次か定数

$P(x)=(x-2)(x+4)Q(x)+ax+b$

$P(x)$ を $x-2$ で割ると 3 余り，$x+4$ で割ると -9 余るから

$P(2)=3$ かつ $P(-4)=-9$

$P(2)=0\cdot6\cdot Q(2)+2a+b$

すなわち $\begin{cases}2a+b=3 \\ -4a+b=-9\end{cases}$

$P(-4)=-6\cdot0\cdot Q(-4)-4a+b$

これを解いて $a=2$，$b=-1$

よって，求める余りは $\boldsymbol{2x-1}$

71 $P(x)=x^3+ax^2+bx-2$ とおく。

$P(x)$ を $x-1$ で割ると 1 余り，$x+2$ で割ると 4 余るから

$P(1)=1$ かつ $P(-2)=4$

$P(1)=1+a+b-2=1$ より

$a+b=2$ ……①

$P(-2)=-8+4a-2b-2=4$ より

$2a-b=7$ ……②

①，②を解いて $\boldsymbol{a=3}$，$\boldsymbol{b=-1}$

72 $P(x)$ を x^2+x-6 で割ると $4x+5$ 余るから，そのときの商を $Q(x)$ とすると

$P(x)=(x^2+x-6)Q(x)+4x+5$

$\quad=(x-2)(x+3)Q(x)+4x+5$

このとき

$P(2)=0\cdot5\cdot Q(2)+8+5=13$

$P(-3)=-5\cdot0\cdot Q(-3)-12+5=-7$

よって，$P(x)$ を

$x-2$ で割ったときの余りは **13**

$x+3$ で割ったときの余りは **-7**

73 $x^{11}+x^2+1$ を $x^2-1=(x+1)(x-1)$ で割ったときの商を $Q(x)$，余りを $ax+b$ とおくと

$x^{11}+x^2+1$

$=(x+1)(x-1)Q(x)+ax+b$ ……①

①に $x=1$ を代入すると

$1+1+1=2\cdot0\cdot Q(1)+a+b$

よって $a+b=3$ ……②

①に $x=-1$ を代入すると

$-1+1+1=0\cdot(-2)\cdot Q(-1)-a+b$

よって $-a+b=1$ ……③

②，③を解いて $a=1$，$b=2$

ゆえに，求める余りは $\boldsymbol{x+2}$

C

74 $P(x)$ は x^2-2x-3 で割ると $-x+5$ 余るから，そのときの商を $Q(x)$ とすると

$$P(x)=(x^2-2x-3)Q(x)-x+5$$

⇦ A を B で割ったときの商が Q，余りが R のとき $A=BQ+R$

また，$Q(x)$ を $x-4$ で割ると 1 余るから　$Q(4)=1$

よって，$P(x)$ を $x-4$ で割ったときの余りは

$$P(4)=(16-8-3)Q(4)-4+5$$
$$=5\cdot1+1=\mathbf{6}$$

⇦剰余の定理

75 $P(x)$ を $(x-3)^2(x-1)$ で割ったときの商を $Q(x)$ とし，余りを ax^2+bx+c とおくと

⇦3 次式で割ったときの余りは 2 次以下の整式

$$P(x)=(x-3)^2(x-1)Q(x)+ax^2+bx+c \quad \cdots\cdots ①$$

⇦ A を B で割ったときの商が Q，余りが R のとき $A=BQ+R$

$P(x)$ は $(x-3)^2$ で割り切れるから，

ax^2+bx+c は $(x-3)^2$ で割り切れる。

$$\begin{array}{r}
a \\
x^2-6x+9 \overline{) \, ax^2+ bx+c} \\
ax^2- 6ax+9a \\
\hline
(6a+b)x-9a+c
\end{array}$$

上の計算から　$6a+b=0 \quad \cdots\cdots ②$

$-9a+c=0 \quad \cdots\cdots ③$

$P(x)$ を $x-1$ で割ると -4 余るから　$P(1)=-4$

①より　$P(1)=a+b+c=-4 \quad \cdots\cdots ④$

②，③，④を解いて

$a=-1$，$b=6$，$c=-9$

よって，求める余りは　$\boldsymbol{-x^2+6x-9}$

(別解)　ax^2+bx+c は $x-3$ で割り切れるから

$a\cdot3^2+b\cdot3+c=0$　すなわち　$c=-9a-3b \quad \cdots\cdots ⑤$

このとき　$ax^2+bx+c=ax^2+bx-9a-3b$

$=a(x-3)(x+3)+b(x-3)$

$=(x-3)\{a(x+3)+b\}$

よって，ax^2+bx+c が $(x-3)^2$ で割り切れるためには，$a(x+3)+b$ が $x-3$ で割り切れればよいから

$a(3+3)+b=0$　すなわち　$b=-6a \quad \cdots\cdots ⑥$

⑤，⑥と上の解答の④を解いて

$a=-1$，$b=6$，$c=-9$

よって，求める余りは　$\boldsymbol{-x^2+6x-9}$

⇦(参考)
3 節で学習する恒等式の考えを用いると，ax^2+bx+c が $(x-3)^2$ で割り切れるとき，
$ax^2+bx+c=a(x-3)^2$
とおけるので，右辺を展開して係数を比較する方法がある。

4 高次方程式

本編 p.020～021

A

76 (1) 左辺を因数分解して

$(x+2)(x^2-2x+4)=0$

$x+2=0$ または $x^2-2x+4=0$

よって $\boldsymbol{x=-2,\ 1\pm\sqrt{3}i}$

(2) 整理して $x^3+27=0$

左辺を因数分解して

$(x+3)(x^2-3x+9)=0$

$x+3=0$ または $x^2-3x+9=0$

よって $\boldsymbol{x=-3,\ \dfrac{3\pm3\sqrt{3}i}{2}}$

(3) 左辺を因数分解して

$(4x-1)(16x^2+4x+1)=0$

$4x-1=0$ または $16x^2+4x+1=0$

よって $\boldsymbol{x=\dfrac{1}{4},\ \dfrac{-1\pm\sqrt{3}i}{8}}$

77 $\omega^3=1$ より $\omega^3-1=0$

$(\omega-1)(\omega^2+\omega+1)=0$

$\omega\neq1$ であるから

$\omega^2+\omega+1=0$

(1) $1+\omega^4+\omega^8=1+\omega^3\omega+(\omega^3)^2\omega^2$

$=1+1\cdot\omega+1^2\cdot\omega^2$

$=1+\omega+\omega^2=\boldsymbol{0}$

(2) $\dfrac{1}{\omega^{10}}+\dfrac{1}{\omega^5}=\dfrac{\omega^2}{\omega^{12}}+\dfrac{\omega}{\omega^6}$

$=\dfrac{\omega^2}{(\omega^3)^4}+\dfrac{\omega}{(\omega^3)^2}$

$=\omega^2+\omega=\boldsymbol{-1}$ ← $\omega^2+\omega+1=0$

(3) $(\omega-1)(\omega+2)=\omega^2+\omega-2$ ← (2)より $\omega^2+\omega=-1$

$=(-1)-2$

$=\boldsymbol{-3}$

78 (1) 左辺を因数分解して

$(x^2-9)(x^2+9)=0$ ← $x^2=X$ とおくと $X^2-81=0$ $(X-9)(X+9)=0$

$x^2-9=0$ または $x^2+9=0$

$x^2=9$ または $x^2=-9$

よって $\boldsymbol{x=\pm3,\ \pm3i}$

(2) 左辺を因数分解して

$(x^2-2)(x^2+7)=0$ ← $X=x^2$ とおくと $X^2+5X-14=0$ $(X-2)(X+7)=0$

$x^2-2=0$ または $x^2+7=0$

$x^2=2$ または $x^2=-7$

よって $\boldsymbol{x=\pm\sqrt{2},\ \pm\sqrt{7}i}$

(3) $x^2-4x=t$ とおくと ← 同じものが複数あるときは，置き換える。

$t^2+7t+12=0$

$(t+3)(t+4)=0$

$(x^2-4x+3)(x^2-4x+4)=0$

$(x-1)(x-3)(x-2)^2=0$

よって $\boldsymbol{x=1,\ 2,\ 3}$ ← $x=2$ は重解

(4) $x^2=X$ と置き換えても $X^2-12X+16=0$ となり，これ以上因数分解できない。

そのようなときは平方の差の形に変形できないか考えてみる。

$(x^4-8x^2+16)-4x^2=0$ より

$(x^2-4)^2-(2x)^2=0$

$\{(x^2-4)+2x\}\{(x^2-4)-2x\}=0$

$(x^2+2x-4)(x^2-2x-4)=0$

$x^2+2x-4=0$ または $x^2-2x-4=0$

よって $\boldsymbol{x=-1\pm\sqrt{5},\ 1\pm\sqrt{5}}$

79 (1) $P(x)=x^3-5x^2+7x-2$ とおく。

$P(2)=8-20+14-2=0$

であるから，$P(x)$ は

$x-2$ を因数にもつ。

$$
\begin{array}{r|l}
 & x^2-3x+1 \\
x-2 & x^3-5x^2+7x-2 \\
 & x^3-2x^2 \\
 & -3x^2+7x \\
 & -3x^2+6x \\
 & x-2 \\
 & x-2 \\
 & 0
\end{array}
$$

$P(x)=(x-2)(x^2-3x+1)$

よって $(x-2)(x^2-3x+1)=0$

$x-2=0$ または $x^2-3x+1=0$

ゆえに $\boldsymbol{x=2,\ \dfrac{3\pm\sqrt{5}}{2}}$

(2) $P(x)=x^3+3x^2+4x+4$ とおく。

$P(-2)=-8+12-8+4=0$

であるから，$P(x)$ は

$x+2$ を因数にもつ。

$$\begin{array}{r} x^2+x+2 \\ x+2\,\overline{)\,x^3+3x^2+4x+4} \\ \underline{x^3+2x^2} \\ x^2+4x \\ \underline{x^2+2x} \\ 2x+4 \\ \underline{2x+4} \\ 0 \end{array}$$

$P(x)=(x+2)(x^2+x+2)$

よって　$(x+2)(x^2+x+2)=0$

$x+2=0$　または　$x^2+x+2=0$

ゆえに　$\boldsymbol{x=-2,\ \dfrac{-1\pm\sqrt{7}i}{2}}$

(3) $P(x)=x^3-x^2-2x-12$ とおく。

$P(3)=27-9-6-12=0$

であるから，$P(x)$ は

$x-3$ を因数にもつ。

$$\begin{array}{r} x^2+2x+4 \\ x-3\,\overline{)\,x^3-x^2-2x-12} \\ \underline{x^3-3x^2} \\ 2x^2-2x \\ \underline{2x^2-6x} \\ 4x-12 \\ \underline{4x-12} \\ 0 \end{array}$$

$P(x)=(x-3)(x^2+2x+4)$

よって　$(x-3)(x^2+2x+4)=0$

$x-3=0$　または　$x^2+2x+4=0$

ゆえに　$\boldsymbol{x=3,\ -1\pm\sqrt{3}i}$

(4) $P(x)=3x^3+4x^2-x+6$ とおく。

$P(-2)=-24+16+2+6=0$

であるから，$P(x)$ は

$x+2$ を因数にもつ。

$$\begin{array}{r} 3x^2-2x+3 \\ x+2\,\overline{)\,3x^3+4x^2-x+6} \\ \underline{3x^3+6x^2} \\ -2x^2-x \\ \underline{-2x^2-4x} \\ 3x+6 \\ \underline{3x+6} \\ 0 \end{array}$$

$P(x)=(x+2)(3x^2-2x+3)$

よって　$(x+2)(3x^2-2x+3)=0$

$x+2=0$　または　$3x^2-2x+3=0$

ゆえに　$\boldsymbol{x=-2,\ \dfrac{1\pm2\sqrt{2}i}{3}}$

80 (1) $P(x)=3x^3+x^2+x-2$ とおく。

$P\left(\dfrac{2}{3}\right)=\dfrac{8}{9}+\dfrac{4}{9}+\dfrac{2}{3}-2=0$

であるから，$P(x)$ は

$3x-2$ を因数にもつ。

$$\begin{array}{r} x^2+x+1 \\ 3x-2\,\overline{)\,3x^3+x^2+x-2} \\ \underline{3x^3-2x^2} \\ 3x^2+x \\ \underline{3x^2-2x} \\ 3x-2 \\ \underline{3x-2} \\ 0 \end{array}$$

$P(x)=(3x-2)(x^2+x+1)$

よって　$(3x-2)(x^2+x+1)=0$

$3x-2=0$　または　$x^2+x+1=0$

ゆえに　$\boldsymbol{x=\dfrac{2}{3},\ \dfrac{-1\pm\sqrt{3}i}{2}}$

(2) $P(x)=6x^3-x^2+2x+1$ とおく。

$P\left(-\dfrac{1}{3}\right)=-\dfrac{2}{9}-\dfrac{1}{9}-\dfrac{2}{3}+1=0$

であるから，$P(x)$ は

$3x+1$ を因数にもつ。

$$\begin{array}{r} 2x^2-x+1 \\ 3x+1\,\overline{)\,6x^3-x^2+2x+1} \\ \underline{6x^3+2x^2} \\ -3x^2+2x \\ \underline{-3x^2-x} \\ 3x+1 \\ \underline{3x+1} \\ 0 \end{array}$$

$P(x)=(3x+1)(2x^2-x+1)$

よって　$(3x+1)(2x^2-x+1)=0$

$3x+1=0$　または　$2x^2-x+1=0$

ゆえに　$\boldsymbol{x=-\dfrac{1}{3},\ \dfrac{1\pm\sqrt{7}i}{4}}$

B

81　1 が方程式の解であるから

$2\cdot1^3+a\cdot1^2-6\cdot1+b=0$

よって　$a+b=4$　……①

3 が方程式の解であるから

$2\cdot3^3+a\cdot3^2-6\cdot3+b=0$

よって　$9a+b=-36$　……②

①，②を解いて　$\boldsymbol{a=-5,\ b=9}$

このとき，方程式は

$2x^3-5x^2-6x+9=0$

$\underline{(x-1)(x-3)}(2x+3)=0$　← $x=1$，3 を解にもつから，$(x-1)(x-3)$ を因数にもつ

ゆえに，解は　$x=1,\ 3,\ -\dfrac{3}{2}$

したがって，他の解は　$\boldsymbol{x=-\dfrac{3}{2}}$

82 $3-i$ が方程式の解であるから

$(3-i)^3+a(3-i)^2+b(3-i)+10=0$

整理して　$(8a+3b+28)-(6a+b+26)i=0$

$8a+3b+28,\ -(6a+b+26)$ は実数であるから

$8a+3b+28=0,\ -(6a+b+26)=0$

これを解いて　$\boldsymbol{a=-5,\ b=4}$

このとき，方程式は

$x^3-5x^2+4x+10=0$

$(x+1)(x^2-6x+10)=0$

よって，解は　$x=-1,\ 3\pm i$

ゆえに，求める他の解は　$\boldsymbol{x=-1,\ 3+i}$

(別解)

この方程式の係数はすべて実数であるから，$3-i$ が解ならば，これと共役な複素数 $3+i$ も解である。

もう1つの解を c とおくと，方程式は

$\{x-(3-i)\}\{x-(3+i)\}(x-c)=0$

と表せる。

ここで，左辺を展開したときの定数項は

$-(3-i)(3+i)c$

で，もとの方程式の定数項と一致するから

$-(3-i)(3+i)c=10$

よって　$c=-1$

このとき，方程式は

$\{x-(3-i)\}\{x-(3+i)\}(x+1)=0$

左辺を展開して整理すると，

$x^3-5x^2+4x+10=0$

ゆえに　$\boldsymbol{a=-5,\ b=4}$

他の解は　$\boldsymbol{x=-1,\ 3+i}$

83 (1)　左辺を展開して整理すると

$x^3-6x^2+11x-30=0$

$P(x)=x^3-6x^2+11x-30$ とおく。

$P(5)=125-150+55-30=0$

（$x=5$ のとき (左辺)$=4\cdot3\cdot2$）

であるから，$P(x)$ は $x-5$ を因数にもつ。

$P(x)=(x-5)(x^2-x+6)$

よって　$(x-5)(x^2-x+6)=0$

$x-5=0$　または　$x^2-x+6=0$

ゆえに　$\boldsymbol{x=5,\ \dfrac{1\pm\sqrt{23}i}{2}}$

(2)　$x^2+x=t$ とおくと　$(t-1)(t-7)=-5$

$t^2-8t+12=0$

$(t-2)(t-6)=0$

$(x^2+x-2)(x^2+x-6)=0$

$(x-1)(x+2)(x-2)(x+3)=0$

よって　$\boldsymbol{x=1,\ -2,\ 2,\ -3}$

(3)　$x(x+3)\times(x+1)(x+2)-3=0$

$(x^2+3x)(x^2+3x+2)-3=0$

（同じ項が2項以上作れるように，掛ける組合せを考える。）

$x^2+3x=t$ とおくと

$t(t+2)-3=0$

$t^2+2t-3=0$

$(t-1)(t+3)=0$

$(x^2+3x-1)(x^2+3x+3)=0$

$x^2+3x-1=0$　または　$x^2+3x+3=0$

よって　$\boldsymbol{x=\dfrac{-3\pm\sqrt{13}}{2},\ \dfrac{-3\pm\sqrt{3}i}{2}}$

(4)　$P(x)=x^4-4x+3$ とおく。

$P(1)=1-4+3=0$

であるから，$P(x)$ は $x-1$ を因数にもつ。

$P(x)=(x-1)(x^3+x^2+x-3)$

$Q(x)=x^3+x^2+x-3$ とおく。

$Q(1)=1+1+1-3=0$

であるから，$Q(x)$ は $x-1$ を因数にもつ。

$Q(x)=(x-1)(x^2+2x+3)$

よって　$P(x)=(x-1)^2(x^2+2x+3)=0$

$(x-1)^2=0$　または　$x^2+2x+3=0$

ゆえに　$\boldsymbol{x=1,\ -1\pm\sqrt{2}i}$

(5)　$P(x)=x^4+3x^3+x^2-3x-2$ とおく。

$P(1)=1+3+1-3-2=0$

であるから，$P(x)$ は $x-1$ を因数にもつ。

$P(x)=(x-1)(x^3+4x^2+5x+2)$

$Q(x)=x^3+4x^2+5x+2$ とおく。

$Q(-1)=-1+4-5+2=0$

であるから，$Q(x)$ は $x+1$ を因数にもつ。

$Q(x)=(x+1)(x^2+3x+2)$

$\quad=(x+1)^2(x+2)$

よって　$P(x)=(x-1)(x+1)^2(x+2)=0$

ゆえに　$\boldsymbol{x=1,\ -1,\ -2}$

(6) $P(x)=x^4+2x^3+2x^2+7x+6$ とおく。

$P(-1)=1-2+2-7+6=0$

であるから，$P(x)$ は $x+1$ を因数にもつ。

$P(x)=(x+1)(x^3+x^2+x+6)$

$Q(x)=x^3+x^2+x+6$ とおく。

$Q(-2)=-8+4-2+6=0$

であるから，$Q(x)$ は $x+2$ を因数にもつ。

$Q(x)=(x+2)(x^2-x+3)$

方程式は　$(x+1)(x+2)(x^2-x+3)=0$

よって　$\boldsymbol{x=-1,\ -2,\ \dfrac{1\pm\sqrt{11}i}{2}}$

84　もとの立方体の 1 辺の長さを x cm とする。

高さを 2 cm 縮めるから　$x>2$

直方体の体積がもとの立方体の体積の 3 倍であるから　$(x+6)^2(x-2)=3x^3$

整理すると　$x^3-5x^2-6x+36=0$

左辺を因数分解して

$(x-3)(x^2-2x-12)=0$

よって　$x=3,\ 1\pm\sqrt{13}$

$x>2$ より　$x=3,\ 1+\sqrt{13}$

ゆえに，もとの立方体の 1 辺の長さは

3 cm または $(1+\sqrt{13})$cm

C

85 (1) $P(-1)=-1-(a-1)+a=\boldsymbol{0}$

(2) $P(-1)=0$ より，$P(x)$ は $x+1$ を因数にもつ。

右の計算より

$P(x)=\boldsymbol{(x+1)(x^2-x+a)}$

$$
\begin{array}{r|l}
 & x^2-x+a \\ \hline
x+1 & x^3 \qquad +(a-1)x+a \\
 & x^3+x^2 \\ \hline
 & -x^2+(a-1)x \\
 & -x^2-\qquad x \\ \hline
 & ax+a \\
 & ax+a \\ \hline
 & 0
\end{array}
$$

(別解)

$P(x)$ を a について整理すると

$P(x)=(x+1)a+x^3-x$

$=(x+1)a+x(x^2-1)$

$=(x+1)a+x(x+1)(x-1)$

$=(x+1)\{a+x(x-1)\}$

$=\boldsymbol{(x+1)(x^2-x+a)}$

(3) $P(x)=0$ より　$x+1=0$　または　$x^2-x+a=0$　……①

$P(x)=0$ の異なる実数解が 2 個であるのは，次の 2 つの場合である。

(i) 2 次方程式①が -1 以外の重解をもつ。

①の判別式を D とすると　$D=0$

$D=1-4a$ より　$1-4a=0$

よって　$a=\dfrac{1}{4}$

このとき，①の重解は　$x=-\dfrac{-1}{2\cdot 1}=\dfrac{1}{2}$

であるから，適する。

⇦ -1 が重解でないことを確認

⇦ $P(x)=(x+1)\left(x-\dfrac{1}{2}\right)^2$

(ii) ①が -1 と，-1 以外の解をもつ。

$x=-1$ を①に代入して　$1+1+a=0$

よって　$a=-2$

このとき，①は　$x^2-x-2=0$

$(x+1)(x-2)=0$ より，①の解は -1，2 であるから，適する。

(i)，(ii)より　$\boldsymbol{a=\frac{1}{4},\ -2}$

86　$P(x)=x^3+ax+b$ とおく。

$P(x)$ は $x-1$ を因数にもつから　$P(1)=1+a+b=0$

よって　$b=-a-1$　……①

このとき　$P(x)=x^3+ax-a-1=(x^3-1)+a(x-1)$

$=(x-1)(x^2+x+a+1)$

ここで，$Q(x)=x^2+x+a+1$ とおくと，

$Q(x)$ も $x-1$ を因数にもつから

$Q(1)=1+1+a+1=0$

よって　$\boldsymbol{a=-3}$　　①より　$\boldsymbol{b=2}$

このとき　$P(x)=(x-1)(x^2+x-2)=(x-1)^2(x+2)$

となり，方程式は　　$(x-1)^2(x+2)=0$

よって，解は　$x=1$（2 重解），-2

したがって，他の解は　$\boldsymbol{x=-2}$

(別解)　x^3+ax+b は $(x-1)^2=x^2-2x+1$ を因数にもつから，

x^3+ax+b は x^2-2x+1 で割り切れる。

右の計算より

$a+3=0,\ b-2=0$

よって　$\boldsymbol{a=-3,\ b=2}$

このとき，方程式は

$(x-1)^2(x+2)=0$

ゆえに，解は　$x=1$（2 重解），-2

したがって，他の解は　$\boldsymbol{x=-2}$

$$\begin{array}{r} x+2 \\ x^2-2x+1\,\big)\overline{\,x^3\qquad+\qquad ax+b} \\ \underline{x^3-2x^2+\qquad x} \\ 2x^2+(a-1)x+b \\ \underline{2x^2-\qquad 4x+2} \\ (a+3)x+b-2 \end{array}$$

87　$x=\frac{1-\sqrt{7}i}{2}$ より　$2x-1=-\sqrt{7}i$

両辺を 2 乗して　$(2x-1)^2=(-\sqrt{7}i)^2$

整理すると　$x^2-x+2=0$

$x^4-3x^3+8x^2-2x+7$ を

x^2-x+2 で割ると，

右の計算から

商 x^2-2x+4，余り $6x-1$

よって　　$x^4-3x^3+8x^2-2x+7$

$=(x^2-x+2)(x^2-2x+4)+6x-1$

ゆえに

$$\begin{array}{r} x^2-2x+4 \\ x^2-x+2\,\big)\overline{\,x^4-3x^3+8x^2-2x+7} \\ \underline{x^4-\ x^3+2x^2} \\ -2x^3+6x^2-2x \\ \underline{-2x^3+2x^2-4x} \\ 4x^2+2x+7 \\ \underline{4x^2-4x+8} \\ 6x-1 \end{array}$$

$P\left(\frac{1-\sqrt{7}i}{2}\right)=0+6\cdot\frac{1-\sqrt{7}i}{2}-1$

$=3(1-\sqrt{7}i)-1=\boldsymbol{2-3\sqrt{7}i}$

⇦ $P(x)=(x+1)^2(x-2)$

⇦因数定理を利用する。

⇦ $P(x)=0$ が 2 重解 $x=1$ をもつので，$P(x)$ は $(x-1)^2$ を因数にもつ。
$P(x)=(x-1)Q(x)$ より，
$Q(x)$ は $x-1$ を因数にもつ。

⇦ x^3+ax+b を $(x-1)^2$ で割った余りに着目する。

⇦割り切れる ⇔ 余り$=0$

⇦（参考）
3 節で学習する恒等式の考えを用いると，他の解を α として
$x^3+ax+b=(x-1)^2(x-\alpha)$
とおけるので，右辺を展開して係数を比較する解法がある。

⇦ $x=\frac{1-\sqrt{7}i}{2}$ を解とする係数が整数の 2 次方程式を作る。
共役な複素数も解であり，
$\frac{1-\sqrt{7}i}{2}+\frac{1+\sqrt{7}i}{2}=1$
$\frac{1-\sqrt{7}i}{2}\times\frac{1+\sqrt{7}i}{2}=\frac{8}{4}=2$
から，$x=\frac{1\pm\sqrt{7}i}{2}$ を解とする 2 次方程式は，$x^2-x+2=0$ としてもよい。

3節　式と証明

1　等式の証明

本編 p.022〜025

A

88　① (左辺)$=a^2+2a-8$

$=(a-2)(a+4)\neq$(右辺)　← 右辺を展開してもよい。

② (左辺)$=(a+b)^2+(a-b)^2$

$=(a^2+2ab+b^2)+(a^2-2ab+b^2)$

$=2a^2+2b^2$

$=2(a^2+b^2)=$(右辺)

③ (左辺)$=x(x-1)+(x-1)(x-2)$

$=(x^2-x)+(x^2-3x+2)$

$=2x^2-4x+2$

$=2(x-1)^2=$(右辺)

④ (左辺)$=\sqrt{x^2}=|x|\neq$(右辺)

よって，恒等式であるのは　**②，③**

89 (1)　等式の左辺を展開して整理すると

$(a+b)x+a-4b=8x-2$

これが x についての恒等式となる条件は，両辺の同じ次数の項の係数が等しくなることであるから

$a+b=8,\ a-4b=-2$

これを解いて　$\boldsymbol{a=6,\ b=2}$

(別解)　$x=4,\ -1$ を代入したとき，等式が成り立たなければならないから

$5a=30,\ -5b=-10$

これを解いて　$\boldsymbol{a=6,\ b=2}$

このとき，与えられた等式は x についての恒等式となる。

(2)　等式の左辺を展開して整理すると

$(a+b+c)x^2+(-3b-c)x-a+2b-2c$

$=7x-5$

これが x についての恒等式となる条件は，両辺の同じ次数の項の係数が等しくなることであるから

$a+b+c=0,\ -3b-c=7,$

$-a+2b-2c=-5$

これを解いて　$\boldsymbol{a=3,\ b=-2,\ c=-1}$

(別解)　$x=1,\ -1,\ 2$ を代入したとき，等式が成り立たなければならないから

$-2c=2,\ 6b=-12,\ 3a=9$

これを解いて　$\boldsymbol{a=3,\ b=-2,\ c=-1}$

このとき，与えられた等式は x についての恒等式となる。

(3)　等式の左辺を展開して整理すると

$ax^2+(-6a+b)x+9a-3b+c$

$=3x^2-9x+5$

これが x についての恒等式となる条件は，両辺の同じ次数の項の係数が等しくなることであるから

$a=3,\ -6a+b=-9,\ 9a-3b+c=5$

これを解いて　$\boldsymbol{a=3,\ b=9,\ c=5}$

(別解)　$x=0,\ 2,\ 3$ を代入したとき，等式が成り立たなければならないから

$9a-3b+c=5,\ a-b+c=-1,\ c=5$

これを解いて　$\boldsymbol{a=3,\ b=9,\ c=5}$

このとき，与えられた等式は x についての恒等式となる。

(4)　等式の左辺を展開して整理すると

$(a+b+c)x^2+(2a-4b)x+a+2c-8=0$

これが x についての恒等式となる条件は，両辺の同じ次数の項の係数が等しくなることであるから

$a+b+c=0,\ 2a-4b=0,\ a+2c-8=0$

これを解いて　$\boldsymbol{a=-4,\ b=-2,\ c=6}$

(別解)　$x=0,\ 1,\ -1$ を代入したとき，等式が成り立たなければならないから

$a+2c-8=0,\ 4a-3b+3c-8=0,$

$5b+3c-8=0$

これを解いて　$\boldsymbol{a=-4,\ b=-2,\ c=6}$

このとき，与えられた等式は x についての恒等式となる。

90 (1)　両辺に $(x+1)(x-1)$ を掛けて得られる等式

$2=a(x-1)+b(x+1)$

が恒等式であればよい。右辺を整理すると

$2=(a+b)x-a+b$

両辺の同じ次数の項の係数を比較して

$a+b=0,\ -a+b=2$

これを解いて　$\boldsymbol{a=-1,\ b=1}$

(2)　両辺に $x(x-4)$ を掛けて得られる等式

$x+4=a(x-4)+bx$

が恒等式であればよい。右辺を整理すると

$x+4=(a+b)x-4a$

両辺の同じ次数の項の係数を比較して

$a+b=1,\ -4a=4$

これを解いて　$\boldsymbol{a=-1,\ b=2}$

(3)　両辺に $x^2-x-6=(x+2)(x-3)$ を掛けて得られる等式

$6x-8=a(x-3)+b(x+2)$

が恒等式であればよい。右辺を整理すると

$6x-8=(a+b)x-3a+2b$

両辺の同じ次数の項の係数を比較して

$a+b=6,\ -3a+2b=-8$

これを解いて　$\boldsymbol{a=4,\ b=2}$

(4)　両辺に $2x^2+x-1=(2x-1)(x+1)$ を掛けて得られる等式

$4x-5=a(x+1)+b(2x-1)$

が恒等式であればよい。右辺を整理すると

$4x-5=(a+2b)x+a-b$

両辺の同じ次数の項の係数を比較して

$a+2b=4,\ a-b=-5$

これを解いて　$\boldsymbol{a=-2,\ b=3}$

91 (1)　(右辺)$=(x^2+x-1)(x^2-x-1)$

$=\{(x^2-1)+x\}\{(x^2-1)-x\}$

$=(x^2-1)^2-x^2=x^4-2x^2+1-x^2$

$=x^4-3x^2+1=$(左辺)

↑逆にたどって証明してもよいが，右辺を展開する方が簡単

よって

$x^4-3x^2+1=(x^2+x-1)(x^2-x-1)$　終

(2)　(左辺)$=(a^2+1)(b^2+1)$

$=a^2b^2+a^2+b^2+1$

(右辺)$=(ab+1)^2+(a-b)^2$

$=(a^2b^2+2ab+1)+(a^2-2ab+b^2)$

$=a^2b^2+a^2+b^2+1$

よって

$(a^2+1)(b^2+1)=(ab+1)^2+(a-b)^2$　終

(3)　(右辺)$=\dfrac{1}{2}\{(a-b)^2+(b-c)^2+(c-a)^2\}$

$=\dfrac{1}{2}\{(a^2-2ab+b^2)$

$+(b^2-2bc+c^2)+(c^2-2ca+a^2)\}$

$=\dfrac{1}{2}(2a^2+2b^2+2c^2$

$-2ab-2bc-2ca)$

$=a^2+b^2+c^2-ab-bc-ca$

$=$(左辺)

よって　$a^2+b^2+c^2-ab-bc-ca$

$=\dfrac{1}{2}\{(a-b)^2+(b-c)^2+(c-a)^2\}$　終

92 (1)　$a+b+c=0$ より $c=-(a+b)$ であるから

(左辺)$=2a^2+ab+2ca$

$=2a^2+ab-2(a+b)a$

$=2a^2+ab-2a^2-2ab$

$=-ab$

(右辺)$=b^2+bc$

$=b^2-b(a+b)$

$=b^2-ab-b^2$

$=-ab$

よって　$2a^2+ab+2ca=b^2+bc$　終

(別解)　$a+b+c=0$ より

(左辺)$-$(右辺)

$=2a^2+ab+2ca-(b^2+bc)$

$=2a^2+ab+2ca-b^2-bc$

$=(2a^2+ab-b^2)+(2ca-bc)$　次数の低い c について整理

$=(2a-b)(a+b)+c(2a-b)$

$=(2a-b)(\underline{a+b+c})$　条件式をかたまりとして利用する。

$=(2a-b)\cdot\underline{0}=0$

よって　$2a^2+ab+2ca=b^2+bc$　終

(2) $a+b+c=0$ より　$c=-(a+b)$

$(左辺)=(a+b)(b+c)(c+a)+abc$

$=(a+b)\{b-(a+b)\}\{-(a+b)+a\}$
$+ab\{-(a+b)\}$

$=(a+b)(-a)(-b)-ab(a+b)$

$=a^2b+ab^2-a^2b-ab^2=0$

よって　$(a+b)(b+c)(c+a)+abc=0$　終

(別解)　$a+b+c=0$ より

$a+b=-c,\ b+c=-a,\ c+a=-b$

$(左辺)=(a+b)(b+c)(c+a)+abc$

$=(-c)(-a)(-b)+abc$

$=-abc+abc=0$

よって　$(a+b)(b+c)(c+a)+abc=0$　終

(3) $a+b+c=0$ より　$c=-(a+b)$

$(左辺)=a^2\{b-(a+b)\}+b^2\{-(a+b)+a\}$
$+\{-(a+b)\}^2(a+b)$

$=a^2\cdot(-a)+b^2\cdot(-b)+(a+b)^3$

$=-a^3-b^3+(a^3+3a^2b+3ab^2+b^3)$

$=3a^2b+3ab^2$

$(右辺)=-3abc$

$=-3ab\{-(a+b)\}$

$=3a^2b+3ab^2$

よって　$a^2(b+c)+b^2(c+a)+c^2(a+b)$
$=-3abc$　終

93 (1) $a+b=1$ より　$b=1-a$

$(左辺)=a^2+b^2$

$=a^2+(1-a)^2$

$=a^2+(1-2a+a^2)$

$=2a^2-2a+1$

$(右辺)=1-2ab$

$=1-2a(1-a)$

$=1-2a+2a^2$

よって　$a^2+b^2=1-2ab$　終

(別解)　(左辺)−(右辺)

$=(a^2+b^2)-(1-2ab)$

$=(a^2+2ab+b^2)-1$

$=(a+b)^2-1$

ここで，$a+b=1$ であるから

$(a^2+b^2)-(1-2ab)=1^2-1=0$

よって　$a^2+b^2=1-2ab$　終

(2) $a+b=1$ より　$b=1-a$

$(左辺)=a^3+a^2b+ab^2+b^3$

$=a^3+a^2(1-a)+a(1-a)^2+(1-a)^3$

$=a^3+a^2-a^3+a-2a^2+a^3$
$+1-3a+3a^2-a^3$

$=2a^2-2a+1$

$(右辺)=a^2+b^2$

$=a^2+(1-a)^2$

$=a^2+1-2a+a^2$

$=2a^2-2a+1$

よって　$a^3+a^2b+ab^2+b^3=a^2+b^2$　終

(別解)　$a+b=1$ より　$a+b-1=0$

(左辺)−(右辺)

$=a^3+a^2b+ab^2+b^3-a^2-b^2$

$=(a^3+a^2b-a^2)+(ab^2+b^3-b^2)$

$=a^2(a+b-1)+b^2(a+b-1)$

$=(a^2+b^2)(a+b-1)$

$=(a^2+b^2)\cdot 0=0$

かたまりとして利用する。

よって　$a^3+a^2b+ab^2+b^3=a^2+b^2$　終

B

94　$\dfrac{a}{b}=\dfrac{c}{d}=k$ とおくと　$a=bk,\ c=dk$

(1) $(左辺)=\dfrac{2a+b}{a+2b}=\dfrac{2bk+b}{bk+2b}$

$=\dfrac{(2k+1)b}{(k+2)b}=\dfrac{2k+1}{k+2}$

$(右辺)=\dfrac{2c+d}{c+2d}=\dfrac{2dk+d}{dk+2d}$

$=\dfrac{(2k+1)d}{(k+2)d}=\dfrac{2k+1}{k+2}$

よって　$\dfrac{2a+b}{a+2b}=\dfrac{2c+d}{c+2d}$　終

(2) $(左辺)=\dfrac{ab-cd}{ab+cd}$

$=\dfrac{bk\cdot b-dk\cdot d}{bk\cdot b+dk\cdot d}$

$=\dfrac{b^2k-d^2k}{b^2k+d^2k}$

$=\dfrac{(b^2-d^2)k}{(b^2+d^2)k}=\dfrac{b^2-d^2}{b^2+d^2}$

$(右辺)=\dfrac{a^2-c^2}{a^2+c^2}$

$=\dfrac{(bk)^2-(dk)^2}{(bk)^2+(dk)^2}$

$=\dfrac{b^2k^2-d^2k^2}{b^2k^2+d^2k^2}$

$=\dfrac{(b^2-d^2)k^2}{(b^2+d^2)k^2}=\dfrac{b^2-d^2}{b^2+d^2}$

よって $\dfrac{ab-cd}{ab+cd}=\dfrac{a^2-c^2}{a^2+c^2}$ 終

95 $x:y:z=2:3:4$ より，k を定数として

$x=2k$, $y=3k$, $z=4k$

とおける。

(1) $\dfrac{x+y+z}{x+2y-3z}=\dfrac{2k+3k+4k}{2k+2\cdot 3k-3\cdot 4k}$

$=\dfrac{9k}{-4k}=\boldsymbol{-\dfrac{9}{4}}$

(2) $\dfrac{x^2+y^2+z^2}{xy+yz+zx}=\dfrac{(2k)^2+(3k)^2+(4k)^2}{2k\cdot 3k+3k\cdot 4k+4k\cdot 2k}$

$=\dfrac{29k^2}{26k^2}=\boldsymbol{\dfrac{29}{26}}$

96 (1) 左辺を展開して整理すると

$ax^2+(3a+b)x+3b=2x^2+5x+c$

これが x についての恒等式となる条件は，両辺の同じ次数の項の係数が等しくなることであるから

$a=2$, $3a+b=5$, $3b=c$

これを解いて

$\boldsymbol{a=2,\ b=-1,\ c=-3}$

(2) 右辺を展開して整理すると

$ax^2-12x+b=9x^2+6cx+c^2$

これが x についての恒等式となる条件は，両辺の同じ次数の項の係数が等しくなることであるから

$a=9$, $-12=6c$, $b=c^2$

これを解いて

$\boldsymbol{a=9,\ b=4,\ c=-2}$

(3) 右辺を展開して整理すると

x^3+ax+2

$=x^3+(b-2)x^2+(-2b+c)x-2c$

これが x についての恒等式となる条件は，両辺の同じ次数の項の係数が等しくなることであるから

$0=b-2$, $a=-2b+c$, $2=-2c$

これを解いて

$\boldsymbol{a=-5,\ b=2,\ c=-1}$

(別解) $x=0$, 1, 2 を代入したとき，等式が成り立たなくてはならないから

$2=-2c$, $1+a+2=-(1+b+c)$,

$8+2a+2=0$

これを解いて

$\boldsymbol{a=-5,\ b=2,\ c=-1}$

このとき，与えられた等式は x についての恒等式となる。

(4) 右辺を展開して整理すると

$3x^3+ax^2+bx-8$

$=3x^3+(c-15)x^2+(-5c+12)x+4c$

これが x についての恒等式となる条件は，両辺の同じ次数の項の係数が等しくなることであるから

$a=c-15$, $b=-5c+12$, $-8=4c$

これを解いて

$\boldsymbol{a=-17,\ b=22,\ c=-2}$

(別解) $x=0$, 1, 4 を代入したとき，等式が成り立たなくてはならないから,

$-8=4c$, $3+a+b-8=0$,

$192+16a+4b-8=0$

これを解いて

$\boldsymbol{a=-17,\ b=22,\ c=-2}$

このとき，与えられた等式は x についての恒等式となる。

97 (1) 条件より

$x^3-3x+a=(x-1)(x^2+bx+c)+4$

右辺を整理して

x^3-3x+a

$=x^3+(b-1)x^2+(-b+c)x-c+4$

この等式は x についての恒等式であるから，

両辺の同じ次数の項の係数を比較して

$b-1=0,\ -b+c=-3,\ -c+4=a$

これを解いて

$\boldsymbol{a=6,\ b=1,\ c=-2}$

(2) 条件より

$2x^3+ax^2+b=(x+1)^2(2x+c)$ ← 割り切れる ⇔ 余り＝0

右辺を整理して

$2x^3+ax^2+b$

$=2x^3+(c+4)x^2+(2c+2)x+c$

この等式は x についての恒等式であるから，

両辺の同じ次数の項の係数を比較して

$c+4=a,\ 2c+2=0,\ c=b$

これを解いて

$\boldsymbol{a=3,\ b=-1,\ c=-1}$

98 (1) 両辺に $x^3-1=(x-1)(x^2+x+1)$ を掛けて得られる等式

$1=a(x^2+x+1)+(bx+c)(x-1)$

が恒等式であればよい。右辺を整理すると

$1=(a+b)x^2+(a-b+c)x+a-c$

両辺の同じ次数の項の係数を比較して

$a+b=0,\ a-b+c=0,\ a-c=1$

これを解いて

$\boldsymbol{a=\frac{1}{3},\ b=-\frac{1}{3},\ c=-\frac{2}{3}}$

(2) 両辺に $x(x+1)^2$ を掛けて得られる等式

$1=a(x+1)^2+bx(x+1)+cx$

が恒等式であればよい。右辺を整理すると

$1=(a+b)x^2+(2a+b+c)x+a$

両辺の同じ次数の項の係数を比較して

$a+b=0,\ 2a+b+c=0,\ a=1$

これを解いて

$\boldsymbol{a=1,\ b=-1,\ c=-1}$

(3) 両辺に $(x-1)^2$ を掛けて得られる等式

$x=a(x-1)+b$

が恒等式であればよい。右辺を整理すると

$x=ax+(-a+b)$

両辺の同じ次数の項の係数を比較して

$a=1,\ -a+b=0$

これを解いて

$\boldsymbol{a=1,\ b=1}$

(4) 両辺に $x^3-4x=x(x+2)(x-2)$ を掛けて得られる等式

$x+1$

$=a(x+2)(x-2)+bx(x-2)+cx(x+2)$

が恒等式であればよい。右辺を整理すると

$x+1=(a+b+c)x^2+(-2b+2c)x-4a$

両辺の同じ次数の項の係数を比較して

$a+b+c=0,\ -2b+2c=1,\ -4a=1$

これを解いて

$\boldsymbol{a=-\frac{1}{4},\ b=-\frac{1}{8},\ c=\frac{3}{8}}$

99 $\frac{x+y}{5}=\frac{y+z}{6}=\frac{z+x}{7}=k$ とおくと

$x+y=5k$ ……①

$y+z=6k$ ……②

$z+x=7k$ ……③

①＋②＋③より　$2(x+y+z)=18k$

よって　$x+y+z=9k$

これと②，③，①より

$x=9k-(y+z)=9k-6k=3k$

$y=9k-(z+x)=9k-7k=2k$

$z=9k-(x+y)=9k-5k=4k$

ゆえに

$$\frac{x^2}{yz}+\frac{y^2}{zx}+\frac{z^2}{xy}=\frac{9k^2}{8k^2}+\frac{4k^2}{12k^2}+\frac{16k^2}{6k^2}$$

$$=\boldsymbol{\frac{33}{8}}$$

C

100 (1) 左辺を k について整理すると

$$(x+y+1)k+x-y-5=0$$

この等式が k についての恒等式となればよいから

$$x+y+1=0,\ x-y-5=0$$

これを解いて　$\boldsymbol{x=2,\ y=-3}$

⇦等式が k についての恒等式
⇔ 等式がどのような k の値に対しても成り立つ。

(2) 左辺を k について整理すると

$$(2x-y+7)k+x-3y+6=0$$

この等式が k についての恒等式となればよいから

$$2x-y+7=0,\ x-3y+6=0$$

これを解いて　$\boldsymbol{x=-3,\ y=1}$

101 (1) $x+y+z=0$ より

$$x+y=-z,\ y+z=-x,\ z+x=-y$$

⇦条件式の使い方を工夫する。

$$(\text{左辺})=x\left(\frac{1}{y}+\frac{1}{z}\right)+y\left(\frac{1}{z}+\frac{1}{x}\right)+z\left(\frac{1}{x}+\frac{1}{y}\right)$$

$$=\left(\frac{x}{y}+\frac{x}{z}\right)+\left(\frac{y}{z}+\frac{y}{x}\right)+\left(\frac{z}{x}+\frac{z}{y}\right)$$

$$=\frac{y+z}{x}+\frac{z+x}{y}+\frac{x+y}{z}$$

⇦分母が等しい項どうしをまとめる。

$$=\frac{-x}{x}+\frac{-y}{y}+\frac{-z}{z}=-3=(\text{右辺})$$

よって　$x\left(\frac{1}{y}+\frac{1}{z}\right)+y\left(\frac{1}{z}+\frac{1}{x}\right)+z\left(\frac{1}{x}+\frac{1}{y}\right)=-3$　終

(2) $xyz=1$ のとき　$z=\frac{1}{xy}$ であるから

⇦条件式を用いて1つの文字を消去する。

$$\frac{y}{yz+y+1}=\frac{y}{y\cdot\frac{1}{xy}+y+1}$$

$$=\frac{y}{\frac{1}{x}+y+1}=\frac{xy}{x\left(\frac{1}{x}+y+1\right)}$$

⇦分母・分子に x を掛ける。

$$=\frac{xy}{xy+x+1}$$

$$\frac{z}{zx+z+1}=\frac{\frac{1}{xy}}{\frac{1}{xy}\cdot x+\frac{1}{xy}+1}$$

$$=\frac{\frac{1}{xy}}{\frac{1}{y}+\frac{1}{xy}+1}=\frac{xy\cdot\frac{1}{xy}}{xy\left(\frac{1}{y}+\frac{1}{xy}+1\right)}$$

⇦分母・分子に xy を掛ける。

$$=\frac{1}{xy+x+1}$$

よって

$$(\text{左辺})=\frac{x}{xy+x+1}+\frac{y}{yz+y+1}+\frac{z}{zx+z+1}$$

$$=\frac{x}{xy+x+1}+\frac{xy}{xy+x+1}+\frac{1}{xy+x+1}$$

$$=\frac{xy+x+1}{xy+x+1}=1=(\text{右辺})$$

ゆえに

$$\frac{x}{xy+x+1}+\frac{y}{yz+y+1}+\frac{z}{zx+z+1}=1$$ 終

(別解)　$xyz=1$ であるから

⇦条件式をかたまりとして利用

$$\frac{y}{yz+y+1}=\frac{xy}{xyz+xy+x}$$

⇦分母・分子に x を掛ける。

$$=\frac{xy}{xy+x+1}$$

$$\frac{z}{zx+z+1}=\frac{xyz}{xyz\cdot x+xyz+xy}$$

⇦分母・分子に xy を掛ける。

$$=\frac{1}{xy+x+1}$$　(以下同じ)

102　$2x^2-5xy+3y^2=0$ より

$(2x-3y)(x-y)=0$

$x \neq y$ より　$x-y \neq 0$ であるから　$2x-3y=0$

これより　$y=\frac{2}{3}x$

(1)　$\frac{x}{y}=x\div\frac{2}{3}x=x\times\frac{3}{2x}=\mathbf{\frac{3}{2}}$

(2)　$\frac{x^2-xy+y^2}{x^2+xy+y^2}=\frac{x^2-x\cdot\frac{2}{3}x+\left(\frac{2}{3}x\right)^2}{x^2+x\cdot\frac{2}{3}x+\left(\frac{2}{3}x\right)^2}=\frac{\frac{7}{9}x^2}{\frac{19}{9}x^2}=\mathbf{\frac{7}{19}}$

⇦次のような方法もある。

$2x^2-5xy+3y^2=0$ の両辺を

y^2 で割って,

$2\left(\frac{x}{y}\right)^2-5\cdot\frac{x}{y}+3=0$

(1)　$\frac{x}{y}=t$ とおくと, $t \neq 1$

$2t^2-5t+3=0$ を解く。

(2)　分母・分子を y^2 で割ると,

$$\frac{x^2-xy+y^2}{x^2+xy+y^2}=\frac{\left(\frac{x}{y}\right)^2-\frac{x}{y}+1}{\left(\frac{x}{y}\right)^2+\frac{x}{y}+1}$$

$$=\frac{t^2-t+1}{t^2+t+1}$$

(別解)

$2x-3y=0$ より　$\frac{x}{3}=\frac{y}{2}$

この式の値を k とおくと　$x=3k$, $y=2k$

(1)　$\frac{x}{y}=\frac{3k}{2k}=\mathbf{\frac{3}{2}}$

(2)　$\frac{x^2-xy+y^2}{x^2+xy+y^2}=\frac{(3k)^2-3k\cdot 2k+(2k)^2}{(3k)^2+3k\cdot 2k+(2k)^2}$

$$=\frac{9k^2-6k^2+4k^2}{9k^2+6k^2+4k^2}=\frac{7k^2}{19k^2}=\mathbf{\frac{7}{19}}$$

103 (1) 右辺を展開して整理すると

$$xy=(a+b)x^2+(2a-2b)xy+(a+b)y^2$$

これが x，y についての恒等式となる条件は，両辺の各項の係数が等しくなることであるから

$$a+b=0,\quad 2a-2b=1$$

これを解いて　$\boldsymbol{a=\frac{1}{4},\ b=-\frac{1}{4}}$

(2) 左辺を展開して整理すると

$$(a+4b)x^2+(4a+4b)xy+(4a+b)y^2$$
$$=7x^2+cxy-2y^2$$

これが x，y についての恒等式となる条件は，両辺の各項の係数が等しくなることであるから

$$a+4b=7,\quad 4a+4b=c,\quad 4a+b=-2$$

これを解いて　$\boldsymbol{a=-1,\ b=2,\ c=4}$

104　$x+y+z=0$　……①

$x-y+3z=2$　……②

①+②より　$2x+4z=2$

よって　$x=-2z+1$　……③

①−②より　$2y-2z=-2$

よって　$y=z-1$　……④

③，④を　$ax^2+by^2+cz^2=1$　に代入して整理すると

$$a(-2z+1)^2+b(z-1)^2+cz^2=1$$
$$(4a+b+c)z^2+(-4a-2b)z+a+b=1$$

この等式がすべての実数 z について成り立つから，z についての恒等式である。

両辺の同じ次数の項の係数を比較して

$$4a+b+c=0,\quad -4a-2b=0,\quad a+b=1$$

これを解いて　$\boldsymbol{a=-1,\ b=2,\ c=2}$

⇦条件式の①，②から1つの文字で残り2つの文字を表し，2文字を消去する。

⇦ $-4a-2b=0$，$a+b=1$ を解くと　$a=-1$，$b=2$

105　$(a-2)(b-2)(c-2)=0$ が成り立つことを示す。

$\frac{1}{a}+\frac{1}{b}+\frac{1}{c}=\frac{1}{2}$ の両辺に $2abc$ を掛けて

$$2(ab+bc+ca)=abc$$

また，$a+b+c=2$ であるから

$$(a-2)(b-2)(c-2)$$
$$=abc-2(ab+bc+ca)+4(a+b+c)-8$$
$$=abc-abc+4\cdot2-8=0$$

よって　$a-2=0$ または $b-2=0$ または $c-2=0$

すなわち　$a=2$ または $b=2$ または $c=2$

ゆえに，a，b，c のうち少なくとも1つは2である。 終

㊎p.54 章末B 14

⇦ a，b，c のうち少なくとも1つは2

⇔　$a-2$，$b-2$，$c-2$ のうち少なくとも1つは0

⇔　$(a-2)(b-2)(c-2)=0$

106 $x^2-yz=y^2-zx$ より

$$x^2-y^2-yz+zx=0$$
$$(x+y)(x-y)+(x-y)z=0$$
$$(x-y)(x+y+z)=0$$

$x \neq y$ より，$x-y \neq 0$ であるから　$x+y+z=0$

このとき　$(y^2-zx)-(z^2-xy)$

$$=y^2-z^2+xy-zx$$
$$=(y+z)(y-z)+x(y-z)$$
$$=(y-z)(x+y+z)=0$$

よって　$y^2-zx=z^2-xy$

$y^2-zx=1$ であるから　$z^2-xy=1$　終

⇦ $x^2-yz=y^2-zx$ から得られる情報がないか調べる。

⇦ $x+y+z=0$ をかたまりとして利用

研究 部分分数分解と分数式の計算

本編 p.025

B

107 (1)

$$\frac{2}{(x+1)(x+3)}+\frac{2}{(x+3)(x+5)}+\frac{2}{(x+5)(x+7)}$$
$$=\left(\frac{1}{x+1}-\frac{1}{x+3}\right)+\left(\frac{1}{x+3}-\frac{1}{x+5}\right)+\left(\frac{1}{x+5}-\frac{1}{x+7}\right)$$
$$=\frac{1}{x+1}-\frac{1}{x+7}=\frac{(x+7)-(x+1)}{(x+1)(x+7)}$$
$$=\boldsymbol{\frac{6}{(x+1)(x+7)}}$$

(2)

$$\frac{1}{(x-1)(x-3)}+\frac{1}{(x-3)(x-5)}+\frac{1}{(x-5)(x-7)}$$
$$=\frac{1}{2}\left(\frac{1}{x-3}-\frac{1}{x-1}\right)+\frac{1}{2}\left(\frac{1}{x-5}-\frac{1}{x-3}\right)+\frac{1}{2}\left(\frac{1}{x-7}-\frac{1}{x-5}\right)$$
$$=\frac{1}{2}\left(\frac{1}{x-7}-\frac{1}{x-1}\right)=\frac{1}{2}\cdot\frac{(x-1)-(x-7)}{(x-7)(x-1)}$$
$$=\frac{1}{2}\cdot\frac{6}{(x-7)(x-1)}$$
$$=\boldsymbol{\frac{3}{(x-7)(x-1)}}$$

2 不等式の証明

本編 p.026～028

A

108 (1) $\frac{5a-b}{4}-\frac{6a-b}{5}=\frac{a-b}{20}$

$a>b$ より，$a-b>0$ であるから

$$\frac{a-b}{20}>0$$

よって　$\frac{5a-b}{4}>\frac{6a-b}{5}$　終

(2) $a-\frac{3a+4b}{7}=\frac{4(a-b)}{7}$

$a>b$ より $a-b>0$ であるから

$$\frac{4(a-b)}{7}>0$$

よって　$a>\frac{3a+4b}{7}$

また　$\dfrac{3a+4b}{7}-b=\dfrac{3(a-b)}{7}$

$a-b>0$ であるから　$\dfrac{3(a-b)}{7}>0$

よって　$\dfrac{3a+4b}{7}>b$

ゆえに　$a>\dfrac{3a+4b}{7}>b$ 終

109 (1)　$(ab+4)-2(a+b)=ab-2a-2b+4$

$=a(b-2)-2(b-2)$

$=(a-2)(b-2)$

$a>2,\ b>2$ より　$a-2>0,\ b-2>0$

よって

$(ab+4)-2(a+b)=(a-2)(b-2)>0$

ゆえに　$ab+4>2(a+b)$ 終

(2)　$(a+c)b-(ac+b^2)=ab-ac+bc-b^2$

$=a(b-c)-b(b-c)$

$=(a-b)(b-c)$

$a>b>c$ より　$a-b>0,\ b-c>0$

よって

$(a+c)b-(ac+b^2)=(a-b)(b-c)>0$

ゆえに　$(a+c)b>ac+b^2$ 終

110 (1)　$(2x-1)^2\geqq 0,\ (y+1)^2\geqq 0$ であるから

$(2x-1)^2+(y+1)^2=0$ が成り立つのは

$(2x-1)^2=0$　かつ　$(y+1)^2=0$

すなわち　$2x-1=0$　かつ　$y+1=0$

よって　$\boldsymbol{x=\dfrac{1}{2},\ y=-1}$

(2)　$x^2+y^2-6x+4y+13=0$

左辺を変形して

$(x^2-6x+9)+(y^2+4y+4)=0$

すなわち　$(x-3)^2+(y+2)^2=0$

$(x-3)^2\geqq 0,\ (y+2)^2\geqq 0$ であるから

$x-3=0$　かつ　$y+2=0$

よって　$\boldsymbol{x=3,\ y=-2}$

111 (1)　$2(a^2+b^2)-(a+b)^2$

$=a^2-2ab+b^2=(a-b)^2\geqq 0$ ←(実数)$^2\geqq 0$

よって　$2(a^2+b^2)\geqq(a+b)^2$

等号が成り立つのは　$a-b=0$

すなわち，**$a=b$ のとき**である。 終

(2)　$(x^2+2y^2)-2xy$

$=x^2-2xy+2y^2$

$=\{(x-y)^2-y^2\}+2y^2$

$=(x-y)^2+y^2\geqq 0$

よって　$x^2+2y^2\geqq 2xy$

等号が成り立つのは

$x-y=0$　かつ　$y=0$

すなわち，**$x=y=0$ のとき**である。 終

(3)　$(4a^2+b^2)(x^2+9y^2)-(2ax+3by)^2$

$=(4a^2x^2+36a^2y^2+b^2x^2+9b^2y^2)$

$-(4a^2x^2+12abxy+9b^2y^2)$

$=36a^2y^2-12abxy+b^2x^2$

$=(6ay-bx)^2\geqq 0$

よって　$(4a^2+b^2)(x^2+9y^2)\geqq(2ax+3by)^2$

等号が成り立つのは

$6ay-bx=0$

すなわち，**$6ay=bx$ のとき**である。 終

(4)　$a^2+9b^2-2(a-3b-1)$

$=a^2+9b^2-2a+6b+2$

$=(a^2-2a+1)+(9b^2+6b+1)$

$=(a-1)^2+(3b+1)^2\geqq 0$

よって　$a^2+9b^2\geqq 2(a-3b-1)$

等号が成り立つのは

$a-1=0$　かつ　$3b+1=0$

すなわち，**$a=1,\ b=-\dfrac{1}{3}$ のとき**である。

終

112 (1)　両辺の平方の差を考えると

$(2\sqrt{a}+3\sqrt{b})^2-(\sqrt{4a+9b})^2$

$=4a+12\sqrt{ab}+9b-(4a+9b)$

$=12\sqrt{ab}>0$

よって　$(2\sqrt{a}+3\sqrt{b})^2>(\sqrt{4a+9b})^2$

$2\sqrt{a}+3\sqrt{b}>0,\ \sqrt{4a+9b}>0$ である

から，

$2\sqrt{a}+3\sqrt{b}>\sqrt{4a+9b}$ 終

(2) 両辺の平方の差を考えると

$$\left(\sqrt{\frac{a+b}{2}}\right)^2-\left(\frac{\sqrt{a}+\sqrt{b}}{2}\right)^2$$

$$=\frac{a+b}{2}-\frac{a+2\sqrt{ab}+b}{4}$$

$$=\frac{a-2\sqrt{ab}+b}{4}=\frac{(\sqrt{a}-\sqrt{b})^2}{4}\geqq 0$$

よって $\left(\sqrt{\frac{a+b}{2}}\right)^2\geqq\left(\frac{\sqrt{a}+\sqrt{b}}{2}\right)^2$

$\sqrt{\frac{a+b}{2}}>0$, $\frac{\sqrt{a}+\sqrt{b}}{2}>0$ であるから，

$$\sqrt{\frac{a+b}{2}}\geqq\frac{\sqrt{a}+\sqrt{b}}{2}$$

等号が成り立つのは $\sqrt{a}-\sqrt{b}=0$

すなわち $\boldsymbol{a=b}$ **のとき**である。 終

113 (1) $4a>0$, $\frac{1}{a}>0$ であるから，相加平均と相乗平均の関係より

$$4a+\frac{1}{a}\geqq 2\sqrt{4a\cdot\frac{1}{a}}=2\sqrt{4}=4$$

よって $4a+\frac{1}{a}\geqq 4$

等号が成り立つのは

$4a=\frac{1}{a}$ すなわち $a^2=\frac{1}{4}$

のときで，$a>0$ であるから

$\boldsymbol{a=\frac{1}{2}}$ **のとき**である。 終

(別解) $\left(4a+\frac{1}{a}\right)-4=\frac{4a^2-4a+1}{a}$

$$=\frac{(2a-1)^2}{a}$$

$a>0$, $(2a-1)^2\geqq 0$ より

$$\left(4a+\frac{1}{a}\right)-4=\frac{(2a-1)^2}{a}\geqq 0$$

よって $4a+\frac{1}{a}\geqq 4$

等号が成り立つのは $2a-1=0$

すなわち，$\boldsymbol{a=\frac{1}{2}}$ **のとき**である。 終

(2) $(a+b)\left(\frac{9}{a}+\frac{9}{b}\right)=9+\frac{9b}{a}+\frac{9a}{b}+9$

$$=\frac{9b}{a}+\frac{9a}{b}+18$$

$\frac{9b}{a}>0$, $\frac{9a}{b}>0$ であるから，相加平均と相乗平均の関係より

$$\frac{9b}{a}+\frac{9a}{b}\geqq 2\sqrt{\frac{9b}{a}\cdot\frac{9a}{b}}=2\cdot\sqrt{81}=18$$

よって $\frac{9b}{a}+\frac{9a}{b}+18\geqq 18+18=36$

ゆえに $(a+b)\left(\frac{9}{a}+\frac{9}{b}\right)\geqq 36$

等号が成り立つのは

$\frac{9b}{a}=\frac{9a}{b}$ すなわち $a^2=b^2$

のときで，$a>0$, $b>0$ であるから

$\boldsymbol{a=b}$ **のとき**である。 終

B

114 (1) 両辺の平方の差を考えると

$$|a-b|^2-(|a|-|b|)^2$$

$$=(a-b)^2-(|a|^2-2|a||b|+|b|^2)$$

$$=a^2-2ab+b^2-(a^2-2|ab|+b^2)$$

$$=2(|ab|-ab)$$

$|a-b|^2=(a-b)^2$

$|a|^2=a^2$

$|ab|\geqq ab$ であるから，$|ab|-ab\geqq 0$

よって $|a-b|^2\geqq(|a|-|b|)^2$

$|a-b|\geqq 0$, $|a|\geqq|b|$ より $|a|-|b|\geqq 0$

であるから

$$|a-b|\geqq|a|-|b|$$

等号が成り立つのは，$|ab|=ab$

すなわち $\boldsymbol{ab\geqq 0}$ **のとき**である。 終

(2) 両辺の平方の差を考えると

$$\{\sqrt{2(a^2+b^2)}\}^2-|a+b|^2$$

$$=2(a^2+b^2)-(a+b)^2$$

$$=a^2-2ab+b^2$$

$$=(a-b)^2\geqq 0$$

$|a+b|^2=(a+b)^2$

よって $\{\sqrt{2(a^2+b^2)}\}^2\geqq|a+b|^2$

$\sqrt{2(a^2+b^2)}\geqq 0$，$|a+b|\geqq 0$ であるから，

$\sqrt{2(a^2+b^2)}\geqq|a+b|$

等号が成り立つのは $a-b=0$

すなわち　**$a=b$ のとき**である。　終

115 (1)　$x>0$，$4y>0$ であるから，相加平均と相乗平均の関係より

$x+4y\geqq 2\sqrt{x\cdot 4y}$

すなわち　$x+4y\geqq 4\sqrt{xy}$

$xy=9$ を代入して　$x+4y\geqq 4\sqrt{9}=4\cdot 3$

すなわち，$x+4y\geqq 12$ であり，$x=4y=6$ のとき等号が成り立つ。

よって，**$x=6$，$y=\frac{3}{2}$** のとき $x+4y$ は最小となり，最小値は **12**

(2)　$3x>0$，$y>0$ であるから，相加平均と相乗平均の関係より

$3x+y\geqq 2\sqrt{3xy}$

$3x+y=6$ を代入して　$6\geqq 2\sqrt{3xy}$

すなわち，$\sqrt{xy}\leqq\sqrt{3}$ より $xy\leqq 3$ であり，$3x=y=3$ のとき等号が成り立つ。

よって，**$x=1$，$y=3$** のとき xy は最大となり，最大値は **3**

(別解)　$3x+y=6$ より　$y=-3x+6$

$y>0$ より　$-3x+6>0$

これと $x>0$ より　$0<x<2$

このとき

$$xy=x(-3x+6)$$
$$=-3x^2+6x$$
$$=-3(x-1)^2+3$$

$0<x<2$ において，xy は $x=1$ のとき最大値 3 をとる。

$x=1$ のとき　$y=-3\cdot 1+6=3$

よって，**$x=1$，$y=3$** のとき xy は最大となり，最大値は **3**

116 (1)　$(a^4+b^4)-(a^3b+ab^3)$

$=a^4-a^3b-ab^3+b^4$

$=a^3(a-b)-b^3(a-b)$

$=(a^3-b^3)(a-b)=(a-b)^2(a^2+ab+b^2)$

ここで　$(a-b)^2\geqq 0$，

$$a^2+ab+b^2=\left(a+\frac{1}{2}b\right)^2+\frac{3}{4}b^2\geqq 0$$

であるから

$(a^4+b^4)-(a^3b+ab^3)$

$=(a-b)^2(a^2+ab+b^2)\geqq 0$

よって　$a^4+b^4\geqq a^3b+ab^3$

等号が成り立つのは

$a-b=0$　または　$a+\frac{1}{2}b=0$ かつ $b=0$

のときで，$a=b$　または　$a=b=0$ より

$a=b$ のときである。　終

(2)　$(a^2+b^2+1)-(ab+a+b)$

$=a^2-(b+1)a+b^2-b+1$　（a について整理）

$=\left(a-\frac{b+1}{2}\right)^2-\frac{(b+1)^2}{4}+b^2-b+1$

$=\left(a-\frac{b+1}{2}\right)^2$

$\quad+\frac{1}{4}(-b^2-2b-1+4b^2-4b+4)$

$=\left(a-\frac{b+1}{2}\right)^2+\frac{3}{4}(b^2-2b+1)$

$=\left(a-\frac{b+1}{2}\right)^2+\frac{3}{4}(b-1)^2\geqq 0$

よって　$a^2+b^2+1\geqq ab+a+b$

等号が成り立つのは

$a-\frac{b+1}{2}=0$　かつ　$b-1=0$

すなわち　**$a=b=1$ のとき**である。　終

(3)　$(a^2+6b^2+5c^2)-(4ab-4bc+6c-3)$

$=a^2-4ab+6b^2+4bc+5c^2-6c+3$

$=(a-2b)^2-4b^2+6b^2+4bc+5c^2-6c+3$

$=(a-2b)^2+2b^2+4bc+5c^2-6c+3$

$=(a-2b)^2+2\{(b+c)^2-c^2\}+5c^2-6c+3$

$=(a-2b)^2+2(b+c)^2+3c^2-6c+3$

$=(a-2b)^2+2(b+c)^2+3(c-1)^2\geqq 0$

よって

$a^2+6b^2+5c^2\geqq 4ab-4bc+6c-3$

等号が成り立つのは

$a-2b=0$ かつ $b+c=0$

かつ $c-1=0$

すなわち $\boldsymbol{a=-2,\ b=-1,\ c=1}$

のときである。 終

(4) $\dfrac{a^2+b^2+c^2}{3}-\left(\dfrac{a+b+c}{3}\right)^2$

$=\dfrac{2}{9}(a^2+b^2+c^2-ab-bc-ca)$

$=\dfrac{2}{9}\{a^2-(b+c)a+b^2-bc+c^2\}$ ← a について整理

$=\dfrac{2}{9}\left\{\left(a-\dfrac{b+c}{2}\right)^2-\dfrac{(b+c)^2}{4}+b^2-bc+c^2\right\}$

$=\dfrac{2}{9}\left\{\left(a-\dfrac{b+c}{2}\right)^2+\dfrac{3b^2-6bc+3c^2}{4}\right\}$

$=\dfrac{2}{9}\left\{\left(a-\dfrac{b+c}{2}\right)^2+\dfrac{3(b-c)^2}{4}\right\}\geqq 0$

よって $\dfrac{a^2+b^2+c^2}{3}\geqq\left(\dfrac{a+b+c}{3}\right)^2$

等号が成り立つのは

$a-\dfrac{b+c}{2}=0$ かつ $b-c=0$

すなわち $\boldsymbol{a=b=c}$ **のとき**である。 終

(別解)

$\dfrac{a^2+b^2+c^2}{3}-\left(\dfrac{a+b+c}{3}\right)^2$

$=\dfrac{1}{9}(2a^2+2b^2+2c^2-2ab-2bc-2ca)$

$=\dfrac{1}{9}\{(a-b)^2+(b-c)^2+(c-a)^2\}\geqq 0$

等号が成り立つのは

$a-b=0$ かつ $b-c=0$

かつ $c-a=0$

すなわち，$\boldsymbol{a=b=c}$ **のとき**である。 終

117 (1) $3a+3b>0$，$\dfrac{1}{a+b}>0$ であるから，相加平均と相乗平均の関係より

$3a+3b+\dfrac{1}{a+b}$

$=3(a+b)+\dfrac{1}{a+b}\geqq 2\sqrt{3(a+b)\cdot\dfrac{1}{a+b}}$

よって $3a+3b+\dfrac{1}{a+b}\geqq 2\sqrt{3}$

等号が成り立つのは

$3(a+b)=\dfrac{1}{a+b}$

のときで，$a+b>0$ であるから，

$\boldsymbol{a+b=\dfrac{\sqrt{3}}{3}}$ **のとき**である。 終

(2) $\left(a+\dfrac{4}{b}\right)\left(b+\dfrac{9}{a}\right)=ab+9+4+\dfrac{36}{ab}$

$=ab+\dfrac{36}{ab}+13$

ここで，$ab>0$，$\dfrac{36}{ab}>0$ であるから，

相加平均と相乗平均の関係より

$ab+\dfrac{36}{ab}\geqq 2\sqrt{ab\cdot\dfrac{36}{ab}}=12$

よって $ab+\dfrac{36}{ab}+13\geqq 12+13=25$

ゆえに $\left(a+\dfrac{4}{b}\right)\left(b+\dfrac{9}{a}\right)\geqq 25$

等号が成り立つのは

$ab=\dfrac{36}{ab}$

のときで，$ab>0$ であるから，

$\boldsymbol{ab=6}$ **のとき**である。 終

C

118 (1) $xy=1$ のとき，$x^2>0$，$y^2>0$ であり，相加平均と相乗平均の関係より

$x^2+y^2\geqq 2\sqrt{x^2\cdot y^2}=2\sqrt{1^2}=2$

等号が成り立つのは $x^2=y^2$ のときで，

$xy=1$ より　$(x,\ y)=(-1,\ -1),\ (1,\ 1)$ のときである。

よって，

$(x,\ y)=(-1,\ -1),\ (1,\ 1)$ のとき

x^2+y^2 の最小値は 2

(2)　$z=x-1$ とおくと，$x=z+1$，$x>1$ より $z>0$

$$x+\frac{1}{x-1}=(z+1)+\frac{1}{z}=z+\frac{1}{z}+1$$

$z>0$，$\frac{1}{z}>0$ であるから，相加平均と相乗平均の関係より

$$z+\frac{1}{z}\geqq 2\sqrt{z\cdot\frac{1}{z}}=2$$

よって　$z+\frac{1}{z}+1\geqq 2+1=3$

等号が成り立つのは，$z=\frac{1}{z}$，すなわち　$z^2=1$ のときで，

$z>0$ であるから，$z=1$ のときである。

ゆえに，**$x=2$ のとき，$x+\frac{1}{x-1}$ の最小値は 3**

119　$a+b=1$ より　$b=1-a$

このとき，$0<a<b$ より　$0<a<1-a$

すなわち　$0<a<\frac{1}{2}$　……①　←消去する文字の条件から残る文字の条件を絞る。

(i)　$b-(a^2+b^2)=(1-a)-a^2-(1-a)^2$

$$=-2a^2+a=-a(2a-1)$$

①より　$-a<0$，$2a-1<0$ であるから

$$b-(a^2+b^2)=-a(2a-1)>0$$

よって　$a^2+b^2<b$

(ii)　$a^2+b^2-\frac{1}{2}=a^2+(1-a)^2-\frac{1}{2}$

$$=2a^2-2a+\frac{1}{2}=2\left(a-\frac{1}{2}\right)^2$$

①より　$2\left(a-\frac{1}{2}\right)^2>0$ であるから

$$\frac{1}{2}<a^2+b^2$$

(iii)　$\frac{1}{2}-2ab=\frac{1}{2}-2a(1-a)=2a^2-2a+\frac{1}{2}$

$$=2\left(a-\frac{1}{2}\right)^2$$

⇦ $x^2=y^2$ のとき，
$(x+y)(x-y)=0$ より
$x=\pm y$

⇦ $x-1>0$ より

$$x+\frac{1}{x-1}=(x-1)+\frac{1}{x-1}+1\geqq 2\sqrt{(x-1)\cdot\frac{1}{x-1}}+1$$

としてもよい。

⇦ $z=1$ のとき　$x=1+1=2$

⇦具体的な値を代入して大小の予想をしておく。
$a=\frac{1}{3}$，$b=\frac{2}{3}$ を代入すると
$2ab=\frac{4}{9}$，$a^2+b^2=\frac{5}{9}$
であるから
$a<2ab<\frac{1}{2}<a^2+b^2<b$
と予想できる。
（注意）予想が正しいことを証明すること。

⇦ $0<a<\frac{1}{2}$ から
$a\neq\frac{1}{2}$ より $\left(a-\frac{1}{2}\right)^2\neq 0$

①より　$2\left(a-\frac{1}{2}\right)^2>0$ であるから

$$2ab<\frac{1}{2}$$

(iv)　$2ab-a=2a(1-a)-a=-2a^2+a$

$=-a(2a-1)$

①より　$-a<0$，$2a-1<0$ であるから

$2ab-a=-a(2a-1)>0$

よって　$a<2ab$

(i)～(iv)より

$$\boldsymbol{a<2ab<\frac{1}{2}<a^2+b^2<b}$$

120 (1)　$(ab+1)-(a+b)=a(b-1)-(b-1)$

$=(a-1)(b-1)$

ここで，$|a|<1$，$|b|<1$　であるから

$-1<a<1$，$-1<b<1$

よって　$a-1<0$，$b-1<0$

ゆえに　$(ab+1)-(a+b)=(a-1)(b-1)>0$

したがって　$ab+1>a+b$　終

(2)　$|a|<1$，$|b|<1$ より　$|ab|<1$

$|ab|<1$，$|c|<1$ であるから，(1)より

$ab\cdot c+1>ab+c$

⇦(1)の結果を利用する。
ab を(1)の a，c を(1)の b とみる。

よって　$abc+2>ab+1+c$

⇦両辺に1を加える。

(1)より，$ab+1>a+b$ であるから

$ab+1+c>a+b+c$

ゆえに　$abc+2>a+b+c$　終

⇦ $A>B>C \Rightarrow A>C$

研究 組立除法

本編 p.029

A

121 (1)

1	1	−2	3	−4
		1	−1	2
	1	−1	2	−2

商　x^2-x+2，余り　-2

(2)

−2	1	−2	3	−4
		−2	8	−22
	1	−4	11	−26

商　$x^2-4x+11$，余り　-26

(3)

3	1	−2	3	−4
		3	3	18
	1	1	6	14

商　x^2+x+6，余り　14

研究 3次式の因数分解の公式

本編 p.029

B

122 (1) $8x^3+y^3-6xy+1$
$=(2x)^3+y^3+1^3-3\cdot 2x\cdot y\cdot 1$
$=(2x+y+1)$
$\times\{(2x)^2+y^2+1^2-2x\cdot y-y\cdot 1-1\cdot 2x\}$
$=\mathbf{(2x+y+1)(4x^2-2xy+y^2-2x-y+1)}$

(2) $x^3-y^3-3xy-1$
$=x^3+(-y)^3+(-1)^3-3\cdot x\cdot(-y)\cdot(-1)$
$=\{x+(-y)+(-1)\}$
$\times\{x^2+(-y)^2+(-1)^2$
$-x(-y)-(-y)\cdot(-1)-(-1)x\}$
$=\mathbf{(x-y-1)(x^2+xy+y^2+x-y+1)}$

123 $a^3+b^3+c^3=3abc$ より
$a^3+b^3+c^3-3abc=0$
ゆえに
$(a+b+c)(a^2+b^2+c^2-ab-bc-ca)=0$
$a+b+c\neq 0$ であるから
$a^2+b^2+c^2-ab-bc-ca=0$
両辺を2倍して
$2a^2+2b^2+2c^2-2ab-2bc-2ca=0$
$(a^2-2ab+b^2)+(b^2-2bc+c^2)$
$+(c^2-2ca+a^2)=0$
$(a-b)^2+(b-c)^2+(c-a)^2=0$
$(a-b)^2\geqq 0$, $(b-c)^2\geqq 0$, $(c-a)^2\geqq 0$ より
$a-b=0$ かつ $b-c=0$ かつ $c-a=0$
よって $a=b=c$ 終

発展 3次方程式の解と係数の関係

本編 p.029

B

124 (1) 解と係数の関係から
$\boldsymbol{\alpha+\beta+\gamma=-3}$
$\boldsymbol{\alpha\beta+\beta\gamma+\gamma\alpha=-4}$
$\boldsymbol{\alpha\beta\gamma=2}$

(2) $(2-\alpha)(2-\beta)(2-\gamma)$
$=8-4(\alpha+\beta+\gamma)+2(\alpha\beta+\beta\gamma+\gamma\alpha)-\alpha\beta\gamma$
$=8-4\cdot(-3)+2\cdot(-4)-2$
$=\mathbf{10}$

(別解)

α, β, γ は与えられた3次方程式の解であるから
$x^3+3x^2-4x-2=(x-\alpha)(x-\beta)(x-\gamma)$
が成り立つ。この式に $x=2$ を代入すると
$(2-\alpha)(2-\beta)(2-\gamma)=2^3+3\cdot 2^2-4\cdot 2-2$
$=\mathbf{10}$

(3) $\dfrac{1}{\alpha}+\dfrac{1}{\beta}+\dfrac{1}{\gamma}=\dfrac{\alpha\beta+\beta\gamma+\gamma\alpha}{\alpha\beta\gamma}=\dfrac{-4}{2}=\mathbf{-2}$

(4) $\alpha^2+\beta^2+\gamma^2=(\alpha+\beta+\gamma)^2-2(\alpha\beta+\beta\gamma+\gamma\alpha)$
$=(-3)^2-2\cdot(-4)=\mathbf{17}$

(5) $\alpha^3+\beta^3+\gamma^3$
$=(\alpha^3+\beta^3+\gamma^3-3\alpha\beta\gamma)+3\alpha\beta\gamma$
$=(\alpha+\beta+\gamma)(\alpha^2+\beta^2+\gamma^2-\alpha\beta-\beta\gamma-\gamma\alpha)$
$+3\alpha\beta\gamma$
$=-3\{17-(-4)\}+3\cdot 2=\mathbf{-57}$

(別解)

α は $x^3+3x^2-4x-2=0$ の解であるから
$\alpha^3+3\alpha^2-4\alpha-2=0$
よって $\alpha^3=-3\alpha^2+4\alpha+2$
同様に $\beta^3=-3\beta^2+4\beta+2$
$\gamma^3=-3\gamma^2+4\gamma+2$
したがって
$\alpha^3+\beta^3+\gamma^3$
$=-3(\alpha^2+\beta^2+\gamma^2)+4(\alpha+\beta+\gamma)+6$
$=-3\cdot 17+4\cdot(-3)+6=\mathbf{-57}$

125 (1) 解と係数の関係から

$2+(-3)+4=-p$

$2\cdot(-3)+(-3)\cdot 4+4\cdot 2=q$

$2\cdot(-3)\cdot 4=-r$

よって　$\boldsymbol{p=-3,\ q=-10,\ r=24}$

(2) 解と係数の関係から

$1+(2+\sqrt{3})+(2-\sqrt{3})=-p$

$1\cdot(2+\sqrt{3})+(2+\sqrt{3})(2-\sqrt{3})+(2-\sqrt{3})\cdot 1=q$

$1\cdot(2+\sqrt{3})(2-\sqrt{3})=-r$

よって　$\boldsymbol{p=-5,\ q=5,\ r=-1}$

《章末問題》

本編 p.030～031

126 (1) $x^5+x^4+x^3+x^2+x+1$

$=x^3(x^2+x+1)+(x^2+x+1)$

$=(x^3+1)(x^2+x+1)$

$\boldsymbol{=(x+1)(x^2-x+1)(x^2+x+1)}$

(別解) $P(x)=x^5+x^4+x^3+x^2+x+1$ とおくと

$P(-1)=-1+1-1+1-1+1=0$

したがって，$P(x)$ は $x+1$ を因数にもつ。これから

$P(x)=(x+1)(x^4+x^2+1)$

$=(x+1)\{(x^2+1)^2-x^2\}$

$=(x+1)\{(x^2+1)-x\}\{(x^2+1)+x\}$

$\boldsymbol{=(x+1)(x^2-x+1)(x^2+x+1)}$

⇦共通因数が作れるように組合せを考える。

$x^5+x^4+x^3+x^2+x+1$

$=x^4(x+1)+x^2(x+1)+(x+1)$

$=(x+1)(x^4+x^2+1)$

とした場合，これ以降は別解と同様になる。

(2) $2x-y-z=X,\ -x+2y-z=Y,\ -x-y+2z=Z$

とおくと

$X+Y+Z$

$=(2x-y-z)+(-x+2y-z)+(-x-y+2z)$

$=0$

よって

$X^3+Y^3+Z^3-3XYZ$

$=(X+Y+Z)(X^2+Y^2+Z^2-XY-YZ-ZX)$

$=0$

ゆえに

$X^3+Y^3+Z^3=3XYZ$

となるから

$(2x-y-z)^3+(-x+2y-z)^3+(-x-y+2z)^3$

$\boldsymbol{=3(2x-y-z)(-x+2y-z)(-x-y+2z)}$

⇦置き換えを考えると

$X+Y+Z=0$

となることに注目する。

127 二項定理より

$(1+x)^{10}={}_{10}C_0+{}_{10}C_1x+{}_{10}C_2x^2+{}_{10}C_3x^3+\cdots\cdots+{}_{10}C_{10}x^{10}$

この式に $x=3$ を代入すると

$4^{10}={}_{10}C_0+3{}_{10}C_1+3^2{}_{10}C_2+3^3{}_{10}C_3+\cdots\cdots+3^{10}{}_{10}C_{10}$

(教 p.54 章末B 13)

この式の右辺の $3^3{}_{10}C_3$，……，$3^{10}{}_{10}C_{10}$ の各項は 27 で割り切れるから，4^{10} を 27 で割ったときの余りは，
${}_{10}C_0+3{}_{10}C_1+3^2{}_{10}C_2=436$ を 27 で割った余りに等しい。

$$436=27\times16+4$$

であるから，4^{10} を 27 で割ったときの余りは **4**

⇦第 4 項以降はすべて 27 で割り切れるから，最初の 3 項の和
${}_{10}C_0+3{}_{10}C_1+3^2{}_{10}C_2$
を 27 で割った余りを考えればよい。

128　$(x^2+x+c)^5$ の展開式における一般項は

$$\frac{5!}{p!q!r!}(x^2)^p x^q c^r=\frac{5!}{p!q!r!}c^r x^{2p+q}$$

ただし，p，q，r は 0 以上の整数で，$p+q+r=5$　……①
x^5 の項となるのは

$$2p+q=5　……②$$

①，②を満たす 0 以上の整数 p，q，r の組は

$$(p,\ q,\ r)=(0,\ 5,\ 0),\ (1,\ 3,\ 1),\ (2,\ 1,\ 2)$$

よって，x^5 の項の係数は

$$\frac{5!}{0!5!0!}c^0+\frac{5!}{1!3!1!}c^1+\frac{5!}{2!1!2!}c^2$$
$$=1+20c+30c^2$$

ゆえに　$30c^2+20c+1=81$
整理して　$3c^2+2c-8=0$
すなわち　$(c+2)(3c-4)=0$
したがって，求める定数 c の値は　$\boldsymbol{c=-2,\ \frac{4}{3}}$

多項定理
$(a+b+c)^n$ の展開式における $a^pb^qc^r$ の項は
$$\frac{n!}{p!q!r!}a^pb^qc^r$$
ただし　$p+q+r=n$

⇦②より　$q=5-2p$
$p=0$ のとき　$q=5$
$p=1$ のとき　$q=3$
$p=2$ のとき　$q=1$
$p\geqq3$ のとき　$q<0$ となり不適

129　解と係数の関係から

$$\alpha+\beta=k+1,\ \alpha\beta=3k$$

$\frac{\beta}{\alpha-3}+\frac{\alpha}{\beta-3}=1$ より（両辺に $(\alpha-3)(\beta-3)$ を掛ける）

$$\beta(\beta-3)+\alpha(\alpha-3)=(\alpha-3)(\beta-3)$$
$$\beta^2-3\beta+\alpha^2-3\alpha=\alpha\beta-3\alpha-3\beta+9$$
$$\alpha^2+\beta^2-\alpha\beta-9=0$$
（$\alpha^2+\beta^2=(\alpha+\beta)^2-2\alpha\beta$）
$$(\alpha+\beta)^2-3\alpha\beta-9=0$$
$$(k+1)^2-3\cdot3k-9=0$$
$$k^2-7k-8=0$$
$$(k+1)(k-8)=0$$

よって　$\boldsymbol{k=-1,\ 8}$

㊎ p.53 章末A 5

解と係数の関係
$ax^2+bx+c=0\ (a\neq0)$
の 2 つの解を α，β とすると
$$\alpha+\beta=-\frac{b}{a},\ \alpha\beta=\frac{c}{a}$$

130　$\omega^3=1$ より　$\omega^3-1=0$

$$(\omega-1)(\omega^2+\omega+1)=0$$

$\omega\neq1$ であるから　$\omega^2+\omega+1=0$

㊎ p.53 章末A 6

(1) $(\omega-1)(\omega-2)(\omega+2)(\omega+3)$

$=(\omega-1)(\omega+2)\times(\omega-2)(\omega+3)$

$=(\omega^2+\omega-2)(\omega^2+\omega-6)$

$=(-1-2)(-1-6)=\mathbf{21}$

⇦掛け合わせる組合せを考える。

⇦ $\omega^2+\omega=-1$

(2) $\dfrac{1}{\omega-3}-\dfrac{2}{\omega^2+3\omega+9}$

$=\dfrac{(\omega^2+3\omega+9)-2(\omega-3)}{(\omega-3)(\omega^2+3\omega+9)}$

$=\dfrac{\omega^2+\omega+15}{\omega^3-27}$

$=\dfrac{-1+15}{1-27}=-\dfrac{\mathbf{7}}{\mathbf{13}}$

⇦ $\omega^3=1$, $\omega^2+\omega=-1$

131 方程式 $x^2+(k+3i)x+(2-6i)=0$ の実数解を α とおくと

$\alpha^2+(k+3i)\alpha+(2-6i)=0$

が成り立つ。これを変形して $(\alpha^2+k\alpha+2)+(3\alpha-6)i=0$

$\alpha^2+k\alpha+2$, $3\alpha-6$ は実数であるから

$\alpha^2+k\alpha+2=0$ ……① かつ $3\alpha-6=0$ ……②

⇦ a, b が実数のとき
$a+bi=0 \Leftrightarrow a=0$, $b=0$

②から $\alpha=2$

①に代入して $2^2+k\cdot2+2=0$

これから $\boldsymbol{k=-3}$

このとき，与えられた方程式は

$x^2+(-3+3i)x+2(1-3i)=0$

すなわち $(x-2)\{x-(1-3i)\}=0$

よって，解は $\boldsymbol{x=2,\ 1-3i}$

⇦(参考) 他の解を β とおくと，
解と係数の関係から
$2+\beta=-(-3+3i)$
ゆえに $\beta=1-3i$
とすることもできる。

132 (1) $(a+bi)^2=4i$ とおくと

$a^2+2abi+b^2i^2=4i$

$a^2-b^2+2abi=4i$

a, b は実数より，a^2-b^2, $2ab$ は実数であるから

$a^2-b^2=0$ ……①, $2ab=4$ ……②

⇦ a, b が実数のとき
$a+bi=c+di$
$\Leftrightarrow a=c$, $b=d$

①より $(a+b)(a-b)=0$

②より $ab=2>0$ であるから a と b は同符号

よって $a=b$

⇦ a と b は同符号であるから，
$a+b\neq0$

②に代入して $2b^2=4$

これを解いて $b=\pm\sqrt{2}$

ゆえに $(a,\ b)=(-\sqrt{2},\ -\sqrt{2})$, $(\sqrt{2},\ \sqrt{2})$

したがって，求める複素数は $\boldsymbol{-\sqrt{2}-\sqrt{2}i,\ \sqrt{2}+\sqrt{2}i}$

(2) $(a+bi)^2=5-12i$ とおくと

$a^2+2abi+b^2i^2=5-12i$

$a^2-b^2+2abi=5-12i$

a, b は実数より，a^2-b^2, $2ab$ は実数であるから

$$a^2-b^2=5 \quad \cdots\cdots①, \quad 2ab=-12 \quad \cdots\cdots②$$

②より　$b=-\dfrac{6}{a}$

これを①に代入して整理すると

$$a^2-\frac{36}{a^2}=5$$

$$a^4-5a^2-36=0$$

$$(a^2+4)(a^2-9)=0$$

a は実数であるから　$a^2+4 \neq 0$

よって，$a^2-9=0$ であるから　$a=\pm 3$

$b=-\dfrac{6}{a}$ より　$(a, b)=(-3, 2), (3, -2)$

ゆえに，求める複素数は　$\boldsymbol{-3+2i}$, $\boldsymbol{3-2i}$

⇦a, b, c, d が実数のとき
$a+bi=c+di$
$\Leftrightarrow a=c, b=d$

133　整式 $P(x)$ を x^2-x-2, x^2+x-6 で割ったときの商をそれぞれ $Q_1(x)$, $Q_2(x)$ とすると

$$P(x)=(x^2-x-2)Q_1(x)+3x+1$$
$$=(x+1)(x-2)Q_1(x)+3x+1$$

よって　$P(-1)=0\cdot(-3)\cdot Q_1(-1)-3+1=-2 \quad \cdots\cdots①$

$$P(x)=(x^2+x-6)Q_2(x)-x+5$$
$$=(x+3)(x-2)Q_2(x)-x+5$$

よって　$P(-3)=0\cdot(-5)\cdot Q_2(-3)+3+5=8 \quad \cdots\cdots②$

ここで，$P(x)$ を x^2+4x+3 で割ったときの商を $Q(x)$, 余りを $ax+b$ とおくと

$$P(x)=(x^2+4x+3)Q(x)+ax+b$$
$$=(x+1)(x+3)Q(x)+ax+b$$

したがって　$P(-1)=-a+b$, $P(-3)=-3a+b$

①, ②から　$-a+b=-2$, $-3a+b=8$

これを解いて　$a=-5$, $b=-7$

よって，求める余りは　$\boldsymbol{-5x-7}$

> 整式 $P(x)$ を整式 $A(x)$ で割ったときの商を $Q(x)$, 余りを $R(x)$ とすると
> $P(x)=A(x)Q(x)+R(x)$
> ただし，
> ($R(x)$ の次数)<($Q(x)$ の次数)

134　$x^4-kx^2+k^2-3=0 \quad \cdots\cdots①$　について

$x^2=t$ とおくと，①は

$$t^2-kt+k^2-3=0 \quad \cdots\cdots②$$

となるから，①が異なる 4 個の実数解をもつのは，②が異なる 2 個の正の実数解をもつときである。

②の判別式を D とすると

$$D=k^2-4(k^2-3)=-3(k+2)(k-2)$$

⇦t についての 2 次方程式の問題に置き換えられる。

⇦例えば，②が異なる正の実数解 $t=4$, 5 をもてば，$x^2=t$ から $x^2=4$, 5 すなわち $x=\pm 2$, $\pm\sqrt{5}$ となり，①は 4 個の実数解をもつことになる。

異なる 2 つの実数解をもつから，$D>0$

$-3(k+2)(k-2)>0$ より

$$-2<k<2 \quad \cdots\cdots③$$

このとき，②の 2 つの実数解 α，β がともに正となるには

$$\alpha+\beta>0 \quad かつ \quad \alpha\beta>0$$

解と係数の関係より

$$\alpha+\beta=k,\ \alpha\beta=k^2-3$$

であるから

$$\alpha+\beta=k>0 \quad \cdots\cdots④$$

$\alpha\beta=k^2-3>0$ より　$k<-\sqrt{3}$，$\sqrt{3}<k$　……⑤

③，④，⑤の共通範囲を求めて　$\boldsymbol{\sqrt{3}<k<2}$

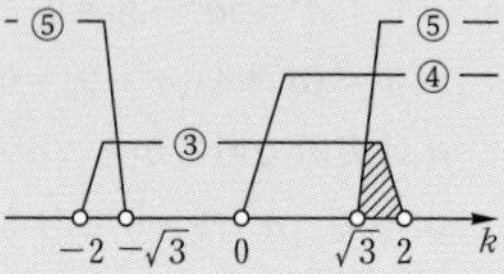

135 (1)　$P(x)=2x^4+ax^3+bx^2+cx+d$ を x^2+1 で割ると

$$
\begin{array}{rllll}
 & 2x^2+ax & +b-2 & & \\
\hline
x^2+1\,\big) & 2x^4+ax^3 & +bx^2 & +cx & +d \\
 & 2x^4 & +2x^2 & & \\
\hline
 & & ax^3+(b-2)x^2 & & \\
 & & ax^3 & +ax & \\
\hline
 & & & (b-2)x^2+(c-a)x & \\
 & & & (b-2)x^2 & +b-2 \\
\hline
 & & & & (c-a)x+d-b+2
\end{array}
$$

上の計算より　商　$2x^2+ax+b-2$

余り　$(c-a)x+d-b+2$

$P(x)$ は x^2+1 で割り切れるから

$$c-a=0 \quad \cdots\cdots①,\quad d-b+2=0 \quad \cdots\cdots②$$

また，$P(x)$ を $x^2+x-2=(x-1)(x+2)$ で割ると $11x-3$ 余るから，その商を $Q(x)$ とすると

$$2x^4+ax^3+bx^2+cx+d$$
$$=(x-1)(x+2)Q(x)+11x-3$$

この式に $x=1$，-2 を代入すると

$$2+a+b+c+d=8 \quad \cdots\cdots③$$
$$32-8a+4b-2c+d=-25 \quad \cdots\cdots④$$

①より　$c=a$

②より　$d=b-2$

これらを③，④に代入して整理すると

$$a+b=4,\ 2a-b=11$$

これを解いて　$a=5$，$b=-1$

①，②より　$c=5$，$d=-3$

よって　$\boldsymbol{a=5}$，$\boldsymbol{b=-1}$，$\boldsymbol{c=5}$，$\boldsymbol{d=-3}$

(別解)　$P(x)=2x^4+ax^3+bx^2+cx+d$ は

$x^2+1=(x+i)(x-i)$ で割り切れるから，x^2+1 で割ったときの商を $S(x)$ とすると

$$P(x)=(x+i)(x-i)S(x)$$

と表せる。このとき

$$P(i)=2i^4+ai^3+bi^2+ci+d=0$$

整理すると　$2-b+d+(-a+c)i=0$

$2-b+d$，$-a+c$ は実数であるから

$$2-b+d=0,\ -a+c=0$$　（以下同じ）

(2)　$P(x)$ は x^2+1 を因数にもち，(1)より

$$P(x)=(x^2+1)(2x^2+5x-3)$$
$$=(x^2+1)(2x-1)(x+3)$$

よって，$P(x)=0$ の解は

$$\boldsymbol{x=\frac{1}{2},\ -3,\ \pm i}$$

⇦①，②式の別の求め方

⇦剰余の定理，因数定理は虚数に対しても成り立つ。

⇦$P(x)$ を x^2+1 で割ったときの商は　$2x^2+ax+b-2$
$=2x^2+5x-3$

136 (1)　$\alpha^2+\beta^2+\gamma^2$

$=(\alpha+\beta+\gamma)^2-2(\alpha\beta+\beta\gamma+\gamma\alpha)$

であるから

$$4=(-2)^2-2(\alpha\beta+\beta\gamma+\gamma\alpha)$$

よって　$\boldsymbol{\alpha\beta+\beta\gamma+\gamma\alpha=0}$

また

$$\alpha^3+\beta^3+\gamma^3-3\alpha\beta\gamma$$
$$=(\alpha+\beta+\gamma)(\alpha^2+\beta^2+\gamma^2-\alpha\beta-\beta\gamma-\gamma\alpha)$$

であるから

$$-5-3\alpha\beta\gamma=-2\cdot(4-0)$$

よって　$\boldsymbol{\alpha\beta\gamma=1}$

(2)　$\alpha+\beta+\gamma=-2$

$\alpha\beta+\beta\gamma+\gamma\alpha=0$

$\alpha\beta\gamma=1$

より，α，β，γ は x についての3次方程式

$$x^3+2x^2-1=0$$　⟵ $x^3-(-2)x^2+0\cdot x-1=0$

の解である。左辺を因数分解して

$$(x+1)(x^2+x-1)=0$$

よって　$x=-1,\ \dfrac{-1\pm\sqrt{5}}{2}$

$\alpha<\beta<\gamma$ より

$$\boldsymbol{\alpha=\frac{-1-\sqrt{5}}{2},\ \beta=-1,\ \gamma=\frac{-1+\sqrt{5}}{2}}$$

⇦ $(\alpha+\beta+\gamma)^2$
$=\alpha^2+\beta^2+\gamma^2$
$+2\alpha\beta+2\beta\gamma+2\gamma\alpha$

⇦ $\begin{cases}\alpha+\beta+\gamma=s\\ \alpha\beta+\beta\gamma+\gamma\alpha=t\\ \alpha\beta\gamma=u\end{cases}$

のとき，α，β，γ を3つの解とする3次方程式は

$x^3-sx^2+tx-u=0$

137 (1) $x=0$ を①に代入すると

$$1=0$$

となり，等号が成り立たない。

よって，$x=0$ は方程式①の解でない。 終

(2) ①の両辺を x^2 $(\neq 0)$ で割ると

$$x^2-3x-2-\frac{3}{x}+\frac{1}{x^2}=0$$

$$x^2+\frac{1}{x^2}-3\left(x+\frac{1}{x}\right)-2=0 \quad \cdots\cdots②$$

ここで，$t=x+\frac{1}{x}$ とおくと

$$t^2=\left(x+\frac{1}{x}\right)^2=x^2+2\cdot x\cdot\frac{1}{x}+\left(\frac{1}{x}\right)^2=x^2+\frac{1}{x^2}+2$$

よって　$x^2+\frac{1}{x^2}=t^2-2$

②式に代入して

$$(t^2-2)-3t-2=0$$

ゆえに　$\boldsymbol{t^2-3t-4=0}$

(3) (2)より　$(t+1)(t-4)=0$

よって　　$t=-1,\ 4$

$x+\frac{1}{x}=-1$ のとき　$x^2+x+1=0$

これを解いて　$x=\frac{-1\pm\sqrt{3}i}{2}$

$x+\frac{1}{x}=4$ のとき　$x^2-4x+1=0$

これを解いて　$x=2\pm\sqrt{3}$

ゆえに，①の解は　$\boldsymbol{x=\frac{-1\pm\sqrt{3}i}{2},\ 2\pm\sqrt{3}}$

⇦ $x^4-3x^3-2x^2-3x+1=0$ のように，真ん中の x^2 の項を中心として，係数が対称であるような方程式を 相反方程式 という。

138 $x+\frac{1}{y}=1$ より　$x=1-\frac{1}{y}=\frac{y-1}{y}$

$y+\frac{1}{z}=1$ より　$\frac{1}{z}=1-y\neq 0$ であるから　$y\neq 1$

以上より，$x\neq 0$，$y-1\neq 0$ であるから　$\frac{1}{x}=\frac{y}{y-1}$

また，$\frac{1}{z}=1-y$ より　$z=\frac{1}{1-y}$

このとき　$z+\frac{1}{x}=\frac{1}{1-y}+\frac{y}{y-1}=\frac{-1+y}{y-1}=1$

ゆえに　$z+\frac{1}{x}=1$ 終

⇦条件式から，z と x を y を用いて表し，証明したい式に代入してみる。

139 (1) $x>0$, $y>0$, $z>0$ より $\dfrac{yz}{x}>0$, $\dfrac{zx}{y}>0$

であるから，相加平均と相乗平均の関係より

$$\frac{yz}{x}+\frac{zx}{y}\geqq 2\sqrt{\frac{yz}{x}\cdot\frac{zx}{y}}=2\sqrt{z^2}=2z$$ ←$z>0$ より $\sqrt{z^2}=|z|=z$

よって $\dfrac{yz}{x}+\dfrac{zx}{y}\geqq 2z$

等号が成り立つのは $\dfrac{yz}{x}=\dfrac{zx}{y}$ のときで，

$x>0$, $y>0$, $z>0$ より，**$x=y$ のとき**である。 終

(2) $x>0$, $y>0$, $z>0$ のとき，(1)より

$$\frac{yz}{x}+\frac{zx}{y}\geqq 2z \quad \cdots\cdots①$$

同様にして $\dfrac{zx}{y}+\dfrac{xy}{z}\geqq 2x \quad \cdots\cdots②$

$$\frac{xy}{z}+\frac{yz}{x}\geqq 2y \quad \cdots\cdots③$$

①，②，③の辺々を加えると

$$\left(\frac{yz}{x}+\frac{zx}{y}\right)+\left(\frac{zx}{y}+\frac{xy}{z}\right)+\left(\frac{xy}{z}+\frac{yz}{x}\right)\geqq 2z+2x+2y$$

$$2\left(\frac{yz}{x}+\frac{zx}{y}+\frac{xy}{z}\right)\geqq 2(x+y+z)$$

よって $\dfrac{yz}{x}+\dfrac{zx}{y}+\dfrac{xy}{z}\geqq x+y+z$

等号が成り立つのは，①，②，③の等号が同時に成り立つときで，$x=y$ かつ $y=z$ かつ $z=x$ より，

$x=y=z$ のときである。 終

140 $\dfrac{y+2z}{x}=\dfrac{z+2x}{y}=\dfrac{x+2y}{z}=k$ とおくと

$y+2z=kx \quad \cdots\cdots①$

$z+2x=ky \quad \cdots\cdots②$

$x+2y=kz \quad \cdots\cdots③$

辺々を加えると

$$3(x+y+z)=k(x+y+z)$$

すなわち $(x+y+z)(k-3)=0$

よって $x+y+z=0$ または $k=3$

相加平均と相乗平均の関係

$a>0$, $b>0$ のとき

$$\frac{a+b}{2}\geqq\sqrt{ab}$$

等号は，$a=b$ のとき成立。

⇦ $\dfrac{yz}{x}=\dfrac{zx}{y}$ ⇔ $y^2z=x^2z$

$z\neq 0$ より $x^2=y^2$

$x>0$, $y>0$ より $x=y$

⇦(1)の結果を利用。

⇦いきなり $x+y+z$ で両辺を割ってはならない。

⇦ $AB=0$

⇔ $A=0$ または $B=0$

$k=3$ のとき，①，②，③は

$y+2z=3x$ ……①′

$z+2x=3y$ ……②′

$x+2y=3z$ ……③′

②′×2−①′ より　$x=y$

これを③′ に代入して　$y=z$

ゆえに　$x=y=z$

したがって　$x+y+z=0$　または　$x=y=z$　終

141　両辺の平方の差を考えると

$$(\sqrt{ma+nb})^2-(m\sqrt{a}+n\sqrt{b})^2$$
$$=ma+nb-(m^2a+2mn\sqrt{ab}+n^2b)$$
$$=ma(1-m)-2mn\sqrt{ab}+nb(1-n)$$

ここで，$m+n=1$ であるから

⇦ $1-m=n$，$1-n=m$

$$(\sqrt{ma+nb})^2-(m\sqrt{a}+n\sqrt{b})^2$$
$$=mna-2mn\sqrt{ab}+mnb$$
$$=mn(a-2\sqrt{ab}+b)$$
$$=mn(\sqrt{a}-\sqrt{b})^2\geqq 0$$

よって　$(\sqrt{ma+nb})^2\geqq(m\sqrt{a}+n\sqrt{b})^2$

$\sqrt{ma+nb}\geqq 0$，$m\sqrt{a}+n\sqrt{b}\geqq 0$ であるから

$$\sqrt{ma+nb}\geqq m\sqrt{a}+n\sqrt{b}$$

⇦ $A\geqq B>0$ のとき
$A^2\geqq B^2 \Leftrightarrow A\geqq B$

等号が成り立つのは $\sqrt{a}-\sqrt{b}=0$

すなわち　**$a=b$ のとき**である。　終

142　$x^2+xy-2y^2-2x-7y+k=0$ を x について整理して

$$x^2+(y-2)x+(-2y^2-7y+k)=0$$

これを x について解くと

⇦ $x^2+px+q=0$ の解が $x=\alpha$，β であるとき，
$x^2+px+q=(x-\alpha)(x-\beta)$
と因数分解できることを利用する。

$$x=\frac{-(y-2)\pm\sqrt{(y-2)^2-4\cdot 1\cdot(-2y^2-7y+k)}}{2}$$
$$=\frac{-y+2\pm\sqrt{9y^2+24y+4-4k}}{2} \quad \cdots\cdots①$$

$x^2+xy-2y^2-2x-7y+k$ が x，y の 1 次式の積に因数分解できるとき，①の x は y の 1 次式で表すことができる。

このとき，①の根号の中は y の 1 次式の平方で表される。

y についての 2 次方程式 $9y^2+24y+4-4k=0$ が重解をもてばよいから，判別式を D とすると　$D=0$

⇦ $9y^2+24y+4-4k$
$=(3y-a)^2$
の形であれば，x は y の 1 次式で表せる。

$\dfrac{D}{4}=12^2-9\cdot(4-4k)=108+36k$ であるから ⟵ $b'=12$

$108+36k=0$ より　$\boldsymbol{k=-3}$

このとき，①は　$x=\dfrac{-y+2\pm\sqrt{9y^2+24y+16}}{2}$

$=\dfrac{-y+2\pm\sqrt{(3y+4)^2}}{2}$

$=y+3,\ -2y-1$

であるから

$x^2+xy-2y^2-2x-7y+k$

$=\{x-(y+3)\}\{x-(-2y-1)\}$

$=\boldsymbol{(x-y-3)(x+2y+1)}$

(別解)

$x^2+xy-2y^2=(x+2y)(x-y)$

であるから，x，y の１次式の積に因数分解できるとき，a，b を実数の定数として

$x^2+xy-2y^2-2x-7y+k$

$=\{(x+2y)+a\}\{(x-y)+b\}$

と表せる。

(右辺)$=(x+2y)(x-y)+a(x-y)+b(x+2y)+ab$

$=x^2+xy-2y^2+(a+b)x+(-a+2b)y+ab$

であるから，左辺と係数を比較して

$a+b=-2,\ -a+2b=-7,\ ab=k$

これを解いて　$a=1$，$b=-3$，$\boldsymbol{k=-3}$

よって　　$x^2+xy-2y^2-2x-7y-3$

$=\boldsymbol{(x+2y+1)(x-y-3)}$

と因数分解できる。

⇦恒等式の考えを利用する。

⇦２次の項に着目すると因数分解できるので，それを活用する。

2章 図形と方程式

1節 点と直線

1 直線上の点

本編 p.032

A

143 (1) $AB=|7-3|=|4|=\mathbf{4}$

(2) $AB=|2-(-5)|=|7|=\mathbf{7}$

(3) $AB=|-8-(-1)|=|-7|=\mathbf{7}$

144

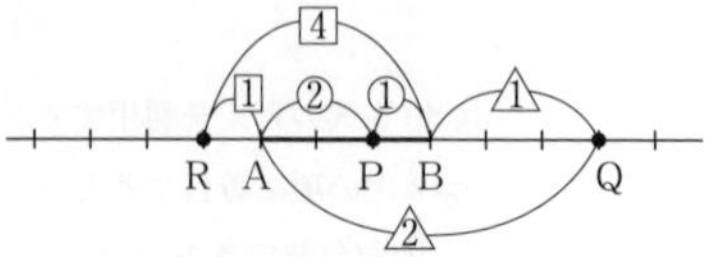

145 (1) $\dfrac{3\cdot(-4)+4\cdot10}{4+3}=\dfrac{28}{7}=\mathbf{4}$

(2) $\dfrac{-4+10}{2}=\dfrac{6}{2}=\mathbf{3}$

(3) $\dfrac{-3\cdot(-4)+4\cdot10}{4-3}=\mathbf{52}$

(4) $\dfrac{-4\cdot(-4)+3\cdot10}{3-4}=\dfrac{46}{-1}=\mathbf{-46}$

B

146 点 C は線分 AB を 1：2 に内分する点であるから $\dfrac{2\cdot(-3)+1\cdot1}{1+2}=\dfrac{-5}{3}=\mathbf{-\dfrac{5}{3}}$

点 D は線分 AB を 2：1 に内分する点であるから $\dfrac{1\cdot(-3)+2\cdot1}{2+1}=\dfrac{-1}{3}=\mathbf{-\dfrac{1}{3}}$

147 条件より

$\dfrac{1\cdot3+3\cdot b}{3+1}=-2$

これを解いて $\boldsymbol{b=-\dfrac{11}{3}}$

2 平面上の点

本編 p.033～034

A

148 (1) $AB=\sqrt{(6-2)^2+(4-12)^2}$

$=\sqrt{80}=\mathbf{4\sqrt{5}}$

(2) $OA=\sqrt{(-2)^2+5^2}=\mathbf{\sqrt{29}}$

(3) $AB=\sqrt{\{1-(-4)\}^2+\{-2-(-7)\}^2}$

$=\sqrt{50}=\mathbf{5\sqrt{2}}$

(4) $AB=\sqrt{(-3-2)^2+(4-4)^2}$

$=\sqrt{25}=\mathbf{5}$ ←

y 座標が等しいので，2 点間の距離は x 座標の差の絶対値 $|-3-2|=5$ に等しい。

149 点 P の座標を $(x,\ 0)$ とする。

$AP=BP$ であるから $AP^2=BP^2$

$(x-1)^2+4^2=(x-7)^2+2^2$

すなわち $12x=36$

これを解いて $x=3$

よって，点 P の座標は $\mathbf{(3,\ 0)}$

150 (1) 点 C の座標を $(x,\ y)$ とすると

$x=\dfrac{2\cdot(-2)+3\cdot3}{3+2}=\dfrac{5}{5}=1$

$y=\dfrac{2\cdot4+3\cdot(-1)}{3+2}=\dfrac{5}{5}=1$

よって，点 C の座標は $\mathbf{(1,\ 1)}$

(2) 中点 M の座標を $(x,\ y)$ とすると

$x=\dfrac{-2+3}{2}=\dfrac{1}{2}$，$y=\dfrac{4-1}{2}=\dfrac{3}{2}$

よって，点 M の座標は $\mathbf{\left(\dfrac{1}{2},\ \dfrac{3}{2}\right)}$

(3) 点 D の座標を $(x,\ y)$ とすると

$x=\dfrac{-1\cdot(-2)+6\cdot3}{6-1}=\dfrac{20}{5}=4$

$y=\dfrac{-1\cdot4+6\cdot(-1)}{6-1}=\dfrac{-10}{5}=-2$

よって，点 D の座標は $\mathbf{(4,\ -2)}$

(4) 点Eの座標を$(x,\ y)$とすると

$$x=\frac{-3\cdot(-2)+2\cdot3}{2-3}=\frac{12}{-1}=-12$$

$$y=\frac{-3\cdot4+2\cdot(-1)}{2-3}=\frac{-14}{-1}=14$$

よって，点Eの座標は **$(-12,\ 14)$**

151 重心Gの座標を$(x,\ y)$とすると

$$x=\frac{5+3-2}{3}=\frac{6}{3}=2$$

$$y=\frac{1-5-2}{3}=\frac{-6}{3}=-2$$

よって，点Gの座標は **$(2,\ -2)$**

152 点Qの座標を$(x,\ y)$とすると，線分PQの中点が点Aであるから

$$\frac{6+x}{2}=2,\ \frac{2+y}{2}=-1$$

よって　$x=-2,\ y=-4$

ゆえに，点Qの座標は **$(-2,\ -4)$**

B

153 右の図のように点Eを原点，直線BCをx軸とし，2点A，Cの座標を$A(a,\ b)$，$C(c,\ 0)$とおくと，2点B，Dの座標は

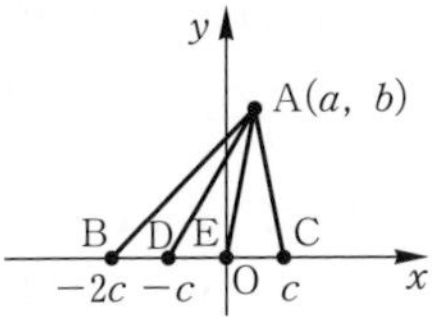

$B(-2c,\ 0)$，$D(-c,\ 0)$

と表せる。

AB^2-AC^2
$=\{(-2c-a)^2+(0-b)^2\}$
$\quad-\{(c-a)^2+(0-b)^2\}$
$=(a+2c)^2+b^2-(a-c)^2-b^2$
$=a^2+4ac+4c^2-a^2+2ac-c^2$
$=3(2ac+c^2)$

AD^2-AE^2
$=\{(-c-a)^2+(0-b)^2\}-(a^2+b^2)$
$=(a+c)^2+b^2-a^2-b^2$
$=2ac+c^2$

よって　$AB^2-AC^2=3(AD^2-AE^2)$　終

154 (1) $AB=\sqrt{\{1-(-1)\}^2+(5-3)^2}$
$\quad=\sqrt{8}=2\sqrt{2}$

$BC=\sqrt{(2-1)^2+(2-5)^2}=\sqrt{10}$

$CA=\sqrt{(-1-2)^2+(3-2)^2}=\sqrt{10}$

よって，△ABCは

BC＝CAの二等辺三角形

また，重心Gの座標を$(x,\ y)$とすると

$$x=\frac{-1+1+2}{3}=\frac{2}{3}$$

$$y=\frac{3+5+2}{3}=\frac{10}{3}$$

よって，点Gの座標は **$\left(\frac{2}{3},\ \frac{10}{3}\right)$**

(2) $AB=\sqrt{\{3-(-2)\}^2+(-5-2)^2}=\sqrt{74}$

$BC=\sqrt{(5-3)^2+\{7-(-5)\}^2}$
$\quad=\sqrt{148}$

$CA=\sqrt{(-2-5)^2+(2-7)^2}=\sqrt{74}$

よって，AB＝CA，$AB^2+CA^2=BC^2$であるから，△ABCは

∠Aを直角とする直角二等辺三角形

また，重心Gの座標を$(x,\ y)$とすると

$$x=\frac{-2+3+5}{3}=2$$

$$y=\frac{2-5+7}{3}=\frac{4}{3}$$

よって，点Gの座標は **$\left(2,\ \frac{4}{3}\right)$**

155 点Pの座標を$(t,\ 2t-1)$とする。

AP＝BPであるから　$AP^2=BP^2$

$\{t-(-2)\}^2+\{(2t-1)-1\}^2$
$=(t-2)^2+\{(2t-1)-5\}^2$

すなわち　$24t=32$

これを解いて　$t=\frac{4}{3}$

よって，点Pの座標は **$\left(\frac{4}{3},\ \frac{5}{3}\right)$**

156　対角線 AC の中点 M の座標は

$$M\left(\frac{0+(-2)}{2},\ \frac{-2+8}{2}\right)$$

すなわち　$M(-1,\ 3)$

$D(c,\ d)$ とすると，対角線 BD の中点が M であるから

←平行四辺形の対角線は互いの中点で交わる。

$$\frac{3+c}{2}=-1,\ \frac{1+d}{2}=3$$

これを解いて　$c=-5,\ d=5$

ゆえに　**D(−5, 5)**

(別解)

点 D の座標を $D(a,\ b)$ とする。

四角形 ABCD が平行四辺形であるとき，2 直線 AB，DC は平行で，その傾きが等しいから

$$\frac{1-(-2)}{3-0}=\frac{8-b}{-2-a}$$

すなわち　$a-b=-10$　……①

また，2 直線 AD，BC は平行で，その傾きが等しいから

$$\frac{b-(-2)}{a-0}=\frac{8-1}{-2-3}$$

すなわち　$7a+5b=-10$　……②

①，②を解いて　$a=-5,\ b=5$

よって　**D(−5, 5)**

157　$A(x_1,\ y_1)$，$B(x_2,\ y_2)$，$C(x_3,\ y_3)$ とする。

辺 AB の中点の座標が (2, 3) であるから

$$\frac{x_1+x_2}{2}=2,\ \frac{y_1+y_2}{2}=3$$

よって　$x_1+x_2=4$　……①

$y_1+y_2=6$　……②

辺 BC の中点の座標が (4, 1) であるから

$$\frac{x_2+x_3}{2}=4,\ \frac{y_2+y_3}{2}=1$$

よって　$x_2+x_3=8$　……③

$y_2+y_3=2$　……④

辺 CA の中点の座標が (7, 6) であるから

$$\frac{x_3+x_1}{2}=7,\ \frac{y_3+y_1}{2}=6$$

よって　$x_3+x_1=14$　……⑤

$y_3+y_1=12$　……⑥

x 座標について，①，③，⑤の辺々を加えて

$2(x_1+x_2+x_3)=26$

ゆえに　$x_1+x_2+x_3=13$　……⑦

⑦−③，⑦−⑤，⑦−①より

$x_1=5,\ x_2=-1,\ x_3=9$

y 座標について，②，④，⑥の辺々を加えて

$2(y_1+y_2+y_3)=20$

ゆえに　$y_1+y_2+y_3=10$　……⑧

⑧−④，⑧−⑥，⑧−②より

$y_1=8,\ y_2=-2,\ y_3=4$

よって　**A(5, 8)，B(−1, −2)，C(9, 4)**

C

158　点 C の座標を $(x,\ y)$ とする。

△ABC が正三角形となる条件は　AB=BC=CA

AB=BC であるから　$AB^2=BC^2$

$$4^2+8^2=(x+2)^2+(y+4)^2$$

整理して　$x^2+y^2+4x+8y-60=0$　……①

BC=AC であるから　$BC^2=AC^2$

$$(x+2)^2+(y+4)^2=(x-2)^2+(y-4)^2$$

整理して　$x=-2y$　……②

②を①に代入して　$(-2y)^2+y^2+4(-2y)+8y-60=0$

整理して　$y^2=12$　より　$y=\pm2\sqrt{3}$

⇦　△ABC が正三角形
⇔　AB=BC=CA
⇔　$AB^2=BC^2=CA^2$
（各辺の長さは正より）

②より　$y=2\sqrt{3}$ のとき　$x=-4\sqrt{3}$

$y=-2\sqrt{3}$ のとき　$x=4\sqrt{3}$

よって，点 C の座標は　$(4\sqrt{3},\ -2\sqrt{3})$，$(-4\sqrt{3},\ 2\sqrt{3})$

159　$A(x_1,\ y_1)$，$B(x_2,\ y_2)$，$C(x_3,\ y_3)$ とする。

△ABC の重心 G の座標は　$\left(\dfrac{x_1+x_2+x_3}{3},\ \dfrac{y_1+y_2+y_3}{3}\right)$

⇦重心 G，G′の座標を文字で表し，一致することを示す。

点 L，M，N は辺 AB，BC，CA をそれぞれ 2：1 に内分する点であるから

$$L\left(\frac{x_1+2x_2}{3},\ \frac{y_1+2y_2}{3}\right),\ M\left(\frac{x_2+2x_3}{3},\ \frac{y_2+2y_3}{3}\right),$$

$$N\left(\frac{x_3+2x_1}{3},\ \frac{y_3+2y_1}{3}\right)$$

△LMN の重心 G′の座標を $(x,\ y)$ とすると

$$x=\frac{\dfrac{x_1+2x_2}{3}+\dfrac{x_2+2x_3}{3}+\dfrac{x_3+2x_1}{3}}{3}$$

$$=\frac{\dfrac{3(x_1+x_2+x_3)}{3}}{3}=\frac{x_1+x_2+x_3}{3}$$

同様にして　$y=\dfrac{y_1+y_2+y_3}{3}$

よって，△LMN の重心 G′の座標は

$$\left(\frac{x_1+x_2+x_3}{3},\ \frac{y_1+y_2+y_3}{3}\right)$$

となり，G と一致する。　終

三角形の重心

3 点 $A(x_1,\ y_1)$，$B(x_2,\ y_2)$，$C(x_3,\ y_3)$ を頂点とする △ABC の重心 G の座標は

$$\left(\frac{x_1+x_2+x_3}{3},\ \frac{y_1+y_2+y_3}{3}\right)$$

3　直線の方程式

本編 p.035

A

160 (1)　$x-2y+1=0$

より

$$y=\frac{1}{2}x+\frac{1}{2}$$

よって，右の図。

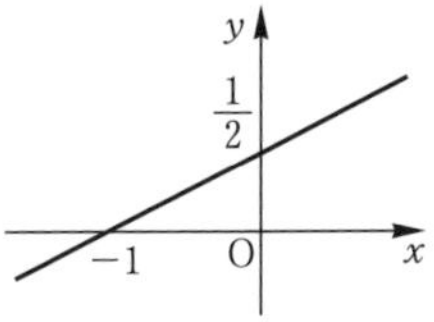

(2)　$-4y+6=0$

より

$$y=\frac{3}{2}$$

よって，右の図。

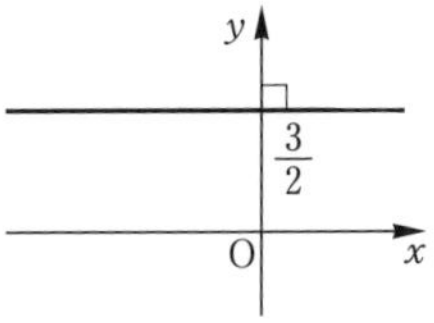

(3)　$2x+4=0$

より

$x=-2$

よって，右の図。

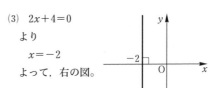

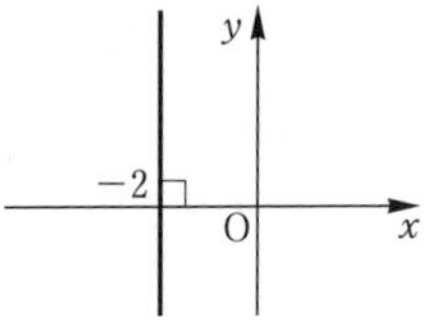

161 (1)　$y-(-3)=2(x-1)$

すなわち　$\boldsymbol{y=2x-5}$

(2)　$y-2=-3\{x-(-5)\}$

すなわち　$\boldsymbol{y=-3x-13}$

(3)　$\boldsymbol{x=-2}$

(4)　$\boldsymbol{y=3}$

162 (1) $y-1=\frac{5-1}{5-3}(x-3)$

すなわち　$\boldsymbol{y=2x-5}$

(2) $y-3=\frac{-1-3}{5-(-1)}\{x-(-1)\}$

すなわち　$\boldsymbol{y=-\frac{2}{3}x+\frac{7}{3}}$

(3) $\boldsymbol{y=-4}$ ⟵ 2 点の y 座標が等しい

(別解)

$y-(-4)=\frac{-4-(-4)}{7-4}(x-4)$

すなわち　$\boldsymbol{y=-4}$

(4) $\boldsymbol{x=3}$ ⟵ 2 点の x 座標が等しい

(5) $\frac{x}{3}+\frac{y}{2}=1$ ⟵ x 切片が 3　y 切片が 2

すなわち　$\boldsymbol{y=-\frac{2}{3}x+2}$

(6) $\frac{x}{-3}+\frac{y}{6}=1$ ⟵ x 切片が -3　y 切片が 6

すなわち　$\boldsymbol{y=2x+6}$

B

163 2 点 A, B を通る直線の方程式は

$y-(-3)=\frac{(a+4)-(-3)}{-2-4}(x-4)$

すなわち　$y+3=-\frac{a+7}{6}(x-4)$　……①

点 C$(a-4,\ 3)$ が直線①上にあるので

$3+3=-\frac{a+7}{6}\{(a-4)-4\}$

$36=-(a+7)(a-8)$

整理して　$a^2-a-20=0$

$(a+4)(a-5)=0$

よって　$\boldsymbol{a=-4,\ 5}$

(別解)

直線 AB の傾きは

$\frac{(a+4)-(-3)}{-2-4}=-\frac{a+7}{6}$

直線 AC の傾きは

$\frac{3-(-3)}{(a-4)-4}=\frac{6}{a-8}$

3 点 A, B, C が同じ直線上にあるとき,
2 直線 AB, AC の傾きは等しいから

$-\frac{a+7}{6}=\frac{6}{a-8}$

$-(a+7)(a-8)=36$

整理して　$a^2-a-20=0$

これを解いて　$\boldsymbol{a=-4,\ 5}$

164 求める直線の方程式は

$\frac{x}{2a}+\frac{y}{a}=1$ ⟵ 傾き $\frac{a-0}{0-2a}=-\frac{1}{2}$ より　$y=-\frac{1}{2}x+a$ とおいてもよい。

すなわち　$x+2y=2a$ とおける。

これが点 $(-3,\ -4)$ を通るから

$-3+2\cdot(-4)=2a$

これを解いて　$a=-\frac{11}{2}$

よって　$x+2y=2\cdot\left(-\frac{11}{2}\right)$

すなわち　$\boldsymbol{y=-\frac{1}{2}x-\frac{11}{2}}$

4　2 直線の関係

本編 p.036～038

A

165　$3x+2y-2=0$ より　$y=-\dfrac{3}{2}x+1$

$ax-6y+1=0$ より　$y=\dfrac{a}{6}x+\dfrac{1}{6}$

2 直線が平行となるとき，

$\dfrac{a}{6}=-\dfrac{3}{2}$ より　$\boldsymbol{a=-9}$

2 直線が垂直となるとき，

$\dfrac{a}{6}\cdot\left(-\dfrac{3}{2}\right)=-1$ より　$\boldsymbol{a=4}$

(別解)

本編 p.036 の（参考）の公式を用いると

2 直線が平行となるとき，

$3\cdot(-6)-a\cdot2=0$ より　$\boldsymbol{a=-9}$

2 直線が垂直となるとき，

$3\cdot a+2\cdot(-6)=0$ より　$\boldsymbol{a=4}$

166　直線 $2x-y-3=0$ の傾きは 2 であるから
（$y=2x-3$）

平行な直線は，傾きが 2 で点 $(4,\ -3)$ を通る。

よって，求める平行な直線の方程式は

$y-(-3)=2(x-4)$

すなわち　$\boldsymbol{2x-y-11=0}$

また，垂直な直線の傾きを m とすると

$2\cdot m=-1$ より　$m=-\dfrac{1}{2}$

よって，求める垂直な直線の方程式は

$y-(-3)=-\dfrac{1}{2}(x-4)$

すなわち　$\boldsymbol{x+2y+2=0}$

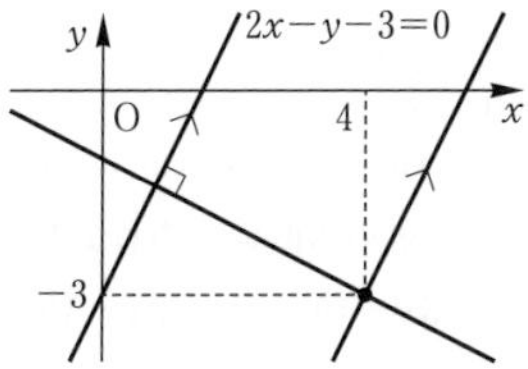

167　線分 AB の中点 $(-1,\ -1)$ を通り，直線 AB に垂直な直線である。

直線 AB の傾きは $\dfrac{-4-2}{0-(-2)}=-3$ であるから，

線分 AB の垂直二等分線の傾きを m とすると

$-3\cdot m=-1$ より　$m=\dfrac{1}{3}$

よって，求める垂直二等分線の方程式は

$y-(-1)=\dfrac{1}{3}\{x-(-1)\}$

すなわち　$\boldsymbol{y=\dfrac{1}{3}x-\dfrac{2}{3}}$

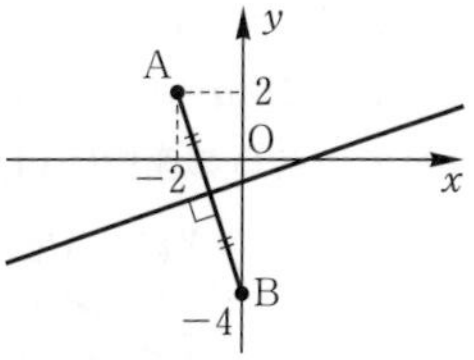

168 (1)　$\dfrac{|5|}{\sqrt{2^2+(-1)^2}}=\dfrac{|5|}{\sqrt{5}}=\boldsymbol{\sqrt{5}}$

(2)　$\dfrac{|1\cdot(-1)+1\cdot2+3|}{\sqrt{1^2+1^2}}=\dfrac{|4|}{\sqrt{2}}=\boldsymbol{2\sqrt{2}}$

(3)　$y=-3x+1$ を変形すると

$3x+y-1=0$

であるから

$\dfrac{|3\cdot2+1\cdot(-3)-1|}{\sqrt{3^2+1^2}}=\dfrac{|2|}{\sqrt{10}}=\boldsymbol{\dfrac{\sqrt{10}}{5}}$

(4)　$y=-4$ を変形すると

$0\cdot x+y+4=0$

であるから

$\dfrac{|0\cdot7+1\cdot(-2)+4|}{\sqrt{0^2+1^2}}=\dfrac{|2|}{1}=\boldsymbol{2}$

(別解)　直線 $y=-4$ 上の点 $(7,\ -4)$ と点 $(7,\ -2)$ の距離を求めて

$|(-2)-(-4)|=\boldsymbol{2}$

B

169 直線 $x-3y+6=0$ を l，点 Q の座標を $(a,\ b)$ とする。

直線 l の傾きは $\dfrac{1}{3}$ であり，

直線 PQ の傾きは $\dfrac{b-(-2)}{a-8}=\dfrac{b+2}{a-8}$ である。

$l\perp$PQ であるから　$\dfrac{1}{3}\cdot\dfrac{b+2}{a-8}=-1$

よって　$3a+b=22$　……①

線分 PQ の中点 $\left(\dfrac{8+a}{2},\ \dfrac{-2+b}{2}\right)$ は直線 l 上にあるから

$$\frac{8+a}{2}-3\cdot\frac{-2+b}{2}+6=0$$

ゆえに　$a-3b=-26$　……②

①，②を解いて　$a=4$，$b=10$

したがって，点 Q の座標は **(4，10)**

170

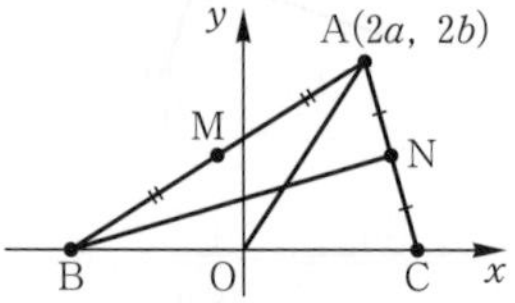

辺 BC の中点は原点 O であり，辺 AB, AC の中点をそれぞれ M，N とすると，

M$(a-c,\ b)$，N$(a+c,\ b)$

直線 BN の方程式は

$$y-0=\frac{b-0}{(a+c)-(-2c)}\{x-(-2c)\}$$

整理して

$bx-(a+3c)y+2bc=0$　……①

また，$a>0$ より，中線 OA の方程式は

$$y=\frac{b}{a}x$$

すなわち　$bx-ay=0$　……②

①，②を解いて

$$x=\frac{2}{3}a,\ y=\frac{2}{3}b$$

よって，2 本の中線①，②の交点の座標は

$$\left(\frac{2}{3}a,\ \frac{2}{3}b\right)$$

直線 CM が y 軸と平行であるとき，

$a-c=2c$ より　$c=\dfrac{1}{3}a$

このとき，直線 CM の方程式は

$$x=2c=\frac{2}{3}a$$

であるから，直線 CM も点 $\left(\dfrac{2}{3}a,\dfrac{2}{3}b\right)$ を通る。

直線 CM が y 軸と平行でないとき

$a-c\neq 2c$ より　$a\neq -3c$

このとき，直線 CM の方程式は

$$y-0=\frac{b-0}{(a-c)-2c}(x-2c)$$

整理して

$bx-(a-3c)y-2bc=0$

左辺に $x=\dfrac{2}{3}a$，$y=\dfrac{2}{3}b$ を代入すると

$$b\cdot\frac{2}{3}a-(a-3c)\cdot\frac{2}{3}b-2bc$$

$$=\frac{2}{3}ab-\frac{2}{3}ab+2bc-2bc=0$$

より，直線 CM も点 $\left(\dfrac{2}{3}a,\ \dfrac{2}{3}b\right)$ を通る。

以上から，△ABC の 3 本の中線は 1 点で交わる。 終

171 直線 $y=-3x$ と平行な直線を $y=-3x+n$ とおく。$y=-3x+n$ を変形すると

$3x+y-n=0$

であり，原点からの距離が $\sqrt{10}$ であるから

$$\frac{|-n|}{\sqrt{3^2+1^2}}=\sqrt{10}$$

$$\frac{|n|}{\sqrt{10}}=\sqrt{10}$$

よって，$|n|=10$ より　$n=-10,\ 10$

ゆえに，求める直線の方程式は

$\boldsymbol{y=-3x-10,\ y=-3x+10}$

172 辺ABの垂直二等分線は，線分ABの中点Mを通り，直線ABと垂直に交わる直線である。

点Mの座標は

$\left(\frac{4+(-2)}{2},\ \frac{3+1}{2}\right)$ より　M(1, 2),

直線ABの傾きは $\frac{1-3}{-2-4}=\frac{1}{3}$

であるから，辺ABの垂直二等分線の傾きを m とすると

$\frac{1}{3}\cdot m=-1$ より　$m=-3$

よって，線分ABの垂直二等分線の方程式は

$y-2=-3(x-1)$

すなわち　$y=-3x+5$　……①

同様に，線分ACの中点Nの座標は

$\left(\frac{4+6}{2},\ \frac{3+(-1)}{2}\right)$ より　N(5, 1),

直線ACの傾きは $\frac{-1-3}{6-4}=-2$ であるから，

辺ACの垂直二等分線の傾きを n とすると

$-2\cdot n=-1$ より　$n=\frac{1}{2}$

よって，線分ACの垂直二等分線の方程式は

$y-1=\frac{1}{2}(x-5)$

すなわち　$y=\frac{1}{2}x-\frac{3}{2}$　……②

2つの線分AB，ACの垂直二等分線の交点の座標は，①，②を連立して解くと

$x=\frac{13}{7},\ y=-\frac{4}{7}$

よって　$\boldsymbol{\left(\frac{13}{7},\ -\frac{4}{7}\right)}$

△ABCの2辺AB，ACの垂直二等分線の交点であるから，この点は△ABCの外心と一致する。

C

173 (1) $\mathrm{BC}=\sqrt{(1-2)^2+(1-8)^2}=\sqrt{50}=\boldsymbol{5\sqrt{2}}$

(2) $y-8=\frac{1-8}{1-2}(x-2)$

すなわち　$\boldsymbol{y=7x-6}$

(3) 点Aと直線BCの距離を d とすると

$$d=\frac{|7\cdot 3-1\cdot(-3)-6|}{\sqrt{7^2+(-1)^2}}=\frac{|18|}{5\sqrt{2}}=\boldsymbol{\frac{9\sqrt{2}}{5}}$$

(4) △ABCの面積を S とすると

$$S=\frac{1}{2}\cdot \mathrm{BC}\cdot d=\frac{1}{2}\cdot 5\sqrt{2}\cdot\frac{9\sqrt{2}}{5}=\boldsymbol{9}$$

(教p.105 章末A 1)

⇦ $y=7x-6 \Leftrightarrow 7x-y-6=0$

⇦BCを底辺とみると，△ABCの高さは(3)の d と等しい。

174 (1)(i) $a+1=0$，すなわち $a=-1$ のとき

2直線は $x=-1$, $x-2y=0$ であり，これらは平行ではない。

(ii) $a-1=0$，すなわち $a=1$ のとき

2直線は $y=1$，$x=0$ であり，これらは平行ではない。

(iii) $a+1\neq 0$ かつ $a-1\neq 0$，すなわち $a\neq -1$，1 のとき

直線 $(a-1)x+(a+1)y-2=0$ の傾きは $-\frac{a-1}{a+1}$

(教p.105 章末A 5)

⇦傾きを求めるために $y=(x$ の式$)$ と変形するとき，y の係数に文字が含まれる場合は係数が0かどうかで場合分けが必要。

直線 $x+(a-1)y=0$ の傾きは　$-\dfrac{1}{a-1}$

であるから，この2直線が平行であるとき

$$-\frac{a-1}{a+1}=-\frac{1}{a-1}$$

これを解いて　$a=0,\ 3$

これらは $a\neq\pm1$ を満たす。

(i)～(iii)より，$\boldsymbol{a=0,\ 3}$

（別解）　2直線が平行であるとき

$(a-1)\cdot(a-1)-1\cdot(a+1)=0$ より　$a^2-3a=0$

これを解いて　$\boldsymbol{a=0,\ 3}$

⇦本編 p.036（参考）に示した次の性質を用いると，場合分けをせずに a の値を求めることができる。

2直線の平行・垂直

2直線 $ax+by+c=0$,
$a'x+b'y+c'=0$ について，
・2直線が平行
　$\Leftrightarrow\ ab'-a'b=0$
・2直線が垂直
　$\Leftrightarrow\ aa'+bb'=0$

(2)(i)　$a+1=0$，すなわち $a=-1$ のとき

2直線は $x=-1$, $x-2y=0$ であり，これらは垂直ではない。

(ii)　$a-1=0$，すなわち $a=1$ のとき

2直線は $y=1$，$x=0$ であり，これらは垂直である。

(iii)　$a+1\neq0$ かつ $a-1\neq0$，すなわち $a\neq-1,\ 1$ のとき

直線 $(a-1)x+(a+1)y-2=0$ の傾きは $-\dfrac{a-1}{a+1}$

直線 $x+(a-1)y=0$ の傾きは $-\dfrac{1}{a-1}$

であるから，この2直線が垂直であるとき

$$-\frac{a-1}{a+1}\cdot\left(-\frac{1}{a-1}\right)=-1$$

これを解いて $a=-2$　　これは $a\neq\pm1$ を満たす。

(i)～(iii)より，$\boldsymbol{a=-2,\ 1}$

（別解）　2直線が垂直であるとき

$(a-1)\cdot1+(a+1)\cdot(a-1)=0$　より　$a^2+a-2=0$

これを解いて　$\boldsymbol{a=-2,\ 1}$

⇦次の性質を用いると，場合分けをせずに解くことができる。

2直線の垂直

2直線 $ax+by+c=0$,
$a'x+b'y+c'=0$ が垂直である
$\Leftrightarrow\ aa'+bb'=0$

175　$x-3y+2=0$　……①

$3x+2y-5=0$　……②

$kx+y+k=0$　……③　とする。

(1)　2直線①，②の交点をPとする。

①，②を連立して解くと　$x=1,\ y=1$

よって　P(1, 1)

3直線が1点で交わるのは，直線③が点Pを通るときであるから

$k\cdot1+1+k=0$ より　$\boldsymbol{k=-\dfrac{1}{2}}$

⇦2直線の交点をもう1つの直線が通るときを考える。

⇦ $kx+y+k=0$ に $x=1,\ y=1$ を代入

(2) 3 直線が三角形を作らないのは，

(i) 3 直線が 1 点で交わる

(ii) 3 直線のうちの 2 直線が互いに平行

のいずれかとなるときである。

(i)のとき

(1)より　$k=-\frac{1}{2}$

(ii)のとき

直線①，②，③の傾きはそれぞれ　$\frac{1}{3}$，$-\frac{3}{2}$，$-k$

①と②は平行ではない。

①と③が平行であるとき　$\frac{1}{3}=-k$ より　$k=-\frac{1}{3}$

②と③が平行であるとき　$-\frac{3}{2}=-k$ より　$k=\frac{3}{2}$

よって，求める k の値は　$\boldsymbol{k=-\frac{1}{2},\ -\frac{1}{3},\ \frac{3}{2}}$

(3) 3 直線が直角三角形を作るのは，3 直線のうちの 2 直線が互いに垂直となるときである。

直線①，②，③の傾きはそれぞれ　$\frac{1}{3}$，$-\frac{3}{2}$，$-k$

①と②は垂直ではない。

①と③が垂直であるとき　$\frac{1}{3}\cdot(-k)=-1$　より　$k=3$

②と③が垂直なとき　$-\frac{3}{2}\cdot(-k)=-1$　より　$k=-\frac{2}{3}$

よって，求める k の値は　$\boldsymbol{k=-\frac{2}{3},\ 3}$

これらは(2)で求めた k の値ではないので，三角形ができる。

2 直線の平行

2 直線 $ax+by+c=0$，
$a'x+b'y+c'=0$ が平行である
$\Leftrightarrow\ ab'-a'b=0$

⇦上の性質を用いると，
①と③が平行であるとき
$1\cdot1-(-3)\cdot k=0$
より　$k=-\frac{1}{3}$
②と③が平行であるとき
$3\cdot1-2\cdot k=0$
より　$k=\frac{3}{2}$

⇦$\frac{1}{3}\cdot\left(-\frac{3}{2}\right)=-\frac{1}{2}\neq-1$

⇦三角形ができることを確認する。

176　$AB=\sqrt{(4-2)^2+(5-1)^2}=2\sqrt{5}$

直線 AB の方程式は

$$y-1=\frac{5-1}{4-2}(x-2)$$

すなわち　$2x-y-3=0$

点 P の座標を $(t,\ t^2+3)$，点 P と直線 AB の距離を d とすると

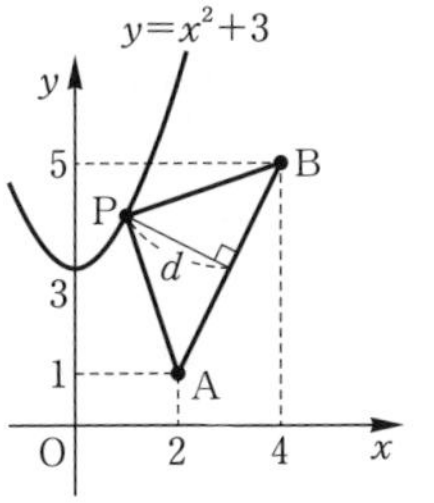

⇦2 点 A，B は動かないので，AB を底辺とみたときの△PAB の高さ，すなわち動点 P から直線 AB までの距離の最小値を考えればよい。

$$d=\frac{|2\cdot t-1\cdot(t^2+3)-3|}{\sqrt{2^2+(-1)^2}}=\frac{|-t^2+2t-6|}{\sqrt{5}}$$

$$=\frac{1}{\sqrt{5}}|t^2-2t+6|=\frac{1}{\sqrt{5}}|(t-1)^2+5|$$

⇦ $(t-1)^2+5>0$ であるから $|(t-1)^2+5|=(t-1)^2+5$

よって，d は $t=1$ で最小値 $\sqrt{5}$ をとる。

このとき，△PAB の面積 S は最小となり

$$S=\frac{1}{2}\cdot\mathrm{AB}\cdot d=\frac{1}{2}\cdot 2\sqrt{5}\cdot\sqrt{5}=5$$

ゆえに，△PAB の面積の最小値は **5**

(参考)

$t=1$ のとき，点 P の座標は P(1, 4) であるが，これは直線 AB と平行な直線のうち放物線 $y=x^2+3$ と接するもの（直線 $2x-y+2=0$）と放物線の接点と一致する。

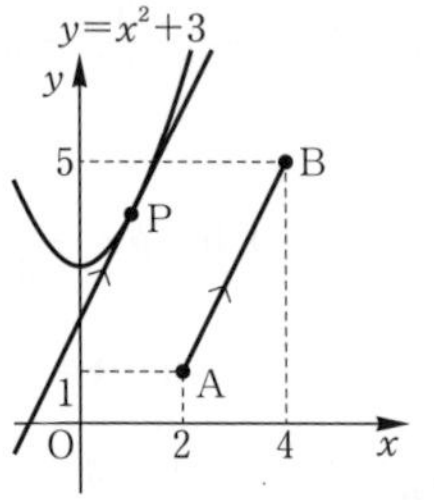

研究 2 直線の交点を通る直線の方程式

本編 p.038

B

177 $4x-y-1+k(x-2y+12)=0$ ……①

は 2 直線 $4x-y-1=0$，$x-2y+12=0$ の交点を通る直線を表す。

この直線が点 (3, 5) を通るから，

①に $x=3$，$y=5$ を代入して整理すると

$6+5k=0$ より　$k=-\dfrac{6}{5}$

これを①に代入して整理すると，求める直線の方程式は

$$4x-y-1-\frac{6}{5}(x-2y+12)=0$$

すなわち　$\boldsymbol{2x+y-11=0}$

C

178　2 直線 $2x-y-3=0$，$x-3y+1=0$ の交点を通る直線の方程式は

(㊎ p.105 章末A 3)

$$2x-y-3+k(x-3y+1)=0 \quad \cdots\cdots①$$

と表せる。

(1)　直線①が点 (−2, 3) を通るとき，①に $x=-2$，$y=3$ を代入して整理すると

$-10-10k=0$ より　$k=-1$

これを①に代入して整理すると，求める直線の方程式は

$$2x-y-3-x+3y-1=0$$

すなわち　$\boldsymbol{x+2y-4=0}$

(2) ①を整理すると

$$(k+2)x+(-3k-1)y+k-3=0 \quad \cdots\cdots ①'$$

これが直線 $-x+y-4=0$ と平行であるとき

$$(k+2)\cdot 1-(-1)\cdot(-3k-1)=0$$

これを解いて　$k=\dfrac{1}{2}$

これを①′に代入して整理すると，求める直線の方程式は

$$\frac{5}{2}x-\frac{5}{2}y-\frac{5}{2}=0$$

すなわち　$\boldsymbol{x-y-1=0}$

2直線の平行

2直線 $ax+by+c=0$，$a'x+b'y+c'=0$ が平行である $\Leftrightarrow ab'-a'b=0$

(3) 直線①′と直線 $2x+y+3=0$ が垂直であるとき

$$(k+2)\cdot 2+(-3k-1)\cdot 1=0$$

これを解いて　$k=3$

これを①′に代入して整理すると，求める直線の方程式は

$$5x-10y=0$$

すなわち　$\boldsymbol{x-2y=0}$

2直線の垂直

2直線 $ax+by+c=0$，$a'x+b'y+c'=0$ が垂直である $\Leftrightarrow aa'+bb'=0$

179　点Pを通る直線の方程式は

$$ax-y-2+k(x+ay+1)=0 \quad \cdots\cdots ①$$

と表せる。

この直線が原点を通るので，$x=0$，$y=0$ を①に代入して

$$-2+k=0$$

これを解いて　$k=2$

これを①に代入して整理すると

$$(a+2)x+(2a-1)y=0$$

この直線が直線 $3x+y=0$ と一致するので，係数の比から

$$(a+2):(2a-1)=3:1$$

これを解いて　$\boldsymbol{a=1}$

⇦たとえば $6x+2y=0$ となる場合も $3x+y=0$ と一致するので，「係数の比が等しい」として考える必要がある。

180　$(2+3k)x-(3+k)y-7+7k=0 \quad \cdots\cdots ①$

を k について整理すると

$$k(3x-y+7)+2x-3y-7=0 \quad \cdots\cdots ②$$

等式②が k の値に関わらず成り立つのは，

$$3x-y+7=0,\ 2x-3y-7=0$$

が成り立つときである。

連立して解くと　$x=-4$，$y=-5$

よって，直線①はつねに定点 $(-4,\ -5)$ を通る。

⇦ k の値に関係なく等式②が成り立つので，②を k についての恒等式とみる。

2節 円

1 円の方程式

本編 p.039

A

181 (1) $\{x-(-3)\}^2+\{y-(-4)\}^2=2^2$

すなわち $\boldsymbol{(x+3)^2+(y+4)^2=4}$

(2) $\boldsymbol{x^2+y^2=13}$

(3) 円の中心は

直径の両端を結ぶ線分の中点 $(2,\ -2)$

円の半径は

$\sqrt{(-2-2)^2+\{1-(-2)\}^2}=\sqrt{25}=5$

よって $\boldsymbol{(x-2)^2+(y+2)^2=25}$

182 (1) $(x-1)^2+(y+5)^2=9$ より

中心 $(1,\ -5)$，半径 3 の円を表す。

(2) $(x+3)^2+(y-1)^2=0$ より

点 $(-3,\ 1)$ を表す。

183 $(x+2)^2+(y-3)^2=n-4$ と変形できるので，求める n の値の範囲は

$n-4>0$ すなわち $\boldsymbol{n>4}$

184 (1) 求める円の方程式を

$x^2+y^2+lx+my+n=0$

とする。この円が

点 A$(0,\ 5)$ を通るから

$25+5m+n=0$ ……①

点 B$(1,\ 4)$ を通るから

$1+16+l+4m+n=0$ ……②

点 C$(-3,\ 6)$ を通るから

$9+36-3l+6m+n=0$ ……③

①，②，③を整理して

$$\begin{cases} 5m+n=-25 \\ l+4m+n=-17 \\ -3l+6m+n=-45 \end{cases}$$

これを解いて

$l=6,\ m=-2,\ n=-15$

よって，求める円の方程式は

$\boldsymbol{x^2+y^2+6x-2y-15=0}$

また，この式を変形すると

$(x+3)^2+(y-1)^2=25$

よって，△ABC の

外心の座標は $(-3,\ 1)$ ← △ABC の外接円の中心

外接円の半径は 5

(2) 求める円の方程式を

$x^2+y^2+lx+my+n=0$

とする。この円が

点 A$(-1,\ 1)$ を通るから

$1+1-l+m+n=0$ ……①

点 B$(3,\ -3)$ を通るから

$9+9+3l-3m+n=0$ ……②

点 C$(4,\ -2)$ を通るから

$16+4+4l-2m+n=0$ ……③

①，②，③を整理して

$$\begin{cases} -l+m+n=-2 \\ 3l-3m+n=-18 \\ 4l-2m+n=-20 \end{cases}$$

これを解いて

$l=-3,\ m=1,\ n=-6$

よって，求める円の方程式は

$\boldsymbol{x^2+y^2-3x+y-6=0}$

また，この式を変形すると

$\left(x-\dfrac{3}{2}\right)^2+\left(y+\dfrac{1}{2}\right)^2=\dfrac{17}{2}$

よって，△ABC の

外心の座標は $\left(\dfrac{3}{2},\ -\dfrac{1}{2}\right)$ ← △ABC の外接円の中心

外接円の半径は $\dfrac{\sqrt{34}}{2}$

B

185 (1) x 軸に接するから，半径は 4

よって　$\boldsymbol{(x+3)^2+(y-4)^2=16}$

(2) 円の中心を $(t,\ -2t+1)$ とおく。

円の中心から 2 点 $(-2,\ 4)$，$(2,\ 2)$ までの距離が等しいから

$$\sqrt{(t+2)^2+(-2t+1-4)^2}$$
$$=\sqrt{(t-2)^2+(-2t+1-2)^2}$$

両辺を平方して整理すると

$16t+8=0$ より　$t=-\dfrac{1}{2}$

よって，中心の座標は　$\left(-\dfrac{1}{2},\ 2\right)$

円の半径は中心と点 $(2,\ 2)$ の距離より

$\left|2-\left(-\dfrac{1}{2}\right)\right|=\dfrac{5}{2}$ ← y 座標が等しい

ゆえに　$\boldsymbol{\left(x+\dfrac{1}{2}\right)^2+(y-2)^2=\dfrac{25}{4}}$

(3) 点 $(2,\ 4)$ を通り，x 軸と y 軸の両方に接するから，求める円の中心は第 1 象限にある。また，円の中心から x 軸，y 軸までの距離が等しく，これが半径に等しいから，円の方程式は

$(x-r)^2+(y-r)^2=r^2$

とおける。この円が点 $(2,\ 4)$ を通るから

$(2-r)^2+(4-r)^2=r^2$

整理して $r^2-12r+20=0$

これを解いて　$r=2,\ 10$

よって

$\boldsymbol{(x-2)^2+(y-2)^2=4,}$

$\boldsymbol{(x-10)^2+(y-10)^2=100}$

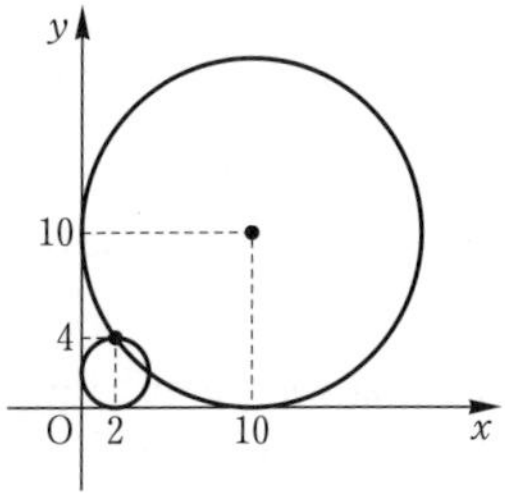

2　円と直線

本編 p.040～042

A

186 (1) $y=-2x$ を $x^2+y^2=20$ に代入して

整理すると　$5x^2=20$

これを解いて　$x=-2,\ 2$

$x=-2$ のとき　$y=4$

$x=2$　のとき　$y=-4$

よって，共有点の座標は

$\boldsymbol{(-2,\ 4),\ (2,\ -4)}$

(2) $x=5y-13$ を $x^2+y^2=13$ に代入して

整理すると　$y^2-5y+6=0$

$(y-2)(y-3)=0$ より　$y=2,\ 3$

$y=2$ のとき　$x=10-13=-3$

$y=3$ のとき　$x=15-13=2$

よって，共有点の座標は

$\boldsymbol{(-3,\ 2),\ (2,\ 3)}$

187 (1) $y=x+4$ を $x^2+y^2=16$ に代入して

整理すると

$x^2+4x=0$　……①

①の判別式を D とすると

$\dfrac{D}{4}=2^2-1\cdot0=4>0$ ← $b'=2$

よって，共有点は **2 個**

(2) $y=-x-5$ を $x^2+y^2=9$ に代入して

整理すると

$x^2+5x+8=0$　……①

①の判別式を D とすると

$D=5^2-4\cdot1\cdot8=-7<0$

よって，共有点は **0 個**

(3) $y=-2x+5$ を $x^2+y^2=5$ に代入して整理すると

$x^2-4x+4=0$ ……①

①の判別式を D とすると

$\frac{D}{4}=(-2)^2-1\cdot4=0$ ⟵ $b'=-2$

よって，共有点は **1 個**

(4) $y=\frac{1}{2}x-4$ を $x^2+y^2=15$ に代入して整理すると

$5x^2-16x+4=0$ ……①

①の判別式を D とすると

$\frac{D}{4}=(-8)^2-5\cdot4=44>0$ ⟵ $b'=-8$

よって，共有点は **2 個**

188 $y=3x+n$ を $x^2+y^2=9$ に代入して整理すると

$10x^2+6nx+n^2-9=0$ ……①

①の判別式を D とすると

$\frac{D}{4}=(3n)^2-10\cdot(n^2-9)$ ⟵ $b'=3n$

$=-n^2+90$

円と直線が共有点をもたないのは $D<0$ のときであるから，

$-n^2+90<0$

この不等式を解いて

$\boldsymbol{n<-3\sqrt{10},\ 3\sqrt{10}<n}$

189 円 C_1 について，中心 $(0,\ 0)$ と直線の距離は $\frac{|10|}{\sqrt{9+16}}=2$ （中心と直線の距離）>（半径）

C_1 の半径は 1 であり，$2>1$ であるから

C_1 と直線は共有点をもたない。

円 C_2 について

$(x+1)^2+(y-1)^2=4$

より，中心は点 $(-1,\ 1)$，半径は 2 である。

中心と直線の距離は

$\frac{|3\cdot(-1)-4\cdot1+10|}{\sqrt{9+16}}=\frac{3}{5}$

であり，$\frac{3}{5}<2$ から C_2 と直線は共有点をもつ。

したがって，共有点をもつ円は $\boldsymbol{C_2}$

190 円の中心 $(0,\ 0)$ と直線 $3x+y+n=0$ の距離は $\frac{|n|}{\sqrt{9+1}}=\frac{|n|}{\sqrt{10}}$

円の半径は $2\sqrt{10}$ であるから，円と直線が接するには $\frac{|n|}{\sqrt{10}}=2\sqrt{10}$

これを解いて $\boldsymbol{n=20,\ -20}$

191 円の中心 $(0,\ 0)$ と，直線 $y=-x-4$ すなわち $x+y+4=0$ の距離を d とすると

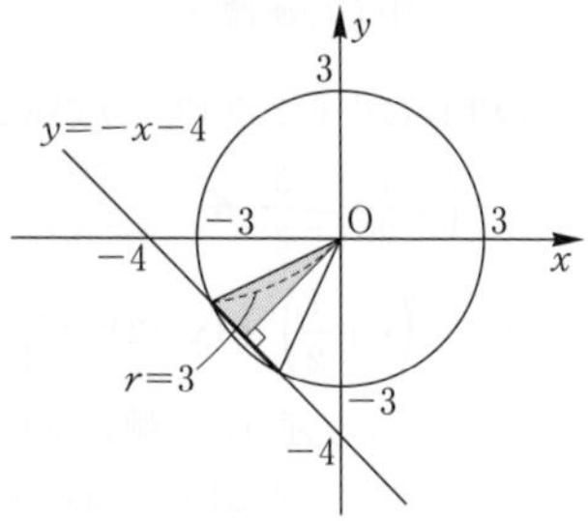

$d=\frac{|4|}{\sqrt{1^2+1^2}}=\frac{|4|}{\sqrt{2}}=2\sqrt{2}$

また，この円の半径 r は $r=3$

三平方の定理より，弦の長さは

$2\sqrt{r^2-d^2}=2\sqrt{9-8}=\mathbf{2}$

192 (1) $2\cdot x+4\cdot y=20$ より $\boldsymbol{x+2y=10}$

(2) $1\cdot x+(-3)\cdot y=10$ より $\boldsymbol{x-3y=10}$

(3) $0\cdot x+(-2)\cdot y=4$ より $\boldsymbol{y=-2}$

(4) $5\cdot x+0\cdot y=25$ より $\boldsymbol{x=5}$

193 (1) 接点を $\mathrm{P}(x_1,\ y_1)$ とすると，接線の方程式は $x_1x+y_1y=10$ ……①

直線①が点 $\mathrm{A}(4,\ 2)$ を通るから

$4x_1+2y_1=10$

すなわち $2x_1+y_1=5$ ……②

点 P は円上の点であるから

${x_1}^2+{y_1}^2=10$ ……③

②，③から y_1 を消去し整理すると

${x_1}^2-4x_1+3=0$ ⟵ $(x_1-1)(x_1-3)=0$

よって　$x_1=1,\ 3$

これを②に代入して

$x_1=1$ のとき　$y_1=3$,

$x_1=3$ のとき　$y_1=-1$

ゆえに，接線の方程式は

接点が (1, 3) のとき　$\boldsymbol{x+3y=10}$

接点が (3, −1) のとき　$\boldsymbol{3x-y=10}$

(2)　接点を $\mathrm{P}(x_1,\ y_1)$ とすると，接線の方程式は　$x_1x+y_1y=4$　……①

直線①が点 A(2, 3) を通るから

$2x_1+3y_1=4$　……②

点 P は円上の点であるから

$x_1{}^2+y_1{}^2=4$　……③

②，③から x_1 を消去して整理すると

$13y_1{}^2-24y_1=0$ ← $y_1(13y_1-24)=0$

よって　$y_1=0,\ \dfrac{24}{13}$　（接点の x 座標は②に $y_1=0,\ \dfrac{24}{13}$ を代入）

ゆえに，接線の方程式は

接点が (2, 0) のとき　$\boldsymbol{x=2}$

接点が $\left(-\dfrac{10}{13},\ \dfrac{24}{13}\right)$ のとき

$\boldsymbol{5x-12y=-26}$

194 (1)　円 $x^2+y^2=52$ は中心が原点であるから，

2 つの円の中心間の距離は

$\sqrt{(-2)^2+3^2}=\sqrt{13}$

円 $x^2+y^2=52$ の半径は $2\sqrt{13}$ であるから，求める円の半径は

$2\sqrt{13}-\sqrt{13}=\sqrt{13}$

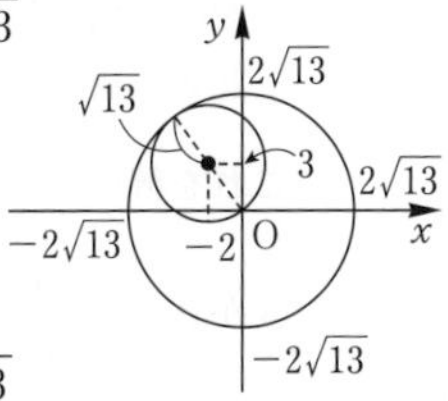

よって，求める円の方程式は

$\boldsymbol{(x+2)^2+(y-3)^2=13}$

(2)　円 $x^2+y^2=4$ は中心が原点であるから，

2 つの円の中心間の距離は

$\sqrt{(-2)^2+3^2}=\sqrt{13}$

円 $x^2+y^2=4$ の半径は 2 であるから，

求める円の半径は　$\sqrt{13}-2$

ゆえに，求める円の方程式は

$\boldsymbol{(x+2)^2+(y-3)^2=(\sqrt{13}-2)^2}$

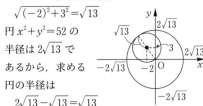

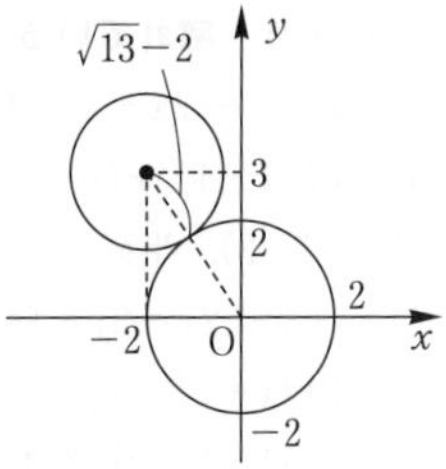

B

195　共有点の座標は，次の連立方程式の解である。

$$\begin{cases} x^2+y^2=10 & \cdots\cdots① \\ x^2+y^2-4x-2y=0 & \cdots\cdots② \end{cases}$$

①から②を引いて整理すると　$2x+y=5$

すなわち　$y=-2x+5$　……③

③を①に代入して整理すると

$x^2-4x+3=0$ ← $(x-1)(x-3)=0$

これを解いて　$x=1,\ 3$

③から　$x=1$ のとき　$y=3$

$x=3$ のとき　$y=-1$

よって，求める共有点の座標は

(1, 3)，(3, −1)

196 (1)　円 $C:x^2+y^2=9$ の中心は原点，

半径は $r=3$

円 $C':x^2+y^2+8x-6y+21=0$

すなわち円 $(x+4)^2+(y-3)^2=4$ の

中心は点 $(-4,\ 3)$，半径は $r'=2$

2 つの円の中心間の距離は

$d=\sqrt{(-4)^2+3^2}=5$

$d=r+r'$ より，**外接している。**

共有点の座標は，次の連立方程式の解である。

$$\begin{cases} x^2+y^2=9 & \cdots\cdots① \\ x^2+y^2+8x-6y+21=0 & \cdots\cdots② \end{cases}$$

②から①を引いて整理すると

$4x-3y=-15$

すなわち　$y=\frac{4}{3}x+5$　……③

③を①に代入して整理すると

$25x^2+120x+144=0$

これを解いて　$x=-\frac{12}{5}$

③から　$y=\frac{9}{5}$

よって，求める**共有点の座標は** $\left(-\frac{12}{5},\ \frac{9}{5}\right)$

(2)　円 $C：x^2+y^2=2$ の中心は原点，

半径は $r=\sqrt{2}$

円 $C'：x^2+y^2-8x+4y+12=0$

すなわち円 $(x-4)^2+(y+2)^2=8$ の

中心は点 $(4,\ -2)$，半径は $r'=2\sqrt{2}$

2 つの円の中心間の距離は

$d=\sqrt{4^2+(-2)^2}$

$=\sqrt{20}=2\sqrt{5}$　← $r+r'=3\sqrt{2}=\sqrt{18}$

$d>r+r'$ より，**離れている。**

(3)　円 $C：x^2+y^2-2x-4y=0$

すなわち円 $(x-1)^2+(y-2)^2=5$ の

中心は点 $(1,\ 2)$，半径は $r=\sqrt{5}$

円 $C'：x^2+y^2+2x-2y-18=0$

すなわち円 $(x+1)^2+(y-1)^2=20$ の

中心は点 $(-1,\ 1)$，半径は $r'=2\sqrt{5}$

2 つの円の中心間の距離は

$d=\sqrt{\{(-1)-1\}^2+(1-2)^2}=\sqrt{5}$

$d=r'-r$ より，**円 C が円 C' に内接している。**

共有点の座標は，次の連立方程式の解である。

$$\begin{cases} x^2+y^2-2x-4y=0 & \cdots\cdots① \\ x^2+y^2+2x-2y-18=0 & \cdots\cdots② \end{cases}$$

②から①を引いて整理すると

$2x+y=9$

すなわち　$y=-2x+9$　……③

③を①に代入して整理すると

$x^2-6x+9=0$

これを解いて　$x=3$

③から　$y=3$

よって，求める**共有点の座標は** $(3,\ 3)$

197 (1)　$x^2+y^2=5$　……①，$2x-y=m$　……②

とおく。

②より，$y=2x-m$ を①に代入して整理すると

$5x^2-4mx+m^2-5=0$

この x についての 2 次方程式の判別式を D とすると

$\frac{D}{4}=(-2m)^2-5\cdot(m^2-5)$　← $b'=-2m$

$=-m^2+25$

$=-(m+5)(m-5)$

よって，共有点の個数は

$D>0$　すなわち **$-5<m<5$ のとき，2 個**

$D=0$　すなわち **$m=\pm5$ のとき，1 個**

$D<0$　すなわち

$m<-5,\ 5<m$ のとき，0 個

(別解)

円①の中心 $(0,\ 0)$ と，直線②との距離 d は　← $2x-y-m=0$

$d=\frac{|-m|}{\sqrt{2^2+(-1)^2}}=\frac{|m|}{\sqrt{5}}$

円①の半径は $r=\sqrt{5}$ であるから，共有点の個数は

$d<r$　すなわち $|m|<5$ より

$-5<m<5$ のとき，2 個

$d=r$　すなわち $|m|=5$ より

$m=\pm5$ のとき，1 個

$d>r$　すなわち $|m|>5$ より

$m<-5,\ 5<m$ のとき，0 個

(2)　$x^2+y^2=5$　……①，$y=mx+5$　……③

とおく。

③を①に代入して整理すると

$(m^2+1)x^2+10mx+20=0$

この x についての 2 次方程式の判別式を D とすると

$\frac{D}{4}=(5m)^2-(m^2+1)\cdot20$　← $b'=5m$

$=5m^2-20$

$=5(m+2)(m-2)$

よって，共有点の個数は

$D>0$　すなわち

$m<-2$，$2<m$ のとき，2個

$D=0$　すなわち **$m=\pm 2$ のとき，1個**

$D<0$　すなわち

$-2<m<2$ のとき，0個

(別解)

円①の中心 $(0,\ 0)$ と，直線③との距離 d は　（$mx-y+5=0$）

$$d=\frac{|5|}{\sqrt{m^2+(-1)^2}}=\frac{5}{\sqrt{m^2+1}}$$

円①の半径は $r=\sqrt{5}$ であるから，共有点の個数は

$d<r$　すなわち $5<m^2+1$ より

$m<-2$，$2<m$ のとき，2個

$d=r$　すなわち $5=m^2+1$ より

$m=\pm 2$ のとき，1個

$d>r$　すなわち $5>m^2+1$ より

$-2<m<2$ のとき，0個

198 (1)　接点の座標を $P(1,\ y_1)$ とすると，点Pは円周上にあるから

$1^2+{y_1}^2=10$

これを解いて　$y_1=\pm 3$

よって，接点の座標は $(1,\ 3)$，$(1,\ -3)$

ゆえに，求める接線の方程式は

$x+3y=10$，$x-3y=10$

(2)　求める接線の方程式を $y=-x+k$　……①

とおく。

①を $x^2+y^2=8$ に代入して整理すると

$2x^2-2kx+k^2-8=0$

この x についての2次方程式の判別式を D とすると

$$\frac{D}{4}=(-k)^2-2\cdot(k^2-8) \longleftarrow b'=-k$$

$=-(k^2-16)=-(k+4)(k-4)$

円と直線が接するとき，$D=0$ であるから

$k=\pm 4$

よって，求める接線の方程式は

$y=-x-4$，$y=-x+4$

(別解)　円の中心 $(0,\ 0)$ と直線①の距離を d とすると

$$d=\frac{|-k|}{\sqrt{1^2+1^2}}=\frac{|k|}{\sqrt{2}} \longleftarrow y=-x+k \Leftrightarrow x+y-k=0$$

これが円の半径 $2\sqrt{2}$ に等しいから

$\frac{|k|}{\sqrt{2}}=2\sqrt{2}$ より　$|k|=4$

すなわち　$k=\pm 4$

よって，求める接線の方程式は

$x+y-4=0$，$x+y+4=0$

(3)　求める接線の方程式は直線 $y=3x+1$ と垂直であるから

$$y=-\frac{1}{3}x+k \quad \cdots\cdots ① \longleftarrow m=-\frac{1}{3}\ （3\cdot m=-1 より）$$

とおける。

①を $x^2+y^2=9$ に代入して整理すると

$10x^2-6kx+9k^2-81=0$

この x についての2次方程式の判別式を D とすると

$$\frac{D}{4}=(-3k)^2-10\cdot(9k^2-81) \longleftarrow b'=-3k$$

$=-81(k^2-10)$

円と直線が接するとき，$D=0$ であるから

$k=\pm\sqrt{10}$

よって，求める接線の方程式は

$y=-\frac{1}{3}x-\sqrt{10}$，$y=-\frac{1}{3}x+\sqrt{10}$

(別解)　円の中心 $(0,\ 0)$ と直線①の距離を d とすると

$$d=\frac{|-3k|}{\sqrt{1^2+3^2}}=\frac{|3k|}{\sqrt{10}} \longleftarrow y=-\frac{1}{3}x+k \Leftrightarrow x+3y-3k=0$$

これが円の半径3に等しいから

$\frac{|3k|}{\sqrt{10}}=3$ より　$|k|=\sqrt{10}$

すなわち　$k=\pm\sqrt{10}$

よって，求める接線の方程式は

$x+3y-3\sqrt{10}=0$，$x+3y+3\sqrt{10}=0$

199 円 $x^2+y^2-4x-8y+4=0$ は

$(x-2)^2+(y-4)^2=16$

と変形できるから，この円の中心は点 $(2,\ 4)$，半径は 4 である。

一方，円 $x^2+y^2=r^2$ の中心は点 $(0,\ 0)$，半径は r であるから 2 つの円の中心間の距離 d は

$d=\sqrt{2^2+4^2}=2\sqrt{5}$

よって，2 つの円が共有点をもつには

$|r-4|\leqq 2\sqrt{5}\leqq r+4$

これを解いて，

$\boldsymbol{2\sqrt{5}-4\leqq r\leqq 2\sqrt{5}+4}$

C

200 接点の座標を $(s,\ t)$ とおくと，

接線の方程式は

$sx+ty=10$ ……①

とおける。

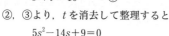

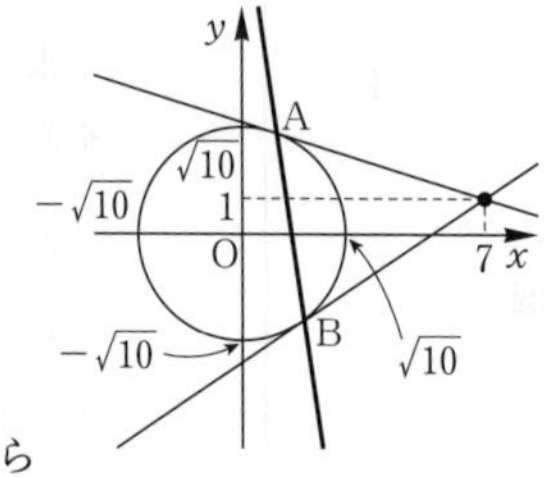

(教 p.105 章末A 7)

①は点 $(7,\ 1)$ を通るから

$7s+t=10$ ……②

接点は円 $x^2+y^2=10$ 上にあるから

$s^2+t^2=10$ ……③

②，③より，t を消去して整理すると

$5s^2-14s+9=0$

$(s-1)(5s-9)=0$ より $s=1,\ \dfrac{9}{5}$

②より $s=1$ のとき $t=3$，$s=\dfrac{9}{5}$ のとき $t=-\dfrac{13}{5}$

よって，接点の座標は $(1,\ 3)$，$\left(\dfrac{9}{5},\ -\dfrac{13}{5}\right)$

求める直線は，この 2 点を通るので

$y-3=\dfrac{-\frac{13}{5}-3}{\frac{9}{5}-1}(x-1)$ より $\boldsymbol{7x+y=10}$

⇦このとき，点 $(7,\ 1)$ を極といい，2 つの接点を通る直線を極線という。

（別解）

$\mathrm{A}(x_1,\ y_1)$，$\mathrm{B}(x_2,\ y_2)$ とおく。2 点 A，B における接線の方程式はそれぞれ

$x_1x+y_1y=10$，$x_2x+y_2y=10$

であり，いずれも点 $(7,\ 1)$ を通るので

$7x_1+y_1=10$ ……①，$7x_2+y_2=10$ ……②

が成り立つ。

①，②より 2 点 A，B はともに直線 $7x+y=10$ 上にある。

したがって，直線 AB の方程式は $\boldsymbol{7x+y=10}$

⇦①，②式は，$7x+y=10$ に $(x,\ y)=(x_1,\ y_1)$，$(x_2,\ y_2)$ を代入すると等式が成り立つ，という見方ができる。

よって，2 点 $(x_1,\ y_1)$，$(x_2,\ y_2)$ は直線 $7x+y=10$ 上にある。

201 円 $x^2+y^2+6x+2y+5=0$ について，

$$(x+3)^2+(y+1)^2=5$$

と変形できるから，この円の中心は点 $(-3,\ -1)$，半径は $\sqrt{5}$ である。

一方，中心が $(-1,\ 3)$ の円の半径を r $(r>0)$ とおくと，2 つの円の中心間の距離 d は

$$d=\sqrt{(-1+3)^2+(3+1)^2}=2\sqrt{5}$$

であるから，2 つの円が接するのは

外接するとき　$r+\sqrt{5}=2\sqrt{5}$ より　$r=\sqrt{5}$ ⟵ $d=r+r'$

内接するとき　$r-\sqrt{5}=2\sqrt{5}$ より　$r=3\sqrt{5}$ ⟵ $d=r-r'$ $(r>r')$

ゆえに，求める円の方程式は

$$\boldsymbol{(x+1)^2+(y-3)^2=5,\ (x+1)^2+(y-3)^2=45}$$

⇦外接と内接の両方の場合を考える必要がある。

⇦求める円の方程式は $(x+1)^2+(y-3)^2=r^2$

202 (1) 円 $(x-1)^2+(y-2)^2=5$ ……①

の中心 $(1,\ 2)$ が原点に移るように，円①を x 軸方向に -1，y 軸方向に -2 だけ平行移動すると，円①上の点 $(-1,\ 3)$ は点 $(-2,\ 1)$ に移動する。

移動後の円 $x^2+y^2=5$ 上の点 $(-2,\ 1)$ における接線の方程式は

$$-2x+y=5 \quad \cdots\cdots②$$

であるから，求める接線の方程式は，直線②を x 軸方向に 1，y 軸方向に 2 だけ平行移動した直線の方程式である。

よって　$-2(x-1)+(y-2)=5$

すなわち　$\boldsymbol{2x-y+5=0}$

⇦例題 13 の参考で示した公式を用いると

$(-1-1)\cdot(x-1)$
$+(3-2)\cdot(y-2)=5$

より　$2x-y+5=0$

(2) 円 $x^2+y^2+2x-8y+7=0$，

すなわち　$(x+1)^2+(y-4)^2=10$ ……①

の中心 $(-1,\ 4)$ が原点に移るように，円①を x 軸方向に 1，y 軸方向に -4 だけ平行移動すると，円①上の点 $(2,\ 5)$ は点 $(3,\ 1)$ に移動する。

移動後の円 $x^2+y^2=10$ 上の点 $(3,\ 1)$ における接線の方程式は

$$3x+y=10 \quad \cdots\cdots②$$

であるから，求める接線の方程式は，直線②を x 軸方向に -1，y 軸方向に 4 だけ平行移動した直線の方程式である。

よって　$3(x+1)+(y-4)=10$

すなわち　$\boldsymbol{3x+y-11=0}$

⇦例題 13 の参考で示した公式を用いると，円の方程式は $(x+1)^2+(y-4)^2=10$ であるから

$(2+1)\cdot(x+1)$
$+(5-4)\cdot(y-4)=10$

より　$3x+y-11=0$

203　円 $(x-2)^2+(y-1)^2=13$
の中心 $(2,\ 1)$ が原点に移るように，x 軸方向に -2，
y 軸方向に -1 だけ平行移動すると，この平行移動によって
点 $(7,\ 0)$ は点 $(5,\ -1)$ に移動する。
円 $x^2+y^2=13$ 上の点 $(x_1,\ y_1)$ における接線の方程式は

$$x_1x+y_1y=13$$

これが点 $(5,\ -1)$ を通るとき

$$5x_1-y_1=13 \quad \cdots\cdots①$$

点 $(x_1,\ y_1)$ は円 $x^2+y^2=13$ 上にあるから

$$x_1{}^2+y_1{}^2=13 \quad \cdots\cdots②$$

①より，$y_1=5x_1-13$ を②に代入して整理すると

$$x_1{}^2-5x_1+6=0$$

$(x_1-2)(x_1-3)=0$ より　$x_1=2,\ 3$
これと①から

$$(x_1,\ y_1)=(2,\ -3),\ (3,\ 2)$$

よって，点 $(5,\ -1)$ から円 $x^2+y^2=13$ に引いた 2 本の接線の方程式は

$$2x-3y=13,\ 3x+2y=13$$

求める接線の方程式は，これらを x 軸方向に 2，y 軸方向に 1 だけ平行移動した直線であるから

$$2(x-2)-3(y-1)=13,\ 3(x-2)+2(y-1)=13$$

すなわち　$\boldsymbol{2x-3y-14=0,\ 3x+2y-21=0}$

⇦点 $(5,\ -1)$ を通る
円 $x^2+y^2=13$ の接線を求め，
逆に平行移動して元に戻す。

研究 2 つの円の共有点を通る図形の方程式

本編 p.042

B

204　2 つの円の交点を通る円または直線の方程式を

$$x^2+y^2+2x-2y-18+k(x^2+y^2+4y-6)=0 \quad \cdots\cdots①$$

とおく。
(1)　①に $k=-1$ を代入すると

$$2x-6y-12=0$$

よって，求める直線の方程式は

$$\boldsymbol{x-3y-6=0}$$

(2)　求める円は原点を通るから，
①に $x=0,\ y=0$ を代入して
$-18-6k=0$ より　$k=-3$
これを①に代入して整理すると，求める円の方程式は

$$\boldsymbol{x^2+y^2-x+7y=0}$$

3節　軌跡と領域

1　軌跡と方程式

本編 p.043～044

A

205 (1)　点Pの座標を $(x,\ y)$ とする。

AP＝BP であるから

$\sqrt{(x+2)^2+(y+1)^2}=\sqrt{(x-4)^2+(y-7)^2}$

両辺を2乗して整理すると

$3x+4y-15=0$　……①

よって，点Pは直線①上にある。

逆に，直線①上の任意の点Pに対して，AP＝BP がつねに成り立つ。

ゆえに，求める軌跡は**直線 $3x+4y-15=0$**

(2)　点Pの座標を $(x,\ y)$ とする。

$AP^2-BP^2=30$ であるから

$\{(x-4)^2+(y+2)^2\}-\{(x+1)^2+(y-3)^2\}=30$

整理して　$x-y+2=0$　……①

よって，点Pは直線①上にある。

逆に，直線①上の任意の点Pに対して，$AP^2-BP^2=30$ がつねに成り立つ。

ゆえに，求める軌跡は**直線 $x-y+2=0$**

206 (1)　点Pの座標を $(x,\ y)$ とすると

AP：BP＝3：2 より　2AP＝3BP

であるから　$4AP^2=9BP^2$

すなわち

$4\{(x+1)^2+y^2\}=9\{(x-4)^2+y^2\}$

整理すると　$x^2+y^2-16x+28=0$

すなわち　$(x-8)^2+y^2=36$

よって，求める軌跡は

点 $(8,\ 0)$ を中心とする半径6の円

(2)　点Pの座標を $(x,\ y)$ とすると

AP：BP＝1：2 より　2AP＝BP

であるから　$4AP^2=BP^2$

すなわち

$4\{(x-1)^2+(y-2)^2\}=(x-10)^2+(y-8)^2$

整理すると $x^2+y^2+4x-48=0$

すなわち　$(x+2)^2+y^2=52$

よって，求める軌跡は

点 $(-2,\ 0)$ を中心とする半径 $2\sqrt{13}$ の円

B

207 (1)　点P，Qの座標を $P(s,\ t)$，$Q(x,\ y)$ とする。

Pは円 $x^2+y^2=36$ 上の点であるから

$s^2+t^2=36$　……①

Qは線分APの中点であるから

$x=\dfrac{s+10}{2}$，$y=\dfrac{t}{2}$

変形して　$s=2x-10$，$t=2y$　……②

②を①に代入して整理すると

$(x-5)^2+y^2=9$

よって，求める軌跡は

点 $(5,\ 0)$ を中心とする半径3の円

(2)　点P，Qの座標を $P(s,\ t)$，$Q(x,\ y)$ とする。

Pは円 $x^2+(y+2)^2=4$ 上の点であるから

$s^2+(t+2)^2=4$　……①

Qは線分APの中点であるから

$x=\dfrac{s}{2}$，$y=\dfrac{t+6}{2}$

より　$s=2x$，$t=2y-6$　……②

②を①に代入して整理すると

$x^2+(y-2)^2=1$

よって，求める軌跡は

点 $(0,\ 2)$ を中心とする半径1の円

208 (1) $y=(x-a)^2+a^2+2a-1$ と変形できるから，頂点Pの座標は　$(a,\ a^2+2a-1)$

P$(x,\ y)$ とすると

$$\begin{cases} x=a & \cdots\cdots① \\ y=a^2+2a-1 & \cdots\cdots② \end{cases}$$

①，②から a を消去すると

$y=x^2+2x-1$

よって，求める軌跡は

放物線 $y=x^2+2x-1$

(2) $y=(x+2a)^2-a^2+6a+1$ と変形できるから，頂点Pの座標は

$(-2a,\ -a^2+6a+1)$

P$(x,\ y)$ とすると

$$\begin{cases} x=-2a & \cdots\cdots① \\ y=-a^2+6a+1 & \cdots\cdots② \end{cases}$$

①，②から a を消去して整理すると

$y=-\dfrac{1}{4}x^2-3x+1$

よって，求める軌跡は

放物線 $y=-\dfrac{1}{4}x^2-3x+1$

209 (1) 点Pの座標を $(x,\ y)$ とする。

$AP^2+BP^2+CP^2=78$　であるから

$$\{(x-3)^2+(y-3)^2\}+\{(x+3)^2+(y+3)^2\}+\{(x-3)^2+(y+6)^2\}=78$$

整理すると　$x^2+y^2-2x+4y+1=0$

すなわち　$(x-1)^2+(y+2)^2=4$

よって，求める軌跡は

点 $(1,\ -2)$ を中心とする半径2の円

(2) 点Pの座標を $(x,\ y)$ とする。

$AP^2+BP^2=2CP^2$ であるから

$$\{(x-1)^2+(y-2)^2\}+\{(x+1)^2+y^2\}=2\{(x-1)^2+y^2\}$$

整理すると　$x-y+1=0$

よって，求める軌跡は**直線 $x-y+1=0$**

210 (1) 点P，Qの座標をP$(s,\ t)$，Q$(x,\ y)$ とする。

Pは放物線 $y=x^2$ 上の点であるから

$t=s^2$　……①

点Qは線分APを1：2に内分する点であるから

$x=\dfrac{2\cdot(-2)+1\cdot s}{1+2}$，$y=\dfrac{2\cdot(-2)+1\cdot t}{1+2}$

変形して

$s=3x+4$，$t=3y+4$　……②

②を①に代入して整理すると

$y=3x^2+8x+4$

よって，求める軌跡は

放物線 $y=3x^2+8x+4$

(2) 点P，Qの座標をP$(s,\ t)$，Q$(x,\ y)$ とする。

Pは円 $x^2+y^2=9$ 上の点であるから

$s^2+t^2=9$　……①

$x=\dfrac{2+7+s}{3}$，$y=\dfrac{5+1+t}{3}$

変形して

$s=3x-9$，$t=3y-6$　……②

②を①に代入して整理すると

$(x-3)^2+(y-2)^2=1$

よって，求める軌跡は

点 $(3,\ 2)$ を中心とする半径1の円

C

211　$x=t-1$　より　$t=x+1$　……①

これを $y=2t^2+3$ に代入して　$y=2(x+1)^2+3$

すなわち　$y=2x^2+4x+5$

また，$t\geqq-1$ であるから，①より　$x\geqq-2$

よって，求める軌跡は

放物線 $y=2x^2+4x+5$ の $x\geqq-2$ の部分

⇦ t の範囲から x のとりうる値の範囲を調べる。

212 $x^2+y^2-4ax-2(a+1)y+4a^2+2a+2=0$ ……①は

$$(x-2a)^2+\{y-(a+1)\}^2=a^2-1$$

と変形できるので，方程式①が円を表すのは

$a^2-1>0$ より　$a<-1,\ 1<a$　……②

このとき，円の中心 P の座標は　$(2a,\ a+1)$

P$(x,\ y)$ とすると　$\begin{cases} x=2a & \cdots\cdots③ \\ y=a+1 & \cdots\cdots④ \end{cases}$

③，④から a を消去して整理すると　$y=\dfrac{1}{2}x+1$

また，②より　$2a<-2,\ 2<2a$

よって　$x<-2,\ 2<x$

ゆえに，求める軌跡は

直線 $y=\dfrac{1}{2}x+1$ の $x<-2,\ 2<x$ の部分

⇦ a のとりうる値の範囲を調べる。

213 $mx+y=-m$ ……①，$x-my=1$ ……②とする。

交点の座標を $(x,\ y)$ とすると，$x,\ y$ は①，②を満たす。

また，①より　$(x+1)m=-y$

(i) $x+1\neq 0$，すなわち　$x\neq -1$ のとき

$$m=\frac{-y}{x+1}$$

②に代入して　$x-\dfrac{-y}{x+1}\cdot y=1$

$x(x+1)+y^2=x+1$ より　$x^2+y^2=1$

(ii) $x+1=0$，すなわち　$x=-1$ のとき

①より　$y=0$

これは②を満たさない。

(i)，(ii)より，求める軌跡は

円 $x^2+y^2=1$，ただし，点 $(-1,\ 0)$ は除く

⇦文字式で割るときは，割る式が 0 かどうかで場合分けをする。

2 不等式の表す領域

本編 p.045～046

A

214 (1) 右の図の斜線部分で，境界線は含まない。

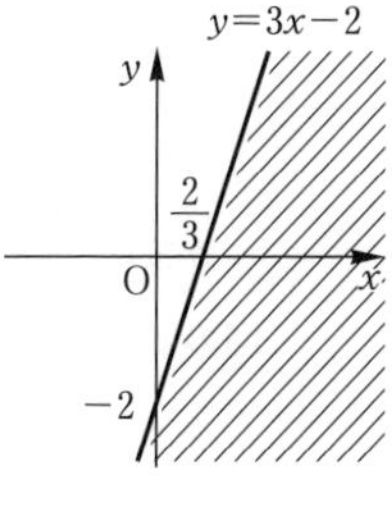

(2) $y\leqq\dfrac{2}{3}x+\dfrac{1}{3}$

より，右の図の斜線部分で，境界線を含む。

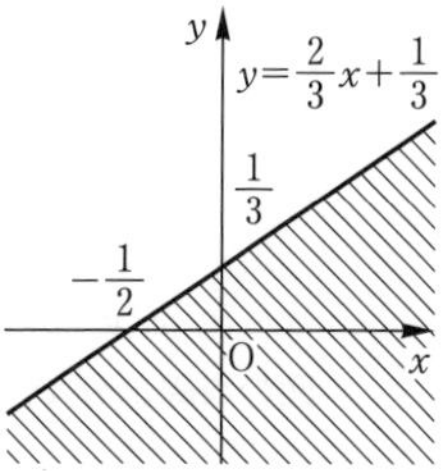

(3) 右の図の斜線部分で，境界線は含まない。

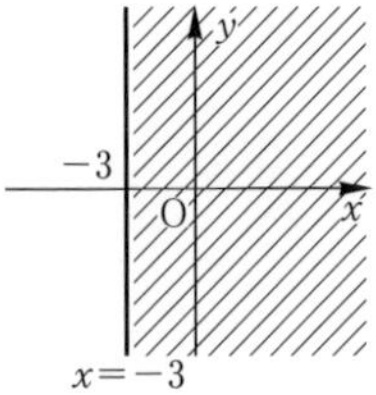

(4) $y \leqq -4$ より，右の図の斜線部分で，境界線を含む。

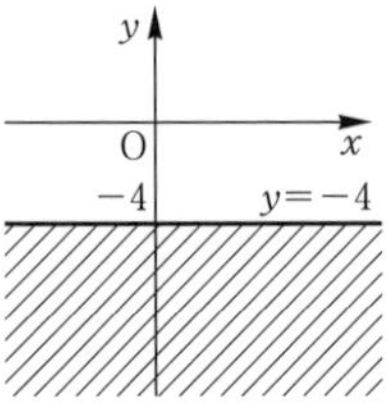

215 (1)

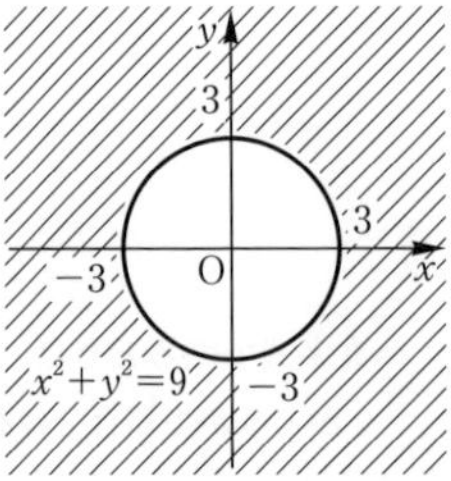

図の斜線部分で，境界線は含まない。

(2)

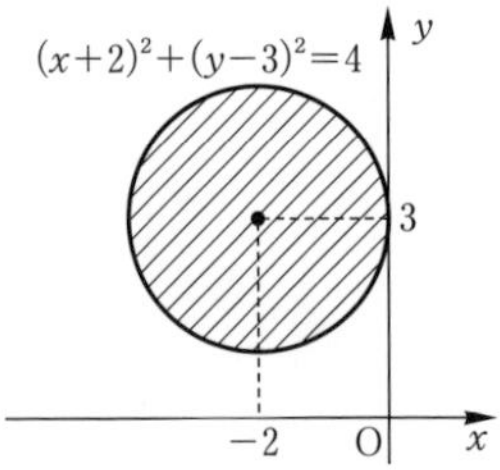

図の斜線部分で，境界線を含む。

(3)

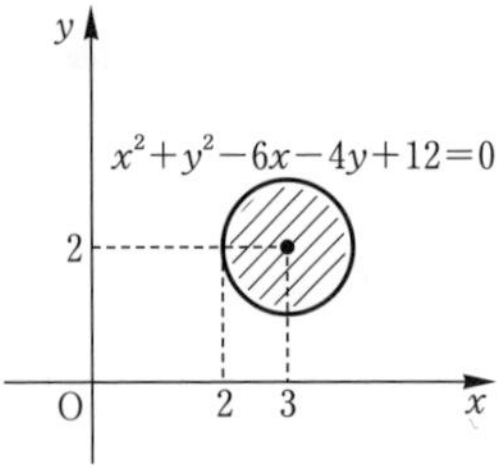

$(x-3)^2+(y-2)^2<1$ より，

図の斜線部分で，境界線は含まない。

(4)

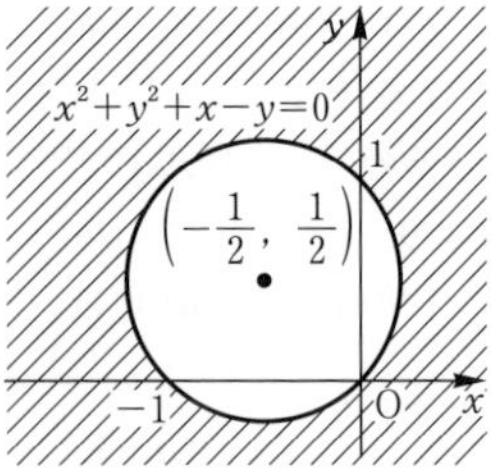

$\left(x+\dfrac{1}{2}\right)^2+\left(y-\dfrac{1}{2}\right)^2 \geqq \dfrac{1}{2}$ より，

図の斜線部分で，境界線を含む。

216 (1)

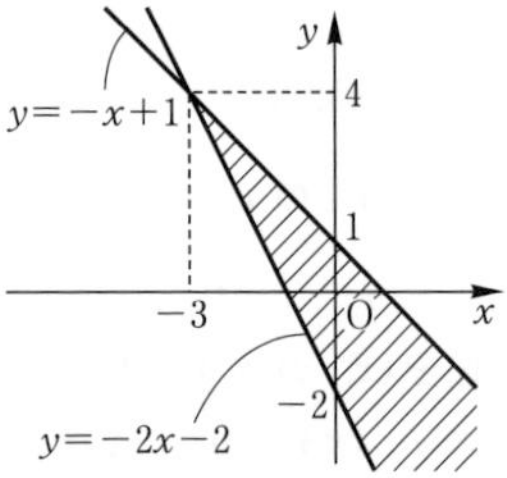

図の斜線部分で，境界線を含む。

(2)

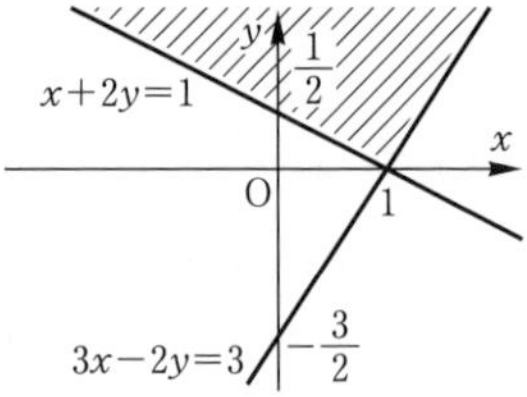

$$\begin{cases} y>-\dfrac{1}{2}x+\dfrac{1}{2} \\ y>\dfrac{3}{2}x-\dfrac{3}{2} \end{cases}$$ より，

図の斜線部分で，境界線は含まない。

217 (1)

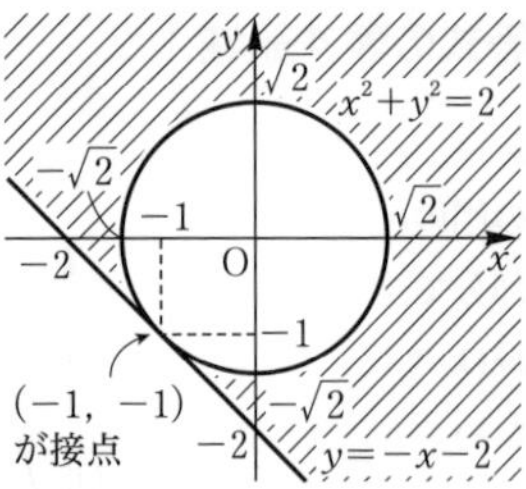

図の斜線部分で，境界線は含まない。

(2)

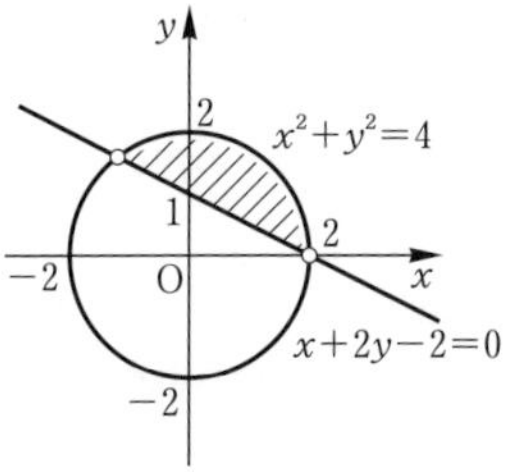

$$\begin{cases} x^2+y^2<4 \\ y \geqq -\dfrac{1}{2}x+1 \end{cases}$$ より，図の斜線部分で，

境界線は直線を含み，

円周と，円と直線の交点は含まない。

218 (1)　与えられた不等式は

$$\begin{cases} x>-1 \\ y>2 \end{cases} \text{ または } \begin{cases} x<-1 \\ y<2 \end{cases}$$

と同値である。

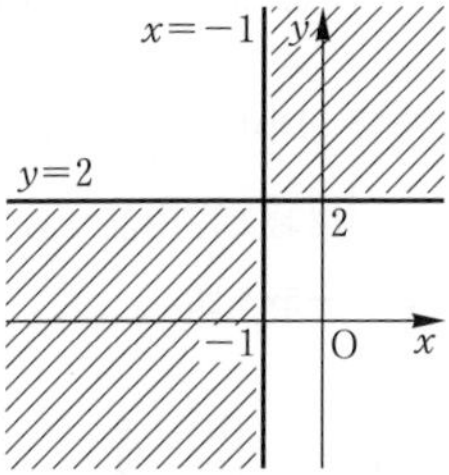

図の斜線部分で，境界線は含まない。

(2)　与えられた不等式は

$$\begin{cases} y \leqq x-1 \\ y \leqq -\dfrac{1}{2}x-1 \end{cases} \text{ または } \begin{cases} y \geqq x-1 \\ y \geqq -\dfrac{1}{2}x-1 \end{cases}$$

と同値である。

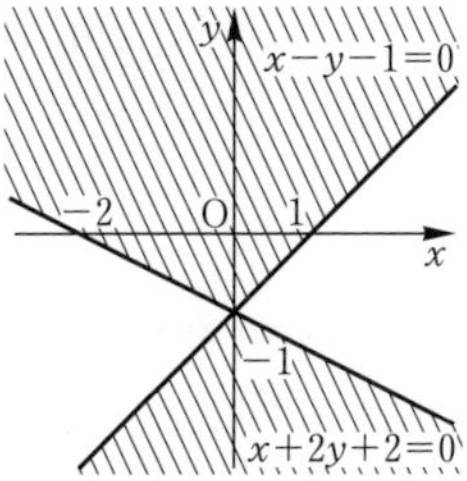

図の斜線部分で，境界線を含む。

(3)　与えられた不等式は

$$\begin{cases} y>-x+1 \\ x^2+y^2>4 \end{cases} \text{ または } \begin{cases} y<-x+1 \\ x^2+y^2<4 \end{cases}$$

と同値である。

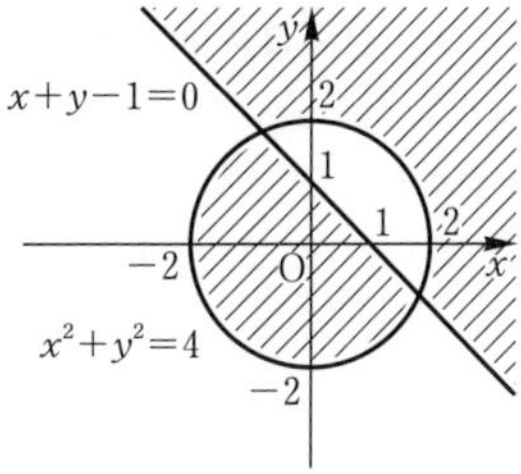

図の斜線部分で，境界線は含まない。

B

219　与えられた 4 つの不等式が表す領域 D は 4 点 O(0, 0)，A$\left(\dfrac{7}{2},\ 0\right)$，B(3, 1)，C(0, 3) を頂点とする四角形 OABC の周および内部である。

$x+y=k$　……①

とおくと，①は $y=-x+k$ と変形できる。これは，傾きが -1，y 切片が k の直線を表す。直線①が領域 D と共有点をもつような k の最大値と最小値を考える。図より直線①が点 B(3, 1) を通るとき k の値は最大で，点 O(0, 0) を通るとき k の値は最小となる。

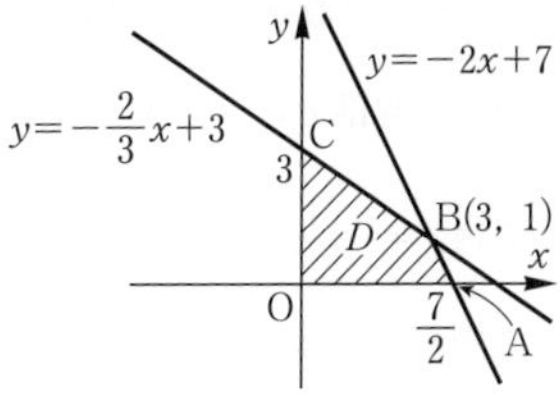

よって　**最大値**　4　($\boldsymbol{x}=3$，$\boldsymbol{y}=1$)

　　　　最小値　0　($\boldsymbol{x}=0$，$\boldsymbol{y}=0$)

220 $x^2+y^2<5$ の表す領域を P, $x+2y<5$ の表す領域を Q とする。

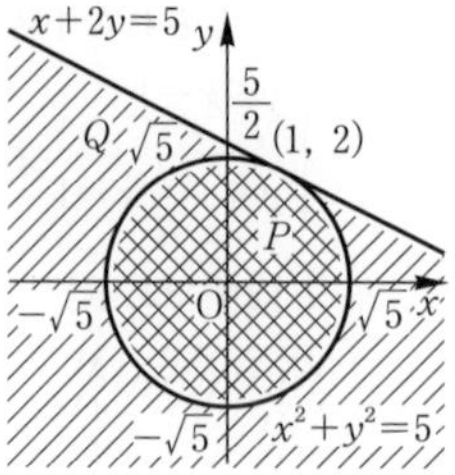

P は円 $x^2+y^2=5$ の内部,
Q は直線 $x+2y=5$ の下側であるから
$P \subset Q$
よって, $x^2+y^2<5$ は $x+2y<5$ であるための十分条件である。 終

221 (1) 2点 $(-1,\ 0)$, $(0,\ 1)$ を通る直線の方程式は
$y=x+1$
中心 $(0,\ 0)$, 半径2の円の方程式は
$x^2+y^2=4$
図の斜線部分は, 直線 $y=x+1$ の上側と円 $x^2+y^2=4$ の内部の共通部分であるから

$$\begin{cases} \boldsymbol{y>x+1} \\ \boldsymbol{x^2+y^2<4} \end{cases}$$

(2) 2点 $(-2,\ 0)$, $(0,\ 3)$ を通る直線の方程式は

$$y=\frac{3}{2}x+3$$

2点 $(2,\ 0)$, $(0,\ 3)$ を通る直線の方程式は

$$y=-\frac{3}{2}x+3$$

x 軸を表す直線の方程式は　$y=0$
図の斜線部分は, 直線 $y=\frac{3}{2}x+3$ の下側, 直線 $y=-\frac{3}{2}x+3$ の下側, 直線 $y=0$ の上側の共通部分であるから

$$\begin{cases} \boldsymbol{y<\frac{3}{2}x+3} \\ \boldsymbol{y<-\frac{3}{2}x+3} \\ \boldsymbol{y>0} \end{cases}$$

(3) 中心 $(0,\ 0)$, 半径2の円の方程式は
$x^2+y^2=4$
中心 $(0,\ 1)$, 半径1の円の方程式は
$x^2+(y-1)^2=1$
図の斜線部分は, 円 $x^2+y^2=4$ の内部と, 円 $x^2+(y-1)^2=1$ の外部の共通部分であるから

$$\begin{cases} \boldsymbol{x^2+y^2<4} \\ \boldsymbol{x^2+(y-1)^2>1} \end{cases}$$

222 製品P, Qの製造量をそれぞれ x kg, y kg とする。
題意より　$x \geqq 0$, $y \geqq 0$
また, 原料A, B, Cについてそれぞれ
$x+4y \leqq 18$, $2x+2y \leqq 12$, $5x+y \leqq 26$
これら5つの不等式の表す領域は下の図の斜線部分で, 5点 $\mathrm{O}(0,\ 0)$, $\mathrm{A}\left(\frac{26}{5},\ 0\right)$, $\mathrm{B}(5,\ 1)$, $\mathrm{C}(2,\ 4)$, $\mathrm{D}\left(0,\ \frac{9}{2}\right)$ を頂点とする五角形OABCDの周および内部である。

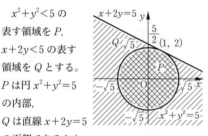

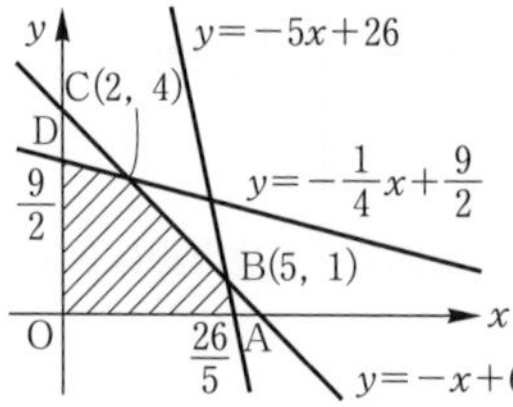

(1) 売上は $x+2y$ (万円) より,
$x+2y=k$ ……①
とおくと, ①は $y=-\frac{1}{2}x+\frac{k}{2}$ と変形できる。
これは, 傾きが $-\frac{1}{2}$, y 切片が $\frac{k}{2}$ の直線を表す。直線①が図の領域と共有点をもつように動くとき, 点C(2, 4) を通るときに k の値は最大となり
$k=2+2\times4=10$
よって, 売上の最大額は **10万円**
このとき, **Pは2kg, Qは4kg**

(2) 売上は $2x+y$（万円）より

$2x+y=k$ ……②

とおくと，②は $y=-2x+k$ と変形できる。

これは，傾きが -2，y 切片が k の直線を表す。直線②が図の領域と共有点をもつように動くとき，点 B(5, 1) を通るときに k の値は最大となり

$k=2\times5+1=11$

よって，売上の最大額は **11 万円**

このとき，**P は 5 kg，Q は 1 kg**

C

223 $(x+y)(x-y)<0$ は，

$\begin{cases} y<-x \\ y<x \end{cases}$ または $\begin{cases} y>-x \\ y>x \end{cases}$

と同値であるから，

求める領域は

右の図の斜線部分で，

境界線は含まない。

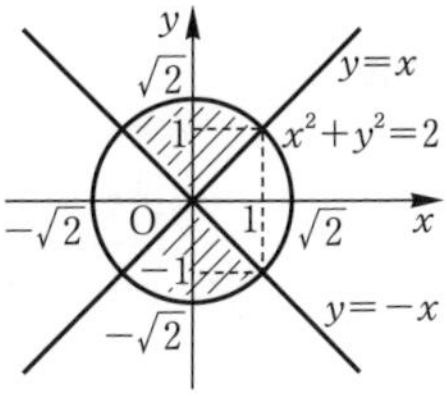

⇦ $x^2+y^2<2$ の表す領域は円 $x^2+y^2=2$ の内部

224 3 つの不等式 $2x-y\leqq6$，$3x+y\geqq4$，$x+2y\leqq8$ の表す領域の共通部分は

右の図の斜線部分で，

境界線を含む。

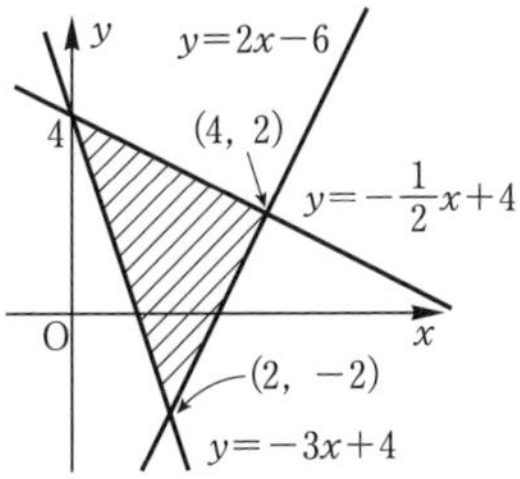

⇦ 3 つの不等式の表す領域の共通部分を考える。

(1) $x+y=k$ ……①

とおくと，①は $y=-x+k$

と変形できる。

これは傾きが -1，

y 切片が k の直線

を表すから，k が最大となるのは点 (4, 2) を通るときで

$k=4+2=6$

k が最小となるのは点 $(2,\ -2)$ を通るときで

$k=2+(-2)=0$

よって，$x+y$ の最大値・最小値について

$x=4$，$y=2$ のとき，最大値 6

$x=2$，$y=-2$ のとき，最小値 0

(2) $x^2+y^2=k$ ……② とおくと

②は中心 (0, 0)，半径 $\sqrt{k}$ の円であるから，k が最大となるのは点 (4, 2) を通るときで

$k=4^2+2^2=20$

k が最小となるのは直線 $y=-3x+4$，

すなわち，$3x+y-4=0$ と接するときで，

⇦ 直線の場合と同様に，円②が領域と共有点をもつ場合を考える。

$\sqrt{k}=\dfrac{|-4|}{\sqrt{3^2+1^2}}=\dfrac{4}{\sqrt{10}}$ より　$k=\dfrac{8}{5}$

⇦円と直線が接するとき，円の中心から直線までの距離と円の半径は等しい。

このとき接点の座標は　$x^2+y^2=\dfrac{8}{5}$，$y=-3x+4$

を連立して解いて　$x=\dfrac{6}{5}$，$y=\dfrac{2}{5}$

よって，x^2+y^2 の最大値・最小値について

$x=4$，$y=2$　のとき，最大値 20

$x=\dfrac{6}{5}$，$y=\dfrac{2}{5}$　のとき，最小値 $\dfrac{8}{5}$

225　2 つの不等式 $x^2+y^2\leqq 13$，$x\geqq 0$ の表す領域の共通部分は，右の図の斜線部分で，境界線を含む。

(教 p.106 章末B ⑫)

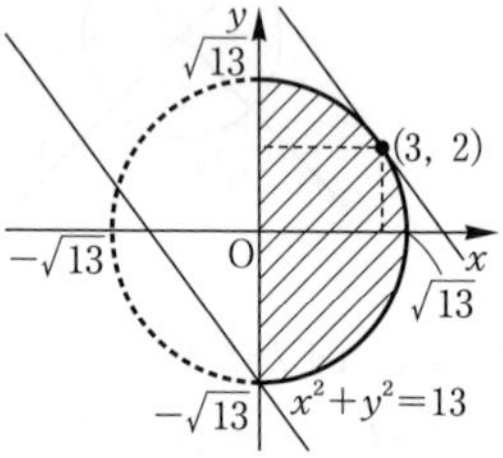

$3x+2y=k$　……①とおくと，

①は $y=-\dfrac{3}{2}x+\dfrac{k}{2}$ と変形できる。

これは，傾きが $-\dfrac{3}{2}$，y 切片が $\dfrac{k}{2}$ の直線を表す。

直線①と

円 $x^2+y^2=13$　……②

が $x\geqq 0$ の部分で接するときの k の値を求める。

①，②より y を消去して整理すると

$13x^2-6kx+k^2-52=0$　……③

③の判別式を D とすると

$\dfrac{D}{4}=(-3k)^2-13\cdot(k^2-52)$ ←― $b'=-3k$

$D=0$ を解いて　$k=\pm 13$

図より，$k>0$ であるから　$k=13$

接点の x 座標は，③に $k=13$ を代入して整理すると

$x^2-6x+9=0$ より　$(x-3)^2=0$　よって　$x=3$

このとき　$y=2$

⇦①より　$3\cdot 3+2y=13$

ゆえに，$3x+2y$，すなわち k が最大となるのは，直線①が点 $(3,\ 2)$ で円②に接するときで，k が最小となるのは，直線①が点 $(0,\ -\sqrt{13})$ を通るときである。

したがって，$3x+2y$ の最大値・最小値について

$x=3$，$y=2$　のとき，最大値 13

$x=0$，$y=-\sqrt{13}$　のとき，最小値 $-2\sqrt{13}$

研究 不等式 $y>f(x)$，$y<f(x)$ の表す領域

本編 p.047

B

226 (1)

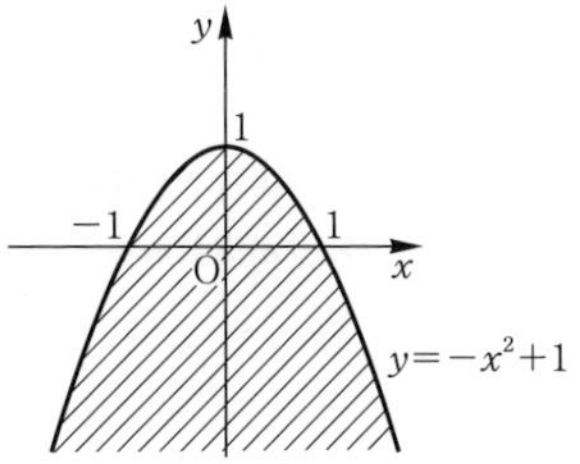

図の斜線部分で，境界線を含む。

(2)

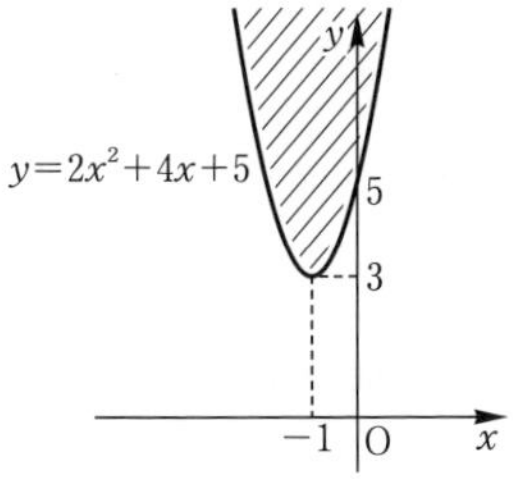

$y>2(x+1)^2+3$ より，

図の斜線部分で，境界線は含まない。

(3)

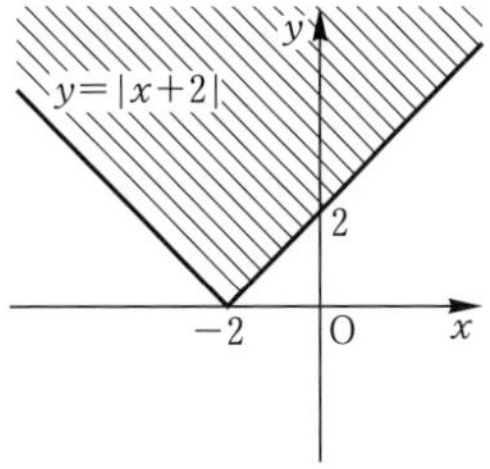

図の斜線部分で，境界線を含む。

(4)

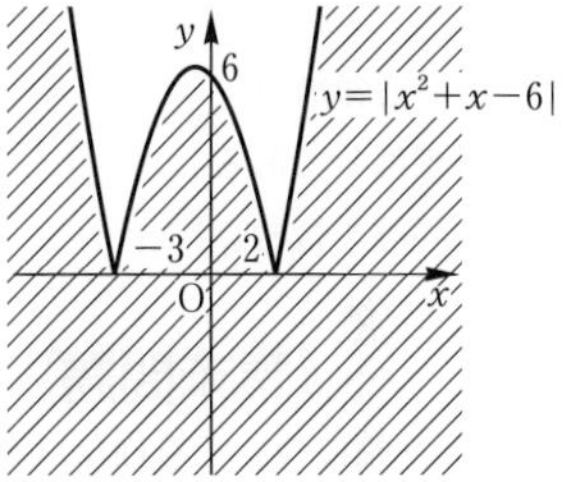

図の斜線部分で，境界線は含まない。

C

227 (1) $|x+y|<1$ から

$-1<x+y<1$

よって $\begin{cases} y>-x-1 \\ y<-x+1 \end{cases}$

ゆえに，右の図の斜線部分で，境界線は含まない。

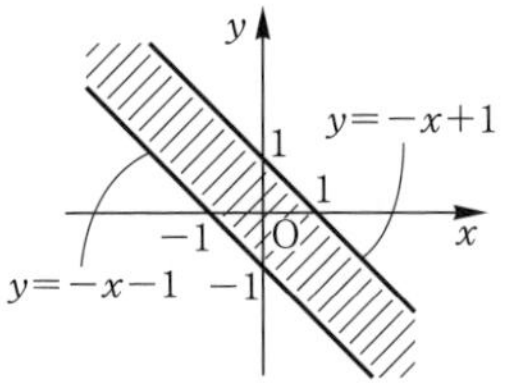

(2) $x\geqq 0$，$y\geqq 0$ のとき

$x+y\leqq 2$ より　$y\leqq -x+2$

$x<0$，$y\geqq 0$ のとき

$-x+y\leqq 2$ より　$y\leqq x+2$

$x<0$，$y<0$ のとき

$-x-y\leqq 2$ より　$y\geqq -x-2$

$x\geqq 0$，$y<0$ のとき

$x-y\leqq 2$ より　$y\geqq x-2$

よって，右の図の斜線部分で，境界線を含む。

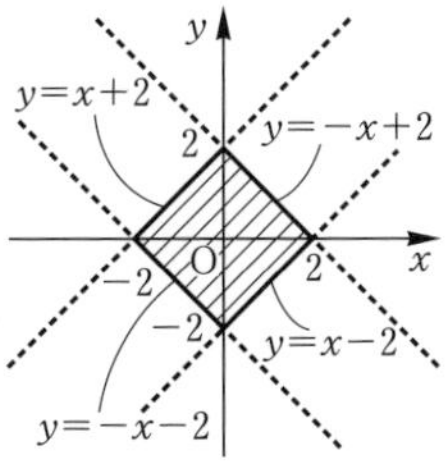

⇦場合分けの際，座標平面のどの部分のことを考えているか注意。

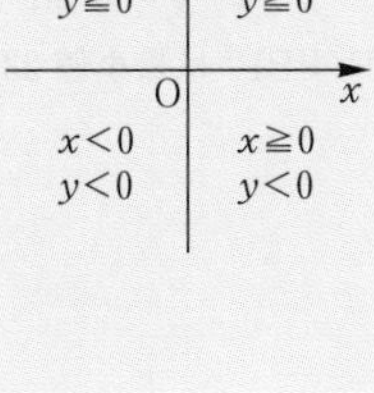

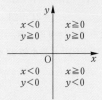

228 $2tx-y-2t^2-4t=0$ ……①

とおく。①を t について整理すると

$$2t^2-2(x-2)t+y=0 \quad ……②$$

直線①が点 $(x,\ y)$ を通る条件は，t についての2次方程式②が実数解をもつことである。

②の判別式を D とすると $D \geqq 0$

であればよい。

$$\frac{D}{4}=\{-(x-2)\}^2-2\cdot y \longleftarrow b'=-(x-2)$$

$$=(x-2)^2-2y$$

であるから　$y \leqq \frac{1}{2}(x-2)^2$

よって，求める領域は

右の図の斜線部分である。

ただし，境界線を含む。

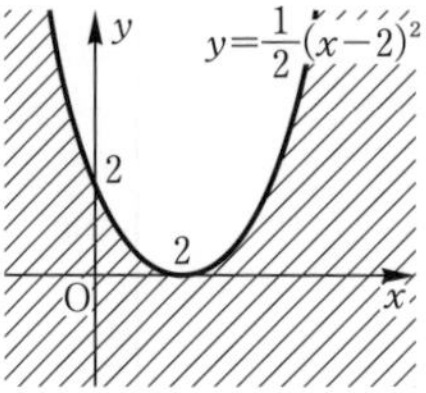

⇦直線①が点 $(x,\ y)$ を通る。

⇔ $x,\ y$ に対し，等式①を満たす実数 t が存在する。

⇔ ②が実数解をもつ。

《章末問題》

本編 p.048～049

229 (1)　点Aと y 軸について対称な点をA′とすると，

A′$(-1,\ 3)$ であり，AP＝AP′である。

AP＋BP が最小となるのは，A′P＋BP が最小となるとき，

すなわち直線A′B上に点Pがあるときである。

直線A′B の方程式は

$$y-3=\frac{-3-3}{2+1}(x+1)$$

すなわち　$y=-2x+1$

この直線上に点Pがあるから　$t=1$

このとき　$\mathrm{A'B}=\sqrt{(2+1)^2+(-3-3)^2}$

$$=\sqrt{45}=3\sqrt{5}$$

よって，$\boldsymbol{t=1}$ のとき，

AP＋BP は**最小値 $3\sqrt{5}$** をとる。

(2)　$\mathrm{AP}^2+\mathrm{BP}^2=\{1^2+(t-3)^2\}+\{2^2+(t+3)^2\}$

$$=2t^2+23$$

よって，$\boldsymbol{t=0}$ のとき，

$\mathrm{AP}^2+\mathrm{BP}^2$ は**最小値 23** をとる。

⇦

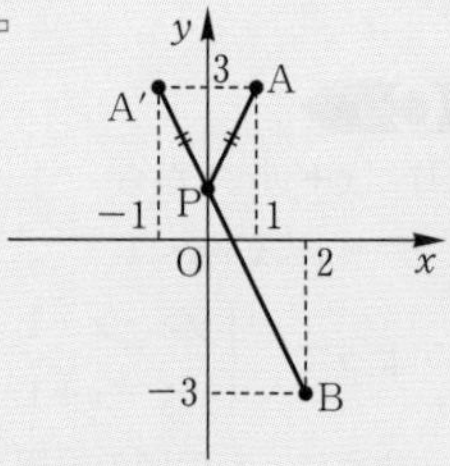

⇦（参考）△ABP において，線分 AB の中点を M とすると，中線定理より

$$\mathrm{AP}^2+\mathrm{BP}^2=2(\mathrm{AM}^2+\mathrm{PM}^2)$$

なので，PM^2 が最小となればよい。

230 (1) 連立方程式

$$\begin{cases} y=x^2 \\ y=-3x-2 \end{cases}$$

を解いて

$(x,\ y)=(-1,\ 1),\ (-2,\ 4)$

よって　$\mathbf{A(-1,\ 1),\ B(-2,\ 4)}$

⇦ y を消去して整理すると
$x^2+3x+2=0$ より
$(x+1)(x+2)=0$
よって　$x=-1,\ -2$

(2) 円 C の方程式を $x^2+y^2+lx+mx+n=0$ とする。

円 C は原点 O を通るから

$n=0$ ……①

円 C は点 A$(-1,\ 1)$ を通るから

$2-l+m+n=0$ ……②

円 C は点 B$(-2,\ 4)$ を通るから

$20-2l+4m+n=0$ ……③

①，②，③を整理して

$$\begin{cases} n=0 \\ l-m-n=2 \\ 2l-4m-n=20 \end{cases}$$

これを解いて

$l=-6,\ m=-8,\ n=0$

よって，△OAB の外接円 C の方程式は

$\boldsymbol{x^2+y^2-6x-8y=0}$ ……③

$(\boldsymbol{(x-3)^2+(y-4)^2=25})$

⇦円 C は△ABC の外接円より，
3 点 O，A，B を通る。

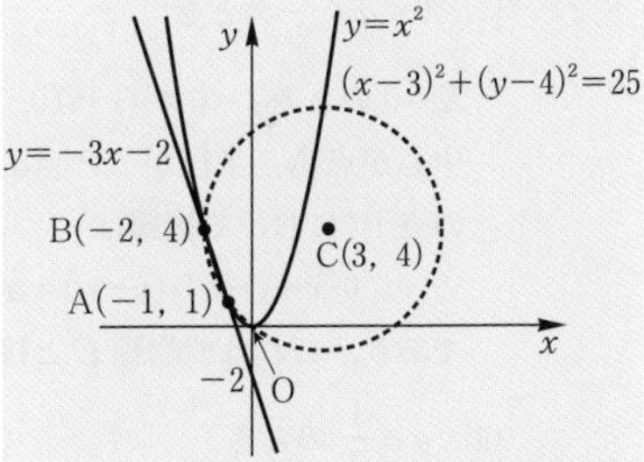

(3) $y=x^2$ と③より，y を消去して

$x^2+(x^2)^2-6x-8x^2=0$

整理して　$x^4-7x^2-6x=0$

$x(x+1)(x+2)(x-3)=0$

よって　$x=0,\ -1,\ -2,\ 3$

このうち，点 O，A，B 以外の x 座標は　$x=3$

このとき，$y=x^2$ より　$y=9$

ゆえに，求める点の座標は $\mathbf{(3,\ 9)}$

⇦ $x(x^3-7x-6)=0$
$x(x+1)(x^2-x-6)=0$
$x(x+1)(x+2)(x-3)=0$

⇦点 O，A，B の x 座標は
それぞれ 0，-1，-2

231 (1) 点 P$(t,\ t^2)$ とすると

$\text{AP}^2=t^2+(t^2-a)^2$

$=t^4-(2a-1)t^2+a^2$

ここで，$X=t^2$ とすると，$t^2\geqq 0$ より $X\geqq 0$ であり，

$\text{AP}^2=X^2-(2a-1)X+a^2$

$=\left(X-\dfrac{2a-1}{2}\right)^2+\dfrac{4a-1}{4}$

⇦点 P は放物線 $y=x^2$ 上の点

(i) $\dfrac{2a-1}{2}<0$，すなわち $0<a<\dfrac{1}{2}$ のとき

AP^2 は $X=0$ のとき最小値 a^2 をとる。

よって，$AP>0$ より　$m=a$

(ii) $\dfrac{2a-1}{2}\geqq 0$，すなわち $a\geqq\dfrac{1}{2}$ のとき

AP^2 は $X=\dfrac{2a-1}{2}$ のとき最小値 $\dfrac{4a-1}{4}$ をとる。

よって，$AP>0$ より　$m=\dfrac{\sqrt{4a-1}}{2}$

(i)，(ii)より　**$0<a<\dfrac{1}{2}$ のとき　$m=a$**

$a\geqq\dfrac{1}{2}$ のとき　$m=\dfrac{\sqrt{4a-1}}{2}$

⇦ AP^2 は X の 2 次関数。
X の値の範囲に制限があるので，グラフの軸の位置で場合分けをする。

(i)

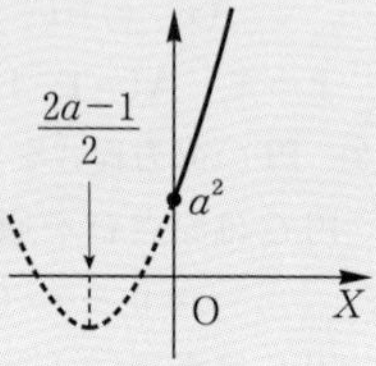

(ii)

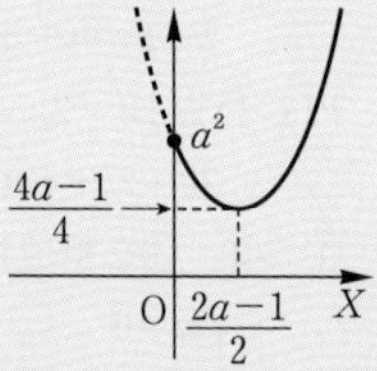

(2) (1)より

(i) $0<a<\dfrac{1}{2}$ のとき

$X=0$ のとき $t=0$ から $P'(0,\ 0)$ であり，$m=a$ である。
中心が点 A，半径が $AP'=a$ である円 $x^2+(y-a)^2=a^2$ 上の点 P' における接線は

$$0\cdot x+(-a)\cdot(y-a)=a^2 \text{ より } \quad y=0$$

であり，これは放物線 C と接する。

⇦円 $(x-a)^2+(y-b)^2=r^2$ 上の点 $(x_1,\ y_1)$ における接線の方程式は
$(x_1-a)(x-a)+(y_1-b)(y-b)=r^2$

(ii) $a\geqq\dfrac{1}{2}$ のとき

$X=\dfrac{2a-1}{2}$ のとき $t=\pm\sqrt{\dfrac{2a-1}{2}}$ であり，$a\geqq\dfrac{1}{2}$ と放物線 C が y 軸に関して対称であるから $P'\left(\sqrt{\dfrac{2a-1}{2}},\ \dfrac{2a-1}{2}\right)$ としてよい。

また，このとき　$AP'=\dfrac{\sqrt{4a-1}}{2}$

中心が点 A，半径が $AP'=\dfrac{\sqrt{4a-1}}{2}$ である円

$x^2+(y-a)^2=\dfrac{4a-1}{4}$ 上の点 P' における接線は

$$\sqrt{\frac{2a-1}{2}}\cdot x+\left(\frac{2a-1}{2}-a\right)\cdot(y-a)=\frac{4a-1}{4}$$

これを整理して

$$2\sqrt{2(2a-1)}x-2y-2a+1=0$$

これと C の共有点の x 座標は

$$2\sqrt{2(2a-1)}x-2x^2-2a+1=0$$

⇦放物線 $C：y=x^2$ より，y を消去

すなわち　$2x^2-2\sqrt{2(2a-1)}x+2a-1=0$　……①

の解である。①の判別式を D とすると

$$\frac{D}{4}=\{-\sqrt{2(2a-1)}\}^2-2\cdot(2a-1)=0$$ ← $b'=-\sqrt{2(2a-1)}$

よって，①は重解をもつので，接線と放物線 C は接する。

(i)，(ii)より，中心が点 A，半径 AP′ の円における点 P′ での接線は放物線 C と接する。 終

232 (1)　点 $(-1,\ 0)$ を通る傾き m の直線の方程式は

$y=m(x+1)$　……①

であるから，点 A，B の x 座標は

$x^2=m(x+1)$ すなわち　$x^2-mx-m=0$　……②

の解である。よって，x についての 2 次方程式②が異なる 2 つの実数解をもてばよい。

このとき，②の判別式を D とすると　$D>0$

$D=(-m)^2+4m=m(m+4)$

であるから　$\boldsymbol{m<-4,\ 0<m}$

(2)　点 A，B の x 座標をそれぞれ α，β とすると，(1)より α，β は②の解である。解と係数の関係より

$\alpha+\beta=m$

⇦ α，β を直接求めなくても，中点 M の座標を m で表すことができる。

ここで，M$(x,\ y)$ とすると

$x=\dfrac{\alpha+\beta}{2}=\dfrac{m}{2}$　……③

M は直線①上の点であるから

$y=m(x+1)$　……④

③より $m=2x$ を④に代入して

$y=2x(x+1)$

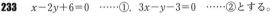

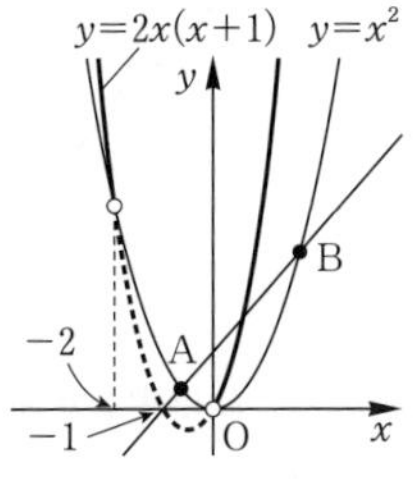

ここで，(1)より $m<-4,\ 0<m$

であるから，③より

$x<-2,\ 0<x$

したがって，求める軌跡は

放物線 $\boldsymbol{y=2x(x+1)}$ の $\boldsymbol{x<-2,\ 0<x}$ の部分

233　$x-2y+6=0$　……①，$3x-y-3=0$　……②とする。

直線②上の点を P$(s,\ t)$ とし，点 P と直線①に関して対称な点を Q$(x,\ y)$ とする。

⇦求める直線を，直線②上の点と直線①に関して対称な点全体の集合とみる。

求める直線は点 P が直線②上を動くとき，点 Q の軌跡である。

点 P は直線②上の点であるから

$3s-t-3=0$ すなわち　$t=3s-3$　……③

線分 PQ の中点 $\left(\frac{x+s}{2},\ \frac{y+t}{2}\right)$ は直線①上にあるので，

$$\frac{x+s}{2}-2\cdot\frac{y+t}{2}+6=0$$

③を代入して整理すると

$$x-2y-5s+18=0 \quad \cdots\cdots④$$

また，PQ⊥直線①より

$$\frac{y-t}{x-s}\cdot\frac{1}{2}=-1 \text{ すなわち } y-t=-2x+2s$$

③を代入して整理すると

$$2x+y-5s+3=0 \quad \cdots\cdots⑤$$

⑤−④より　$x+3y-15=0$

したがって，求める直線の方程式は　$\boldsymbol{x+3y-15=0}$

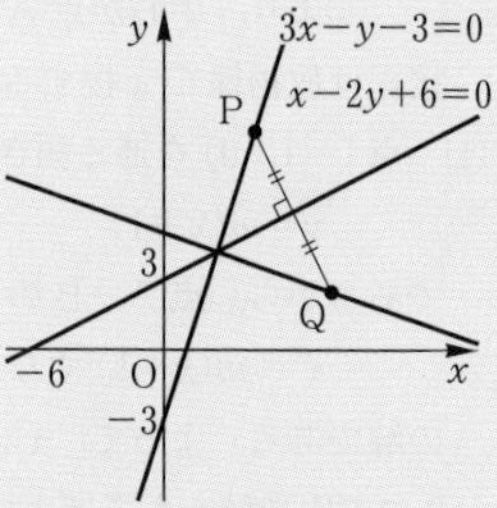

234　直線 $y=ax+b$ が 2 点 A，B の間を通るのは，A，B のうち一方が直線より上側にあり，他方が直線より下側にあればよい。

よって　（A が上，B が下）　（A が下，B が上）

$$\begin{cases}3>1\cdot a+b\\1<3\cdot a+b\end{cases} \text{ または } \begin{cases}3<1\cdot a+b\\1>3\cdot a+b\end{cases}$$

すなわち

$$\begin{cases}b<-a+3\\b>-3a+1\end{cases} \text{ または } \begin{cases}b>-a+3\\b<-3a+1\end{cases}$$

ゆえに，点 $(a,\ b)$ の存在範囲は，右の図の斜線部分である。
ただし，境界は含まない。

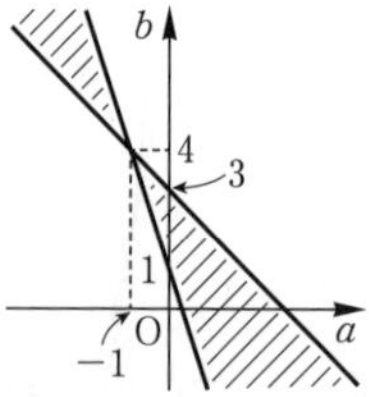

235　$x^2+y^2\leqq 2$ を満たす領域を D とすると，D は中心が原点で半径が $\sqrt{2}$ の円の周および内部である。

$\frac{y+1}{x+3}=k$ とすると　$k(x+3)-(y+1)=0$　……①

①は定点 $(-3,\ -1)$ を通り，傾きが k の直線を表す。

直線①が領域 D と共有点をもつような，k の最大値と最小値を考える。

⇦ k は 2 点 $(x,\ y)$，$(-3,\ -1)$ を通る直線の傾きを表す。
この直線が領域 D と共有点をもつような k の値の最大値，最小値を考える。

直線①が円 $x^2+y^2=2$ と接するとき，
①を変形すると　$kx-y+3k-1=0$
円の中心は原点，半径は $\sqrt{2}$
であるから，原点と直線①の距離を考えて

$$\frac{|3k-1|}{\sqrt{k^2+1}}=\sqrt{2}$$

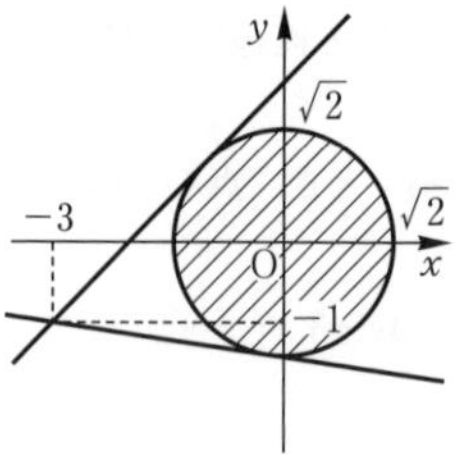

両辺を 2 乗して整理すると

$$9k^2-6k+1=2k^2+2$$

すなわち　$7k^2-6k-1=0$

これを解いて　$k=-\dfrac{1}{7},\ 1$

したがって，図より，求める**最大値は 1，最小値は** $-\dfrac{1}{7}$

（参考）　k が最大値・最小値をとるときの x，y の値は，直線①と円 $x^2+y^2=2$ が接するときの接点の座標からわかる。

236 (1)　与式を x の 2 次方程式とみる。

$x^2-(y-4)x-2y^2-5y+a=0$ の判別式を D_1 とすると

$$D_1=(y-4)^2-4(-2y^2-5y+a)$$
$$=9y^2+12y-4a+16$$

与式が x，y の 1 次式に因数分解できるとき，y についての 2 次方程式 $D_1=0$ が重解をもつ。

よって，2 次方程式 $D_1=0$ の判別式を D_2 とすると，$D_2=0$

$$\frac{D_2}{4}=6^2-9(-4a+16)=36a-108 \longleftarrow b'=6$$

$36a-108=0$ より　$\boldsymbol{a=3}$

このとき与式は

$$x^2-(y-4)x-2y^2-5y+3=0$$
$$x^2-(y-4)x-(2y-1)(y+3)=0$$
$$(x-2y+1)(x+y+3)=0$$

となり，2 直線 $x-2y+1=0$，$x+y+3=0$ を表す。

⇦左辺が x，y の 1 次式の積に因数分解できればよいので，解が $x=$(y の 1 次式) となればよい。

⇦ $x=\dfrac{(y-4)\pm\sqrt{D_1}}{2}$ より，D_1 が y の 1 次式の平方となればよい。

⇦**（別解）**

$x^2-xy-2y^2=(x-2y)(x+y)$

より，与式が

$(x-2y+p)(x+y+q)=0$

と表せることを用いてもよい。

(2)　(1)より $a=3$ のとき，不等式は

$(x-2y+1)(x+y+3)\geqq 0$ と変形できるので，

$$\begin{cases} x-2y+1\geqq 0 \\ x+y+3\geqq 0 \end{cases} \quad \text{または} \quad \begin{cases} x-2y+1\leqq 0 \\ x+y+3\leqq 0 \end{cases}$$

すなわち

$$\begin{cases} y\leqq \dfrac{1}{2}x+\dfrac{1}{2} \\ y\geqq -x-3 \end{cases} \quad \text{または} \quad \begin{cases} y\geqq \dfrac{1}{2}x+\dfrac{1}{2} \\ y\leqq -x-3 \end{cases}$$

したがって，求める領域は右の図の斜線部分で，境界線を含む。

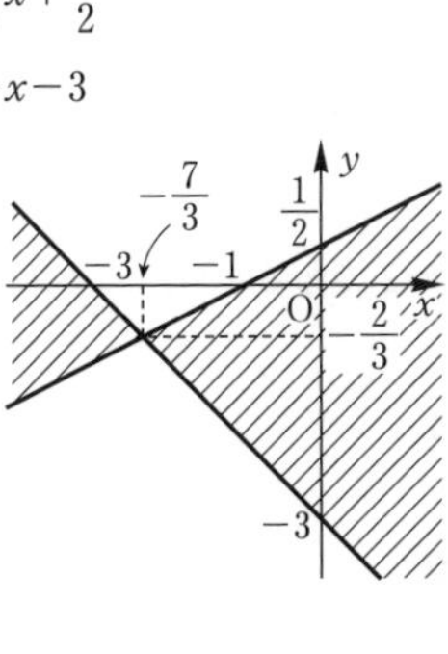

237 点 $(p,\ q)$ は $x^2+y^2\leqq 8$ で表される領域を動くから

$$p^2+q^2\leqq 8$$

$p+q=X,\ pq=Y$ とおくと

$$p^2+q^2=(p+q)^2-2pq=X^2-2Y$$

よって　$X^2-2Y\leqq 8$

すなわち　$Y\geqq\frac{1}{2}X^2-4$　……①

一方，$p,\ q$ は2次方程式　$t^2-(p+q)t+pq=0$

すなわち　$t^2-Xt+Y=0$　……②

の2つの実数解であるから，この2次方程式②の判別式を D とすると　$D=X^2-4Y$

②が実数解をもつから　$D\geqq 0$

ゆえに　$Y\leqq\frac{1}{4}X^2$　……③

①，③より，点 $(X,\ Y)$ の動く範囲は

$$\begin{cases} Y\geqq\frac{1}{2}X^2-4 \\ Y\leqq\frac{1}{4}X^2 \end{cases}$$

変数 $X,\ Y$ を $x,\ y$ に改めて図示すると，右の図の斜線部分である。

ただし，境界線を含む。

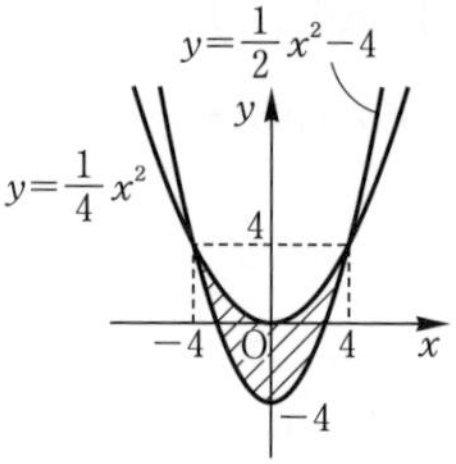

⇦点 $(X,\ Y)$ の動く範囲を考える。

⇦$X,\ Y$ が実数であっても，$p,\ q$ が実数とは限らないことに注意する。

238 (1)　$\mathrm{AB}=\sqrt{(2-1)^2+(-2-1)^2}=\boldsymbol{\sqrt{10}}$　(**ア**)

$\mathrm{AC}=\sqrt{(-5-1)^2+(-1-1)^2}=\boldsymbol{2\sqrt{10}}$　(**イ**)

ここで，△ABC において，角の二等分線の性質より

$$\mathrm{BD}:\mathrm{DC}=\mathrm{AB}:\mathrm{AC}$$
$$=\sqrt{10}:2\sqrt{10}=\mathbf{1:2}\quad(\text{ウ，エ})$$

であるから，点 D は線分 BC を 1：2 に内分する。

よって　$\mathrm{D}\left(\frac{2\cdot 2+1\cdot(-5)}{1+2},\ \frac{2\cdot(-2)+1\cdot(-1)}{1+2}\right)$

すなわち　$\mathrm{D}\left(\boldsymbol{-\frac{1}{3},\ -\frac{5}{3}}\right)$　(**オ，カ**)

直線 AD の傾きは $\dfrac{1+\frac{5}{3}}{1+\frac{1}{3}}=\frac{8}{4}=2$ であるから，

∠BAC の二等分線の方程式は

$$y-1=2(x-1)$$

すなわち　$\boldsymbol{y=2x-1}$　(**キ，ク**)

三角形の角の二等分線

△ABC において，∠A の二等分線と辺 BC の交点を D とすると

AB：AC＝BD：CD

(2) 直線 AB の方程式は　$y-1=\dfrac{-2-1}{2-1}(x-1)$ より

　　$\boldsymbol{y=-3x+4}$　**(ケ，コ)**

すなわち　$3x+y-4=0$

AC の方程式は　$y-1=\dfrac{-1-1}{-5-1}(x-1)$ より

　　$\boldsymbol{y=\dfrac{1}{3}x+\dfrac{2}{3}}$　**(サ，シ)**

すなわち　$x-3y+2=0$

二等分線上の点を $(X,\ Y)$ とすると，2 直線

$3x+y-4=0$，$x-3y+2=0$　までの距離が等しいので

$\dfrac{|3X+Y-4|}{\sqrt{9+1}}=\dfrac{|X-3Y+2|}{\sqrt{1+9}}$ より

　　$|3X+Y-4|=|X-3Y+2|$

よって　$3X+Y-4=X-3Y+2$

　または　$3X+Y-4=-(X-3Y+2)$

すなわち　$2X-Y-1=0$

　または　$X+2Y-3=0$

したがって，求める直線の方程式は

$y=2x-1$ または　$\boldsymbol{y=-\dfrac{1}{2}x+\dfrac{3}{2}}$　**(ス，セ)**

⇦ $y=2x-1$ は (キ，ク) の解答

(3) 下の図より，直線 $y=-\dfrac{1}{2}x+\dfrac{3}{2}$ は△ABC において，

∠BAC の外角の二等分線である。

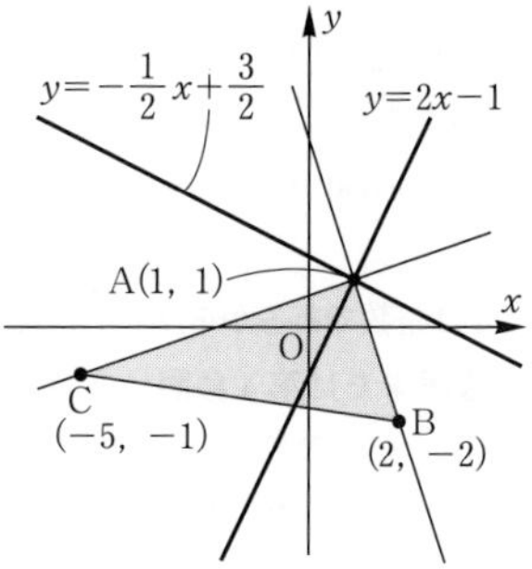

1節 三角関数

1 一般角

本編 p.050

A

239 (1)

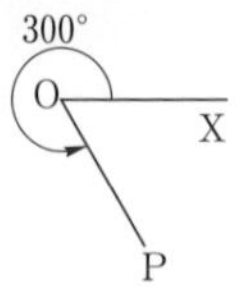

(2)

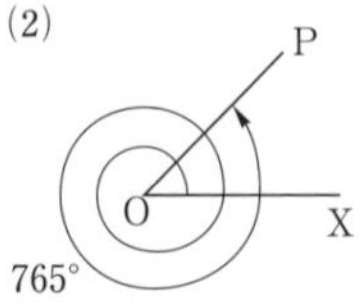

765°
$=45°+360°\times 2$

(3)

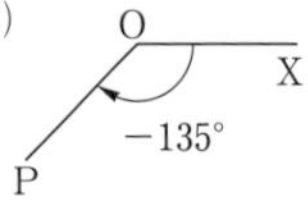

(4)

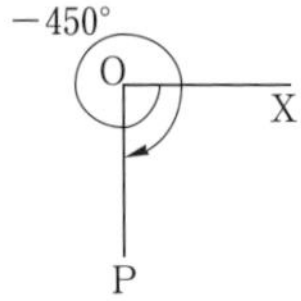

−450°
$=270°+360°\times(-2)$

240 (1) $420°=60°+360°\times 1$ より

$60°+360°\times n$

(2) $740°=20°+360°\times 2$ より

$20°+360°\times n$

(3) $-315°=45°+360°\times(-1)$ より

$45°+360°\times n$

(4) $-1100°=340°+360°\times(-4)$ より

$340°+360°\times n$

241 (1) **第 2 象限**

(2) $1000°=280°+360°\times 2$ より

第 4 象限

(3) $-700°=20°+360°\times(-2)$ より

第 1 象限

(4) $-1230°=210°+360°\times(-4)$ より

第 3 象限

B

242 角 α, β を表す動径がそれぞれ第 2 象限, 第 1 象限にあるから, m, n を整数として

$90°+360°\times m<\alpha<180°+360°\times m$ …①

$360°\times n<\beta<90°+360°\times n$ ……②

と表せる。

(1) ①を 2 倍して

$180°+360°\times 2m<2\alpha<360°+360°\times 2m$

$2m$ は整数であるから, 2α を表す動径は, **第 3 象限または第 4 象限**にある。

(2) ①を -1 倍して

$-180°+360°\times(-m)<-\alpha$
$<-90°+360°\times(-m)$ ……③

②+③より

$-180°+360°\times(n-m)<\beta-\alpha$
$<0°+360°\times(n-m)$

$n-m$ は整数であるから, $\beta-\alpha$ を表す動径は, **第 3 象限または第 4 象限**にある。

②の各辺から①の各辺を引いて
$360°\times n-(90°+360°\times m)<\beta-\alpha$
$<(90°+360°\times n)-(180°+360°\times m)$
としてはいけない。

2 弧度法

本編 p.051

A

243 (1) $60^\circ=\dfrac{\pi}{3}$　(2) $150^\circ=\dfrac{5}{6}\pi$

(3) $330^\circ=\dfrac{11}{6}\pi$　(4) $450^\circ=\dfrac{5}{2}\pi$

(5) $\dfrac{\pi}{6}=30^\circ$　(6) $\dfrac{2}{3}\pi=120^\circ$

(7) $-\dfrac{4}{3}\pi=-240^\circ$　(8) $\dfrac{\pi}{5}=36^\circ$

244 (1) $\dfrac{7}{4}\pi+2n\pi$

(2) $\dfrac{29}{3}\pi=\dfrac{5}{3}\pi+2\pi\times4$ より

$\dfrac{5}{3}\pi+2n\pi$

(3) $-\dfrac{11}{6}\pi=\dfrac{\pi}{6}+2\pi\times(-1)$ より

$\dfrac{\pi}{6}+2n\pi$

(4) $-\dfrac{35}{3}\pi=\dfrac{\pi}{3}+2\pi\times(-6)$ より

$\dfrac{\pi}{3}+2n\pi$

245 (1) 弧の長さ　$3\times\dfrac{2}{3}\pi=2\pi$

面積　$\dfrac{1}{2}\times3^2\times\dfrac{2}{3}\pi=3\pi$ ← $\dfrac{1}{2}\times3\times2\pi=3\pi$ としてもよい。

(2) $210^\circ=\dfrac{7}{6}\pi$ であるから

弧の長さ　$4\times\dfrac{7}{6}\pi=\dfrac{14}{3}\pi$

面積　$\dfrac{1}{2}\times4^2\times\dfrac{7}{6}\pi=\dfrac{28}{3}\pi$ ← $\dfrac{1}{2}\times4\times\dfrac{14}{3}\pi=\dfrac{28}{3}\pi$ としてもよい。

B

246 求める中心角の大きさを θ とする。

(1) $12\theta=10\pi$ ← $r\theta=l$

より　$\theta=\dfrac{5}{6}\pi$

(2) $\dfrac{1}{2}\times2^2\times\theta=6$ ← $\dfrac{1}{2}r^2\theta=S$

より　$\theta=3$

247 側面の扇形の弧の長さは，底面の円周と等しいから

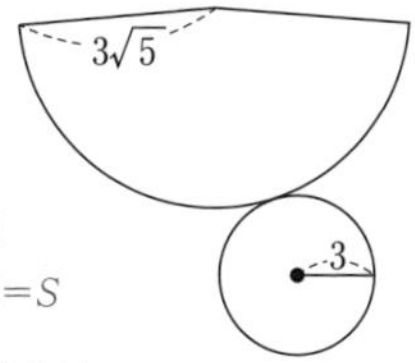

$2\pi\times3=6\pi$

よって，側面積は

$\dfrac{1}{2}\times3\sqrt{5}\times6\pi$ ← $\dfrac{1}{2}rl=S$

$=9\sqrt{5}\pi$

ゆえに，求める表面積 S は

$S=\pi\times3^2+9\sqrt{5}\pi$

$=(9+9\sqrt{5})\pi$

248 扇形の半径を r，中心角を θ とすると，周囲の長さについて

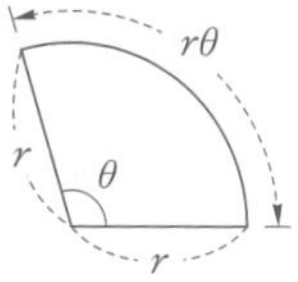

$2r+r\theta=16$ ……①

これと $r>0$，$r\theta>0$ より

$0<r<8$ ……②

扇形の面積 S について

$S=\dfrac{1}{2}r^2\theta$

これに，①より $r\theta=16-2r$ を代入して

$S=\dfrac{1}{2}r\cdot r\theta$ ← θ を消去

$=\dfrac{1}{2}r(16-2r)$

$=-r^2+8r=-(r-4)^2+16$

よって，②の範囲で S は $r=4$ のとき，最大値 16 をとる。

このとき，①より　$8+4\theta=16$

これを解いて　$\theta=2$

以上より，**半径** 4，**中心角** 2 のとき，**面積の最大値は** 16

3 三角関数

本編 p.052〜053

A

249 (1) $\sin\frac{5}{4}\pi=-\boldsymbol{\frac{1}{\sqrt{2}}}$, $\cos\frac{5}{4}\pi=-\boldsymbol{\frac{1}{\sqrt{2}}}$,

$\tan\frac{5}{4}\pi=\mathbf{1}$

(2) $\sin\left(-\frac{5}{6}\pi\right)=-\boldsymbol{\frac{1}{2}}$, $\cos\left(-\frac{5}{6}\pi\right)=-\boldsymbol{\frac{\sqrt{3}}{2}}$,

$\tan\left(-\frac{5}{6}\pi\right)=\boldsymbol{\frac{1}{\sqrt{3}}}$

(3) $\sin\left(-\frac{10}{3}\pi\right)=\boldsymbol{\frac{\sqrt{3}}{2}}$, $\cos\left(-\frac{10}{3}\pi\right)=-\boldsymbol{\frac{1}{2}}$,

$\tan\left(-\frac{10}{3}\pi\right)=-\boldsymbol{\sqrt{3}}$

(4) $\sin\frac{7}{2}\pi=\mathbf{-1}$, $\cos\frac{7}{2}\pi=\mathbf{0}$,

$\tan\frac{7}{2}\pi$ は**定義されない**。

250 (1) $\sin\theta<0$ を満たす角 θ は

第 3 象限 または 第 4 象限の角である。

また，$\cos\theta>0$ を満たす角 θ は

第 1 象限 または 第 4 象限の角である。

よって，条件を満たす角 θ は

第 4 象限の角 である。

(2) $\sin\theta\cos\theta>0$ のとき

$\begin{cases}\sin\theta>0\\ \cos\theta>0\end{cases}$ ……①

または

$\begin{cases}\sin\theta<0\\ \cos\theta<0\end{cases}$ ……②

このうち，$\sin\theta+\cos\theta<0$ を満たすのは

②の場合で，②を満たす角 θ は

第 3 象限の角 である。

251 (1) $\sin^2\theta+\cos^2\theta=1$ から

$\cos^2\theta=1-\sin^2\theta$

$=1-\left(-\frac{2}{3}\right)^2=\frac{5}{9}$

ここで，θ が第 4 象限の角であるから

$\cos\theta>0$

よって　$\cos\theta=\sqrt{\frac{5}{9}}=\boldsymbol{\frac{\sqrt{5}}{3}}$

$\tan\theta=\frac{\sin\theta}{\cos\theta}=\left(-\frac{2}{3}\right)\div\frac{\sqrt{5}}{3}=-\boldsymbol{\frac{2}{\sqrt{5}}}$

(2) $\sin^2\theta+\cos^2\theta=1$ から

$\sin^2\theta=1-\cos^2\theta$

$=1-\left(-\frac{12}{13}\right)^2=\frac{25}{169}$

ここで，θ は第 3 象限の角であるから

$\sin\theta<0$

よって　$\sin\theta=-\sqrt{\frac{25}{169}}=-\boldsymbol{\frac{5}{13}}$

$\tan\theta=\frac{\sin\theta}{\cos\theta}=\left(-\frac{5}{13}\right)\div\left(-\frac{12}{13}\right)=\boldsymbol{\frac{5}{12}}$

252 $1+\tan^2\theta=\frac{1}{\cos^2\theta}$ から

$\frac{1}{\cos^2\theta}=1+2^2=5$

よって　$\cos^2\theta=\frac{1}{5}$

ここで，θ は第 3 象限の角であるから

$\cos\theta<0$

ゆえに　$\cos\theta=-\sqrt{\frac{1}{5}}=-\boldsymbol{\frac{1}{\sqrt{5}}}$

$\tan\theta=\frac{\sin\theta}{\cos\theta}$ から

$\sin\theta=\tan\theta\cos\theta$

$=2\times\left(-\frac{1}{\sqrt{5}}\right)=-\boldsymbol{\frac{2}{\sqrt{5}}}$

253 (1) $\sin\theta+\cos\theta=\frac{1}{3}$ の両辺を 2 乗すると

$\sin^2\theta+2\sin\theta\cos\theta+\cos^2\theta=\frac{1}{9}$

よって　$1+2\sin\theta\cos\theta=\frac{1}{9}$

ゆえに　$\sin\theta\cos\theta=-\boldsymbol{\frac{4}{9}}$

$\sin^3\theta+\cos^3\theta$

$=(\sin\theta+\cos\theta)$

$\times(\sin^2\theta-\sin\theta\cos\theta+\cos^2\theta)$

$=\frac{1}{3}\left\{1-\left(-\frac{4}{9}\right)\right\}=\mathbf{\frac{13}{27}}$

(別解)

$\sin^3\theta+\cos^3\theta$

$=(\sin\theta+\cos\theta)^3$

$-3\sin\theta\cos\theta(\sin\theta+\cos\theta)$

$=\left(\frac{1}{3}\right)^3-3\times\left(-\frac{4}{9}\right)\times\frac{1}{3}=\mathbf{\frac{13}{27}}$

(2) $\sin\theta-\cos\theta=-\frac{1}{\sqrt{2}}$ の両辺を2乗すると

$\sin^2\theta-2\sin\theta\cos\theta+\cos^2\theta=\frac{1}{2}$

よって　$1-2\sin\theta\cos\theta=\frac{1}{2}$

ゆえに　$\sin\theta\cos\theta=\mathbf{\frac{1}{4}}$

$\sin^3\theta-\cos^3\theta$

$=(\sin\theta-\cos\theta)$

$\times(\sin^2\theta+\sin\theta\cos\theta+\cos^2\theta)$

$=-\frac{1}{\sqrt{2}}\left(1+\frac{1}{4}\right)=-\frac{5}{4\sqrt{2}}=-\mathbf{\frac{5\sqrt{2}}{8}}$

254 (1) (左辺)

$=\frac{1-\cos\theta}{\sin\theta}+\frac{\sin\theta}{1-\cos\theta}$

$=\frac{1-\cos\theta}{\sin\theta}+\frac{\sin\theta(1+\cos\theta)}{(1-\cos\theta)(1+\cos\theta)}$

$=\frac{1-\cos\theta}{\sin\theta}+\frac{\sin\theta(1+\cos\theta)}{1-\cos^2\theta}$

$=\frac{1-\cos\theta}{\sin\theta}+\frac{\sin\theta(1+\cos\theta)}{\sin^2\theta}$

$=\frac{1-\cos\theta}{\sin\theta}+\frac{1+\cos\theta}{\sin\theta}$

$=\frac{2}{\sin\theta}=$(右辺)　終

(2) (左辺)

$=\frac{\sin\theta}{1+\cos\theta}+\frac{1}{\tan\theta}$

$=\frac{\sin\theta(1-\cos\theta)}{(1+\cos\theta)(1-\cos\theta)}+\frac{\cos\theta}{\sin\theta}$

$=\frac{\sin\theta(1-\cos\theta)}{1-\cos^2\theta}+\frac{\cos\theta}{\sin\theta}$

$=\frac{\sin\theta(1-\cos\theta)}{\sin^2\theta}+\frac{\cos\theta}{\sin\theta}$

$=\frac{1-\cos\theta}{\sin\theta}+\frac{\cos\theta}{\sin\theta}=\frac{1}{\sin\theta}=$(右辺)　終

B

255 (1) $\sin^2\theta+\cos^2\theta=1$ から

$\cos^2\theta=1-\sin^2\theta$

$=1-\left(\frac{\sqrt{3}}{3}\right)^2=\frac{6}{9}$

ここで, $\sin\theta>0$ であるから　← $\sin\theta>0$ となる象限は2つある

θ が第1象限の角のとき

$\cos\theta=\mathbf{\frac{\sqrt{6}}{3}}$

$\tan\theta=\frac{\sin\theta}{\cos\theta}=\frac{\sqrt{3}}{3}\div\frac{\sqrt{6}}{3}=\mathbf{\frac{\sqrt{2}}{2}}$

θ が第2象限の角のとき

$\cos\theta=-\mathbf{\frac{\sqrt{6}}{3}}$

$\tan\theta=\frac{\sin\theta}{\cos\theta}=\frac{\sqrt{3}}{3}\div\left(-\frac{\sqrt{6}}{3}\right)=-\mathbf{\frac{\sqrt{2}}{2}}$

(2) $1+\tan^2\theta=\frac{1}{\cos^2\theta}$ から

$\frac{1}{\cos^2\theta}=1+\left(\frac{\sqrt{5}}{2}\right)^2=\frac{9}{4}$

よって　$\cos^2\theta=\frac{4}{9}$

ここで, $\tan\theta>0$ であるから　← $\tan\theta>0$ となる象限は2つある

θ が第1象限の角のとき

$\cos\theta=\mathbf{\frac{2}{3}}$

$\tan\theta=\frac{\sin\theta}{\cos\theta}$ から

$\sin\theta=\tan\theta\cos\theta=\frac{\sqrt{5}}{2}\cdot\frac{2}{3}=\mathbf{\frac{\sqrt{5}}{3}}$

θ が第 3 象限の角のとき

$\cos\theta=-\frac{2}{3}$

$\tan\theta=\frac{\sin\theta}{\cos\theta}$ から

$\sin\theta=\tan\theta\cos\theta=\frac{\sqrt{5}}{2}\cdot\left(-\frac{2}{3}\right)=-\frac{\sqrt{5}}{3}$

256 (1) (左辺)

$=(1+\tan\theta)^2+(1-\tan\theta)^2$

$=(1+2\tan\theta+\tan^2\theta)$

$\quad+(1-2\tan\theta+\tan^2\theta)$

$=2(1+\tan^2\theta)=\frac{2}{\cos^2\theta}=$(右辺) 終

(2) (左辺)

$=(\sin\theta+\cos\theta+1)(\sin\theta+\cos\theta-1)$

$=\{(\sin\theta+\cos\theta)+1\}\{(\sin\theta+\cos\theta)-1\}$

$=(\sin\theta+\cos\theta)^2-1^2$

$=(\sin^2\theta+2\sin\theta\cos\theta+\cos^2\theta)-1$

$=1+2\sin\theta\cos\theta-1$

$=2\sin\theta\cos\theta=$(右辺) 終

C

257 (1) $\sin\theta-\cos\theta=-\frac{1}{\sqrt{2}}$ の両辺を 2 乗して

$\sin^2\theta-2\sin\theta\cos\theta+\cos^2\theta=\frac{1}{2}$

⇦ $\sin^2\theta+\cos^2\theta=1$

よって　$1-2\sin\theta\cos\theta=\frac{1}{2}$

⇦ $-2\sin\theta\cos\theta=\frac{1}{2}-1$

$=-\frac{1}{2}$

ゆえに　$\sin\theta\cos\theta=\mathbf{\frac{1}{4}}$

(2) $(\sin\theta+\cos\theta)^2=\sin^2\theta+2\sin\theta\cos\theta+\cos^2\theta$

$=1+2\sin\theta\cos\theta$

$=1+2\cdot\frac{1}{4}=\frac{3}{2}$

θ が第 3 象限の角であるから　$\sin\theta<0$, $\cos\theta<0$

⇦ θ がどの象限の角であるかを確認して, $\sin\theta$, $\cos\theta$ の正負を判断する。

よって, $\sin\theta+\cos\theta<0$　であるから

$\sin\theta+\cos\theta=-\sqrt{\frac{3}{2}}=-\frac{\sqrt{6}}{2}$

258 $\frac{\sin\theta-\cos\theta}{\sin\theta+\cos\theta}=2+\sqrt{3}$ の両辺に $\sin\theta+\cos\theta$ を掛けて

$\sin\theta-\cos\theta=(2+\sqrt{3})(\sin\theta+\cos\theta)$

$=(2+\sqrt{3})\sin\theta+(2+\sqrt{3})\cos\theta$

よって　$\sin\theta=-\sqrt{3}\cos\theta$

⇦ $3+\sqrt{3}=\sqrt{3}(\sqrt{3}+1)$

$\sin^2\theta+\cos^2\theta=1$ に代入して

$(-\sqrt{3}\cos\theta)^2+\cos^2\theta=1$

ゆえに　$\cos^2\theta=\frac{1}{4}$, $\cos\theta=\pm\frac{1}{2}$

$\frac{\pi}{2}<\theta<\pi$ であるから, $\cos\theta=-\frac{1}{2}$ より　$\theta=\mathbf{\frac{2}{3}\pi}$

（別解）

$\dfrac{\pi}{2}<\theta<\pi$ より $\cos\theta \neq 0$ であるから，左辺の分母・分子を $\cos\theta$ で割って

⇦ $\sin\theta$，$\cos\theta$ を分母・分子の両方に含むので，$\tan\theta$ の値を求めることを考える。

$$\frac{\dfrac{\sin\theta}{\cos\theta}-\dfrac{\cos\theta}{\cos\theta}}{\dfrac{\sin\theta}{\cos\theta}+\dfrac{\cos\theta}{\cos\theta}}=\frac{\tan\theta-1}{\tan\theta+1}=2+\sqrt{3}$$

$$\tan\theta-1=(2+\sqrt{3})(\tan\theta+1)$$
$$=(2+\sqrt{3})\tan\theta+2+\sqrt{3}$$
$$(1+\sqrt{3})\tan\theta=-3-\sqrt{3}=-\sqrt{3}(\sqrt{3}+1)$$
$$\tan\theta=\frac{-\sqrt{3}(1+\sqrt{3})}{1+\sqrt{3}}=-\sqrt{3}$$

⇦両辺を，$1+\sqrt{3}$ で割ってから有理化してもよいが，この方が計算が簡単になる。

$\dfrac{\pi}{2}<\theta<\pi$ であるから　$\boldsymbol{\theta=\dfrac{2}{3}\pi}$

259 (1)　$(\text{左辺})=\tan^2\theta+(1-\tan^4\theta)\cos^2\theta$

$$=\tan^2\theta+(1+\tan^2\theta)(1-\tan^2\theta)\cos^2\theta$$
$$=\tan^2\theta+\frac{1}{\cos^2\theta}(1-\tan^2\theta)\cos^2\theta$$
$$=\tan^2\theta+(1-\tan^2\theta)=1=(\text{右辺})$$ 終

⇦ $1+\tan^2\theta=\dfrac{1}{\cos^2\theta}$

(2)　$(\text{左辺})=\dfrac{\cos^2\theta-\sin^2\theta}{1+2\cos\theta\sin\theta}$

$$=\frac{(\cos\theta-\sin\theta)(\cos\theta+\sin\theta)}{(\cos^2\theta+\sin^2\theta)+2\cos\theta\sin\theta}$$
$$=\frac{(\cos\theta-\sin\theta)(\cos\theta+\sin\theta)}{(\cos\theta+\sin\theta)^2}$$
$$=\frac{\cos\theta-\sin\theta}{\cos\theta+\sin\theta}=\frac{\dfrac{\cos\theta}{\cos\theta}-\dfrac{\sin\theta}{\cos\theta}}{\dfrac{\cos\theta}{\cos\theta}+\dfrac{\sin\theta}{\cos\theta}}$$
$$=\frac{1-\tan\theta}{1+\tan\theta}=(\text{右辺})$$ 終

⇦ $1=\cos^2\theta+\sin^2\theta$ と表すことがポイント

⇦分母・分子を $\cos\theta$ で割ると $\tan\theta$ が現れる。

4　三角関数の性質

本編 p.054

A

260 (1)　$\cos\dfrac{13}{6}\pi=\cos\left(\dfrac{\pi}{6}+2\pi\right)=\cos\dfrac{\pi}{6}=\boldsymbol{\dfrac{\sqrt{3}}{2}}$

(2)　$\tan\dfrac{17}{4}\pi=\tan\left(\dfrac{\pi}{4}+4\pi\right)=\tan\dfrac{\pi}{4}=\boldsymbol{1}$

(3)　$\sin\left(-\dfrac{\pi}{3}\right)=-\sin\dfrac{\pi}{3}=\boldsymbol{-\dfrac{\sqrt{3}}{2}}$

$\sin(-\theta)=-\sin\theta$

(4)　$\cos\left(-\dfrac{25}{6}\pi\right)=\cos\left(-\dfrac{\pi}{6}-4\pi\right)$

$$=\cos\left(-\frac{\pi}{6}\right)$$
$$=\cos\frac{\pi}{6}=\boldsymbol{\frac{\sqrt{3}}{2}}$$

$\cos(-\theta)$
$=\cos\theta$

(5) $\tan\frac{23}{3}\pi=\tan\left(-\frac{\pi}{3}+8\pi\right)$

$=\tan\left(-\frac{\pi}{3}\right)$

$\tan(-\theta)=-\tan\theta$

$=-\tan\frac{\pi}{3}=-\sqrt{3}$

(6) $\sin\frac{13}{2}\pi=\sin\left(\frac{\pi}{2}+6\pi\right)=\sin\frac{\pi}{2}=\mathbf{1}$

(7) $\cos\left(-\frac{31}{4}\pi\right)=\cos\left(\frac{\pi}{4}-8\pi\right)$

$=\cos\frac{\pi}{4}=\boldsymbol{\frac{1}{\sqrt{2}}}$

(8) $\tan\left(-\frac{101}{6}\pi\right)=-\tan\frac{101}{6}\pi$ ← $\tan(-\theta)=-\tan\theta$

$=-\tan\left(\frac{5}{6}\pi+16\pi\right)=-\tan\frac{5}{6}\pi$

$=-\tan\left(\pi-\frac{\pi}{6}\right)$

$\tan(\pi-\theta)=-\tan\theta$

$=\tan\frac{\pi}{6}=\boldsymbol{\frac{1}{\sqrt{3}}}$

261 (1) $\cos\frac{5}{8}\pi=\cos\left(\frac{\pi}{8}+\frac{\pi}{2}\right)=-\sin\frac{\pi}{8}=\boldsymbol{-a}$

(2) $\cos\frac{7}{8}\pi=\cos\left(\pi-\frac{\pi}{8}\right)=-\cos\frac{\pi}{8}=\boldsymbol{-b}$

(3) $\sin\frac{21}{8}\pi=\sin\left(\frac{5}{8}\pi+2\pi\right)=\sin\frac{5}{8}\pi$

$=\sin\left(\frac{\pi}{8}+\frac{\pi}{2}\right)=\cos\frac{\pi}{8}=\boldsymbol{b}$

(4) $\tan\frac{5}{8}\pi=\tan\left(\frac{\pi}{8}+\frac{\pi}{2}\right)=-\frac{1}{\tan\frac{\pi}{8}}$

$\tan\left(\theta+\frac{\pi}{2}\right)=-\frac{1}{\tan\theta}$

$=-\frac{\cos\frac{\pi}{8}}{\sin\frac{\pi}{8}}=\boldsymbol{-\frac{b}{a}}$

262 (1) $\cos(\theta+\pi)+\sin\left(\theta+\frac{\pi}{2}\right)$

$=-\cos\theta+\cos\theta=\mathbf{0}$

(2) $\tan(-\theta)+\tan(\theta+\pi)$

$=-\tan\theta+\tan\theta=\mathbf{0}$

(3) $\sin(-\theta)=-\sin\theta,\ \sin\left(\frac{\pi}{2}-\theta\right)=\cos\theta,$

$\cos\left(\frac{\pi}{2}-\theta\right)=\sin\theta,$

$\cos(\theta+5\pi)=\cos(\theta+\pi+4\pi)$

$=\cos(\theta+\pi)=-\cos\theta$

であるから

$\sin(-\theta)\sin\left(\frac{\pi}{2}-\theta\right)$

$+\cos\left(\frac{\pi}{2}-\theta\right)\cos(\theta+5\pi)$

$=-\sin\theta\cos\theta+\sin\theta(-\cos\theta)$

$=\boldsymbol{-2\sin\theta\cos\theta}$

B

263 (1) $\cos\frac{5}{12}\pi=\cos\left(-\frac{\pi}{12}+\frac{\pi}{2}\right)$

$=-\sin\left(-\frac{\pi}{12}\right)=\sin\frac{\pi}{12}$

$\sin\frac{7}{12}\pi=\sin\left(\frac{\pi}{12}+\frac{\pi}{2}\right)=\cos\frac{\pi}{12}$

$\cos\frac{13}{12}\pi=\cos\left(\frac{\pi}{12}+\pi\right)=-\cos\frac{\pi}{12}$

であるから

$\sin\frac{\pi}{12}-\cos\frac{5}{12}\pi-\sin\frac{7}{12}\pi-\cos\frac{13}{12}\pi$

$=\sin\frac{\pi}{12}-\sin\frac{\pi}{12}-\cos\frac{\pi}{12}+\cos\frac{\pi}{12}=\mathbf{0}$

(2) $\cos\frac{6}{7}\pi=\cos\left(\pi-\frac{\pi}{7}\right)=-\cos\frac{\pi}{7}$

$\sin\frac{6}{7}\pi=\sin\left(\pi-\frac{\pi}{7}\right)=\sin\frac{\pi}{7}$

$\sin\frac{8}{7}\pi=\sin\left(\frac{\pi}{7}+\pi\right)=-\sin\frac{\pi}{7}$

であるから

$\cos\frac{\pi}{7}\cos\frac{6}{7}\pi+\sin\frac{6}{7}\pi\sin\frac{8}{7}\pi$

$=\cos\frac{\pi}{7}\left(-\cos\frac{\pi}{7}\right)+\sin\frac{\pi}{7}\left(-\sin\frac{\pi}{7}\right)$

$=-\left(\cos^2\frac{\pi}{7}+\sin^2\frac{\pi}{7}\right)=\mathbf{-1}$

5 三角関数のグラフ

本編 p.055～056

A

264 (1)

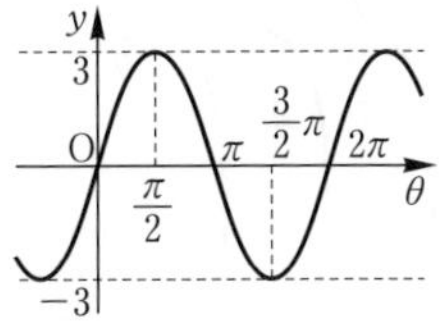

周期は $\boldsymbol{2\pi}$

値域は $\boldsymbol{-3 \leqq y \leqq 3}$

(2)

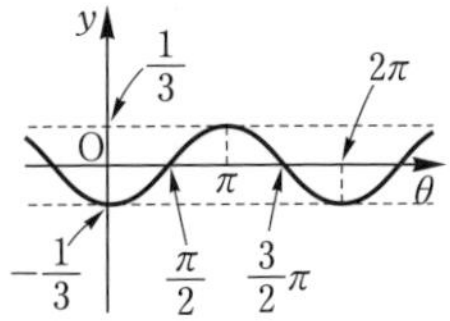

周期は $\boldsymbol{2\pi}$

値域は $\boldsymbol{-\dfrac{1}{3} \leqq y \leqq \dfrac{1}{3}}$

(3)

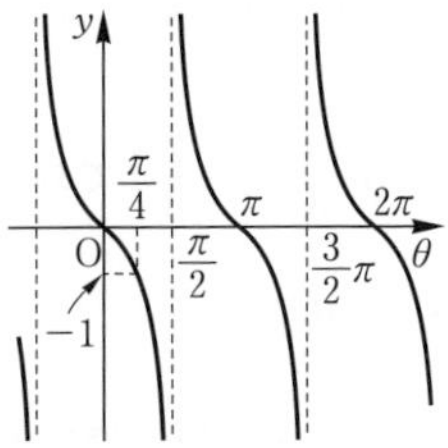

周期は $\boldsymbol{\pi}$

値域は**実数全体**

265 (1)

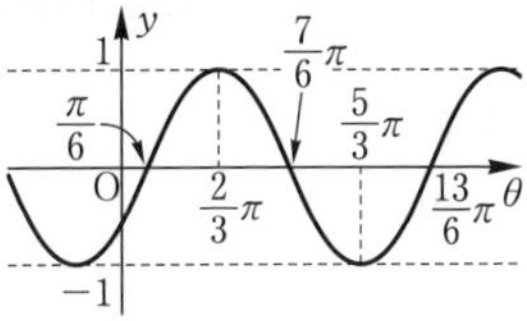

周期は $\boldsymbol{2\pi}$

(2)

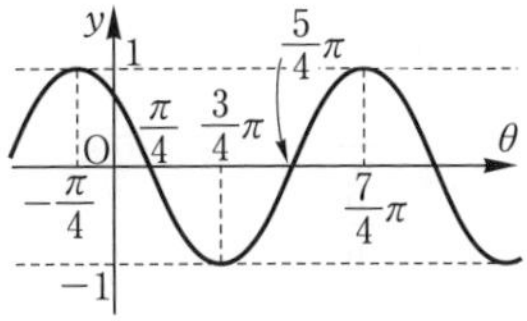

周期は $\boldsymbol{2\pi}$

(3)

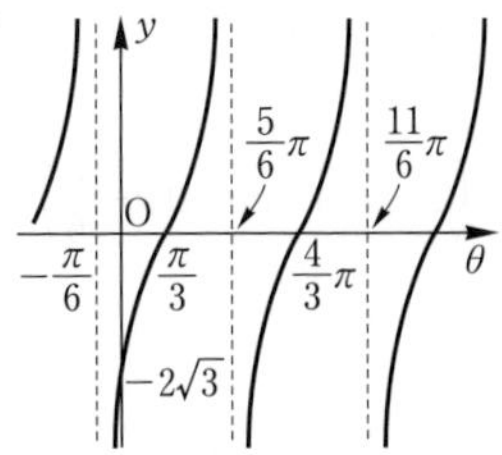

周期は $\boldsymbol{\pi}$

266 (1)

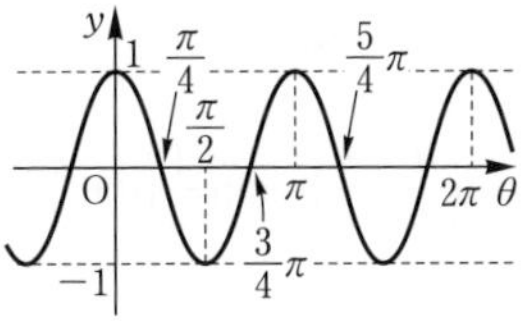

周期は $\boldsymbol{\pi}$

(2)

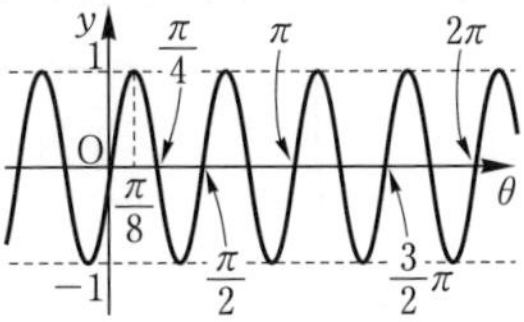

周期は $\boldsymbol{\dfrac{\pi}{2}}$

(3)

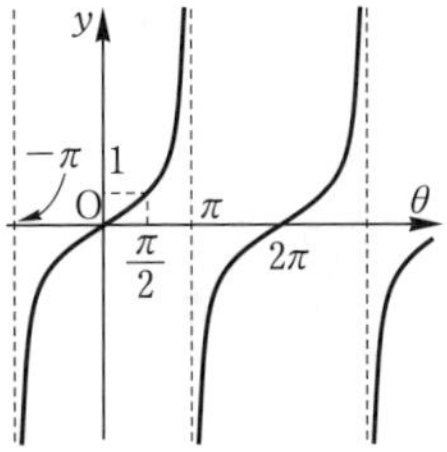

周期は $\boldsymbol{2\pi}$

(4)

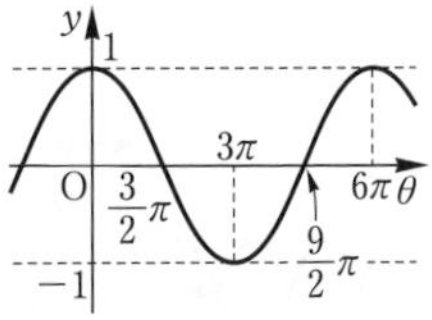

周期は $\boldsymbol{6\pi}$

267 (1)

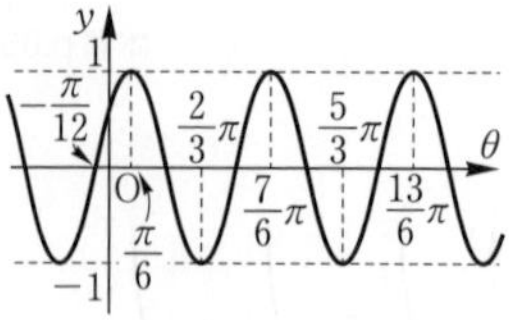

$$y=\cos\left(2\theta-\frac{\pi}{3}\right)=\cos 2\left(\theta-\frac{\pi}{6}\right)$$

周期は $\boldsymbol{\pi}$

(2)

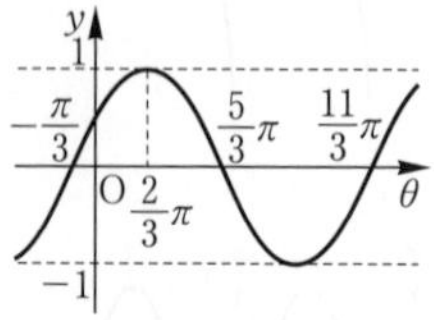

$$y=\sin\left(\frac{\theta}{2}+\frac{\pi}{6}\right)=\sin\frac{1}{2}\left(\theta+\frac{\pi}{3}\right)$$

周期は $\boldsymbol{4\pi}$

(3)

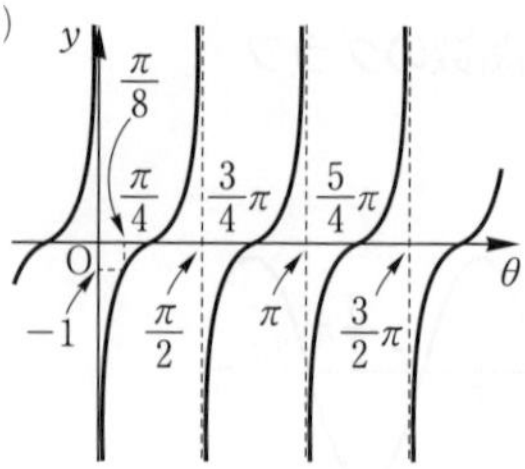

$$y=\tan\left(2\theta+\frac{\pi}{2}\right)=\tan 2\left(\theta+\frac{\pi}{4}\right)$$

周期は $\boldsymbol{\frac{\pi}{2}}$

B

268 (1)

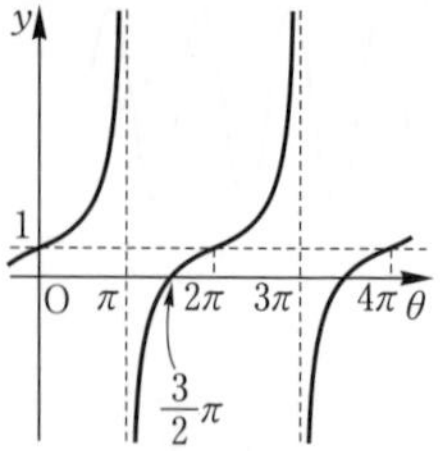

← $y=\tan\frac{\theta}{2}$ のグラフを y 軸方向に 1 だけ平行移動

周期は $\boldsymbol{2\pi}$

(2)

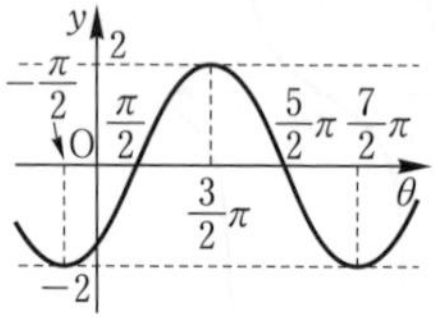

$$y=-2\cos\left(\frac{\theta}{2}+\frac{\pi}{4}\right)=-2\cos\frac{1}{2}\left(\theta+\frac{\pi}{2}\right)$$

周期は $\boldsymbol{4\pi}$

(3)

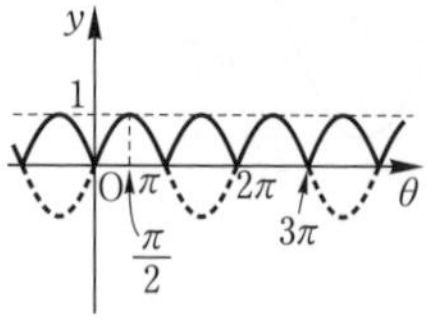

← $y=\sin\theta$ のグラフの $y\leqq 0$ の部分を折り返す

周期は $\boldsymbol{\pi}$ ← $|\sin(\theta+\pi)|=|-\sin\theta|=|\sin\theta|$

269 $y=2\sin(a\theta-b)$ の値域は $-2\leqq y\leqq 2$

であるから $\boldsymbol{A=2}$, $\boldsymbol{B=-2}$

グラフより周期が $\frac{\pi}{3}\times 2=\frac{2}{3}\pi$ であるから

$\frac{2\pi}{a}=\frac{2\pi}{3}$ より $\boldsymbol{a=3}$

このとき $y=2\sin(3\theta-b)=2\sin 3\left(\theta-\frac{b}{3}\right)$

よって，与えられたグラフは，$y=2\sin 3\theta$ のグラフを θ 軸方向に $\frac{\pi}{6}$ だけ平行移動したものであることがわかる。

$0<b<2\pi$ より $0<\frac{b}{3}<\frac{2}{3}\pi$

であるから $\frac{b}{3}=\frac{\pi}{6}$

ゆえに $\boldsymbol{b=\frac{\pi}{2}}$

また，図より

$C=\frac{\pi}{6}+\frac{2}{3}\pi=\boldsymbol{\frac{5}{6}\pi}$ ← 周期は $\frac{2}{3}\pi$

C

270 (1)　この関数のグラフをかくと，右の図のようになる。

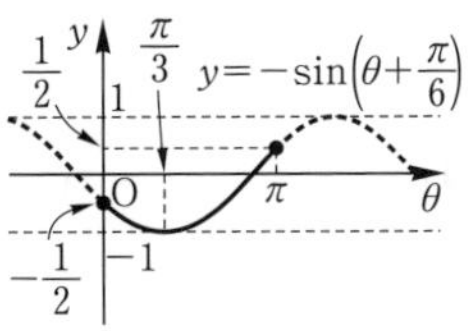

よって

$\theta=\pi$ のとき，**最大値 $\frac{1}{2}$**

$\theta=\frac{\pi}{3}$ のとき，**最小値 −1**

⇦ $y=-\sin\left(\theta+\frac{\pi}{6}\right)$ のグラフは $y=-\sin\theta$ のグラフを θ 軸方向に $-\frac{\pi}{6}$ だけ平行移動したもの。

（別解）

$$y=-\sin\left(\theta+\frac{\pi}{6}\right)=\sin\left(\theta+\frac{\pi}{6}+\pi\right)=\sin\left(\theta+\frac{7}{6}\pi\right)$$

⇦ $\sin(\theta+\pi)=-\sin\theta$

$0\leqq\theta\leqq\pi$ のとき，$\frac{7}{6}\pi\leqq\theta+\frac{7}{6}\pi\leqq\frac{13}{6}\pi$

であるから，右の図より

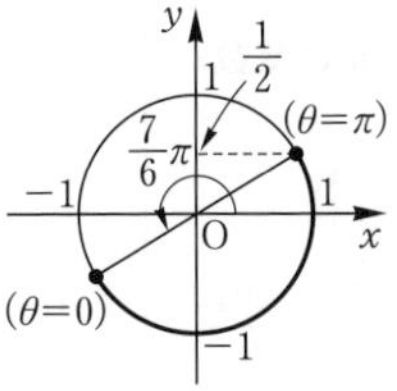

$\theta+\frac{7}{6}\pi=\frac{13}{6}\pi$，すなわち

$\theta=\pi$ のとき，**最大値 $\frac{1}{2}$**

$\theta+\frac{7}{6}\pi=\frac{3}{2}\pi$，すなわち

$\theta=\frac{\pi}{3}$ のとき，**最小値 −1**

⇦ $0\leqq\theta\leqq\pi$ のとき，
$\frac{\pi}{6}\leqq\theta+\frac{\pi}{6}\leqq\frac{7}{6}\pi$ より
$-\frac{1}{2}\leqq\sin\left(\theta+\frac{\pi}{6}\right)\leqq1$
であるから
$-1\leqq-\sin\left(\theta+\frac{\pi}{6}\right)\leqq\frac{1}{2}$
と考えてもよい。

(2)　この関数のグラフをかくと，右の図のようになる。

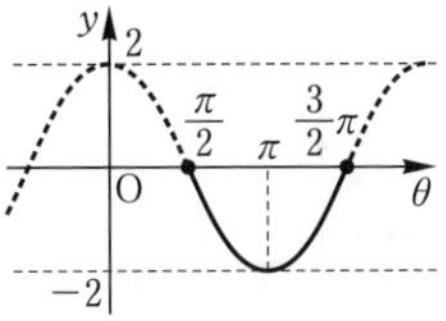

よって

$\theta=\frac{\pi}{2},\ \frac{3}{2}\pi$ のとき，**最大値 0**

$\theta=\pi$ 　　のとき，**最小値 −2**

（別解）

右の図より，$\frac{\pi}{2}\leqq\theta\leqq\frac{3}{2}\pi$ のとき

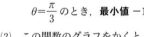

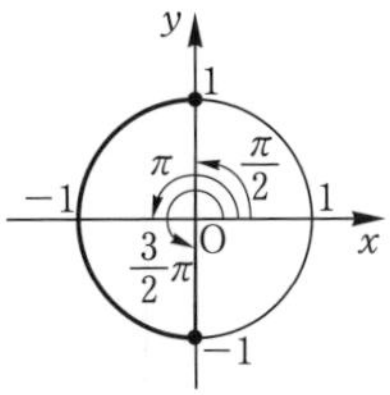

$\cos\theta$ は

$\theta=\frac{\pi}{2},\ \frac{3}{2}\pi$ のとき，最大値 0

$\theta=\pi$ 　　のとき，最大値 −1 をとる。

よって，$y=2\cos\theta\ \left(\frac{\pi}{2}\leqq\theta\leqq\frac{3}{2}\pi\right)$ は

$\theta=\frac{\pi}{2},\ \frac{3}{2}\pi$ のとき，**最大値 0**

$\theta=\pi$ 　　のとき，**最小値 −2 をとる。**

6 三角関数の応用

本編 p.057～058

A

271 (1) 単位円周上で，

y 座標が $-\frac{\sqrt{3}}{2}$

となる点は，

右の図の 2 点

P，Q である。

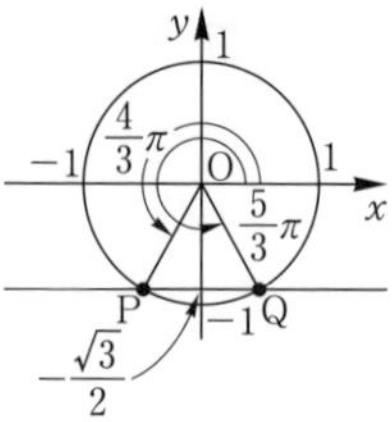

$0 \leqq \theta < 2\pi$ のとき

$\boldsymbol{\theta = \frac{4}{3}\pi,\ \frac{5}{3}\pi}$

また，θ の値の範囲に制限がないとき

$\boldsymbol{\theta = \frac{4}{3}\pi + 2n\pi,\ \frac{5}{3}\pi + 2n\pi}$ （**n は整数**）

(2) 単位円周上で，x 座標が -1 となる点は，右の図の点 P である。

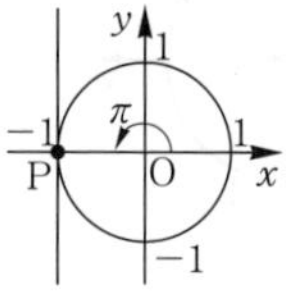

$0 \leqq \theta < 2\pi$ のとき

$\boldsymbol{\theta = \pi}$

θ の値の範囲に制限がないとき

$\boldsymbol{\theta = \pi + 2n\pi}$ （**n は整数**） ← $(2n+1)\pi$ でもよい。

(3) 右の図のように，直線 $x=1$ 上に点 T(1, 1) をとる。

直線 OT と単位円の交点は，右の図の 2 点 P，Q である。

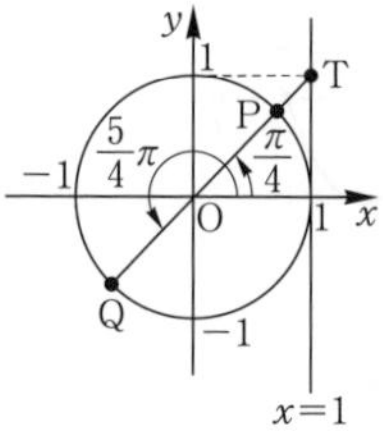

$0 \leqq \theta < 2\pi$ のとき

$\boldsymbol{\theta = \frac{\pi}{4},\ \frac{5}{4}\pi}$

θ の値の範囲に制限がないとき

$\boldsymbol{\theta = \frac{\pi}{4} + n\pi}$ （**n は整数**） ←

$\frac{\pi}{4} + 2n\pi$，$\frac{5}{4}\pi + 2n\pi$ をまとめて
このように表すのが一般的

(4) $\sin\theta = \frac{1}{\sqrt{2}}$ となる θ の値は

$0 \leqq \theta < 2\pi$ のとき　$\boldsymbol{\theta = \frac{\pi}{4},\ \frac{3}{4}\pi}$

θ の値の範囲に制限がないとき

$\boldsymbol{\theta = \frac{\pi}{4} + 2n\pi,\ \frac{3}{4}\pi + 2n\pi}$ （**n は整数**）

(5) $\cos\theta = -\frac{1}{2}$ となる θ の値は

$0 \leqq \theta < 2\pi$ のとき　$\boldsymbol{\theta = \frac{2}{3}\pi,\ \frac{4}{3}\pi}$

θ の値の範囲に制限がないとき

$\boldsymbol{\theta = \frac{2}{3}\pi + 2n\pi,\ \frac{4}{3}\pi + 2n\pi}$ （**n は整数**）

(6) $\tan\theta = -\frac{\sqrt{3}}{3}$ となる θ の値は

$0 \leqq \theta < 2\pi$ のとき　$\boldsymbol{\theta = \frac{5}{6}\pi,\ \frac{11}{6}\pi}$

θ の値の範囲に制限がないとき

$\boldsymbol{\theta = \frac{5}{6}\pi + n\pi}$ （**n は整数**） ←

$\frac{5}{6}\pi + 2n\pi$，$\frac{11}{6}\pi + 2n\pi$ をまとめて
このように表すのが一般的

272 (1) $0 \leqq \theta < 2\pi$ において，

$\sin\theta = -\frac{\sqrt{3}}{2}$ となる θ の値は

$\theta = \frac{4}{3}\pi,\ \frac{5}{3}\pi$

よって，求める θ の値の範囲は，右の図より

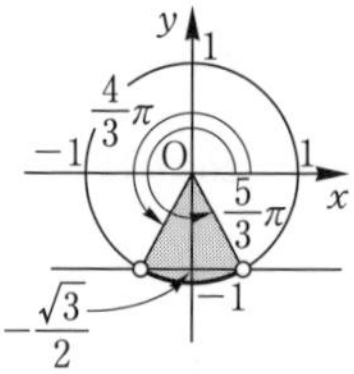

$\boldsymbol{\frac{4}{3}\pi < \theta < \frac{5}{3}\pi}$

(2) $0 \leqq \theta < 2\pi$ において，

$\cos\theta = \dfrac{1}{2}$ となる θ の値は

$\theta = \dfrac{\pi}{3},\ \dfrac{5}{3}\pi$

よって，求める θ の値の範囲は，右の図より

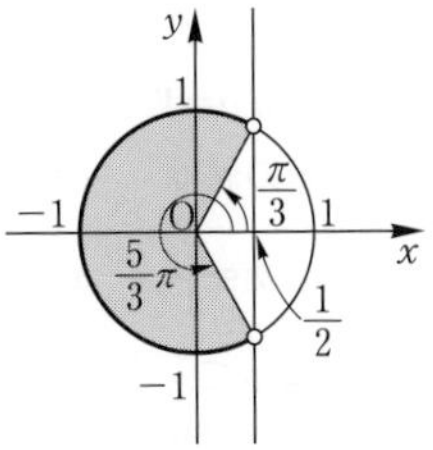

$\boldsymbol{\dfrac{\pi}{3} < \theta < \dfrac{5}{3}\pi}$

(3) 不等式を変形して

$\sin\theta \leqq -\dfrac{1}{\sqrt{2}}$

$0 \leqq \theta < 2\pi$ において，

$\sin\theta = -\dfrac{1}{\sqrt{2}}$ となる θ の値は

$\theta = \dfrac{5}{4}\pi,\ \dfrac{7}{4}\pi$

よって，求める θ の値の範囲は，右の図より

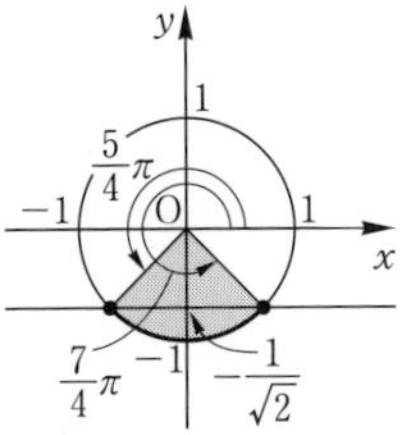

$\boldsymbol{\dfrac{5}{4}\pi \leqq \theta \leqq \dfrac{7}{4}\pi}$

(4) 不等式を変形して

$\cos\theta \geqq -\dfrac{\sqrt{3}}{2}$

$0 \leqq \theta < 2\pi$ において，

$\cos\theta = -\dfrac{\sqrt{3}}{2}$ となる θ の値は

$\theta = \dfrac{5}{6}\pi,\ \dfrac{7}{6}\pi$

よって，求める θ の値の範囲は，右の図より

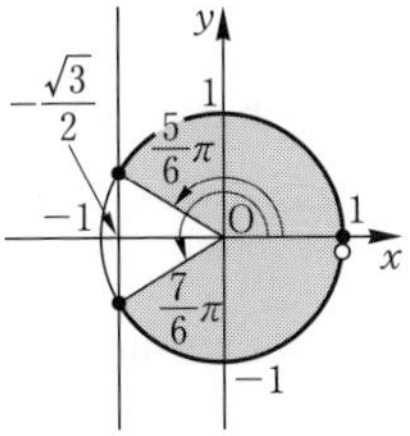

$\boldsymbol{0 \leqq \theta \leqq \dfrac{5}{6}\pi,}$

$\boldsymbol{\dfrac{7}{6}\pi \leqq \theta < 2\pi}$

(5) $0 \leqq \theta < 2\pi$ において，

$\sin\theta = -\dfrac{1}{2}$ となる θ の値は

$\theta = \dfrac{7}{6}\pi,\ \dfrac{11}{6}\pi$

$\sin\theta = 1$ となる θ の値は

$\theta = \dfrac{\pi}{2}$

よって，求める θ の値の範囲は，右の図より

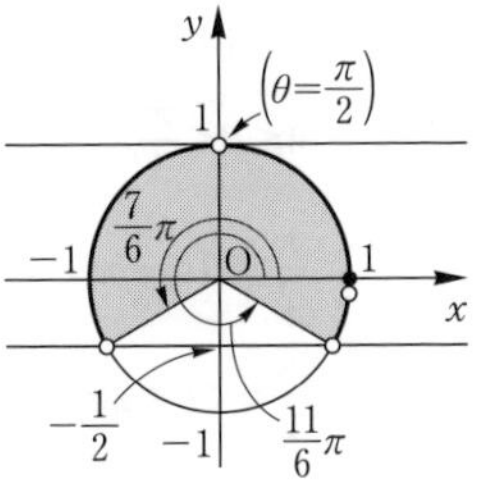

$\boldsymbol{0 \leqq \theta < \dfrac{\pi}{2},}$

$\boldsymbol{\dfrac{\pi}{2} < \theta < \dfrac{7}{6}\pi,}$

$\boldsymbol{\dfrac{11}{6}\pi < \theta < 2\pi}$

(6) 不等式を変形して

$-\dfrac{1}{2} \leqq \cos\theta < \dfrac{\sqrt{2}}{2}$

$0 \leqq \theta \leqq 2\pi$ において，

$\cos\theta = -\dfrac{1}{2}$ となる θ の値は

$\theta = \dfrac{2}{3}\pi,\ \dfrac{4}{3}\pi$

$\cos\theta = \dfrac{\sqrt{2}}{2}$ となる θ の値は

$\theta = \dfrac{\pi}{4},\ \dfrac{7}{4}\pi$

よって，求める θ の値の範囲は，右の図より

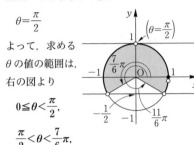

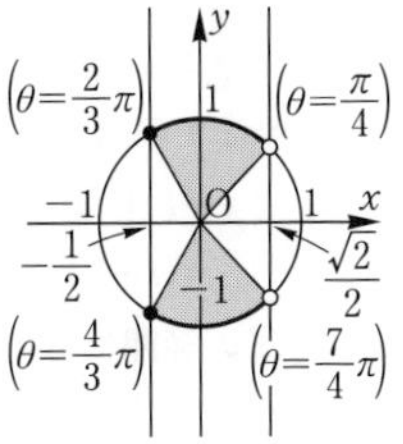

$\boldsymbol{\dfrac{\pi}{4} < \theta \leqq \dfrac{2}{3}\pi,}$

$\boldsymbol{\dfrac{4}{3}\pi \leqq \theta < \dfrac{7}{4}\pi}$

273 (1)　$0 \leqq \theta < 2\pi$ において，

$\tan\theta = \sqrt{3}$ となる θ の値は

$\theta = \dfrac{\pi}{3},\ \dfrac{4}{3}\pi$

よって，求める

θ の値の範囲は，

右の図より

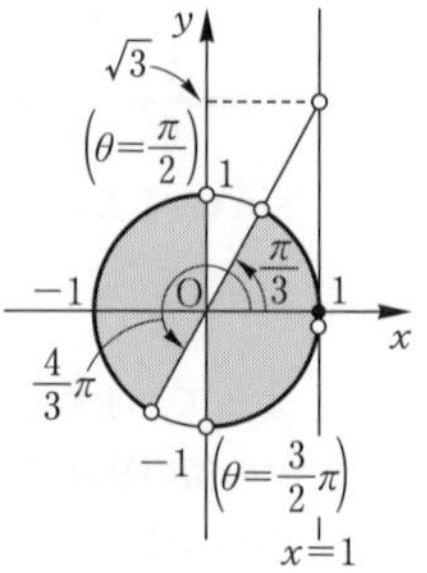

$\boldsymbol{0 \leqq \theta < \dfrac{\pi}{3}}$,

$\boldsymbol{\dfrac{\pi}{2} < \theta < \dfrac{4}{3}\pi}$,

$\boldsymbol{\dfrac{3}{2}\pi < \theta < 2\pi}$

(2)　$0 \leqq \theta < 2\pi$ において，

$\tan\theta = -1$ となる θ の値は

$\theta = \dfrac{3}{4}\pi,\ \dfrac{7}{4}\pi$

よって，求める

θ の値の範囲は，

右の図より

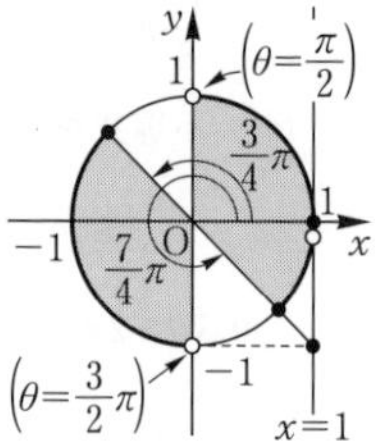

$\boldsymbol{0 \leqq \theta < \dfrac{\pi}{2}}$,

$\boldsymbol{\dfrac{3}{4}\pi \leqq \theta < \dfrac{3}{2}\pi,\ \dfrac{7}{4}\pi \leqq \theta < 2\pi}$

(3)　$0 \leqq \theta < 2\pi$ において，

$\tan\theta = -\sqrt{3}$ となる θ の値は

$\theta = \dfrac{2}{3}\pi,\ \dfrac{5}{3}\pi$

$\tan\theta = 1$ となる

θ の値は

$\theta = \dfrac{\pi}{4},\ \dfrac{5}{4}\pi$

よって，求める

θ の値の範囲は，

右の図より

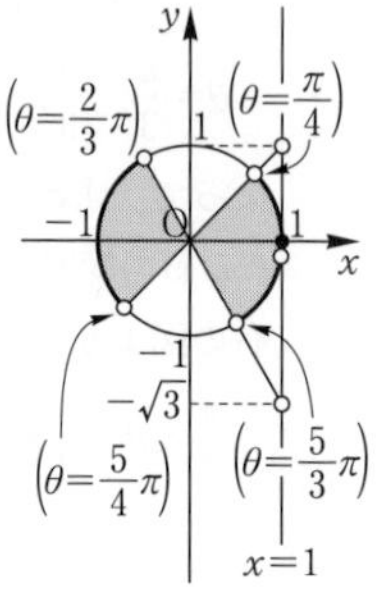

$\boldsymbol{0 \leqq \theta < \dfrac{\pi}{4},\ \dfrac{2}{3}\pi < \theta < \dfrac{5}{4}\pi,\ \dfrac{5}{3}\pi < \theta < 2\pi}$

B

274 (1)　$\sin\theta = t$ とおくと，$0 \leqq \theta < 2\pi$ より

$-1 \leqq t \leqq 1$　……①

y を t の式で表すと

$y = t^2 + 2t$

$= (t+1)^2 - 1$

①の範囲において，y は

$t=1$ のとき，最大値 3

$t=-1$ のとき，最小値 -1

をとる。

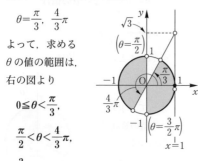

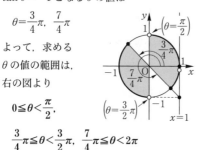

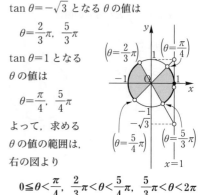

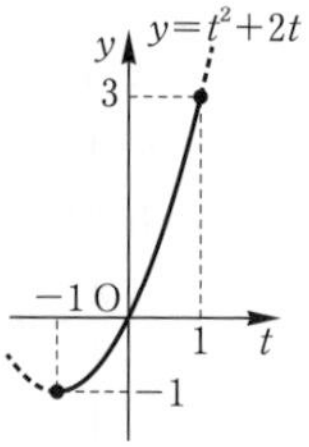

ここで，$0 \leqq \theta < 2\pi$ であるから

$t=1$ のとき　$\theta = \dfrac{\pi}{2}$

$t=-1$ のとき　$\theta = \dfrac{3}{2}\pi$

よって　$\boldsymbol{\theta = \dfrac{\pi}{2}}$ **のとき　最大値 3**

$\boldsymbol{\theta = \dfrac{3}{2}\pi}$ **のとき　最小値 −1**

(2)　$y = \sin^2\theta - \cos\theta$

$= (1-\cos^2\theta) - \cos\theta$

$= -\cos^2\theta - \cos\theta + 1$

$\cos\theta = t$ とおくと，$0 \leqq \theta < 2\pi$ より

$-1 \leqq t \leqq 1$　……①

y を t の式で表すと

$y=-t^2-t+1$

$=-\left(t+\frac{1}{2}\right)^2+\frac{5}{4}$

①の範囲において，y は

$t=-\frac{1}{2}$ のとき　最大値 $\frac{5}{4}$

$t=1$ のとき　最小値 -1

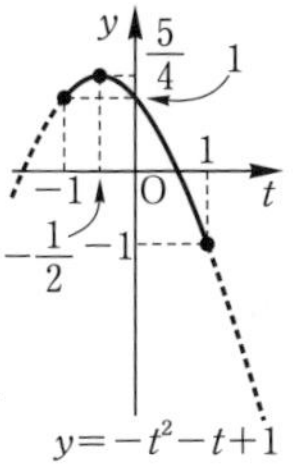

をとる。ここで，$0 \leqq \theta < 2\pi$ であるから

$t=-\frac{1}{2}$ のとき　$\theta=\frac{2}{3}\pi,\ \frac{4}{3}\pi$

$t=1$ のとき　$\theta=0$

よって　**$\theta=\frac{2}{3}\pi,\ \frac{4}{3}\pi$ のとき　最大値 $\frac{5}{4}$**

$\theta=0$ のとき　最小値 -1

C

(㊖p.142 章末A 2, 3)

275 (1)　$2\theta=t$ とおくと，$0 \leqq \theta < 2\pi$ より

$0 \leqq 2\theta < 4\pi$　すなわち　$0 \leqq t < 4\pi$

$0 \leqq t < 4\pi$ において，$\cos t=-\frac{1}{\sqrt{2}}$ となる t の値は

$t=\frac{3}{4}\pi,\ \frac{5}{4}\pi,\ \frac{11}{4}\pi,\ \frac{13}{4}\pi$

$2\theta=\frac{3}{4}\pi,\ \frac{5}{4}\pi,\ \frac{11}{4}\pi,\ \frac{13}{4}\pi$ より

$\theta=\frac{3}{8}\pi,\ \frac{5}{8}\pi,\ \frac{11}{8}\pi,\ \frac{13}{8}\pi$

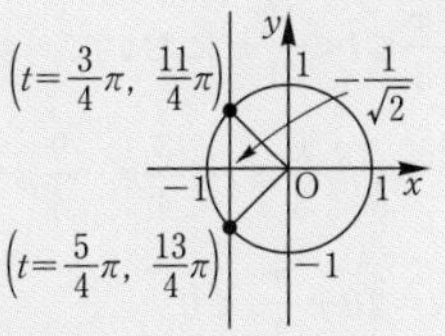

(2)　$2\theta-\frac{\pi}{6}=t$ とおくと，$0 \leqq \theta < 2\pi$ より

$-\frac{\pi}{6} \leqq 2\theta-\frac{\pi}{6} < \frac{23}{6}\pi$　すなわち　$-\frac{\pi}{6} \leqq t < \frac{23}{6}\pi$

$-\frac{\pi}{6} \leqq t < \frac{23}{6}\pi$ において，$\sin t=\frac{1}{2}$ となる t の値は

$t=\frac{\pi}{6},\ \frac{5}{6}\pi,\ \frac{13}{6}\pi,\ \frac{17}{6}\pi$

$2\theta-\frac{\pi}{6}=\frac{\pi}{6},\ \frac{5}{6}\pi,\ \frac{13}{6}\pi,\ \frac{17}{6}\pi$ より

$\theta=\frac{\pi}{6},\ \frac{\pi}{2},\ \frac{7}{6}\pi,\ \frac{3}{2}\pi$

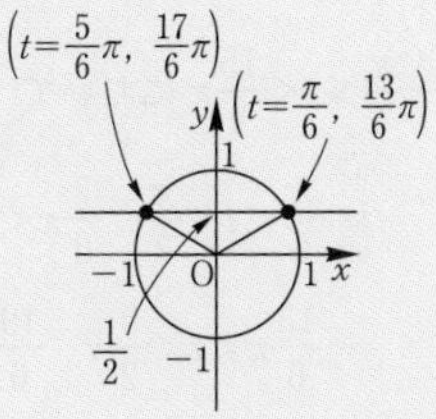

(3)　$\theta-\frac{3}{2}\pi=t$ とおくと，$0 \leqq \theta < 2\pi$ より

$-\frac{3}{2}\pi \leqq \theta-\frac{3}{2}\pi < \frac{\pi}{2}$　すなわち　$-\frac{3}{2}\pi \leqq t < \frac{\pi}{2}$

$-\frac{3}{2}\pi \leqq t < \frac{\pi}{2}$ において，$\tan t=1$ となる t の値は

$t=-\frac{3}{4}\pi,\ \frac{\pi}{4}$

$\theta-\frac{3}{2}\pi=-\frac{3}{4}\pi,\ \frac{\pi}{4}$ より　**$\theta=\frac{3}{4}\pi,\ \frac{7}{4}\pi$**

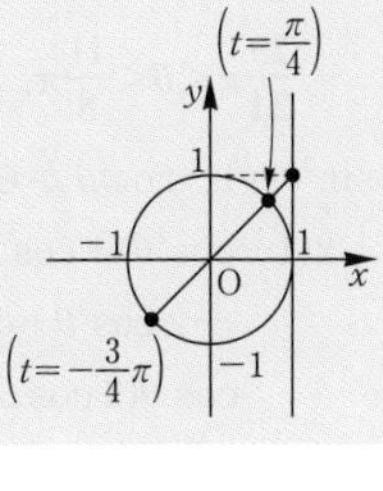

(4)　$\theta-\dfrac{\pi}{3}=t$ とおくと，$0\leqq\theta<2\pi$ より

$-\dfrac{\pi}{3}\leqq\theta-\dfrac{\pi}{3}<\dfrac{5}{3}\pi$　すなわち　$-\dfrac{\pi}{3}\leqq t<\dfrac{5}{3}\pi$

$-\dfrac{\pi}{3}\leqq t<\dfrac{5}{3}\pi$ において，$\cos t<\dfrac{\sqrt{3}}{2}$ となる t の値の範囲は

$$-\frac{\pi}{3}\leqq t<-\frac{\pi}{6},\ \frac{\pi}{6}<t<\frac{5}{3}\pi$$

$t=\theta-\dfrac{\pi}{3}$ より　$\boldsymbol{0\leqq\theta<\dfrac{\pi}{6},\ \dfrac{\pi}{2}<\theta<2\pi}$

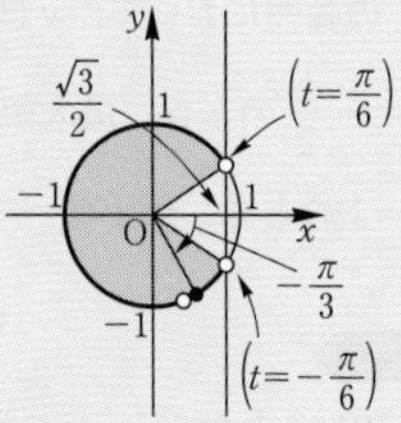

(5)　$2\theta+\dfrac{\pi}{3}=t$ とおくと，$0\leqq\theta<2\pi$ より

$\dfrac{\pi}{3}\leqq 2\theta+\dfrac{\pi}{3}<\dfrac{13}{3}\pi$　すなわち　$\dfrac{\pi}{3}\leqq t<\dfrac{13}{3}\pi$

$\dfrac{\pi}{3}\leqq t<\dfrac{13}{3}\pi$ において，$\sin t>\dfrac{1}{\sqrt{2}}$ となる t の値の範囲は

$$\frac{\pi}{3}\leqq t<\frac{3}{4}\pi,\ \frac{9}{4}\pi<t<\frac{11}{4}\pi,\ \frac{17}{4}\pi<t<\frac{13}{3}\pi$$

$t=2\theta+\dfrac{\pi}{3}$ より

$$\boldsymbol{0\leqq\theta<\frac{5}{24}\pi,\ \frac{23}{24}\pi<\theta<\frac{29}{24}\pi,\ \frac{47}{24}\pi<\theta<2\pi}$$

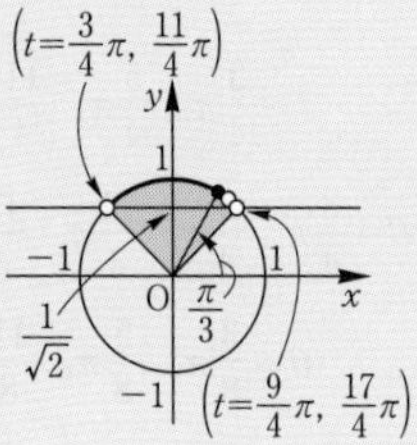

(6)　$2\theta-\dfrac{\pi}{4}=t$ とおくと，$0\leqq\theta<2\pi$ より

$-\dfrac{\pi}{4}\leqq 2\theta-\dfrac{\pi}{4}<\dfrac{15}{4}\pi$　すなわち　$-\dfrac{\pi}{4}\leqq t<\dfrac{15}{4}\pi$

$-\dfrac{\pi}{4}\leqq t<\dfrac{15}{4}\pi$ において，$\tan t>\dfrac{1}{\sqrt{3}}$ となる t の値の範囲は

$$\frac{\pi}{6}<t<\frac{\pi}{2},\ \frac{7}{6}\pi<t<\frac{3}{2}\pi,$$

$$\frac{13}{6}\pi<t<\frac{5}{2}\pi,\ \frac{19}{6}\pi<t<\frac{7}{2}\pi$$

$t=2\theta-\dfrac{\pi}{4}$ より

$$\boldsymbol{\frac{5}{24}\pi<\theta<\frac{3}{8}\pi,\ \frac{17}{24}\pi<\theta<\frac{7}{8}\pi,}$$

$$\boldsymbol{\frac{29}{24}\pi<\theta<\frac{11}{8}\pi,\ \frac{41}{24}\pi<\theta<\frac{15}{8}\pi}$$

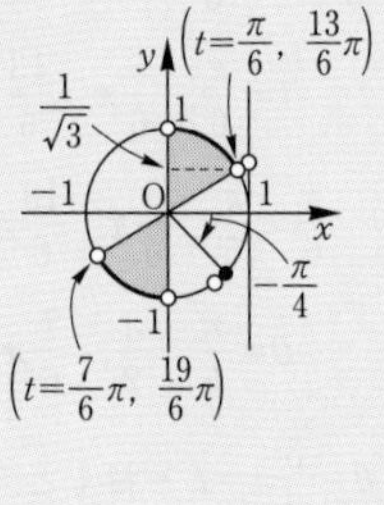

276 (1)　$\sin^2\theta=1-\cos^2\theta$ から

$$2(1-\cos^2\theta)+\cos\theta-2=0$$
$$-2\cos^2\theta+\cos\theta=0$$
$$\cos\theta(2\cos\theta-1)=0$$

⇦ $\sin^2\theta=1-\cos^2\theta$ として $\cos\theta$ だけで表す。

よって　$\cos\theta=0,\ \dfrac{1}{2}$

$0\leqq\theta<2\pi$ において，これを満たす θ の値は

$$\boldsymbol{\theta=\frac{\pi}{3},\ \frac{\pi}{2},\ \frac{3}{2}\pi,\ \frac{5}{3}\pi}$$

⇦ $\cos\theta=0$ より　$\theta=\dfrac{\pi}{2},\ \dfrac{3}{2}\pi$

$\cos\theta=\dfrac{1}{2}$ より　$\theta=\dfrac{\pi}{3},\ \dfrac{5}{3}\pi$

(2)　$\sin^2\theta=1-\cos^2\theta$ から

$$\sqrt{2}(1-\cos^2\theta)+(1-\sqrt{2})\cos\theta+1-\sqrt{2}=0$$
$$-\sqrt{2}\cos^2\theta+(1-\sqrt{2})\cos\theta+1=0$$
$$\sqrt{2}\cos^2\theta+(\sqrt{2}-1)\cos\theta-1=0$$
$$(\cos\theta+1)(\sqrt{2}\cos\theta-1)=0$$

⇦ $\sin^2\theta=1-\cos^2\theta$ として $\cos\theta$ だけで表す。

⇦
$$\begin{array}{ccc} 1 & \diagup\!\!\!\!\diagdown & 1 \rightarrow \sqrt{2} \\ \sqrt{2} & & -1 \rightarrow -1 \\ \hline \sqrt{2} & -1 & \sqrt{2}-1 \end{array}$$

よって　$\cos\theta=-1,\ \dfrac{1}{\sqrt{2}}$

$0\leqq\theta<2\pi$ において，これを満たす θ の値は

$$\boldsymbol{\theta=\frac{\pi}{4},\ \pi,\ \frac{7}{4}\pi}$$

⇦ $\cos\theta=-1$ より　$\theta=\pi$

$\cos\theta=\dfrac{1}{\sqrt{2}}$ より　$\theta=\dfrac{\pi}{4},\ \dfrac{7}{4}\pi$

(3)　$\sqrt{3}\tan^2\theta-2\tan\theta-\sqrt{3}=0$

$$(\tan\theta-\sqrt{3})(\sqrt{3}\tan\theta+1)=0$$

⇦
$$\begin{array}{ccc} 1 & \diagup\!\!\!\!\diagdown & -\sqrt{3} \rightarrow -3 \\ \sqrt{3} & & 1 \rightarrow 1 \\ \hline \sqrt{3} & -\sqrt{3} & -2 \end{array}$$

よって　$\tan\theta=-\dfrac{1}{\sqrt{3}},\ \sqrt{3}$

$0\leqq\theta<2\pi$ において，これを満たす θ の値は

$$\boldsymbol{\theta=\frac{\pi}{3},\ \frac{5}{6}\pi,\ \frac{4}{3}\pi,\ \frac{11}{6}\pi}$$

⇦ $\tan\theta=-\dfrac{1}{\sqrt{3}}$ より $\theta=\dfrac{5}{6}\pi,\ \dfrac{11}{6}\pi$

$\tan\theta=\sqrt{3}$ より　$\theta=\dfrac{\pi}{3},\ \dfrac{4}{3}\pi$

(4)　$\cos^2\theta=1-\sin^2\theta$ から

$$2(1-\sin^2\theta)-3\sin\theta<0$$
$$-2\sin^2\theta-3\sin\theta+2<0$$
$$2\sin^2\theta+3\sin\theta-2>0$$
$$(\sin\theta+2)(2\sin\theta-1)>0$$

⇦ $\cos^2\theta=1-\sin^2\theta$ として $\sin\theta$ だけで表す。

⇦
$$\begin{array}{ccc} 1 & \diagup\!\!\!\!\diagdown & 2 \rightarrow 4 \\ 2 & & -1 \rightarrow -1 \\ \hline 2 & -2 & 3 \end{array}$$

$-1\leqq\sin\theta\leqq1$ より $\sin\theta+2\geqq1>0$ であるから

$$2\sin\theta-1>0$$

よって　$\sin\theta>\dfrac{1}{2}$

$0\leqq\theta<2\pi$ において，これを満たす θ の値の範囲は

$$\boldsymbol{\frac{\pi}{6}<\theta<\frac{5}{6}\pi}$$

(5)　$\sin^2\theta=1-\cos^2\theta$ から

$$2(1-\cos^2\theta)-\cos\theta-1>0$$
$$-2\cos^2\theta-\cos\theta+1>0$$
$$2\cos^2\theta+\cos\theta-1<0$$
$$(\cos\theta+1)(2\cos\theta-1)<0$$

⇦ $\sin^2\theta=1-\cos^2\theta$ として $\cos\theta$ だけで表す。

⇦
$$\begin{array}{ccc} 1 & \diagup\!\!\!\!\diagdown & 1 \rightarrow 2 \\ 2 & & -1 \rightarrow -1 \\ \hline 2 & -1 & 1 \end{array}$$

よって　$-1<\cos\theta<\dfrac{1}{2}$

$0 \leqq \theta < 2\pi$ において，これを満たす θ の値の範囲は

$$\boldsymbol{\frac{\pi}{3} < \theta < \pi,\ \pi < \theta < \frac{5}{3}\pi}$$

(6) $\sin\theta = \tan\theta\cos\theta$ であるから

$\tan\theta\cos\theta < \tan\theta$

$\tan\theta(1-\cos\theta) > 0$

$-1 \leqq \cos\theta \leqq 1$ より　$1-\cos\theta \geqq 0$ であるから

$\tan\theta > 0$　かつ　$1-\cos\theta \neq 0$

$0 \leqq \theta < 2\pi$ において，これらを満たす θ の値の範囲は

$$\boldsymbol{0 < \theta < \frac{\pi}{2},\ \pi < \theta < \frac{3}{2}\pi}$$

(別解)

$\sin\theta < \tan\theta$ より　$\sin\theta < \dfrac{\sin\theta}{\cos\theta}$

(i) $\cos\theta > 0$ のとき　$\sin\theta\cos\theta < \sin\theta$

$\sin\theta(1-\cos\theta) > 0$

$0 < \cos\theta \leqq 1$ より　$1-\cos\theta \geqq 0$ であるから

$\sin\theta > 0$　かつ　$1-\cos\theta \neq 0$

$0 \leqq \theta < 2\pi$ において，これらを満たす θ の値の範囲は

$0 < \theta < \pi$

$\cos\theta > 0$ より，$0 \leqq \theta < \dfrac{\pi}{2}$，$\dfrac{3}{2}\pi < \theta < 2\pi$ との共通範囲は，

$0 < \theta < \dfrac{\pi}{2}$

(ii) $\cos\theta < 0$ のとき　$\sin\theta\cos\theta > \sin\theta$

$\sin\theta(1-\cos\theta) < 0$

$-1 \leqq \cos\theta < 0$ より　$1-\cos\theta > 0$ であるから

$\sin\theta < 0$

$0 \leqq \theta < 2\pi$ において，これを満たす θ の値の範囲は

$\pi < \theta < 2\pi$

$\cos\theta < 0$ より，$\dfrac{\pi}{2} < \theta < \dfrac{3}{2}\pi$ との共通範囲は　$\pi < \theta < \dfrac{3}{2}\pi$

(i)，(ii)より　$\boldsymbol{0 < \theta < \dfrac{\pi}{2},\ \pi < \theta < \dfrac{3}{2}\pi}$

⇦ $\tan\theta = \dfrac{\sin\theta}{\cos\theta}$

⇦ $0 \leqq \theta < 2\pi$ において
$1-\cos\theta \neq 0 \iff \theta \neq 0$

⇦分母の $\cos\theta$ を払うとき，$\cos\theta$ の正負で不等号の向きが変わることに注意する。

2節 加法定理

1 加法定理

本編 p.059～060

A

277 (1) $\cos 105^\circ=\cos(60^\circ+45^\circ)$

$=\cos 60^\circ\cos 45^\circ-\sin 60^\circ\sin 45^\circ$

$=\frac{1}{2}\cdot\frac{\sqrt{2}}{2}-\frac{\sqrt{3}}{2}\cdot\frac{\sqrt{2}}{2}=\mathbf{\frac{\sqrt{2}-\sqrt{6}}{4}}$

(2) $\sin 165^\circ=\sin(120^\circ+45^\circ)$

$=\sin 120^\circ\cos 45^\circ+\cos 120^\circ\sin 45^\circ$

$=\frac{\sqrt{3}}{2}\cdot\frac{\sqrt{2}}{2}+\left(-\frac{1}{2}\right)\cdot\frac{\sqrt{2}}{2}$

$=\mathbf{\frac{\sqrt{6}-\sqrt{2}}{4}}$

(3) $\sin 195^\circ=\sin(135^\circ+60^\circ)$

$=\sin 135^\circ\cos 60^\circ+\cos 135^\circ\sin 60^\circ$

$=\frac{\sqrt{2}}{2}\cdot\frac{1}{2}+\left(-\frac{\sqrt{2}}{2}\right)\cdot\frac{\sqrt{3}}{2}$

$=\mathbf{\frac{\sqrt{2}-\sqrt{6}}{4}}$

(4) $\cos(-15^\circ)=\cos(30^\circ-45^\circ)$

$=\cos 30^\circ\cos 45^\circ+\sin 30^\circ\sin 45^\circ$

$=\frac{\sqrt{3}}{2}\cdot\frac{\sqrt{2}}{2}+\frac{1}{2}\cdot\frac{\sqrt{2}}{2}=\mathbf{\frac{\sqrt{6}+\sqrt{2}}{4}}$

278 α は第 3 象限の角であるから　$\sin\alpha<0$

よって　$\sin\alpha=-\sqrt{1-\cos^2\alpha}$

$=-\sqrt{1-\left(-\frac{3}{4}\right)^2}=-\frac{\sqrt{7}}{4}$

β は第 2 象限の角であるから　$\cos\beta<0$

よって　$\cos\beta=-\sqrt{1-\sin^2\beta}$

$=-\sqrt{1-\left(\frac{4}{5}\right)^2}=-\frac{3}{5}$

(1) $\sin(\alpha+\beta)$

$=\sin\alpha\cos\beta+\cos\alpha\sin\beta$

$=\left(-\frac{\sqrt{7}}{4}\right)\cdot\left(-\frac{3}{5}\right)+\left(-\frac{3}{4}\right)\cdot\frac{4}{5}$

$=\mathbf{\frac{3\sqrt{7}-12}{20}}$

(2) $\cos(\alpha-\beta)$

$=\cos\alpha\cos\beta+\sin\alpha\sin\beta$

$=\left(-\frac{3}{4}\right)\cdot\left(-\frac{3}{5}\right)+\left(-\frac{\sqrt{7}}{4}\right)\cdot\frac{4}{5}$

$=\mathbf{\frac{9-4\sqrt{7}}{20}}$

279 (1) $\tan 165^\circ=\tan(120^\circ+45^\circ)$

$=\frac{\tan 120^\circ+\tan 45^\circ}{1-\tan 120^\circ\tan 45^\circ}$

$=\frac{(-\sqrt{3})+1}{1-(-\sqrt{3})\cdot 1}=\frac{1-\sqrt{3}}{1+\sqrt{3}}$

$=\frac{(1-\sqrt{3})^2}{(1+\sqrt{3})(1-\sqrt{3})}=\frac{4-2\sqrt{3}}{-2}$

$=\mathbf{-2+\sqrt{3}}$

(2) $\tan 195^\circ=\tan(135^\circ+60^\circ)$

$=\frac{\tan 135^\circ+\tan 60^\circ}{1-\tan 135^\circ\tan 60^\circ}$

$=\frac{(-1)+\sqrt{3}}{1-(-1)\cdot\sqrt{3}}=\frac{\sqrt{3}-1}{\sqrt{3}+1}$

$=\frac{(\sqrt{3}-1)^2}{(\sqrt{3}+1)(\sqrt{3}-1)}=\frac{4-2\sqrt{3}}{2}$

$=\mathbf{2-\sqrt{3}}$

280 (1) $\tan(\alpha+\beta)$

$=\frac{\tan\alpha+\tan\beta}{1-\tan\alpha\tan\beta}$

$=\frac{\frac{1}{2}+\frac{1}{3}}{1-\frac{1}{2}\cdot\frac{1}{3}}=\frac{3+2}{6-1}=\mathbf{1}$

(2) $0<\alpha<\frac{\pi}{2}$，$0<\beta<\frac{\pi}{2}$ であるから

$0<\alpha+\beta<\pi$

この範囲で，$\tan(\alpha+\beta)=1$ を満たす値は

$\alpha+\beta=\mathbf{\frac{\pi}{4}}$

281 (1) 2直線 $y=2x$, $y=\frac{1}{3}x$ と x 軸の正の向きとのなす角をそれぞれ α, β とすると

$\tan\alpha=2$, $\tan\beta=\frac{1}{3}$

このとき

$$\tan(\alpha-\beta)=\frac{\tan\alpha-\tan\beta}{1+\tan\alpha\tan\beta}$$

$$=\frac{2-\frac{1}{3}}{1+2\cdot\frac{1}{3}}=1$$

よって　$\alpha-\beta=\frac{\pi}{4}$

$0<\theta<\frac{\pi}{2}$ であるから　$\theta=\alpha-\beta=\boldsymbol{\frac{\pi}{4}}$

(2) 2直線

$x+y+\sqrt{3}=0$, $(2-\sqrt{3})x-y-2=0$

すなわち

$y=-x-\sqrt{3}$, $y=(2-\sqrt{3})x-2$

と x 軸の正の向きとのなす角をそれぞれ α, β とすると

$\tan\alpha=-1$, $\tan\beta=2-\sqrt{3}$

このとき

$$\tan(\alpha-\beta)=\frac{\tan\alpha-\tan\beta}{1+\tan\alpha\tan\beta}$$

$$=\frac{-1-(2-\sqrt{3})}{1+(-1)\cdot(2-\sqrt{3})}$$

$$=\frac{-3+\sqrt{3}}{\sqrt{3}-1}=\frac{-\sqrt{3}(\sqrt{3}-1)}{\sqrt{3}-1}$$

$$=-\sqrt{3}$$

よって　$\alpha-\beta=\frac{2}{3}\pi$

$0<\theta<\frac{\pi}{2}$ であるから　$\theta=\pi-(\alpha-\beta)=\boldsymbol{\frac{\pi}{3}}$

B

282 (1) $\sin\frac{7}{12}\pi=\sin\left(\frac{\pi}{3}+\frac{\pi}{4}\right)$ ← $\frac{7}{12}\pi=\frac{4}{12}\pi+\frac{3}{12}\pi$

$$=\sin\frac{\pi}{3}\cos\frac{\pi}{4}+\cos\frac{\pi}{3}\sin\frac{\pi}{4}$$

$$=\frac{\sqrt{3}}{2}\cdot\frac{\sqrt{2}}{2}+\frac{1}{2}\cdot\frac{\sqrt{2}}{2}=\boldsymbol{\frac{\sqrt{6}+\sqrt{2}}{4}}$$

(2) $\cos\frac{11}{12}\pi=\cos\left(\frac{2}{3}\pi+\frac{\pi}{4}\right)$ ← $\frac{11}{12}\pi=\frac{8}{12}\pi+\frac{3}{12}\pi$

$$=\cos\frac{2}{3}\pi\cos\frac{\pi}{4}-\sin\frac{2}{3}\pi\sin\frac{\pi}{4}$$

$$=\left(-\frac{1}{2}\right)\cdot\frac{\sqrt{2}}{2}-\frac{\sqrt{3}}{2}\cdot\frac{\sqrt{2}}{2}=\boldsymbol{-\frac{\sqrt{6}+\sqrt{2}}{4}}$$

(3) $\tan\frac{5}{12}\pi=\tan\left(\frac{\pi}{4}+\frac{\pi}{6}\right)$ ← $\frac{5}{12}\pi=\frac{3}{12}\pi+\frac{2}{12}\pi$

$$=\frac{\tan\frac{\pi}{4}+\tan\frac{\pi}{6}}{1-\tan\frac{\pi}{4}\tan\frac{\pi}{6}}$$

$$=\frac{1+\frac{1}{\sqrt{3}}}{1-1\cdot\frac{1}{\sqrt{3}}}$$

分子・分母に $\sqrt{3}$ を掛ける

$$=\frac{\sqrt{3}+1}{\sqrt{3}-1}$$

$$=\frac{(\sqrt{3}+1)^2}{(\sqrt{3}-1)(\sqrt{3}+1)}=\frac{4+2\sqrt{3}}{2}$$

$$=\boldsymbol{2+\sqrt{3}}$$

283 (1) $\sin\left(\theta+\frac{\pi}{3}\right)-\cos\left(\theta-\frac{\pi}{6}\right)$

$$=\left(\sin\theta\cos\frac{\pi}{3}+\cos\theta\sin\frac{\pi}{3}\right)-\left(\cos\theta\cos\frac{\pi}{6}+\sin\theta\sin\frac{\pi}{6}\right)$$

$$=\left(\frac{1}{2}\sin\theta+\frac{\sqrt{3}}{2}\cos\theta\right)-\left(\frac{\sqrt{3}}{2}\cos\theta+\frac{1}{2}\sin\theta\right)$$

$$=\boldsymbol{0}$$

(2) $\tan\left(\frac{\pi}{4}-\theta\right)\tan\left(\frac{\pi}{4}+\theta\right)$

$=\dfrac{\tan\frac{\pi}{4}-\tan\theta}{1+\tan\frac{\pi}{4}\cdot\tan\theta}\cdot\dfrac{\tan\frac{\pi}{4}+\tan\theta}{1-\tan\frac{\pi}{4}\cdot\tan\theta}$

$=\dfrac{1-\tan\theta}{1+\tan\theta}\cdot\dfrac{1+\tan\theta}{1-\tan\theta}=\mathbf{1}$

(3) $\sqrt{3}\sin\theta+\sin\left(\theta+\frac{5}{6}\pi\right)+\sin\left(\theta+\frac{7}{6}\pi\right)$

$=\sqrt{3}\sin\theta$

$+\left(\sin\theta\cos\frac{5}{6}\pi+\cos\theta\sin\frac{5}{6}\pi\right)$

$+\left(\sin\theta\cos\frac{7}{6}\pi+\cos\theta\sin\frac{7}{6}\pi\right)$

$=\sqrt{3}\sin\theta+\left(-\frac{\sqrt{3}}{2}\sin\theta+\frac{1}{2}\cos\theta\right)$

$+\left(-\frac{\sqrt{3}}{2}\sin\theta-\frac{1}{2}\cos\theta\right)$

$=\mathbf{0}$

284 2 直線 $y=-3x$, $y=mx$ と x 軸の正の向きとのなす角をそれぞれ α, β とすると

$\tan\alpha=-3$, $\tan\beta=m$

2 直線のなす角が $\frac{\pi}{4}$ となるとき,

$\alpha-\beta=\pm\frac{\pi}{4}$　すなわち　$\tan(\alpha-\beta)=\pm1$

ここで　$\tan(\alpha-\beta)$

$=\dfrac{\tan\alpha-\tan\beta}{1+\tan\alpha\tan\beta}=\dfrac{-3-m}{1+(-3)\cdot m}$

$=\dfrac{m+3}{3m-1}$

$\tan(\alpha-\beta)=1$ のとき

$\dfrac{m+3}{3m-1}=1$ より　$m+3=3m-1$

これを解いて　$m=2$

これは $m>0$ を満たす。

$\tan(\alpha-\beta)=-1$ のとき

$\dfrac{m+3}{3m-1}=-1$ より　$m+3=-3m+1$

これを解いて　$m=-\dfrac{1}{2}$

これは $m>0$ を満たさないので不適。

よって　$\mathbf{m=2}$

285 (1) (左辺)$=\cos(\alpha+\beta)\cos(\alpha-\beta)$

$=(\cos\alpha\cos\beta-\sin\alpha\sin\beta)$

$\times(\cos\alpha\cos\beta+\sin\alpha\sin\beta)$

$=\cos^2\alpha\cos^2\beta-\sin^2\alpha\sin^2\beta$

$=\cos^2\alpha(1-\sin^2\beta)-\sin^2\alpha\sin^2\beta$

$=\cos^2\alpha-\cos^2\alpha\sin^2\beta$

$-\sin^2\alpha\sin^2\beta$

$=\cos^2\alpha-\sin^2\beta(\cos^2\alpha+\sin^2\alpha)$

$=\cos^2\alpha-\sin^2\beta=$(右辺) 終

(2) (左辺)$=\dfrac{\cos(\alpha+\beta)}{\cos(\alpha-\beta)}$

$=\dfrac{\cos\alpha\cos\beta-\sin\alpha\sin\beta}{\cos\alpha\cos\beta+\sin\alpha\sin\beta}$

$=\dfrac{\dfrac{\cos\alpha\cos\beta}{\cos\alpha\cos\beta}-\dfrac{\sin\alpha\sin\beta}{\cos\alpha\cos\beta}}{\dfrac{\cos\alpha\cos\beta}{\cos\alpha\cos\beta}+\dfrac{\sin\alpha\sin\beta}{\cos\alpha\cos\beta}}$

$=\dfrac{1-\tan\alpha\tan\beta}{1+\tan\alpha\tan\beta}=$(右辺) 終

C

286 $-\frac{\pi}{2}<\alpha<0$ であるから　$\cos\alpha>0$

よって　$\cos\alpha=\sqrt{1-\sin^2\alpha}=\sqrt{1-\left(-\frac{1}{4}\right)^2}=\frac{\sqrt{15}}{4}$

であるから　$\tan\alpha=\dfrac{\sin\alpha}{\cos\alpha}=\left(-\dfrac{1}{4}\right)\div\dfrac{\sqrt{15}}{4}=-\dfrac{1}{\sqrt{15}}$

⇦ **(別解)**

$1+\dfrac{1}{\tan^2\alpha}=\dfrac{1}{\sin^2\alpha}$

を用いて $\tan\alpha$ を求めてもよい。

$0<\beta<\frac{\pi}{2}$ であるから　$\sin\beta>0$

よって　$\sin\beta=\sqrt{1-\cos^2\beta}=\sqrt{1-\left(\frac{1}{4}\right)^2}=\frac{\sqrt{15}}{4}$

であるから　$\tan\beta=\frac{\sin\beta}{\cos\beta}=\frac{\sqrt{15}}{4}\div\frac{1}{4}=\sqrt{15}$

ゆえに　$\tan(\alpha+\beta)=\frac{\tan\alpha+\tan\beta}{1-\tan\alpha\tan\beta}$

$$=\frac{-\frac{1}{\sqrt{15}}+\sqrt{15}}{1-\left(-\frac{1}{\sqrt{15}}\right)\cdot\sqrt{15}}=\frac{\frac{14}{\sqrt{15}}}{2}=\boldsymbol{\frac{7}{\sqrt{15}}}$$

⇦ **(別解)**

$1+\tan^2\beta=\frac{1}{\cos^2\beta}$

を用いて $\tan\beta$ を求めてもよい。

(別解)

上の解答と同様に　$\cos\alpha=\frac{\sqrt{15}}{4}$，$\sin\beta=\frac{\sqrt{15}}{4}$

$$\tan(\alpha+\beta)=\frac{\sin(\alpha+\beta)}{\cos(\alpha+\beta)}=\frac{\sin\alpha\cos\beta+\cos\alpha\sin\beta}{\cos\alpha\cos\beta-\sin\alpha\sin\beta}$$

$$=\frac{\left(-\frac{1}{4}\right)\cdot\frac{1}{4}+\frac{\sqrt{15}}{4}\cdot\frac{\sqrt{15}}{4}}{\frac{\sqrt{15}}{4}\cdot\frac{1}{4}-\left(-\frac{1}{4}\right)\cdot\frac{\sqrt{15}}{4}}=\frac{-1+15}{\sqrt{15}+\sqrt{15}}$$

$$=\frac{14}{2\sqrt{15}}=\boldsymbol{\frac{7}{\sqrt{15}}}$$

287 (1)　$\tan(\alpha+\beta)=\frac{\tan\alpha+\tan\beta}{1-\tan\alpha\tan\beta}$

$$=\frac{2+4}{1-2\cdot4}=\boldsymbol{-\frac{6}{7}}$$

(2)　$\tan(\alpha+\beta+\gamma)=\tan\{(\alpha+\beta)+\gamma\}$

$$=\frac{\tan(\alpha+\beta)+\tan\gamma}{1-\tan(\alpha+\beta)\cdot\tan\gamma}$$

$$=\frac{-\frac{6}{7}+13}{1-\left(-\frac{6}{7}\right)\cdot13}=\frac{-6+91}{7+78}=\frac{85}{85}=1$$

ここで，α，β，γ は鋭角であるから　$0<\alpha+\beta<\pi$

(1)より，$\tan(\alpha+\beta)<0$ であるから　$\frac{\pi}{2}<\alpha+\beta<\pi$

これと $0<\gamma<\frac{\pi}{2}$ より　$\frac{\pi}{2}<\alpha+\beta+\gamma<\frac{3}{2}\pi$

この範囲で $\tan(\alpha+\beta+\gamma)=1$ となるのは

$$\alpha+\beta+\gamma=\boldsymbol{\frac{5}{4}\pi}$$

⇦ $0<\alpha<\frac{\pi}{2}$，$0<\beta<\frac{\pi}{2}$

⇦ α，β，γ が鋭角より，

$0<\alpha+\beta+\gamma<\frac{3}{2}\pi$

とすると，$\alpha+\beta+\gamma=\frac{\pi}{4}$

の可能性が残る。

288 $\cos(\alpha+\beta)=\cos\alpha\cos\beta-\sin\alpha\sin\beta$

ここで，$\sin\alpha+\sin\beta=1$，$\cos\alpha-\cos\beta=\dfrac{1}{2}$ の両辺を

それぞれ 2 乗すると

$$\sin^2\alpha+2\sin\alpha\sin\beta+\sin^2\beta=1$$

$$\cos^2\alpha-2\cos\alpha\cos\beta+\cos^2\beta=\frac{1}{4}$$

すなわち　$\sin\alpha\sin\beta=\dfrac{1}{2}(1-\sin^2\alpha-\sin^2\beta)$

$$\cos\alpha\cos\beta=\frac{1}{2}\left(-\frac{1}{4}+\cos^2\alpha+\cos^2\beta\right)$$

よって

$$\cos(\alpha+\beta)=\frac{1}{2}\left(-\frac{1}{4}+\cos^2\alpha+\cos^2\beta\right)-\frac{1}{2}(1-\sin^2\alpha-\sin^2\beta)$$

$$=\frac{1}{2}\left(-\frac{1}{4}+\cos^2\alpha+\cos^2\beta-1+\sin^2\alpha+\sin^2\beta\right)$$

$$=\frac{1}{2}\times\left(-\frac{1}{4}+2-1\right)=\frac{1}{2}\times\frac{3}{4}=\frac{3}{8}$$

⇦ $\cos^2\alpha+\cos^2\beta+\sin^2\alpha+\sin^2\beta$
$=(\cos^2\alpha+\sin^2\alpha)+(\cos^2\beta+\sin^2\beta)$
$=1+1=2$

289 $\alpha-\beta=\dfrac{\pi}{4}$ のとき　$\tan(\alpha-\beta)=1$

$\tan(\alpha-\beta)=\dfrac{\tan\alpha-\tan\beta}{1+\tan\alpha\tan\beta}$ であるから

$$\tan\alpha-\tan\beta=1+\tan\alpha\tan\beta \quad \cdots\cdots ①$$

⇦ $\tan(\alpha-\beta)=1$
の左辺に加法定理を用いる。

一方

$(\tan\alpha+1)(\tan\beta-1)$
$=\tan\alpha\tan\beta-\tan\alpha+\tan\beta-1$
$=\tan\alpha\tan\beta-(\tan\alpha-\tan\beta)-1$

①を代入して

$(\tan\alpha+1)(\tan\beta-1)$
$=\tan\alpha\tan\beta-(1+\tan\alpha\tan\beta)-1$
$=\mathbf{-2}$

2 加法定理の応用

本編 p.061～064

A

290 $\dfrac{\pi}{2}<\alpha<\pi$ であるから　$\cos\alpha<0$

よって　$\cos\alpha=-\sqrt{1-\sin^2\alpha}$

$=-\sqrt{1-\left(\dfrac{1}{3}\right)^2}=-\dfrac{2\sqrt{2}}{3}$

(1)　$\sin 2\alpha=2\sin\alpha\cos\alpha$

$=2\cdot\dfrac{1}{3}\cdot\left(-\dfrac{2\sqrt{2}}{3}\right)=-\dfrac{\mathbf{4\sqrt{2}}}{\mathbf{9}}$

(2)　$\cos 2\alpha=1-2\sin^2\alpha$ ←与えられている $\sin\alpha$ を用いる方がミスが少なくなる。

$=1-2\cdot\left(\dfrac{1}{3}\right)^2$

$=\dfrac{\mathbf{7}}{\mathbf{9}}$

(別解)　$\cos 2\alpha=\cos^2\alpha-\sin^2\alpha$

$=\left(-\dfrac{2\sqrt{2}}{3}\right)^2-\left(\dfrac{1}{3}\right)^2=\dfrac{\mathbf{7}}{\mathbf{9}}$

(3)　$\tan 2\alpha=\dfrac{\sin 2\alpha}{\cos 2\alpha}$

$=\left(-\dfrac{4\sqrt{2}}{9}\right)\div\dfrac{7}{9}=-\dfrac{\mathbf{4\sqrt{2}}}{\mathbf{7}}$

291 $\pi<\alpha<\dfrac{3}{2}\pi$ であるから　$\sin\alpha<0$

よって　$\sin\alpha=-\sqrt{1-\cos^2\alpha}$

$=-\sqrt{1-\left(-\dfrac{3}{5}\right)^2}=-\dfrac{4}{5}$

(1)　$\cos 3\alpha=4\cos^3\alpha-3\cos\alpha$

$=4\cdot\left(-\dfrac{3}{5}\right)^3-3\cdot\left(-\dfrac{3}{5}\right)=\dfrac{\mathbf{117}}{\mathbf{125}}$

(2)　$\sin 3\alpha=3\sin\alpha-4\sin^3\alpha$

$=3\cdot\left(-\dfrac{4}{5}\right)-4\cdot\left(-\dfrac{4}{5}\right)^3=-\dfrac{\mathbf{44}}{\mathbf{125}}$

292 (1)　$\sin^2\dfrac{\pi}{12}=\dfrac{1-\cos\dfrac{\pi}{6}}{2}$

$=\dfrac{1-\dfrac{\sqrt{3}}{2}}{2}=\dfrac{2-\sqrt{3}}{4}$

$\sin\dfrac{\pi}{12}>0$ であるから

$\sin\dfrac{\pi}{12}=\sqrt{\dfrac{2-\sqrt{3}}{4}}=\dfrac{\mathbf{\sqrt{2-\sqrt{3}}}}{\mathbf{2}}$

(発展) 二重根号を外す →
$\left(=\dfrac{\sqrt{4-2\sqrt{3}}}{2\sqrt{2}}=\dfrac{\sqrt{3}-1}{2\sqrt{2}} =\dfrac{\mathbf{\sqrt{6}-\sqrt{2}}}{\mathbf{4}}\right)$

(2)　$\cos^2\dfrac{\pi}{12}=\dfrac{1+\cos\dfrac{\pi}{6}}{2}$

$=\dfrac{1+\dfrac{\sqrt{3}}{2}}{2}=\dfrac{2+\sqrt{3}}{4}$

$\cos\dfrac{\pi}{12}>0$ であるから

$\cos\dfrac{\pi}{12}=\sqrt{\dfrac{2+\sqrt{3}}{4}}=\dfrac{\mathbf{\sqrt{2+\sqrt{3}}}}{\mathbf{2}}$

(発展) 二重根号を外す →
$\left(=\dfrac{\sqrt{4+2\sqrt{3}}}{2\sqrt{2}}=\dfrac{\sqrt{3}+1}{2\sqrt{2}} =\dfrac{\mathbf{\sqrt{6}+\sqrt{2}}}{\mathbf{4}}\right)$

(3)　$\tan^2\dfrac{\pi}{12}=\dfrac{1-\cos\dfrac{\pi}{6}}{1+\cos\dfrac{\pi}{6}}=\dfrac{1-\dfrac{\sqrt{3}}{2}}{1+\dfrac{\sqrt{3}}{2}}$

$=\dfrac{2-\sqrt{3}}{2+\sqrt{3}}$

$=\dfrac{(2-\sqrt{3})^2}{(2+\sqrt{3})(2-\sqrt{3})}$

$=(2-\sqrt{3})^2$

$\tan\dfrac{\pi}{12}>0$ より

$2-\sqrt{3}>0$

$\tan\dfrac{\pi}{12}=\sqrt{(2-\sqrt{3})^2}=\mathbf{2-\sqrt{3}}$

293 (1)　$\sin^2\dfrac{\alpha}{2}=\dfrac{1-\cos\alpha}{2}=\dfrac{1-\left(-\dfrac{1}{4}\right)}{2}=\dfrac{5}{8}$

$\pi<\alpha<2\pi$ より　$\dfrac{\pi}{2}<\dfrac{\alpha}{2}<\pi$

よって，$\sin\frac{\alpha}{2}>0$ であるから

$$\sin\frac{\alpha}{2}=\sqrt{\frac{5}{8}}=\frac{\sqrt{10}}{4}$$

(2) $\cos^2\frac{\alpha}{2}=\frac{1+\cos\alpha}{2}=\frac{1+\left(-\frac{1}{4}\right)}{2}=\frac{3}{8}$

$\pi<\alpha<2\pi$ より　$\frac{\pi}{2}<\frac{\alpha}{2}<\pi$

よって，$\cos\frac{\alpha}{2}<0$ であるから

$$\cos\frac{\alpha}{2}=-\sqrt{\frac{3}{8}}=-\frac{\sqrt{6}}{4}$$

(3) $\tan\frac{\alpha}{2}=\frac{\sin\frac{\alpha}{2}}{\cos\frac{\alpha}{2}}=\frac{\frac{\sqrt{10}}{4}}{-\frac{\sqrt{6}}{4}}=-\frac{\sqrt{15}}{3}$

B

294 (1) $\cos 2\theta=1-2\sin^2\theta$ から　←sin θ のみで表す

$(1-2\sin^2\theta)+\sin\theta=0$

$2\sin^2\theta-\sin\theta-1=0$

$(2\sin\theta+1)(\sin\theta-1)=0$

よって　$\sin\theta=-\frac{1}{2},\ 1$

$0\leqq\theta<2\pi$ より

$\sin\theta=-\frac{1}{2}$ のとき

$\theta=\frac{7}{6}\pi,\ \frac{11}{6}\pi$

$\sin\theta=1$ のとき

$\theta=\frac{\pi}{2}$

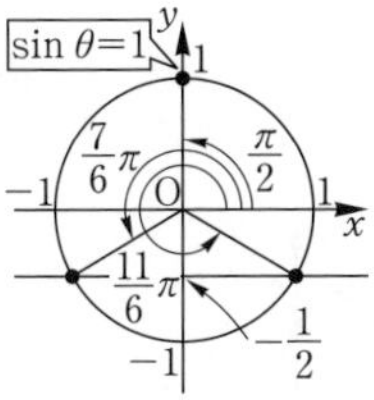

したがって　$\boldsymbol{\theta=\frac{\pi}{2},\ \frac{7}{6}\pi,\ \frac{11}{6}\pi}$

(2) $\sin 2\theta=2\sin\theta\cos\theta$ から

$2\sin\theta\cos\theta-\cos\theta=0$

$\cos\theta(2\sin\theta-1)=0$

よって　$\cos\theta=0$ または $\sin\theta=\frac{1}{2}$

$0\leqq\theta<2\pi$ より

$\cos\theta=0$ のとき

$\theta=\frac{\pi}{2},\ \frac{3}{2}\pi$

$\sin\theta=\frac{1}{2}$ のとき

$\theta=\frac{\pi}{6},\ \frac{5}{6}\pi$

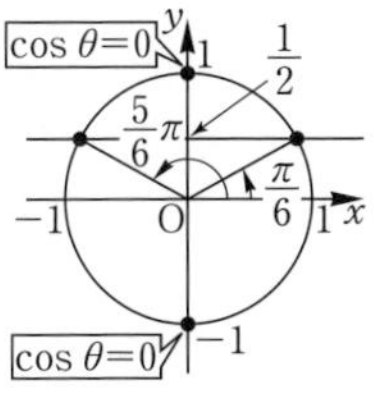

したがって　$\boldsymbol{\theta=\frac{\pi}{6},\ \frac{\pi}{2},\ \frac{5}{6}\pi,\ \frac{3}{2}\pi}$

(3) $\cos 2\theta=1-2\sin^2\theta$ から　←sin θ のみで表す

$(1-2\sin^2\theta)+\sin\theta>0$

$2\sin^2\theta-\sin\theta-1<0$

$(2\sin\theta+1)(\sin\theta-1)<0$

よって

$-\frac{1}{2}<\sin\theta<1$

$0\leqq\theta<2\pi$ より

求める θ の値の範囲は

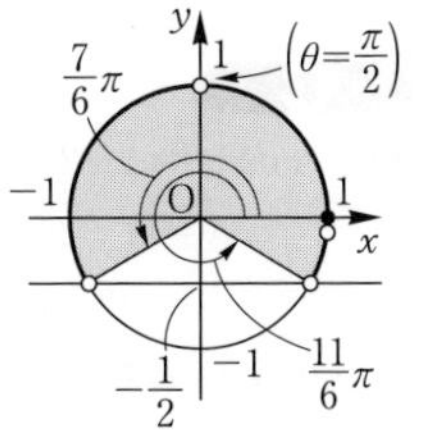

$\boldsymbol{0\leqq\theta<\frac{\pi}{2},}$

$\boldsymbol{\frac{\pi}{2}<\theta<\frac{7}{6}\pi,}$

$\boldsymbol{\frac{11}{6}\pi<\theta<2\pi}$

(4) $\cos 2\theta=2\cos^2\theta-1$ から　←cos θ のみで表す

$(2\cos^2\theta-1)+\cos\theta+1<0$

$2\cos^2\theta+\cos\theta<0$

$\cos\theta(2\cos\theta+1)<0$

よって

$-\frac{1}{2}<\cos\theta<0$

$0\leqq\theta<2\pi$ より

求める θ の値の範囲は

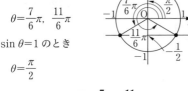

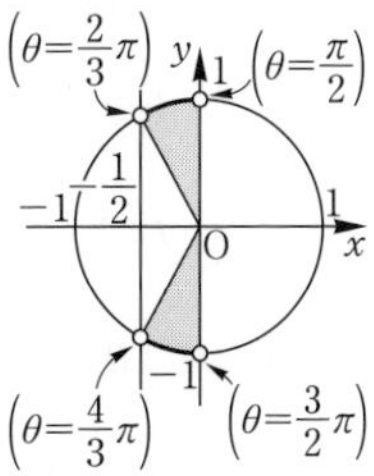

$\boldsymbol{\frac{\pi}{2}<\theta<\frac{2}{3}\pi,}$

$\boldsymbol{\frac{4}{3}\pi<\theta<\frac{3}{2}\pi}$

295 (1) $\tan 2\alpha=\dfrac{2\tan\alpha}{1-\tan^2\alpha}=\dfrac{2\cdot2}{1-2^2}=-\dfrac{4}{3}$

(2) $\cos 2\alpha=2\cos^2\alpha-1$

ここで，$\dfrac{1}{\cos^2\alpha}=1+\tan^2\alpha$

$=1+2^2=5$

より　$\cos^2\alpha=\dfrac{1}{5}$

よって　$\cos 2\alpha=2\cdot\dfrac{1}{5}-1=-\dfrac{3}{5}$

(3) $\tan 2\alpha=\dfrac{\sin 2\alpha}{\cos 2\alpha}$ より

$\sin 2\alpha=\tan 2\alpha\cdot\cos 2\alpha$

$=-\dfrac{4}{3}\cdot\left(-\dfrac{3}{5}\right)=\dfrac{4}{5}$

(別解)

$\sin 2\alpha=2\sin\alpha\cos\alpha$

$=2(\tan\alpha\cdot\cos\alpha)\cos\alpha$

$=2\cdot\tan\alpha\cdot\cos^2\alpha$

$=2\cdot2\cdot\dfrac{1}{5}=\dfrac{4}{5}$

296 (1) (左辺)$=\cos^4\theta-\sin^4\theta$

$=(\cos^2\theta+\sin^2\theta)(\cos^2\theta-\sin^2\theta)$

$=1\cdot\cos 2\theta=\cos 2\theta=$(右辺)　終

(2) (左辺)$=\tan\theta+\dfrac{1}{\tan\theta}=\dfrac{\sin\theta}{\cos\theta}+\dfrac{\cos\theta}{\sin\theta}$

$=\dfrac{\sin^2\theta+\cos^2\theta}{\sin\theta\cos\theta}=\dfrac{1}{\sin\theta\cos\theta}$

$=\dfrac{2}{2\sin\theta\cos\theta}=\dfrac{2}{\sin 2\theta}$

$=$(右辺)　終

C

297 $\cos 2\theta=1-2\sin^2\theta$ から

(教 p.142 章末A 5)

$y=(1-2\sin^2\theta)-2\sin\theta$

$=-2\sin^2\theta-2\sin\theta+1$

⇦ y を $\sin\theta$ のみの式で表す。

$\sin\theta=t$ とおくと，$0\leqq\theta<2\pi$ より

$-1\leqq t\leqq1$　……①

y を t の式で表すと

$y=-2t^2-2t+1$

$=-2\left(t+\dfrac{1}{2}\right)^2+\dfrac{3}{2}$

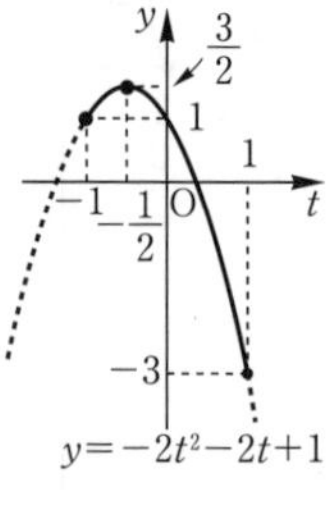

①の範囲において，y は

$t=-\dfrac{1}{2}$ のとき　最大値 $\dfrac{3}{2}$

$t=1$　のとき　最小値 -3　をとる。

ここで，$0\leqq\theta<2\pi$ であるから

$t=-\dfrac{1}{2}$ のとき　$\theta=\dfrac{7}{6}\pi,\ \dfrac{11}{6}\pi$

⇦ $\sin\theta=-\dfrac{1}{2}$

$t=1$　のとき　$\theta=\dfrac{\pi}{2}$

⇦ $\sin\theta=1$

よって　$\boldsymbol{\theta=\dfrac{7}{6}\pi,\ \dfrac{11}{6}\pi}$ **のとき　最大値** $\boldsymbol{\dfrac{3}{2}}$

$\boldsymbol{\theta=\dfrac{\pi}{2}}$ **のとき　最小値** $\boldsymbol{-3}$

298 $\cos 2\theta=1-2\sin^2\theta$ から

$$\sin\theta-(1-2\sin^2\theta)=a$$

$$2\sin^2\theta+\sin\theta-1=a$$

⇦ $\cos 2\theta=1-2\sin^2\theta$ として $\sin\theta$ のみで表す。

この θ についての方程式が解をもつには，$\sin\theta=t$ とおいた t についての2次方程式 $2t^2+t-1=a$ が $-1\leqq t\leqq 1$ の範囲で実数解をもてばよい。

$y=2t^2+t-1$ とおくと

$$y=2\left(t+\frac{1}{4}\right)^2-\frac{9}{8}$$

$y=2t^2+t-1$ のグラフと直線 $y=a$ が $-1\leqq t\leqq 1$ の範囲で共有点をもてばよいから，右の図より

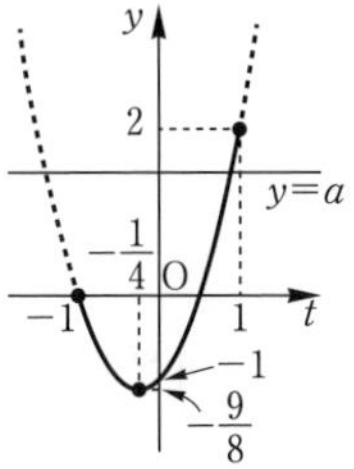

$$\boldsymbol{-\frac{9}{8}\leqq a\leqq 2}$$

299 (1) $y=\sin^2\theta=\dfrac{1-\cos 2\theta}{2}$

$$=-\frac{1}{2}\cos 2\theta+\frac{1}{2}$$

よって，$y=\sin^2\theta$ のグラフは右の図のようになる。

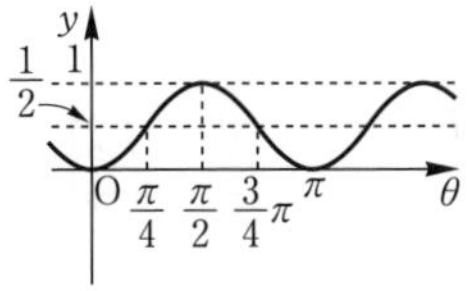

⇦ $y=-\dfrac{1}{2}\cos 2\theta$ のグラフを y 軸方向に $\dfrac{1}{2}$ だけ平行移動。

(2) $y=(\sin\theta-\cos\theta)^2$

$$=\sin^2\theta-2\sin\theta\cos\theta+\cos^2\theta$$

$$=-\sin 2\theta+1$$

⇦ $2\sin\theta\cos\theta=\sin 2\theta$

よって，$y=(\sin\theta-\cos\theta)^2$ のグラフは右の図のようになる。

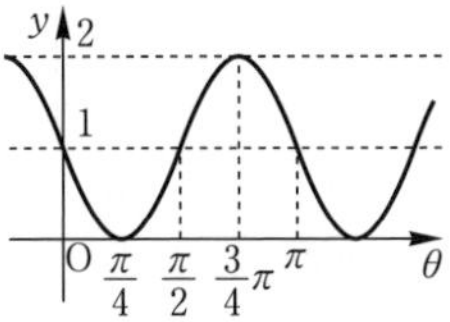

⇦ $y=-\sin 2\theta$ のグラフを y 軸方向に1だけ平行移動。

300 (1) $\cos 2\theta=\cos^2\theta-\sin^2\theta$ から

$$(\cos^2\theta-\sin^2\theta)+3(\sin\theta-\cos\theta)=0$$

$$(\cos\theta-\sin\theta)(\cos\theta+\sin\theta)-3(\cos\theta-\sin\theta)=0$$

$$(\cos\theta-\sin\theta)(\cos\theta+\sin\theta-3)=0$$

$\cos\theta+\sin\theta-3<0$ であるから　$\cos\theta-\sin\theta=0$

⇦ $-1\leqq\cos\theta\leqq 1$
$-1\leqq\sin\theta\leqq 1$ より
$-2\leqq\cos\theta+\sin\theta\leqq 2$
(後に学習する三角関数の合成を用いると
$-\sqrt{2}\leqq\cos\theta+\sin\theta\leqq\sqrt{2}$
であるとわかる。)

$\cos\theta=0$ のとき $\sin\theta=\pm1$ となるから　$\cos\theta\neq 0$

よって　$\dfrac{\sin\theta}{\cos\theta}=\tan\theta=1$

$0\leqq\theta<2\pi$ より　$\boldsymbol{\theta=\dfrac{\pi}{4},\ \dfrac{5}{4}\pi}$

(2) $\cos 2\theta=1-2\sin^2\theta$，$\sin 2\theta=2\sin\theta\cos\theta$ から

$$(1-2\sin^2\theta)+2\sin\theta\cos\theta+2(\sin\theta-\cos\theta)=1$$

$$-2\sin\theta(\sin\theta-\cos\theta)+2(\sin\theta-\cos\theta)=0$$

$$2(1-\sin\theta)(\sin\theta-\cos\theta)=0$$

⇦等式の右辺の1に注目して $\cos 2\theta=1-2\sin^2\theta$ を用いる。

よって　$\sin\theta=1$，$\sin\theta=\cos\theta$

$0\leqq\theta<2\pi$ より

$\sin\theta=1$ のとき　$\theta=\dfrac{\pi}{2}$

$\sin\theta=\cos\theta$ のとき，$\cos\theta\neq0$ であるから

$\tan\theta=1$ より　$\theta=\dfrac{\pi}{4}$，$\dfrac{5}{4}\pi$

ゆえに　$\boldsymbol{\theta=\dfrac{\pi}{4},\ \dfrac{\pi}{2},\ \dfrac{5}{4}\pi}$

⇦（参考）後に学習する三角関数の合成を用いると $\sin\theta-\cos\theta=0$ より　$\sqrt{2}\sin\left(\theta-\dfrac{\pi}{4}\right)=0$ から求めることもできる。

⇦ $\sin^2\theta+\cos^2\theta=1$ より $\cos\theta=0$ のとき $\sin\theta=\pm1$ となり，$\sin\theta=\cos\theta$ を満たさない。

(3)　$\sin2\theta=2\sin\theta\cos\theta$ から

$$2\sin\theta\cos\theta>\sqrt{2}\cos\theta$$

$$(2\sin\theta-\sqrt{2})\cos\theta>0$$

よって　(i) $\begin{cases}\sin\theta>\dfrac{\sqrt{2}}{2}\\ \cos\theta>0\end{cases}$　または　(ii) $\begin{cases}\sin\theta<\dfrac{\sqrt{2}}{2}\\ \cos\theta<0\end{cases}$

(i)のとき，$0\leqq\theta<2\pi$ であるから

$\sin\theta>\dfrac{\sqrt{2}}{2}$ を満たす θ の値の範囲は

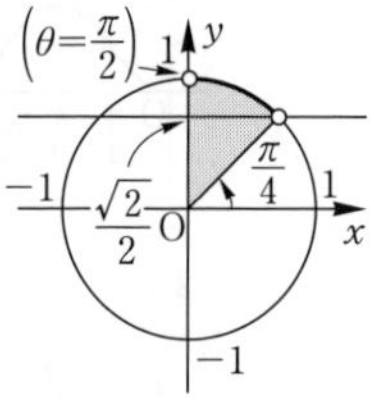

$\dfrac{\pi}{4}<\theta<\dfrac{3}{4}\pi$　……①

$\cos\theta>0$ を満たす θ の値の範囲は

$0\leqq\theta<\dfrac{\pi}{2}$，$\dfrac{3}{2}\pi<\theta<2\pi$　……②

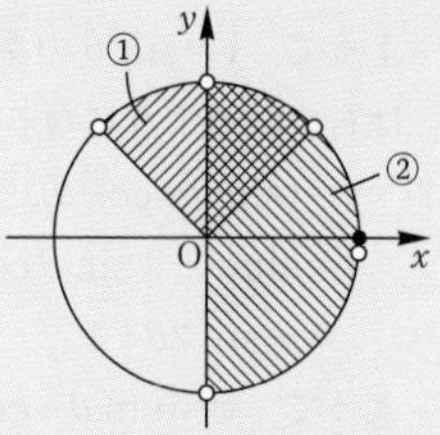

①，②より　$\dfrac{\pi}{4}<\theta<\dfrac{\pi}{2}$

⇦①，②の共通範囲を求める。

(ii)のとき，$0\leqq\theta<2\pi$ であるから

$\sin\theta<\dfrac{\sqrt{2}}{2}$ を満たす θ の値の範囲は

$0\leqq\theta<\dfrac{\pi}{4}$，$\dfrac{3}{4}\pi<\theta<2\pi$　…③

$\cos\theta<0$ を満たす θ の値の範囲は

$\dfrac{\pi}{2}<\theta<\dfrac{3}{2}\pi$　……④

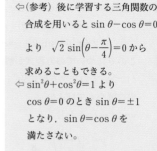

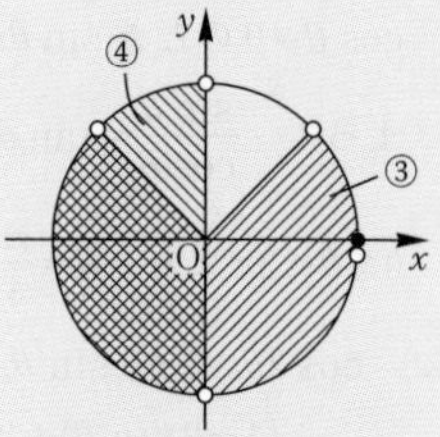

③，④より　$\dfrac{3}{4}\pi<\theta<\dfrac{3}{2}\pi$

⇦③，④の共通範囲を求める。

以上から　$\boldsymbol{\dfrac{\pi}{4}<\theta<\dfrac{\pi}{2},\ \dfrac{3}{4}\pi<\theta<\dfrac{3}{2}\pi}$

⇦(i)，(ii)のいずれかを満たす。

(4) $\sin 2\theta = 2\sin\theta\cos\theta$ から

$$2\sin\theta\cos\theta + \sin\theta + 2\cos\theta + 1 \geqq 0$$
$$\sin\theta(2\cos\theta+1) + (2\cos\theta+1) \geqq 0$$
$$(\sin\theta+1)(2\cos\theta+1) \geqq 0$$

ここで，$\sin\theta + 1 \geqq 0$ であるから

$\sin\theta = -1$　または　$\cos\theta \geqq -\dfrac{1}{2}$

$0 \leqq \theta < 2\pi$ であるから

$\sin\theta = -1$ のとき　$\theta = \dfrac{3}{2}\pi$

$\cos\theta \geqq -\dfrac{1}{2}$ を満たす θ の値の

範囲は　$0 \leqq \theta \leqq \dfrac{2}{3}\pi$，$\dfrac{4}{3}\pi \leqq \theta < 2\pi$

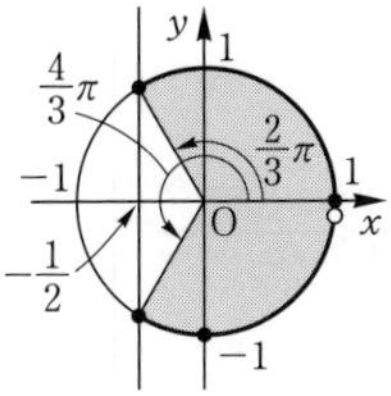

よって　$\boldsymbol{0 \leqq \theta \leqq \dfrac{2}{3}\pi}$，$\boldsymbol{\dfrac{4}{3}\pi \leqq \theta < 2\pi}$

⇦ $\theta = \dfrac{3}{2}\pi$ は $\dfrac{4}{3}\pi \leqq \theta < 2\pi$ に含まれる。

A

301 (1) $\sqrt{1^2+1^2} = \sqrt{2}$ より

$\sin\theta + \cos\theta = \sqrt{2}\sin(\theta+\alpha)$

と表せる。ここで，

$\cos\alpha = \dfrac{1}{\sqrt{2}}$，$\sin\alpha = \dfrac{1}{\sqrt{2}}$

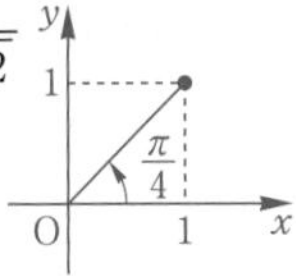

より　$\alpha = \dfrac{\pi}{4}$

よって

$\sin\theta + \cos\theta = \boldsymbol{\sqrt{2}\sin\left(\theta + \dfrac{\pi}{4}\right)}$

(2) $\sqrt{(\sqrt{3})^2 + (-1)^2} = 2$ より

$\sqrt{3}\sin\theta - \cos\theta = 2\sin(\theta+\alpha)$

と表せる。ここで，

$\cos\alpha = \dfrac{\sqrt{3}}{2}$，

$\sin\alpha = -\dfrac{1}{2}$

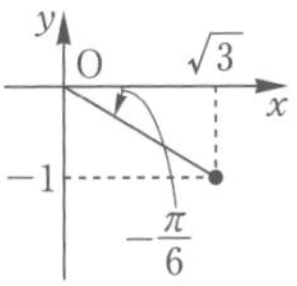

より　$\alpha = -\dfrac{\pi}{6}$

よって

$\sqrt{3}\sin\theta - \cos\theta = \boldsymbol{2\sin\left(\theta - \dfrac{\pi}{6}\right)}$

(3) $\sqrt{\left(\dfrac{1}{2}\right)^2 + \left(-\dfrac{\sqrt{3}}{2}\right)^2} = 1$ より

$\dfrac{1}{2}\sin\theta - \dfrac{\sqrt{3}}{2}\cos\theta = \sin(\theta+\alpha)$

と表せる。ここで，

$\cos\alpha = \dfrac{1}{2}$，$\sin\alpha = -\dfrac{\sqrt{3}}{2}$

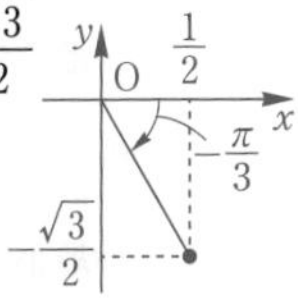

より　$\alpha = -\dfrac{\pi}{3}$

よって

$\dfrac{1}{2}\sin\theta - \dfrac{\sqrt{3}}{2}\cos\theta = \boldsymbol{\sin\left(\theta - \dfrac{\pi}{3}\right)}$

(4) $\sqrt{(-1)^2 + 1^2} = \sqrt{2}$ より

$-\sin\theta + \cos\theta = \sqrt{2}\sin(\theta+\alpha)$

と表せる。ここで

$\cos\alpha = -\dfrac{1}{\sqrt{2}}$，$\sin\alpha = \dfrac{1}{\sqrt{2}}$

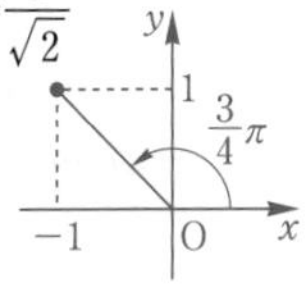

より　$\alpha = \dfrac{3}{4}\pi$

よって

$-\sin\theta + \cos\theta = \boldsymbol{\sqrt{2}\sin\left(\theta + \dfrac{3}{4}\pi\right)}$

B

302 (1) $\sqrt{1^2+2^2}=\sqrt{5}$ であるから

$\sin\theta+2\cos\theta=\sqrt{5}\ \boldsymbol{\sin(\theta+\alpha)}$

ただし,

$\boldsymbol{\cos\alpha=\frac{1}{\sqrt{5}},\ \sin\alpha=\frac{2}{\sqrt{5}}}$

(2) $\sqrt{2^2+(-\sqrt{5})^2}=3$ であるから

$2\sin\theta-\sqrt{5}\cos\theta=\boldsymbol{3\sin(\theta+\alpha)}$

ただし,

$\boldsymbol{\cos\alpha=\frac{2}{3},\ \sin\alpha=-\frac{\sqrt{5}}{3}}$

303 (1) $y=\sqrt{2}\sin\theta-\sqrt{2}\cos\theta$

の右辺を変形して

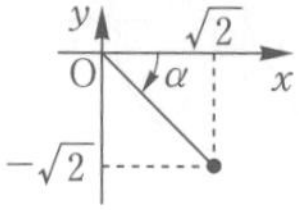

$y=2\sin\left(\theta-\frac{\pi}{4}\right)$

ここで, $0\leqq\theta<2\pi$ より

$-\frac{\pi}{4}\leqq\theta-\frac{\pi}{4}<\frac{7}{4}\pi$ であるから

$-1\leqq\sin\left(\theta-\frac{\pi}{4}\right)\leqq 1$

よって　$-2\leqq y\leqq 2$

ゆえに

$\theta-\frac{\pi}{4}=\frac{\pi}{2}$　すなわち　$\theta=\frac{3}{4}\pi$ のとき

最大値 2

$\theta-\frac{\pi}{4}=\frac{3}{2}\pi$　すなわち　$\theta=\frac{7}{4}\pi$ のとき

最小値 −2

(2) $y=2\sin\theta+3\cos\theta$

の右辺を変形して

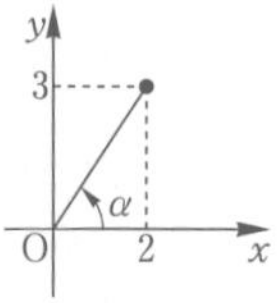

$y=\sqrt{13}\sin(\theta+\alpha)$

ただし, $\cos\alpha=\frac{2}{\sqrt{13}}$,

$\sin\alpha=\frac{3}{\sqrt{13}}$

ここで, $0\leqq\theta<2\pi$ より

$\alpha\leqq\theta+\alpha<2\pi+\alpha$ であるから

$-1\leqq\sin(\theta+\alpha)\leqq 1$

よって　$-\sqrt{13}\leqq y\leqq\sqrt{13}$

ゆえに　**最大値** $\boldsymbol{\sqrt{13}}$, **最小値** $\boldsymbol{-\sqrt{13}}$

304 (1) 方程式の左辺を変形して

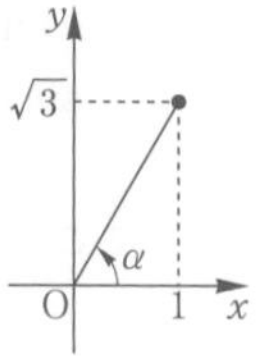

$2\sin\left(\theta+\frac{\pi}{3}\right)=\sqrt{3}$

すなわち

$\sin\left(\theta+\frac{\pi}{3}\right)=\frac{\sqrt{3}}{2}$　……①

ここで, $0\leqq\theta<2\pi$ より

$\frac{\pi}{3}\leqq\theta+\frac{\pi}{3}<\frac{7}{3}\pi$　……②

②の範囲で①を解くと

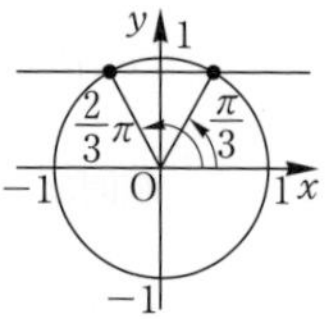

$\theta+\frac{\pi}{3}=\frac{\pi}{3},\ \frac{2}{3}\pi$

よって　$\boldsymbol{\theta=0,\ \frac{\pi}{3}}$

(2) 不等式の左辺を変形して

$2\sin\left(\theta+\frac{\pi}{3}\right)>\sqrt{3}$

すなわち　$\sin\left(\theta+\frac{\pi}{3}\right)>\frac{\sqrt{3}}{2}$　……①

ここで, $0\leqq\theta<2\pi$ より

$\frac{\pi}{3}\leqq\theta+\frac{\pi}{3}<\frac{7}{3}\pi$　……②

②の範囲で①を解くと

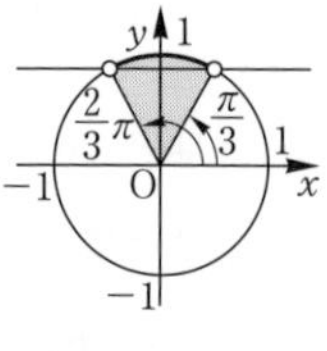

$\frac{\pi}{3}<\theta+\frac{\pi}{3}<\frac{2}{3}\pi$

よって

$\boldsymbol{0<\theta<\frac{\pi}{3}}$

305 (1) $\sin\frac{5}{12}\pi+\sqrt{3}\cos\frac{5}{12}\pi$

$=2\sin\left(\frac{5}{12}\pi+\frac{\pi}{3}\right)$

$=2\sin\frac{3}{4}\pi$

$=2\cdot\frac{\sqrt{2}}{2}=\boldsymbol{\sqrt{2}}$

(2) $\sin\frac{\pi}{12}-\cos\frac{\pi}{12}$

$=\sqrt{2}\sin\left(\frac{\pi}{12}-\frac{\pi}{4}\right)$

$=\sqrt{2}\sin\left(-\frac{\pi}{6}\right)$

$=\sqrt{2}\cdot\left(-\frac{1}{2}\right)=\boldsymbol{-\frac{\sqrt{2}}{2}}$

C

306 (1) $y=\sin 2\theta-\cos 2\theta+1$ の右辺を変形して

$y=\sqrt{2}\sin\left(2\theta-\frac{\pi}{4}\right)+1$

ここで，$0\leqq\theta\leqq\pi$ より　$-\frac{\pi}{4}\leqq 2\theta-\frac{\pi}{4}\leqq\frac{7}{4}\pi$ であるから

⇦ $0\leqq 2\theta\leqq 2\pi$ より
$-\frac{\pi}{4}\leqq 2\theta-\frac{\pi}{4}\leqq 2\pi-\frac{\pi}{4}$

$-1\leqq\sin\left(2\theta-\frac{\pi}{4}\right)\leqq 1$

よって　$-\sqrt{2}+1\leqq y\leqq\sqrt{2}+1$

⇦ $-\sqrt{2}\leqq\sqrt{2}\sin\left(2\theta-\frac{\pi}{4}\right)\leqq\sqrt{2}$
より
$-\sqrt{2}+1\leqq\sqrt{2}\sin\left(2\theta-\frac{\pi}{4}\right)+1$
$\leqq\sqrt{2}+1$

ゆえに　$2\theta-\frac{\pi}{4}=\frac{\pi}{2}$　すなわち

$\boldsymbol{\theta=\frac{3}{8}\pi}$ のとき　最大値 $\boldsymbol{\sqrt{2}+1}$

$2\theta-\frac{\pi}{4}=\frac{3}{2}\pi$　すなわち

$\boldsymbol{\theta=\frac{7}{8}\pi}$ のとき　最小値 $\boldsymbol{-\sqrt{2}+1}$

(2) $y=\sin\frac{\theta}{2}+\sqrt{3}\cos\frac{\theta}{2}$ の左辺を変形して

$y=2\sin\left(\frac{\theta}{2}+\frac{\pi}{3}\right)$

ここで，$0\leqq\theta\leqq\pi$ より　$\frac{\pi}{3}\leqq\frac{\theta}{2}+\frac{\pi}{3}\leqq\frac{5}{6}\pi$ であるから

⇦ $0\leqq\frac{\theta}{2}\leqq\frac{\pi}{2}$ より
$\frac{\pi}{3}\leqq\frac{\theta}{2}+\frac{\pi}{3}\leqq\frac{\pi}{2}+\frac{\pi}{3}$

$\frac{1}{2}\leqq\sin\left(\frac{\theta}{2}+\frac{\pi}{3}\right)\leqq 1$

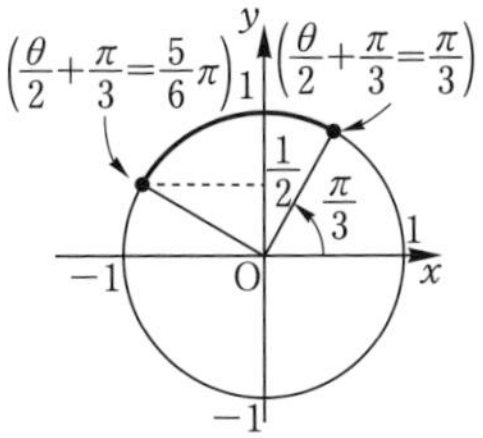

よって　$1\leqq y\leqq 2$

ゆえに　$\frac{\theta}{2}+\frac{\pi}{3}=\frac{\pi}{2}$　すなわち

$\boldsymbol{\theta=\frac{\pi}{3}}$ のとき　最大値 2

$\frac{\theta}{2}+\frac{\pi}{3}=\frac{5}{6}\pi$　すなわち

$\boldsymbol{\theta=\pi}$ のとき　最小値 1

307 (1) $\sin 2\theta-\sqrt{3}\cos 2\theta=2\sin\left(2\theta-\frac{\pi}{3}\right)$

⇦ $2\theta=t$ とすると
$\sin t-\sqrt{3}\cos t$
$=2\sin\left(t-\frac{\pi}{3}\right)$

であるから

$$2\sin\left(2\theta-\frac{\pi}{3}\right)=1$$

すなわち

$$\sin\left(2\theta-\frac{\pi}{3}\right)=\frac{1}{2}\quad\cdots\cdots①$$

ここで，$0\leqq\theta<2\pi$ より

$$-\frac{\pi}{3}\leqq 2\theta-\frac{\pi}{3}<\frac{11}{3}\pi\quad\cdots\cdots②$$

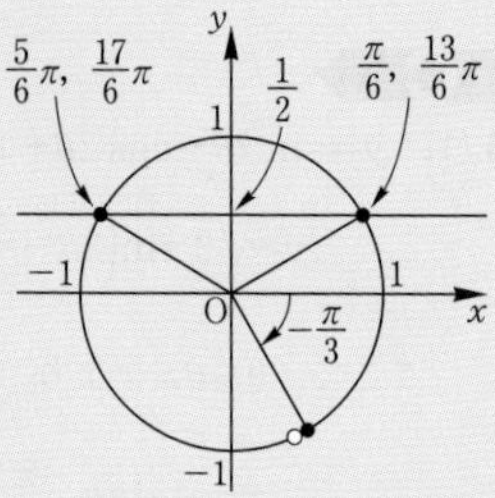

②の範囲で①を解くと

$$2\theta-\frac{\pi}{3}=\frac{\pi}{6},\ \frac{5}{6}\pi,\ \frac{13}{6}\pi,\ \frac{17}{6}\pi$$

よって　$\boldsymbol{\theta=\frac{\pi}{4},\ \frac{7}{12}\pi,\ \frac{5}{4}\pi,\ \frac{19}{12}\pi}$

(2) $\sqrt{3}\sin\theta+\cos\theta=2\sin\left(\theta+\frac{\pi}{6}\right)$

であるから

$$\sqrt{2}<2\sin\left(\theta+\frac{\pi}{6}\right)<\sqrt{3}$$

すなわち

$$\frac{\sqrt{2}}{2}<\sin\left(\theta+\frac{\pi}{6}\right)<\frac{\sqrt{3}}{2}\quad\cdots\cdots①$$

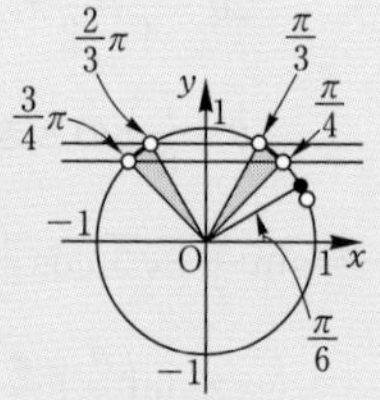

ここで，$0\leqq\theta<2\pi$ より

$$\frac{\pi}{6}\leqq\theta+\frac{\pi}{6}<\frac{13}{6}\pi\quad\cdots\cdots②$$

②の範囲で①を解くと

$$\frac{\pi}{4}<\theta+\frac{\pi}{6}<\frac{\pi}{3},\ \frac{2}{3}\pi<\theta+\frac{\pi}{6}<\frac{3}{4}\pi$$

よって　$\boldsymbol{\frac{\pi}{12}<\theta<\frac{\pi}{6},\ \frac{\pi}{2}<\theta<\frac{7}{12}\pi}$

308 AC$=5\sin\theta$，BC$=5\cos\theta$ であるから

⇦ $\cos\theta=\frac{\mathrm{BC}}{\mathrm{AB}}$
$\sin\theta=\frac{\mathrm{AC}}{\mathrm{AB}}$

$$\mathrm{AC}+\mathrm{BC}=5\sin\theta+5\cos\theta$$
$$=5\sqrt{2}\sin\left(\theta+\frac{\pi}{4}\right)$$

$0<\theta<\frac{\pi}{2}$ であるから　$\frac{\pi}{4}<\theta+\frac{\pi}{4}<\frac{3}{4}\pi$

よって，$\theta+\frac{\pi}{4}=\frac{\pi}{2}$　すなわち

$\boldsymbol{\theta=\frac{\pi}{4}}$ **のとき　最大値**は $5\sqrt{2}$ である。

309 $\sin\theta+\cos\theta=t$ とおいて，両辺を 2 乗すると

$1+2\sin\theta\cos\theta=t^2$

よって　$\sin\theta\cos\theta=\dfrac{t^2-1}{2}$

このとき　$y=\sin\theta\cos\theta-\sin\theta-\cos\theta$

$=\dfrac{t^2-1}{2}-t$

$=\dfrac{1}{2}t^2-t-\dfrac{1}{2}$

$=\dfrac{1}{2}(t-1)^2-1$

ここで　$t=\sin\theta+\cos\theta=\sqrt{2}\sin\left(\theta+\dfrac{\pi}{4}\right)$

$-1\leqq\sin\left(\theta+\dfrac{\pi}{4}\right)\leqq1$ より

$-\sqrt{2}\leqq t\leqq\sqrt{2}$

であるから，この範囲で y は

$t=-\sqrt{2}$ のとき　**最大値**　$\boldsymbol{\sqrt{2}+\dfrac{1}{2}}$

$t=1$ のとき　**最小値　$\boldsymbol{-1}$**

をとる。

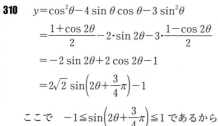

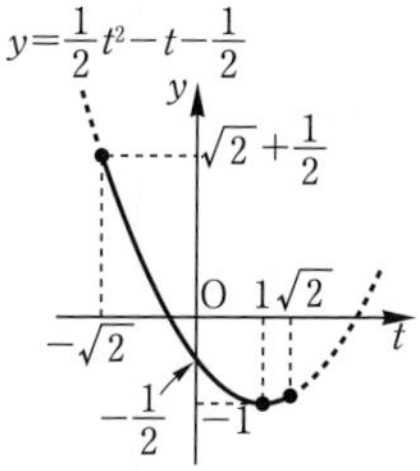

(㊙ p.143 章末B ⑩)

⇦ y を t の式で表す。
$-\sin\theta-\cos\theta$
$=-(\sin\theta+\cos\theta)$

⇦ t のとりうる値の範囲を求める。

310 $y=\cos^2\theta-4\sin\theta\cos\theta-3\sin^2\theta$

$=\dfrac{1+\cos2\theta}{2}-2\cdot\sin2\theta-3\cdot\dfrac{1-\cos2\theta}{2}$

$=-2\sin2\theta+2\cos2\theta-1$

$=2\sqrt{2}\sin\left(2\theta+\dfrac{3}{4}\pi\right)-1$

ここで　$-1\leqq\sin\left(2\theta+\dfrac{3}{4}\pi\right)\leqq1$ であるから

$-2\sqrt{2}-1\leqq y\leqq2\sqrt{2}-1$

よって　**最大値は $\boldsymbol{2\sqrt{2}-1}$，最小値は $\boldsymbol{-2\sqrt{2}-1}$**

(㊙ p.143 章末B ⑪)

⇦ 2 倍角の公式を利用して次数を下げる。

発展 三角関数の和と積の公式

本編 p.065

B

311 (1) $\cos 5\theta \sin 2\theta$

$=\frac{1}{2}\{\sin(5\theta+2\theta)-\sin(5\theta-2\theta)\}$

$=\boldsymbol{\frac{1}{2}(\sin 7\theta-\sin 3\theta)}$

(2) $\sin 3\theta \cos \theta$

$=\frac{1}{2}\{\sin(3\theta+\theta)+\sin(3\theta-\theta)\}$

$=\boldsymbol{\frac{1}{2}(\sin 4\theta+\sin 2\theta)}$

(3) $\sin 7\theta \sin 3\theta$

$=-\frac{1}{2}\{\cos(7\theta+3\theta)-\cos(7\theta-3\theta)\}$

$=\boldsymbol{-\frac{1}{2}(\cos 10\theta-\cos 4\theta)}$

(4) $\cos \theta \cos 4\theta$

$=\frac{1}{2}\{\cos(\theta+4\theta)+\cos(\theta-4\theta)\}$

$=\frac{1}{2}\{\cos 5\theta+\cos(-3\theta)\}$

$=\boldsymbol{\frac{1}{2}(\cos 5\theta+\cos 3\theta)}$

312 (1) $\cos 45^\circ \cos 15^\circ$

$=\frac{1}{2}\{\cos(45^\circ+15^\circ)+\cos(45^\circ-15^\circ)\}$

$=\frac{1}{2}(\cos 60^\circ+\cos 30^\circ)$

$=\frac{1}{2}\left(\frac{1}{2}+\frac{\sqrt{3}}{2}\right)=\boldsymbol{\frac{1+\sqrt{3}}{4}}$

(2) $\sin 75^\circ \cos 15^\circ$

$=\frac{1}{2}\{\sin(75^\circ+15^\circ)+\sin(75^\circ-15^\circ)\}$

$=\frac{1}{2}(\sin 90^\circ+\sin 60^\circ)$

$=\frac{1}{2}\left(1+\frac{\sqrt{3}}{2}\right)=\boldsymbol{\frac{2+\sqrt{3}}{4}}$

(3) $\cos 105^\circ \sin 15^\circ$

$=\frac{1}{2}\{\sin(105^\circ+15^\circ)-\sin(105^\circ-15^\circ)\}$

$=\frac{1}{2}(\sin 120^\circ-\sin 90^\circ)$

$=\frac{1}{2}\left(\frac{\sqrt{3}}{2}-1\right)$

$=\boldsymbol{\frac{\sqrt{3}-2}{4}}$

(4) $\sin 37.5^\circ \sin 7.5^\circ$

$=-\frac{1}{2}\{\cos(37.5^\circ+7.5^\circ)$

$-\cos(37.5^\circ-7.5^\circ)\}$

$=-\frac{1}{2}(\cos 45^\circ-\cos 30^\circ)$

$=-\frac{1}{2}\left(\frac{\sqrt{2}}{2}-\frac{\sqrt{3}}{2}\right)$

$=\boldsymbol{\frac{\sqrt{3}-\sqrt{2}}{4}}$

313 (1) $\sin 4\theta+\sin 2\theta$

$=2\sin\frac{4\theta+2\theta}{2}\cos\frac{4\theta-2\theta}{2}$

$=\boldsymbol{2\sin 3\theta\cos\theta}$

(2) $\sin 5\theta-\sin\theta$

$=2\cos\frac{5\theta+\theta}{2}\sin\frac{5\theta-\theta}{2}$

$=\boldsymbol{2\cos 3\theta\sin 2\theta}$

(3) $\cos 7\theta+\cos 3\theta$

$=2\cos\frac{7\theta+3\theta}{2}\cos\frac{7\theta-3\theta}{2}$

$=\boldsymbol{2\cos 5\theta\cos 2\theta}$

(4) $\cos 3\theta-\cos 5\theta$

$=-2\sin\frac{3\theta+5\theta}{2}\sin\frac{3\theta-5\theta}{2}$

$=-2\sin 4\theta\sin(-\theta)$

$=\boldsymbol{2\sin 4\theta\sin\theta}$

314 (1) $\cos 75°+\cos 15°$

$=2\cos\dfrac{75°+15°}{2}\cos\dfrac{75°-15°}{2}$

$=2\cos 45°\cos 30°$

$=2\cdot\dfrac{\sqrt{2}}{2}\cdot\dfrac{\sqrt{3}}{2}=\boldsymbol{\dfrac{\sqrt{6}}{2}}$

(2) $\cos 105°-\cos 15°$

$=-2\sin\dfrac{105°+15°}{2}\sin\dfrac{105°-15°}{2}$

$=-2\sin 60°\sin 45°$

$=-2\cdot\dfrac{\sqrt{3}}{2}\cdot\dfrac{\sqrt{2}}{2}=\boldsymbol{-\dfrac{\sqrt{6}}{2}}$

(3) $\sin 285°+\sin 15°$

$=2\sin\dfrac{285°+15°}{2}\cos\dfrac{285°-15°}{2}$

$=2\sin 150°\cos 135°$

$=2\cdot\dfrac{1}{2}\cdot\left(-\dfrac{\sqrt{2}}{2}\right)=\boldsymbol{-\dfrac{\sqrt{2}}{2}}$

(4) $\sin 255°-\sin 195°$

$=2\cos\dfrac{255°+195°}{2}\sin\dfrac{255°-195°}{2}$

$=2\cos 225°\sin 30°$

$=2\cdot\left(-\dfrac{\sqrt{2}}{2}\right)\cdot\dfrac{1}{2}=\boldsymbol{-\dfrac{\sqrt{2}}{2}}$

C

315 (1) $\sin\theta+\sin 2\theta=2\sin\dfrac{\theta+2\theta}{2}\cos\dfrac{\theta-2\theta}{2}$

$=2\sin\dfrac{3}{2}\theta\cos\left(-\dfrac{\theta}{2}\right)$

$=2\sin\dfrac{3}{2}\theta\cos\dfrac{\theta}{2}$

⇦ $\sin\alpha+\sin\beta=2\sin\dfrac{\alpha+\beta}{2}\cos\dfrac{\alpha-\beta}{2}$

より　$2\sin\dfrac{3}{2}\theta\cos\dfrac{\theta}{2}=0$

よって　$\sin\dfrac{3}{2}\theta=0$　または　$\cos\dfrac{\theta}{2}=0$

$0\leqq\theta<2\pi$ であるから

$\sin\dfrac{3}{2}\theta=0$ のとき　$0\leqq\dfrac{3}{2}\theta<3\pi$ より

$\dfrac{3}{2}\theta=0,\ \pi,\ 2\pi$　　すなわち　$\theta=0,\ \dfrac{2}{3}\pi,\ \dfrac{4}{3}\pi$

$\cos\dfrac{\theta}{2}=0$ のとき　$0\leqq\dfrac{\theta}{2}<\pi$ より

$\dfrac{\theta}{2}=\dfrac{\pi}{2}$　　すなわち　$\theta=\pi$

ゆえに　$\boldsymbol{\theta=0,\ \dfrac{2}{3}\pi,\ \pi,\ \dfrac{4}{3}\pi}$

(2) $\cos 4\theta-\cos 2\theta=-2\sin\dfrac{4\theta+2\theta}{2}\sin\dfrac{4\theta-2\theta}{2}$

$=-2\sin 3\theta\sin\theta$

⇦ $\cos\alpha-\cos\beta=-2\sin\dfrac{\alpha+\beta}{2}\sin\dfrac{\alpha-\beta}{2}$

より　$-2\sin 3\theta\sin\theta=0$

よって　$\sin 3\theta=0$　または　$\sin\theta=0$

$0 \leqq \theta < 2\pi$ より

$\sin 3\theta = 0$ のとき，$0 \leqq 3\theta < 6\pi$ より

$3\theta = 0,\ \pi,\ 2\pi,\ 3\pi,\ 4\pi,\ 5\pi$

すなわち　$\theta = 0,\ \frac{\pi}{3},\ \frac{2}{3}\pi,\ \pi,\ \frac{4}{3}\pi,\ \frac{5}{3}\pi$

$\sin\theta = 0$ のとき　$\theta = 0,\ \pi$

ゆえに　$\boldsymbol{\theta = 0,\ \frac{\pi}{3},\ \frac{2}{3}\pi,\ \pi,\ \frac{4}{3}\pi,\ \frac{5}{3}\pi}$

⇦（参考）3 倍角の公式

$\sin 3\theta = 3\sin\theta - 4\sin^3\theta$
$= \sin\theta(3 - 4\sin^2\theta)$

より，$\sin\theta = 0$ のとき $\sin 3\theta = 0$ となる。

《章末問題》

本編 p.066～067

316　$-\sqrt{3}\sin\theta + \cos\theta = 2\left(\cos\theta \cdot \frac{1}{2} - \sin\theta \cdot \frac{\sqrt{3}}{2}\right)$

$\cos(\theta + \alpha) = \cos\theta\cos\alpha - \sin\theta\sin\alpha$ であるから

$\cos\alpha = \frac{1}{2},\ \sin\alpha = \frac{\sqrt{3}}{2}$

を満たす α（$-\pi < \alpha \leqq \pi$）を求めればよい。

このような α は $\alpha = \frac{\pi}{3}$ であるから

$-\sqrt{3}\sin\theta + \cos\theta = \boldsymbol{2\cos\left(\theta + \frac{\pi}{3}\right)}$

⇦ $\cos\theta$，$\sin\theta$ に掛けている部分を比較する。

（別解）

$-\sqrt{3}\sin\theta + \cos\theta = 2\sin\left(\theta + \frac{5}{6}\pi\right)$

ここで　$\theta + \frac{5}{6}\pi = \left(\theta + \frac{\pi}{3}\right) + \frac{\pi}{2}$ であるから

$\sin\left(\theta + \frac{5}{6}\pi\right) = \sin\left\{\left(\theta + \frac{\pi}{3}\right) + \frac{\pi}{2}\right\}$
$= \cos\left(\theta + \frac{\pi}{3}\right)$

⇦ $\sin\left(\theta + \frac{\pi}{2}\right) = \cos\theta$

よって　$-\sqrt{3}\sin\theta + \cos\theta = \boldsymbol{2\cos\left(\theta + \frac{\pi}{3}\right)}$

317　$\cos\theta + \cos^2\theta = 1$ より　$\cos\theta = 1 - \cos^2\theta = \sin^2\theta$

$1 + \sin^2\theta + \sin^4\theta = 1 + \cos\theta + \cos^2\theta$
$= 1 + 1 = \boldsymbol{2}$

⇦ $\cos\theta = \sin^2\theta$ より，与式は $\cos\theta$ の式で表せる。

318 (1)　(左辺)$= \left(1 + \tan\theta + \frac{1}{\cos\theta}\right)\left(1 + \frac{1}{\tan\theta} - \frac{1}{\sin\theta}\right)$

$= \left(1 + \frac{\sin\theta}{\cos\theta} + \frac{1}{\cos\theta}\right)\left(1 + \frac{\cos\theta}{\sin\theta} - \frac{1}{\sin\theta}\right)$

$= \frac{(\cos\theta + \sin\theta) + 1}{\cos\theta} \times \frac{(\sin\theta + \cos\theta) - 1}{\sin\theta}$

$= \frac{(\cos\theta + \sin\theta)^2 - 1}{\cos\theta\sin\theta}$

⇦ $\tan\theta = \frac{\sin\theta}{\cos\theta}$

$$=\frac{\cos^2\theta+2\cos\theta\sin\theta+\sin^2\theta-1}{\cos\theta\sin\theta}$$

$$=\frac{1+2\cos\theta\sin\theta-1}{\cos\theta\sin\theta}$$

$$=\frac{2\cos\theta\sin\theta}{\cos\theta\sin\theta}=2=(\text{右辺})$$ 終

(2) $$(\text{左辺})=\frac{(1+\sin\theta)-\cos\theta}{(1+\sin\theta)+\cos\theta}+\frac{(1+\sin\theta)+\cos\theta}{(1+\sin\theta)-\cos\theta}$$

$$=\frac{\{(1+\sin\theta)-\cos\theta\}^2+\{(1+\sin\theta)+\cos\theta\}^2}{\{(1+\sin\theta)+\cos\theta\}\{(1+\sin\theta)-\cos\theta\}}$$

$$=\frac{2\{(1+\sin\theta)^2+\cos^2\theta\}}{(1+\sin\theta)^2-\cos^2\theta}$$

$$=\frac{2\{(1+\sin\theta)^2+\cos^2\theta\}}{1+2\sin\theta+\sin^2\theta-\cos^2\theta}$$

$$=\frac{2(1+2\sin\theta+\sin^2\theta+\cos^2\theta)}{(\sin^2\theta+\cos^2\theta)+2\sin\theta+\sin^2\theta-\cos^2\theta}$$

$$=\frac{2(2+2\sin\theta)}{2\sin\theta+2\sin^2\theta}$$

$$=\frac{4(1+\sin\theta)}{2\sin\theta(1+\sin\theta)}=\frac{2}{\sin\theta}=(\text{右辺})$$ 終

⇦ $A=1+\sin\theta$, $B=\cos\theta$ とおくと，分子は
$(A-B)^2+(A+B)^2$
$=A^2-2AB+B^2+A^2+2AB+B^2$
$=2A^2+2B^2$

319 $$\sin^4\theta+\cos^4\theta=(\sin^2\theta+\cos^2\theta)^2-2\sin^2\theta\cos^2\theta$$

$$=1^2-\frac{1}{2}(2\sin\theta\cos\theta)^2$$

$$=1-\frac{1}{2}\sin^2 2\theta$$

$0\leqq\sin^2 2\theta\leqq 1$ であるから　$0\leqq\frac{1}{2}\sin^2 2\theta\leqq\frac{1}{2}$

よって　$\frac{1}{2}\leqq 1-\frac{1}{2}\sin^2 2\theta\leqq 1$

ゆえに　$\frac{1}{2}\leqq\sin^4\theta+\cos^4\theta\leqq 1$　終

⇦ $-1\leqq\sin 2\theta\leqq 1$ より
$0\leqq\sin^2 2\theta\leqq 1$

⇦左の等号は，$\sin^2 2\theta=1$ より
$\theta=\frac{\pi}{4},\ \frac{3}{4}\pi,\ \frac{5}{4}\pi,\ \frac{7}{4}\pi$ のとき，
右の等号は，$\sin^2 2\theta=0$ より
$\theta=0,\ \frac{\pi}{2},\ \pi,\ \frac{3}{2}\pi$ のとき，
それぞれ成り立つ。

320 $\sin\beta=\frac{1}{2}\sin\alpha$，$\cos\beta=2\cos\alpha$

これらを $\sin^2\beta+\cos^2\beta=1$ に代入して

$$\left(\frac{1}{2}\sin\alpha\right)^2+(2\cos\alpha)^2=1$$

$$\frac{1}{4}\sin^2\alpha+4(1-\sin^2\alpha)=1$$

$$-\frac{15}{4}\sin^2\alpha=-3$$

よって　$\sin^2\alpha=\frac{4}{5}$

$0<\alpha<\dfrac{\pi}{2}$ より　$\sin\alpha>0$，$\cos\alpha>0$ であるから

$$\sin\alpha=\frac{2}{\sqrt{5}},\quad \cos\alpha=\sqrt{1-\sin^2\alpha}=\frac{1}{\sqrt{5}}$$

$$\sin\beta=\frac{1}{2}\sin\alpha=\frac{1}{\sqrt{5}},\quad \cos\beta=2\cos\alpha=\frac{2}{\sqrt{5}}$$

このとき　$\cos(\alpha+\beta)=\cos\alpha\cos\beta-\sin\alpha\sin\beta$

$$=\frac{1}{\sqrt{5}}\cdot\frac{2}{\sqrt{5}}-\frac{2}{\sqrt{5}}\cdot\frac{1}{\sqrt{5}}=0$$

⇦ $0<\alpha+\beta<\pi$ の範囲で $\cos(\alpha+\beta)$ の値が1つ定まると $\alpha+\beta$ もただ1つに決まる。

$0<\alpha<\dfrac{\pi}{2}$，$0<\beta<\dfrac{\pi}{2}$ より，$0<\alpha+\beta<\pi$ であるから

$$\boldsymbol{\alpha+\beta=\frac{\pi}{2}}$$

321　$\tan\theta+\dfrac{1}{\tan\theta}=\dfrac{10}{3}$ の両辺に $3\tan\theta$ を掛けて整理すると

$$3\tan^2\theta-10\tan\theta+3=0$$
$$(3\tan\theta-1)(\tan\theta-3)=0$$

よって　$\tan\theta=\dfrac{1}{3}$，3

$\tan\theta=\dfrac{1}{3}$ のとき　$\tan 2\theta=\dfrac{2\tan\theta}{1-\tan^2\theta}$

$$=\frac{2\cdot\frac{1}{3}}{1-\left(\frac{1}{3}\right)^2}=\frac{3}{4}$$

$\tan\theta=3$ のとき　$\tan 2\theta=\dfrac{2\tan\theta}{1-\tan^2\theta}$

$$=\frac{2\cdot 3}{1-3^2}=-\frac{3}{4}$$

ゆえに　$\boldsymbol{\tan\theta=\frac{1}{3},\ \tan 2\theta=\frac{3}{4}}$

または　$\boldsymbol{\tan\theta=3,\ \tan 2\theta=-\frac{3}{4}}$

322 (1)　$(\sin\theta-\cos\theta)^2=\sin^2\theta-2\sin\theta\cos\theta+\cos^2\theta$

$$=1-\sin 2\theta$$
$$=1-\left(-\frac{1}{4}\right)=\frac{5}{4}$$

⇦ $2\sin\theta\cos\theta=\sin 2\theta$

ここで，θ が第2象限の角であるから

$\sin\theta>0$，$\cos\theta<0$

よって　$\sin\theta-\cos\theta>0$　であるから

$\sin\theta-\cos\theta=\sqrt{\dfrac{5}{4}}=\boldsymbol{\dfrac{\sqrt{5}}{2}}$　……①

(2) $(\sin\theta+\cos\theta)^2=\sin^2\theta+2\sin\theta\cos\theta+\cos^2\theta$

$$=1+\sin 2\theta=1-\frac{1}{4}=\frac{3}{4}$$

よって　$\sin\theta+\cos\theta=\pm\sqrt{\frac{3}{4}}=\pm\boldsymbol{\frac{\sqrt{3}}{2}}$

⇦条件は　$\sin\theta>0$, $\cos\theta<0$ だけであるから，$\sin\theta+\cos\theta$ は正，負どちらの値とも考えられる。

(3) $\sin\theta+\cos\theta=\frac{\sqrt{3}}{2}$　……② のとき

①+②より

$2\sin\theta=\frac{\sqrt{5}}{2}+\frac{\sqrt{3}}{2}$　　よって　$\sin\theta=\frac{\sqrt{5}+\sqrt{3}}{4}$

①−②より

$-2\cos\theta=\frac{\sqrt{5}}{2}-\frac{\sqrt{3}}{2}$　よって　$\cos\theta=-\frac{\sqrt{5}-\sqrt{3}}{4}$

$\sin\theta+\cos\theta=-\frac{\sqrt{3}}{2}$　……③ のとき

①+③より

$2\sin\theta=\frac{\sqrt{5}}{2}-\frac{\sqrt{3}}{2}$　　よって　$\sin\theta=\frac{\sqrt{5}-\sqrt{3}}{4}$

①−③より

$-2\cos\theta=\frac{\sqrt{5}}{2}+\frac{\sqrt{3}}{2}$　よって　$\cos\theta=-\frac{\sqrt{5}+\sqrt{3}}{4}$

以上より

$\boldsymbol{\sin\theta=\frac{\sqrt{5}+\sqrt{3}}{4}}$，$\boldsymbol{\cos\theta=-\frac{\sqrt{5}-\sqrt{3}}{4}}$

または　$\boldsymbol{\sin\theta=\frac{\sqrt{5}-\sqrt{3}}{4}}$，$\boldsymbol{\cos\theta=-\frac{\sqrt{5}+\sqrt{3}}{4}}$

323　$(\sin\theta-\cos\theta)^2=\left(\frac{1}{\sqrt{3}}\right)^2$ より

$$1-2\sin\theta\cos\theta=\frac{1}{3}$$

よって　$\sin 2\theta=2\sin\theta\cos\theta=1-\frac{1}{3}=\frac{2}{3}$

このとき　$\cos 2\theta=\pm\sqrt{1-\sin^2 2\theta}=\pm\sqrt{1-\left(\frac{2}{3}\right)^2}=\pm\frac{\sqrt{5}}{3}$

$\cos 2\theta=\frac{\sqrt{5}}{3}$ のとき　　$\tan 2\theta=\frac{\sin 2\theta}{\cos 2\theta}$

$$=\frac{2}{3}\div\frac{\sqrt{5}}{3}=\frac{2}{\sqrt{5}}$$

$\cos 2\theta=-\frac{\sqrt{5}}{3}$ のとき　$\tan 2\theta=\frac{\sin 2\theta}{\cos 2\theta}$

$$=\frac{2}{3}\div\left(-\frac{\sqrt{5}}{3}\right)=-\frac{2}{\sqrt{5}}$$

ゆえに

$$\sin 2\theta=\frac{2}{3},\ \cos 2\theta=\frac{\sqrt{5}}{3},\ \tan 2\theta=\frac{2}{\sqrt{5}}$$

または

$$\sin 2\theta=\frac{2}{3},\ \cos 2\theta=-\frac{\sqrt{5}}{3},\ \tan 2\theta=-\frac{2}{\sqrt{5}}$$

324 (1) $2\cos^2\theta+2\sqrt{3}\sin\theta\cos\theta=0$

$2\cos\theta(\cos\theta+\sqrt{3}\sin\theta)=0$

よって　$\cos\theta=0$　または　$\cos\theta+\sqrt{3}\sin\theta=0$

$\cos\theta=0$ のとき，$0\leqq\theta<2\pi$ より

$$\theta=\frac{\pi}{2},\ \frac{3}{2}\pi$$

$\cos\theta+\sqrt{3}\sin\theta=0$ のとき，左辺を変形して

$$2\sin\left(\theta+\frac{\pi}{6}\right)=0$$

⇦（別解）
$\cos\theta\neq 0$ より
$\tan\theta=\frac{\sin\theta}{\cos\theta}=-\frac{1}{\sqrt{3}}$
として求めてもよい。

$0\leqq\theta<2\pi$ より　$\frac{\pi}{6}\leqq\theta+\frac{\pi}{6}<\frac{13}{6}\pi$ であるから

$$\theta+\frac{\pi}{6}=\pi,\ 2\pi\quad すなわち\quad \theta=\frac{5}{6}\pi,\ \frac{11}{6}\pi$$

以上より　$\boldsymbol{\theta=\frac{\pi}{2},\ \frac{5}{6}\pi,\ \frac{3}{2}\pi,\ \frac{11}{6}\pi}$

(2) $\cos 2\theta+2\sin\theta-2\cos\theta\geqq 0$

$\cos^2\theta-\sin^2\theta+2\sin\theta-2\cos\theta\geqq 0$

$(\cos\theta-\sin\theta)(\cos\theta+\sin\theta)-2(\cos\theta-\sin\theta)\geqq 0$

$(\cos\theta-\sin\theta)(\cos\theta+\sin\theta-2)\geqq 0$

ここで　$\cos\theta+\sin\theta=\sqrt{2}\sin\left(\theta+\frac{\pi}{4}\right)$ より

⇦三角関数の合成

$-\sqrt{2}\leqq\cos\theta+\sin\theta\leqq\sqrt{2}$ であるから　$\cos\theta+\sin\theta-2<0$

よって　　$\cos\theta-\sin\theta\leqq 0$

$$\sqrt{2}\sin\left(\theta+\frac{3}{4}\pi\right)\leqq 0\quad\cdots\cdots①$$

⇦左辺を合成

$0\leqq\theta<2\pi$ より　$\frac{3}{4}\pi\leqq\theta+\frac{3}{4}\pi<\frac{11}{4}\pi$　……②

②の範囲で①を解くと

$$\pi\leqq\theta+\frac{3}{4}\pi\leqq 2\pi\quad すなわち\quad \boldsymbol{\frac{\pi}{4}\leqq\theta\leqq\frac{5}{4}\pi}$$

325 $x^2-4x\sin\theta+2\cos 2\theta=0$　……①の判別式を D とすると

$\frac{D}{4}=(-2\sin\theta)^2-1\cdot(2\cos 2\theta)$　⟵ $b'=-2\sin\theta$

$=4\sin^2\theta-2\cos 2\theta$

$=4\sin^2\theta-2(1-2\sin^2\theta)=8\sin^2\theta-2$

①が異なる 2 つの実数解をもつとき，$D>0$ であるから

$$8\sin^2\theta-2>0 \quad すなわち \quad \sin^2\theta>\frac{1}{4}$$

$-1\leqq\sin\theta\leqq1$ より　$-1\leqq\sin\theta<-\frac{1}{2}$，$\frac{1}{2}<\sin\theta\leqq1$

$0\leqq\theta<2\pi$ の範囲でこれを解くと

$$\boldsymbol{\frac{\pi}{6}<\theta<\frac{5}{6}\pi,\ \frac{7}{6}\pi<\theta<\frac{11}{6}\pi}$$

⇦ $\sin^2\theta-\frac{1}{4}>0$

$\left(\sin\theta+\frac{1}{2}\right)\left(\sin\theta-\frac{1}{2}\right)>0$

より

$\sin\theta<-\frac{1}{2}$，$\frac{1}{2}<\sin\theta$

326　$\cos2\theta-2\sin\theta-k=0$ ……① を変形して

$(1-2\sin^2\theta)-2\sin\theta-k=0$

$-2\sin^2\theta-2\sin\theta+1=k$

$\sin\theta=t$ とおくと，$0\leqq\theta<2\pi$ より　$-1\leqq t\leqq1$

$$-2t^2-2t+1=k$$

$-2t^2-2t+1=-2\left(t+\frac{1}{2}\right)^2+\frac{3}{2}$ より

$y=-2t^2-2t+1$ のグラフと，直線 $y=k$ の $-1\leqq t\leqq1$ における共有点の個数は

$1\leqq k<\frac{3}{2}$ のとき　　2 個

$-3\leqq k<1$，$k=\frac{3}{2}$ のとき　1 個

$k<-3$，$\frac{3}{2}<k$ のとき　　0 個

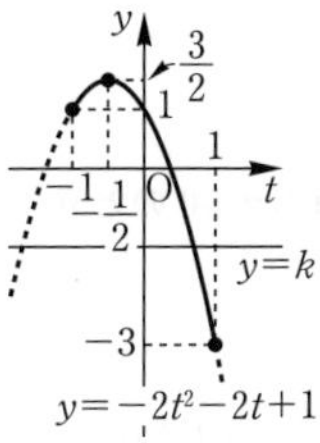

一方，$-1\leqq t\leqq1$ に対して $\sin\theta=t$ を満たす θ（$0\leqq\theta<2\pi$）の個数は

$t=-1$，1 のとき　1 個

$-1<t<1$ のとき　2 個

以上から，方程式 ① が異なる 2 つの実数解をもつには，
$y=-2t^2-2t+1$ のグラフと直線 $y=k$ が $-1<t<1$ の範囲でただ 1 つの共有点をもてばよいから

$$\boldsymbol{-3<k<1,\ k=\frac{3}{2}}$$

⇦定数 k を分離して，グラフの共有点の数を考える。

⇦ t の値によって，対応する θ の値の個数が異なることに注意する。

⇦ $k=-3$ のときは $t=1$ となり異なる実数解が 1 つであることに注意する。

327　$y=2a\sin\theta-\frac{1}{2}\cos2\theta$

$$=2a\sin\theta-\frac{1}{2}(1-2\sin^2\theta)=\sin^2\theta+2a\sin\theta-\frac{1}{2}$$

$\sin\theta=t$ とおくと，$0\leqq\theta\leqq\pi$ であるから　$0\leqq t\leqq1$

このとき　$y=t^2+2at-\frac{1}{2}$

$$=(t+a)^2-a^2-\frac{1}{2}$$

⇦定義域 $0\leqq t\leqq1$ と軸 $t=-a$ の位置関係で場合分けが必要。
（参考）㊧ 数学Ⅰ，p.91

3
章末問題

(i) $-a<0$ すなわち $a>0$ のとき

y は $t=0$ で

最小値 $-\dfrac{1}{2}$

をとる。

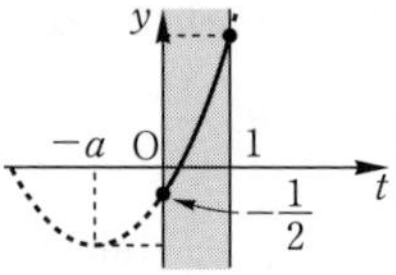

⇦(i) 軸が定義域より左にある。

(ii) $0\leqq -a\leqq 1$ すなわち

$-1\leqq a\leqq 0$ のとき

y は $t=-a$ で

最小値 $-a^2-\dfrac{1}{2}$

をとる。

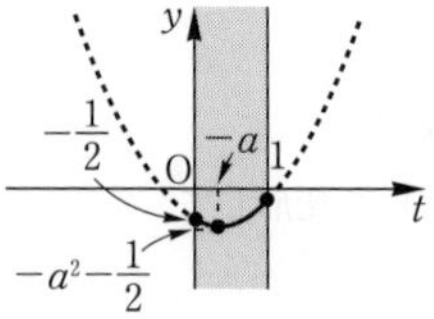

⇦(ii) 軸が定義域に含まれる。

(iii) $1<-a$ すなわち $a<-1$ のとき

y は $t=1$ で

最小値 $2a+\dfrac{1}{2}$

をとる。

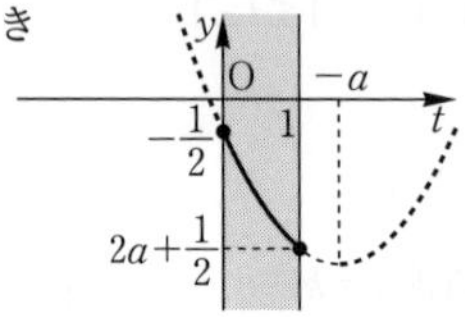

⇦(iii) 軸が定義域より右にある。

以上から，求める最小値は

$a<-1$ のとき $2a+\dfrac{1}{2}$，$-1\leqq a\leqq 0$ のとき $-a^2-\dfrac{1}{2}$，

$a>0$ のとき $-\dfrac{1}{2}$

328 $y=a\sin\theta+b\cos\theta=\sqrt{a^2+b^2}\sin(\theta+\alpha)$

$\left(\text{ただし，}\cos\alpha=\dfrac{a}{\sqrt{a^2+b^2}},\ \sin\alpha=\dfrac{b}{\sqrt{a^2+b^2}}\right)$ と変形できる。

$-1\leqq\sin(\theta+\alpha)\leqq 1$ であるから $-\sqrt{a^2+b^2}\leqq y\leqq\sqrt{a^2+b^2}$

⇦ y の最大値は $\sqrt{a^2+b^2}$，最小値は $-\sqrt{a^2+b^2}$

最小値が -4 であることから $-\sqrt{a^2+b^2}=-4$

よって $\sqrt{a^2+b^2}=4$ ……①

すなわち，y の最大値は 4 である。

$x=\dfrac{\pi}{3}$ のとき $y=a\sin\dfrac{\pi}{3}+b\cos\dfrac{\pi}{3}=\dfrac{\sqrt{3}}{2}a+\dfrac{1}{2}b$

y は $x=\dfrac{\pi}{3}$ のとき最大値 4 をとるから $\dfrac{\sqrt{3}}{2}a+\dfrac{1}{2}b=4$

ゆえに $\sqrt{3}a+b=8$

①より $a^2+b^2=16$ であるから

$$a^2+(8-\sqrt{3}a)^2=16$$

$$4a^2-16\sqrt{3}a+48=0$$

$$a^2-4\sqrt{3}a+12=0$$

$$(a-2\sqrt{3})^2=0$$

⇦ $\sqrt{3}a+b=8$ より $b=8-\sqrt{3}a$ を代入

したがって **$a=2\sqrt{3}$**

このとき **b**$=8-\sqrt{3}a=8-\sqrt{3}\cdot 2\sqrt{3}=$**$2$**

329 右の図のように，スクリーンから x m 離れた地点から，スクリーンの上端を見たときの仰角を α，下端を見たときの仰角を β とすると

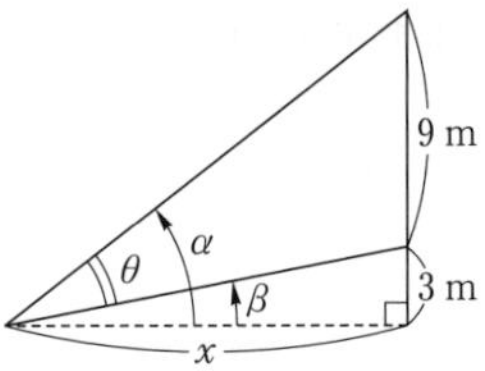

$$\tan\alpha=\frac{9+3}{x}=\frac{12}{x}$$

$$\tan\beta=\frac{3}{x}$$

$\theta=\alpha-\beta$ であるから

$$\tan\theta=\tan(\alpha-\beta)$$

$$=\frac{\tan\alpha-\tan\beta}{1+\tan\alpha\tan\beta}$$

$$=\frac{\frac{12}{x}-\frac{3}{x}}{1+\frac{12}{x}\cdot\frac{3}{x}}=\frac{\frac{9}{x}}{1+\frac{36}{x^2}}=\frac{9}{x+\frac{36}{x}}$$

⇦分母が最小となるとき，分数全体は最大となる。

$x>0$ であるから，相加平均と相乗平均の関係より

$$x+\frac{36}{x}\geqq 2\sqrt{x\cdot\frac{36}{x}}=2\cdot 6=12$$

等号は　$x=\frac{36}{x}$，$x>0$ より $x=6$ のとき成り立つ。

よって　$\tan\theta\leqq\frac{9}{12}=\frac{3}{4}$

$0<\theta<\frac{\pi}{2}$ において，$\tan\theta$ が最大のとき θ も最大となるから

スクリーンから **6 m** 離れて見ると，スクリーン全体を見込む角 θ は最大となる。

> **相加平均と相乗平均の関係**
>
> $a>0$，$b>0$ のとき，
>
> $$\frac{a+b}{2}\geqq\sqrt{ab}$$
>
> $$\Leftrightarrow\quad a+b\geqq 2\sqrt{ab}$$
>
> 等号は $a=b$ のとき成り立つ。

330 (1)　正弦定理より

$$\frac{BC}{\sin\alpha}=\frac{AC}{\sin\beta}$$

よって　$AC=\frac{\sin\beta}{\sin\alpha}$

ここで，$\sin\alpha>0$，$\sin\beta>0$ であるから

$$\sin\alpha=\sqrt{1-\cos^2\alpha}$$

$$=\sqrt{1-\left(\frac{3}{5}\right)^2}=\frac{4}{5}$$

$$\sin\beta=\sqrt{1-\cos^2\beta}$$

$$=\sqrt{1-\left(\frac{\sqrt{3}}{3}\right)^2}=\frac{\sqrt{6}}{3}$$

よって　$AC=\frac{\sqrt{6}}{3}\div\frac{4}{5}=\boldsymbol{\frac{5\sqrt{6}}{12}}$

> **正弦定理**
>
> △ABC において，外接円の半径を R とすると
>
> $$\frac{a}{\sin A}=\frac{b}{\sin B}=\frac{c}{\sin C}=2R$$

(2) $C=\pi-(\alpha+\beta)$ であるから，正弦定理より

$$\frac{BC}{\sin\alpha}=\frac{AB}{\sin\{\pi-(\alpha+\beta)\}}=\frac{AB}{\sin(\alpha+\beta)}$$

よって　$AB=\dfrac{\sin(\alpha+\beta)}{\sin\alpha}$

ここで　$\sin(\alpha+\beta)=\sin\alpha\cos\beta+\cos\alpha\sin\beta$

$$=\frac{4}{5}\cdot\frac{\sqrt{3}}{3}+\frac{3}{5}\cdot\frac{\sqrt{6}}{3}=\frac{4\sqrt{3}+3\sqrt{6}}{15}$$

であるから　$AB=\dfrac{4\sqrt{3}+3\sqrt{6}}{15}\div\dfrac{4}{5}=\boldsymbol{\dfrac{4\sqrt{3}+3\sqrt{6}}{12}}$

331 (1) $\sin 75^\circ=\sin(45^\circ+30^\circ)$

$$=\sin 45^\circ\cos 30^\circ+\cos 45^\circ\sin 30^\circ$$

$$=\frac{1}{\sqrt{2}}\cdot\frac{\sqrt{3}}{2}+\frac{1}{\sqrt{2}}\cdot\frac{1}{2}=\frac{\sqrt{3}+1}{2\sqrt{2}}$$

⇦既知の辺の長さが $BC=\sqrt{3}-1$ のみであるから，辺 AB の対角 ∠C について $\sin C=\sin 75^\circ$ の値が必要となる。

△ABC において，正弦定理より

$$\frac{AB}{\sin 75^\circ}=\frac{BC}{\sin 45^\circ}$$

よって　$AB=BC\cdot\dfrac{1}{\sin 45^\circ}\cdot\sin 75^\circ$

$$=(\sqrt{3}-1)\cdot\frac{\sqrt{2}}{1}\cdot\frac{\sqrt{3}+1}{2\sqrt{2}}=\mathbf{1}$$

⇦ $(\sqrt{3}-1)\cdot(\sqrt{3}+1)=(\sqrt{3})^2-1=2$

(2) $\boldsymbol{\angle AA'B}=180^\circ-(60^\circ+\theta)=\boldsymbol{120^\circ-\theta}$

△AA′B において，正弦定理より

$$\frac{AA'}{\sin 60^\circ}=\frac{AB}{\sin(120^\circ-\theta)}$$

よって　$\boldsymbol{AA'}=AB\times\dfrac{1}{\sin(120^\circ-\theta)}\times\sin 60^\circ$

$$=1\times\frac{1}{\sin(120^\circ-\theta)}\times\frac{\sqrt{3}}{2}$$

$$=\boldsymbol{\frac{\sqrt{3}}{2\sin(120^\circ-\theta)}}$$

(3) 線分 AA′ と線分 PQ の交点を H とすると

△APH において　$\dfrac{AH}{AP}=\cos\theta$

また，$AH=\dfrac{1}{2}AA'=\dfrac{1}{2}\cdot\dfrac{\sqrt{3}}{2\sin(120^\circ-\theta)}$ より

$$AP=\frac{AH}{\cos\theta}=\frac{\sqrt{3}}{4\cos\theta\sin(120^\circ-\theta)}$$

$0^\circ\leqq\theta\leqq 45^\circ$ より $\cos\theta\sin(120^\circ-\theta)>0$ であるから，
$4\cos\theta\sin(120^\circ-\theta)$ の値が最大となるとき，AP は最小となる。

⇦ $0^\circ\leqq\theta\leqq 45^\circ$，$75^\circ\leqq 120^\circ-\theta\leqq 120^\circ$ より $\cos\theta>0$，$\sin(120^\circ-\theta)>0$

$4\sin(120°-\theta)\cos\theta$

$=4(\sin 120°\cos\theta-\cos 120°\sin\theta)\cos\theta$

$=4\cdot\frac{\sqrt{3}}{2}\cdot\cos^2\theta-4\cdot\left(-\frac{1}{2}\right)\cdot\sin\theta\cos\theta$

$=2\sqrt{3}\cdot\frac{\cos 2\theta+1}{2}+2\cdot\frac{1}{2}\sin 2\theta$

$=\sin 2\theta+\sqrt{3}\cos 2\theta+\sqrt{3}$

$=2\sin(2\theta+60°)+\sqrt{3}$

$0°\leqq\theta\leqq 45°$ より　$0°\leqq 2\theta\leqq 90°$ であるから

$60°\leqq 2\theta+60°\leqq 150°$

よって，$4\sin(120°-\theta)\cos\theta$ は　$2\theta+60°=90°$

すなわち　$\boldsymbol{\theta=15°}$ のとき最大値 $2+\sqrt{3}$ をとる。

したがって，AP の最小値は

$$\frac{\sqrt{3}}{2+\sqrt{3}}=\frac{\sqrt{3}(2-\sqrt{3})}{(2+\sqrt{3})(2-\sqrt{3})}=\mathbf{2\sqrt{3}-3}$$

⇦（別解）
三角関数の積を和・差に直す公式を用いると

$4\sin(120°-\theta)\cos\theta$

$=4\cdot\frac{1}{2}\{\sin(120°-\theta+\theta)$

$\quad+\sin(120°-\theta-\theta)\}$

$=\sqrt{3}+2\sin(120°-2\theta)$

$0°\leqq\theta\leqq 45°$ より

$30°\leqq 120°-2\theta\leqq 120°$ から

最大値が求められる。

332　$\pi\fallingdotseq 3.14$ であるから

$\frac{\pi}{2}\fallingdotseq 1.57$，$\frac{3}{2}\pi\fallingdotseq 4.71$，$\frac{\pi}{3}\fallingdotseq 1.05$，$\frac{2}{3}\pi\fallingdotseq 2.09$，

$\frac{\pi}{4}\fallingdotseq 0.79$，$\frac{5}{6}\pi\fallingdotseq 2.62$

よって　$\frac{\pi}{4}<1<\frac{\pi}{3}$ より　$\sin\frac{\pi}{4}<\sin 1<\sin\frac{\pi}{3}$

すなわち　$\frac{\sqrt{2}}{2}<\sin 1<\frac{\sqrt{3}}{2}$

⇦ $0\leqq\alpha<\beta\leqq\frac{\pi}{2}$ のとき
$\sin\alpha<\sin\beta$

$\frac{\pi}{2}<2<\frac{2}{3}\pi$ より　$\sin\frac{2}{3}\pi<\sin 2<\sin\frac{\pi}{2}$

すなわち　$\frac{\sqrt{3}}{2}<\sin 2<1$

⇦ $\frac{\pi}{2}\leqq\alpha<\beta\leqq\pi$ のとき
$\sin\alpha>\sin\beta$
$(\sin\beta<\sin\alpha)$

$\frac{5}{6}\pi<3<\pi$ より　$\sin\pi<\sin 3<\sin\frac{5}{6}\pi$

すなわち　$0<\sin 3<\frac{1}{2}$

$\pi<4<\frac{3}{2}\pi$ より　$\sin\frac{3}{2}\pi<\sin 4<\sin\pi$

すなわち　$-1<\sin 4<0$

⇦ $\pi\leqq\alpha<\beta\leqq\frac{3}{2}\pi$ のとき
$\sin\alpha>\sin\beta$
$(\sin\beta<\sin\alpha)$

また，$\sin 0=0$ であるから

$\mathbf{\sin 4<\sin 0<\sin 3<\sin 1<\sin 2}$

3 章末問題

1節 指数関数

1 指数の拡張

本編 p.068～069

A

333 (1) $(-2)^0=\mathbf{1}$

(2) $4^{-1}=\dfrac{1}{4^1}=\mathbf{\dfrac{1}{4}}$ ← $a^{-n}=\dfrac{1}{a^n}$

(3) $3^{-2}=\dfrac{1}{3^2}=\mathbf{\dfrac{1}{9}}$

(4) $(-6)^{-3}=\dfrac{1}{(-6)^3}=\mathbf{-\dfrac{1}{216}}$

334 (1) $a^5a^{-2}=a^{5+(-2)}=\boldsymbol{a^3}$

(2) $a^{-3}\div a^{-5}$ ← $a^m\div a^n=\dfrac{a^m}{a^n}=a^{m-n}$

$=a^{-3-(-5)}=\boldsymbol{a^2}$

(3) $(a^2)^{-4}=a^{2\times(-4)}=a^{-8}=\boldsymbol{\dfrac{1}{a^8}}$

(4) $(a^{-1}b^2)^{-3}=(a^{-1})^{-3}(b^2)^{-3}$

$=a^3b^{-6}=\boldsymbol{\dfrac{a^3}{b^6}}$

(5) $\left(\dfrac{a^{-3}}{b}\right)^2=\dfrac{(a^{-3})^2}{b^2}=\dfrac{a^{-6}}{b^2}=\boldsymbol{\dfrac{1}{a^6b^2}}$

(6) $a^{-6}\times a^4\div(a^{-1})^2$

$=a^{-6}\times a^4\div a^{-2}$

$=a^{-6+4-(-2)}=a^0=\mathbf{1}$

335 (1) $3^{-2}\div 3^{-4}$

$=3^{-2-(-4)}=3^2=\mathbf{9}$

(2) $7^{-1}\times 7^3\div 7^4$

$=7^{-1+3-4}$

$=7^{-2}=\dfrac{1}{7^2}=\mathbf{\dfrac{1}{49}}$

(3) $10^4\div 10^{-2}\times 10^3$

$=10^{4-(-2)+3}=10^9$

$=\mathbf{1000000000}$

(4) $4^4\div 4^{-3}\div 4^2$

$=4^{4-(-3)-2}=4^5=\mathbf{1024}$

336 (1) $\sqrt[4]{16}=\sqrt[4]{2^4}=\mathbf{2}$

(2) $\sqrt[3]{-27}=\sqrt[3]{(-3)^3}=\mathbf{-3}$

(3) $\sqrt[3]{729}=\sqrt[3]{9^3}=\mathbf{9}$

(4) $\sqrt[5]{0.00001}=\sqrt[5]{(0.1)^5}=\mathbf{0.1}$

337 (1) $\sqrt[5]{27}\sqrt[5]{9}=\sqrt[5]{27\times 9}$

$=\sqrt[5]{3^5}=\mathbf{3}$

(2) $\dfrac{\sqrt[4]{80}}{\sqrt[4]{5}}=\sqrt[4]{\dfrac{80}{5}}$

$=\sqrt[4]{16}=\sqrt[4]{2^4}=\mathbf{2}$

(3) $(\sqrt[3]{5})^6=\sqrt[3]{5^6}$

$=\sqrt[3]{(5^2)^3}=5^2=\mathbf{25}$

(4) $\sqrt[8]{49^4}=\sqrt[8]{(7^2)^4}$

$=\sqrt[8]{7^8}=\mathbf{7}$

(5) $\sqrt[3]{\sqrt{216}}=\sqrt[3]{\sqrt{6^3}}$ ← $\sqrt[n]{a^m}=(\sqrt[n]{a})^m$

$=\sqrt[3]{(\sqrt{6})^3}=\boldsymbol{\sqrt{6}}$

(6) $\dfrac{\sqrt[3]{375}}{\sqrt[3]{81}}=\sqrt[3]{\dfrac{375}{81}}=\sqrt[3]{\dfrac{125}{27}}$

$=\sqrt[3]{\left(\dfrac{5}{3}\right)^3}=\mathbf{\dfrac{5}{3}}$

338 (1) $4^{\frac{5}{2}}=(2^2)^{\frac{5}{2}}=2^5=\mathbf{32}$

(2) $27^{-\frac{4}{3}}=(3^3)^{-\frac{4}{3}}$

$=3^{-4}=\dfrac{1}{3^4}=\mathbf{\dfrac{1}{81}}$

(3) $\left(\dfrac{32}{243}\right)^{\frac{2}{5}}=\left\{\left(\dfrac{2}{3}\right)^5\right\}^{\frac{2}{5}}$

$=\left(\dfrac{2}{3}\right)^2=\mathbf{\dfrac{4}{9}}$

(4) $0.09^{-0.5}=\left\{\left(\dfrac{3}{10}\right)^2\right\}^{-\frac{1}{2}}$

$=\left(\dfrac{3}{10}\right)^{-1}=\mathbf{\dfrac{10}{3}}$

339 (1) $\sqrt[4]{a^3}=\boldsymbol{a^{\frac{3}{4}}}$

(2) $\sqrt[5]{a^{-2}}=\boldsymbol{a^{-\frac{2}{5}}}$

(3) $\dfrac{1}{\sqrt[6]{a}}=\dfrac{1}{a^{\frac{1}{6}}}=\boldsymbol{a^{-\frac{1}{6}}}$

(4) $\dfrac{1}{(\sqrt[3]{a^{-1}})^5}=\dfrac{1}{(a^{-\frac{1}{3}})^5}$

$=\dfrac{1}{a^{-\frac{5}{3}}}=\boldsymbol{a^{\frac{5}{3}}}$

340 (1) $2^{\frac{5}{6}}\times 2^{-\frac{1}{2}}\div 2^{\frac{1}{3}}$

$=2^{\frac{5}{6}+\left(-\frac{1}{2}\right)-\frac{1}{3}}$

$=2^{\frac{5-3-2}{6}}=2^0=\mathbf{1}$

(2) $(32^{-\frac{4}{5}})^{-\frac{3}{2}}=32^{-\frac{4}{5}\times\left(-\frac{3}{2}\right)}$

$=(2^5)^{\frac{6}{5}}=2^6=\mathbf{64}$

(3) $\sqrt[3]{a}\div\dfrac{a^3}{\sqrt[6]{a}}\times a\sqrt{a}$

$=a^{\frac{1}{3}}\div a^{3-\frac{1}{6}}\times a^{1+\frac{1}{2}}$

$=a^{\frac{1}{3}-\frac{17}{6}+\frac{3}{2}}=a^{-1}=\boldsymbol{\dfrac{1}{a}}$

(4) $a^{-\frac{3}{2}}b^{-\frac{1}{2}}\times a^3b^{\frac{5}{2}}\div\dfrac{a^{\frac{1}{2}}}{b^3}$

$=a^{-\frac{3}{2}+3-\frac{1}{2}}\times b^{-\frac{1}{2}+\frac{5}{2}-(-3)}$

$=\boldsymbol{ab^5}$

B

341 (1) $5^3\div(5^2)^{-1}\times 5^{-5}$

$=5^3\div 5^{-2}\times 5^{-5}$

$=5^{3-(-2)+(-5)}=5^0=\mathbf{1}$

(2) $(3^{-2})^{-4}\div 3^{-1}\div 3^5$

$=3^8\div 3^{-1}\div 3^5$

$=3^{8-(-1)-5}=3^4=\mathbf{81}$

342 (1) 729 の 6 乗根は

$\pm\sqrt[6]{729}=\pm\sqrt[6]{3^6}=\boldsymbol{\pm 3}$

(2) -216 の 3 乗根は

$\sqrt[3]{-216}=\sqrt[3]{(-6)^3}=\boldsymbol{-6}$

343 (1) $\sqrt[6]{16}\times\sqrt[3]{\dfrac{1}{2}}\div\sqrt{9\sqrt[3]{4}}$

$=(2^4)^{\frac{1}{6}}\times(2^{-1})^{\frac{1}{3}}\div(3^2\times 2^{\frac{2}{3}})^{\frac{1}{2}}$

$=2^{\frac{2}{3}-\frac{1}{3}-\frac{1}{3}}\times 3^{-1}=2^0\times 3^{-1}=\boldsymbol{\dfrac{1}{3}}$

(2) $\sqrt{\dfrac{25}{3}}-\sqrt[4]{\dfrac{16}{9}}+\sqrt{48}$

$=\left(\dfrac{5^2}{3}\right)^{\frac{1}{2}}-\left(\dfrac{2^4}{3^2}\right)^{\frac{1}{4}}+(2^4\times 3)^{\frac{1}{2}}$

$=\dfrac{5}{\sqrt{3}}-\dfrac{2}{\sqrt{3}}+4\sqrt{3}$

$=\left(\dfrac{5}{3}-\dfrac{2}{3}+4\right)\sqrt{3}$

$=\boldsymbol{5\sqrt{3}}$

C

344 (1) $(a^{\frac{1}{3}}+b^{\frac{1}{3}})(a^{\frac{2}{3}}-a^{\frac{1}{3}}b^{\frac{1}{3}}+b^{\frac{2}{3}})$

$=(a^{\frac{1}{3}}+b^{\frac{1}{3}})\{(a^{\frac{1}{3}})^2-a^{\frac{1}{3}}b^{\frac{1}{3}}+(b^{\frac{1}{3}})^2\}$

$=(a^{\frac{1}{3}})^3+(b^{\frac{1}{3}})^3$

$=\boldsymbol{a+b}$

⇦ $(x+y)(x^2-xy+y^2)$
$=x^3+y^3$

(2) $(a^{\frac{1}{2}}-a^{\frac{1}{4}}b^{\frac{1}{4}}+b^{\frac{1}{2}})(a^{\frac{1}{2}}+a^{\frac{1}{4}}b^{\frac{1}{4}}+b^{\frac{1}{2}})$

$=(a^{\frac{1}{2}}+b^{\frac{1}{2}})^2-(a^{\frac{1}{4}}b^{\frac{1}{4}})^2$

$=(a+2a^{\frac{1}{2}}b^{\frac{1}{2}}+b)-a^{\frac{1}{2}}b^{\frac{1}{2}}$

$=\boldsymbol{a+a^{\frac{1}{2}}b^{\frac{1}{2}}+b}$

⇦ $a^{\frac{1}{2}}+b^{\frac{1}{2}}$ をひとまとまりと見る。

2 指数関数

本編 p.070～072

A

345 (1)(2)

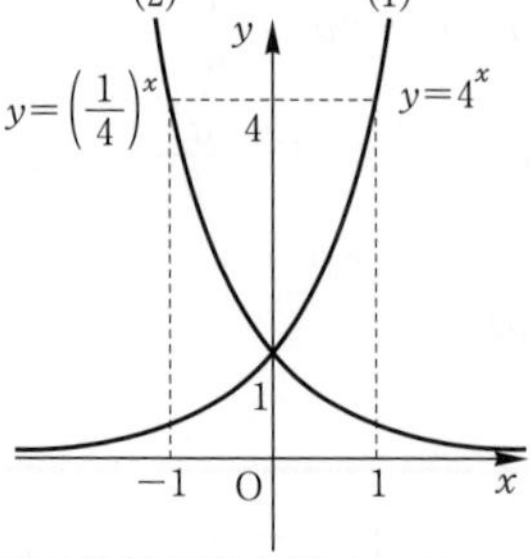

紙面の都合で(1)と(2)を 1 つの図にまとめている。

(3)(4)

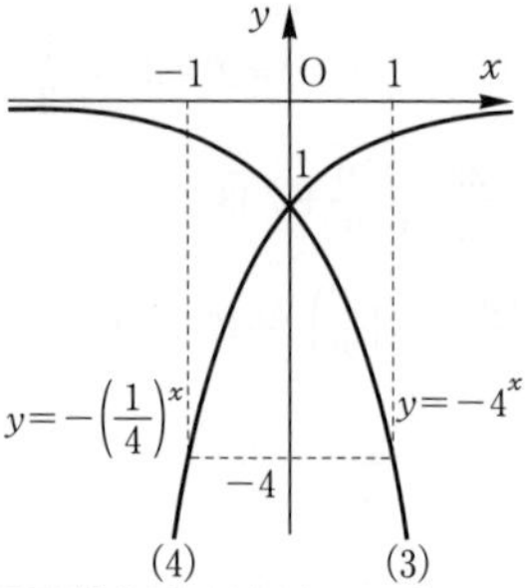

紙面の都合で(3)と(4)を 1 つの図にまとめている。

346 (1) $\sqrt[3]{16}=\sqrt[3]{2^4}=2^{\frac{4}{3}}$, $\sqrt[5]{128}=\sqrt[5]{2^7}=2^{\frac{7}{5}}$,
$\sqrt[7]{512}=\sqrt[7]{2^9}=2^{\frac{9}{7}}$

指数を比較すると　$\frac{9}{7}<\frac{4}{3}<\frac{7}{5}$

底 2 は 1 より大きいから

$2^{\frac{9}{7}}<2^{\frac{4}{3}}<2^{\frac{7}{5}}$

すなわち　$\boldsymbol{\sqrt[7]{512}<\sqrt[3]{16}<\sqrt[5]{128}}$

(2) $1=0.3^0$,　$\sqrt[4]{0.3^3}=0.3^{\frac{3}{4}}$,
$\sqrt[5]{0.3^4}=0.3^{\frac{4}{5}}$, $\sqrt[6]{0.3^5}=0.3^{\frac{5}{6}}$

指数を比較すると　$0<\frac{3}{4}<\frac{4}{5}<\frac{5}{6}$

底 0.3 は 1 より小さいから

$0.3^0>0.3^{\frac{3}{4}}>0.3^{\frac{4}{5}}>0.3^{\frac{5}{6}}$

すなわち　$\boldsymbol{\sqrt[6]{0.3^5}<\sqrt[5]{0.3^4}<\sqrt[4]{0.3^3}<1}$

347 (1) $4^x=(2^2)^x=2^{2x}$ より

$2^{2x}=2^5$ ←― 両辺の底を 2 にそろえる。

よって　$2x=5$ より　$\boldsymbol{x=\frac{5}{2}}$

(2) $27^x=3^{3x}$, $3\sqrt{3}=3^{1+\frac{1}{2}}=3^{\frac{3}{2}}$

より

$3^{3x}=3^{\frac{3}{2}}$ ←― 両辺の底を 3 にそろえる。

よって　$3x=\frac{3}{2}$ より　$\boldsymbol{x=\frac{1}{2}}$

(3) $\left(\frac{1}{9}\right)^x=(3^{-2})^x=3^{-2x}$ より

$3^{-2x}=3^{x-6}$

よって　$-2x=x-6$

より　$\boldsymbol{x=2}$

348 (1) $\frac{1}{243}=\frac{1}{3^5}=3^{-5}$ より

$3^x>3^{-5}$ ←― 両辺の底を 3 にそろえる。

底 3 は 1 より大きいから

$\boldsymbol{x>-5}$

(2) $125=5^3$ より

$5^{2-x}\leqq 5^3$ ←― 両辺の底を 5 にそろえる。

底 5 は 1 より大きいから

$2-x\leqq 3$

よって　$\boldsymbol{x\geqq -1}$

(3) $\frac{1}{2}\left(\frac{1}{2}\right)^x=\left(\frac{1}{2}\right)^{x+1}$,　$\frac{1}{4\sqrt{2}}=\frac{1}{2^{2+\frac{1}{2}}}=\left(\frac{1}{2}\right)^{\frac{5}{2}}$

より

$\left(\frac{1}{2}\right)^{x+1}<\left(\frac{1}{2}\right)^{\frac{5}{2}}$ ←― 両辺の底を $\frac{1}{2}$ にそろえる。

底 $\frac{1}{2}$ は 1 より小さいから

$x+1>\frac{5}{2}$

よって　$\boldsymbol{x>\frac{3}{2}}$

（別解）

$$\frac{1}{2}\cdot\left(\frac{1}{2}\right)^x=2^{-1}\cdot(2^{-1})^x=2^{-x-1},$$

$$\frac{1}{4\sqrt{2}}=\frac{1}{2^{2+\frac{1}{2}}}=2^{-\frac{5}{2}}$$

より

$2^{-x-1}<2^{-\frac{5}{2}}$ ←両辺の底を2にそろえる。

底2は1より大きいから

$$-x-1<-\frac{5}{2}$$

よって　$\boldsymbol{x>\frac{3}{2}}$

349 (1)　方程式を変形すると

$(2^x)^2-5\cdot2^x+4=0$

$2^x=t$ とおくと $t>0$ であり，方程式は

$t^2-5t+4=0$

$(t-1)(t-4)=0$

$t>0$ より　$t=1,\ 4$

すなわち　$2^x=1,\ 4$ ← $2^x=2^0,\ 2^2$

よって　$\boldsymbol{x=0,\ 2}$

(2)　方程式を変形すると

$3\cdot(3^x)^2+2\cdot3^x-1=0$

$3^x=t$ とおくと $t>0$ であり，方程式は

$3t^2+2t-1=0$

$(3t-1)(t+1)=0$

$t>0$ より　$t=\frac{1}{3}$

すなわち　$3^x=\frac{1}{3}$ ← $3^x=3^{-1}$

よって　$\boldsymbol{x=-1}$

(3)　方程式を変形すると

$(2^x)^2+4\cdot2^x-12=0$

$2^x=t$ とおくと $t>0$ であり，方程式は

$t^2+4t-12=0$

$(t+6)(t-2)=0$

$t>0$ より　$t=2$

すなわち　$2^x=2$ ← $2^x=2^1$

よって　$\boldsymbol{x=1}$

(4)　方程式を変形すると

$$\left\{\left(\frac{1}{3}\right)^x\right\}^2-6\cdot\left(\frac{1}{3}\right)^x-27=0$$

$\left(\frac{1}{3}\right)^x=t$ とおくと $t>0$ であり，方程式は

$t^2-6t-27=0$

$(t+3)(t-9)=0$

$t>0$ より　$t=9$

すなわち　$\left(\frac{1}{3}\right)^x=9$ ← $\left(\frac{1}{3}\right)^x=\left(\frac{1}{3}\right)^{-2}$

よって　$\boldsymbol{x=-2}$

350 (1)　不等式を変形すると

$(3^x)^2-4\cdot3^x+3\leqq0$

$3^x=t$ とおくと $t>0$ であり，不等式は

$t^2-4t+3\leqq0$

$(t-1)(t-3)\leqq0$

$t>0$ より　$1\leqq t\leqq3$

すなわち　$3^0\leqq3^x\leqq3^1$

底3は1より大きいから　$\boldsymbol{0\leqq x\leqq1}$

(2)　$4^{x-1}=\frac{1}{4}\cdot4^x$ であるから，

不等式を変形すると

$$(4^x)^2-\frac{3}{2}\cdot4^x-1>0$$

$2\cdot(4^x)^2-3\cdot4^x-2>0$

$4^x=t$ とおくと $t>0$ であり，不等式は

$2t^2-3t-2>0$

$(2t+1)(t-2)>0$

$2t+1>0$ であるから　$t-2>0$ より

$t>2$

すなわち　$4^x>4^{\frac{1}{2}}$

底4は1より大きいから　$\boldsymbol{x>\frac{1}{2}}$

B

351 (1)　$2\cdot4^x=2^{1+2x}$，$\sqrt{2}\cdot2^x=2^{\frac{1}{2}+x}$

より

$2^{1+2x}=2^{\frac{1}{2}+x}$

よって　$1+2x=\frac{1}{2}+x$

より　$\boldsymbol{x=-\frac{1}{2}}$

(2)　$(5\cdot5^x)^x=(5^{1+x})^x=5^{x+x^2}$

より

$5^{x+x^2}=5^2$

よって　$x+x^2=2$

$x^2+x-2=0$

$(x+2)(x-1)=0$

より　$\boldsymbol{x=-2,\ 1}$

(3)　不等式を変形すると

$\left(\frac{1}{3}\right)^2\leqq\left(\frac{1}{3}\right)^x\leqq\left(\frac{1}{3}\right)^0$

底 $\frac{1}{3}$ は1より小さいから

$\boldsymbol{0\leqq x\leqq 2}$

(4)　$4^x=2^{2x}$，$(\sqrt[3]{2})^{x-1}=2^{\frac{x-1}{3}}$

より

$2^{2x}\leqq2^{\frac{x-1}{3}}$

底2は1より大きいから

$2x\leqq\frac{x-1}{3}$

よって　$\boldsymbol{x\leqq-\frac{1}{5}}$

352 (1)　$\left(\frac{1}{4}\right)^{2x-\frac{1}{2}}=\left(\frac{1}{4}\right)^{-\frac{1}{2}}\cdot\left\{\left(\frac{1}{4}\right)^x\right\}^2=2\left\{\left(\frac{1}{4}\right)^x\right\}^2$

であるから，方程式を変形すると

$2\left\{\left(\frac{1}{4}\right)^x\right\}^2-9\left(\frac{1}{4}\right)^x+4=0$

$\left(\frac{1}{4}\right)^x=t$ とおくと $t>0$ であり，方程式は

$2t^2-9t+4=0$

$(2t-1)(t-4)=0$

$t>0$ より　$t=\frac{1}{2}$，4

すなわち　$\left(\frac{1}{4}\right)^x=\frac{1}{2}$，4

よって　$\boldsymbol{x=\frac{1}{2},\ -1}$

(2)　$\left(\frac{1}{3}\right)^{2x-1}=\left(\frac{1}{3}\right)^{-1}\cdot\left\{\left(\frac{1}{3}\right)^x\right\}^2=3\left\{\left(\frac{1}{3}\right)^x\right\}^2$

であるから，不等式を変形すると

$3\left\{\left(\frac{1}{3}\right)^x\right\}^2-4\left(\frac{1}{3}\right)^x+1\geqq0$

$\left(\frac{1}{3}\right)^x=t$ とおくと $t>0$ であり，不等式は

$3t^2-4t+1\geqq0$

$(3t-1)(t-1)\geqq0$

$t>0$ より　$0<t\leqq\frac{1}{3}$，$1\leqq t$

すなわち

$0<\left(\frac{1}{3}\right)^x\leqq\left(\frac{1}{3}\right)^1$，$\left(\frac{1}{3}\right)^0\leqq\left(\frac{1}{3}\right)^x$

底 $\frac{1}{3}$ は1より小さいから

$\boldsymbol{x\leqq0,\ 1\leqq x}$

C

353　$2^x-24\cdot2^{-x}-5=0$

$t=2^x$ とおくと $t>0$ であり，方程式は　$t-24\cdot\frac{1}{t}-5=0$

両辺に t を掛けて　$t^2-5t-24=0$

$(t-8)(t+3)=0$

$t>0$ より　$t=8$　　すなわち　$2^x=8$

よって　$\boldsymbol{x=3}$

354 (1) $(3^x-3^{-x})^2=(3^x)^2-2\cdot3^x\cdot3^{-x}+(3^{-x})^2$

$=9^x+9^{-x}-2$

より　$9^x+9^{-x}-2=4^2$

よって　$9^x+9^{-x}=16+2=\mathbf{18}$

(2) $(3^x+3^{-x})^2=(3^x)^2+2\cdot3^x\cdot3^{-x}+(3^{-x})^2$

$=9^x+9^{-x}+2$

$=18+2=20$

ここで，$3^x>0$，$3^{-x}>0$ より　$3^x+3^{-x}>0$ であるから

$3^x+3^{-x}=\sqrt{20}=\mathbf{2\sqrt{5}}$

(3) $27^x-27^{-x}=(3^x)^3-(3^{-x})^3$

$=(3^x-3^{-x})^3+3\cdot3^x\cdot3^{-x}(3^x-3^{-x})$

$=4^3+3\cdot1\cdot4=\mathbf{76}$

(別解)　$27^x-27^{-x}=(3^x)^3-(3^{-x})^3$

$=(3^x-3^{-x})(9^x+3^x\cdot3^{-x}+9^{-x})$

$=4\cdot(18+1)=\mathbf{76}$

355 (1) $(a^x+a^{-x})(a^x-a^{-x})=a^{2x}-a^{-2x}$

$=3-\dfrac{1}{3}=\mathbf{\dfrac{8}{3}}$

(2) $\dfrac{a^{3x}-a^{-3x}}{a^x-a^{-x}}=\dfrac{(a^x-a^{-x})(a^{2x}+a^xa^{-x}+a^{-2x})}{a^x-a^{-x}}$

$=a^{2x}+1+a^{-2x}$

$=3+1+\dfrac{1}{3}=\mathbf{\dfrac{13}{3}}$

(別解)

$\dfrac{a^{3x}-a^{-3x}}{a^x-a^{-x}}=\dfrac{(a^{3x}-a^{-3x})\cdot a^x}{(a^x-a^{-x})\cdot a^x}=\dfrac{a^{4x}-a^{-2x}}{a^{2x}-1}$

$=\dfrac{3^2-\dfrac{1}{3}}{3-1}=\dfrac{26}{3}\times\dfrac{1}{2}=\mathbf{\dfrac{13}{3}}$

356 (1) 3 つの数はいずれも正の数であり，6 乗すると

$(\sqrt{5})^6=5^3=125$，$(\sqrt[3]{11})^6=11^2=121$，$(\sqrt[6]{130})^6=130$

$121<125<130$ であるから

$(\sqrt[3]{11})^6<(\sqrt{5})^6<(\sqrt[6]{130})^6$

よって　$\mathbf{\sqrt[3]{11}<\sqrt{5}<\sqrt[6]{130}}$

(2) 3 つの数はいずれも正の数であり，

$2^{40}=(2^4)^{10}=16^{10}$，$3^{30}=(3^3)^{10}=27^{10}$，$5^{20}=(5^2)^{10}=25^{10}$

底を比較すると　$16<25<27$

すなわち　$16^{10}<25^{10}<27^{10}$

よって　$\mathbf{2^{40}<5^{20}<3^{30}}$

㊍p.173 章末A 5

⇦ $3^x-3^{-x}=4$ の両辺を 2 乗すると，9^x+9^{-x} が現れる。

⇦ $a^3-b^3=(a-b)^3+3ab(a-b)$

⇦ $a^3-b^3=(a-b)(a^2+ab+b^2)$

⇦各数の根号を外すために，2，3，6 の最小公倍数より各数を 6 乗する。

⇦各数の指数をそろえる。

357 (1) $9^x=(3^2)^x=(3^x)^2$，$2\cdot3^{x+2}=2\cdot3^2\cdot3^x=18\cdot3^x$ であるから

$y=(3^x)^2-18\cdot3^x+45$

$3^x=t$ とおくと $t>0$ であり，

$y=t^2-18t+45$

$=(t-9)^2-36$

右のグラフより

$t=3^x=9$ すなわち

$x=2$ のとき，最小値 -36

をとる。**最大値はない。**

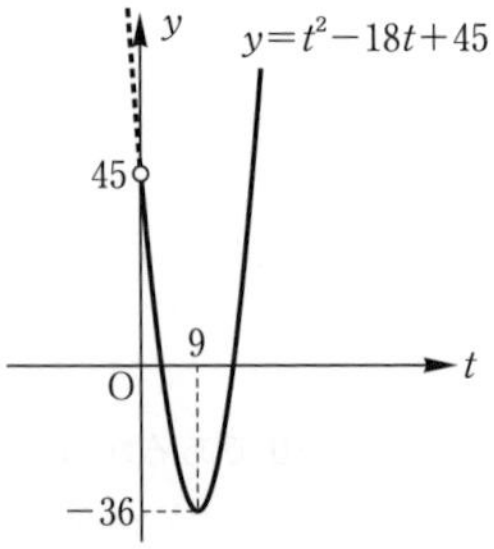

⇦ $3^x=t$ のとりうる値の範囲に注意

(2) $2^x=t$ とおく。$-1\leqq x\leqq2$ より，底 2 は 1 より大きいから

$2^{-1}\leqq2^x\leqq2^2$　すなわち　$\dfrac{1}{2}\leqq t\leqq4$ である。

⇦ $2^x=t$ のとりうる値の範囲に注意

このとき

$y=-(2^x)^2+2\cdot2^x+2$

$=-t^2+2t+2=-(t-1)^2+3$

右のグラフより

$t=2^x=1$ すなわち

$x=0$ のとき，最大値 3

$t=2^x=4$ すなわち

$x=2$ のとき，最小値 -6 をとる。

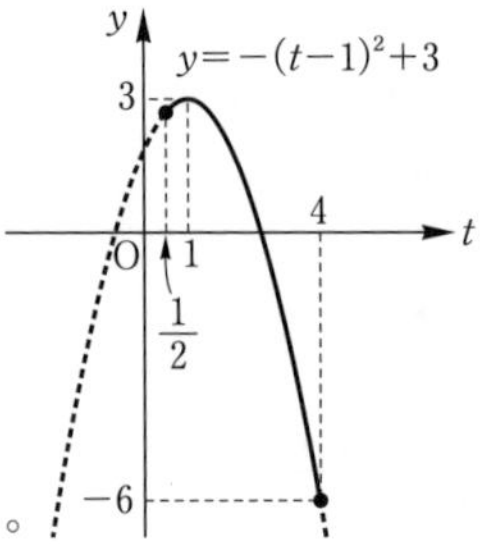

358 (1) $t^2=(3^x+3^{-x})^2=(3^x)^2+2\cdot3^x\cdot3^{-x}+(3^{-x})^2$

$=9^x+9^{-x}+2$

より　$9^x+9^{-x}=t^2-2$

よって　$y=-(t^2-2)+8t-6$

すなわち　$\boldsymbol{y=-t^2+8t-4}$

㊎ p.174 章末B ⑪

⇦ 9^x+9^{-x} を t の式で表す。

(2) $3^x>0, 3^{-x}>0$ であるから，相加平均と相乗平均の関係より

$3^x+3^{-x}\geqq2\sqrt{3^x\cdot3^{-x}}=2$

等号は，$3^x=3^{-x}$，すなわち　$3^x=\dfrac{1}{3^x}$ より　$3^{2x}=1$

から，$x=0$ のとき成り立つ。

よって，t のとりうる値の範囲は　$\boldsymbol{t\geqq2}$

相加平均と相乗平均の関係

$a>0$，$b>0$ のとき

$\dfrac{a+b}{2}\geqq2\sqrt{ab}$

$\Leftrightarrow$　$a+b\geqq2\sqrt{ab}$

等号は $a=b$ のとき成り立つ。

(3) $y=-(t-4)^2+12$

(2)より $t\geqq2$ であるから

y は $t=4$ のとき最大となる。

$3^x+3^{-x}=4$ のとき

$(3^x)^2-4\cdot3^x+1=0$

よって，**$3^x=2\pm\sqrt{3}$ のとき，**

y は**最大値** 12 をとる。

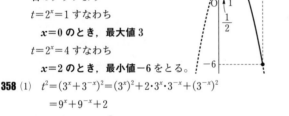

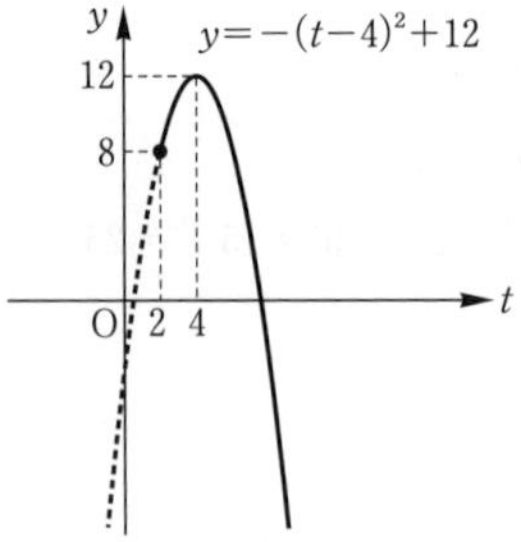

⇦ $2-\sqrt{3}>0$ であるから，$3^x=2-\sqrt{3}$ を満たす x も存在する。

2節　対数関数

1　対数とその性質

本編 p.073～075

A

359 (1)　$\mathbf{5=\log_3 243}$

(2)　$\mathbf{-3=\log_5 \frac{1}{125}}$

$a^p=M$
$\Leftrightarrow p=\log_a M$

(3)　$\mathbf{\frac{2}{3}=\log_{64} 16}$

(4)　$\mathbf{-\frac{3}{7}=\log_{128} \frac{1}{8}}$

(5)　$\mathbf{0=\log_{0.3} 1}$

(6)　$\mathbf{0.5=\log_9 3}$

360 (1)　$\mathbf{10^4=10000}$

(2)　$\mathbf{\left(\frac{1}{3}\right)^{-\frac{1}{2}}=\sqrt{3}}$

(3)　$\mathbf{(\sqrt{2})^8=16}$

361 (1)　$512=2^9$ であるから
$\log_2 512=\mathbf{9}$

(2)　$\frac{1}{81}=\frac{1}{3^4}=3^{-4}$ であるから

$\log_3 \frac{1}{81}=\mathbf{-4}$

(3)　$\sqrt[4]{125}=(5^3)^{\frac{1}{4}}=5^{\frac{3}{4}}$であるから

$\log_5 \sqrt[4]{125}=\mathbf{\frac{3}{4}}$

(4)　$1=7^0$ であるから
$\log_7 1=\mathbf{0}$

362 (1)　$\log_9 3=x$ とおくと　$9^x=3$
$9^x=(3^2)^x=3^{2x}$ より　$3^{2x}=3^1$
であるから $2x=1$ より　$x=\frac{1}{2}$

よって　$\log_9 3=\mathbf{\frac{1}{2}}$

(別解)

$\log_9 3=x$ とおくと　$9^x=3$
$3=\sqrt{9}=9^{\frac{1}{2}}$より　$9^x=9^{\frac{1}{2}}$
であるから　$x=\frac{1}{2}$

よって　$\log_9 3=\mathbf{\frac{1}{2}}$

(2)　$\log_4 4\sqrt{2}=x$ とおくと　$4^x=4\sqrt{2}$
$4^x=2^{2x}$，$4\sqrt{2}=2^2\cdot 2^{\frac{1}{2}}=2^{2+\frac{1}{2}}=2^{\frac{5}{2}}$ より
$2^{2x}=2^{\frac{5}{2}}$
であるから $2x=\frac{5}{2}$ より　$x=\frac{5}{4}$

よって　$\log_4 4\sqrt{2}=\mathbf{\frac{5}{4}}$

(別解)

$\log_4 4\sqrt{2}=x$ とおくと　$4^x=4\sqrt{2}$
$4\sqrt{2}=4\sqrt[4]{4}=4\cdot 4^{\frac{1}{4}}=4^{1+\frac{1}{4}}=4^{\frac{5}{4}}$ より
$4^x=4^{\frac{5}{4}}$
であるから　$x=\frac{5}{4}$

よって　$\log_4 4\sqrt{2}=\mathbf{\frac{5}{4}}$

(3)　$\log_{\frac{1}{5}} 25=x$ とおくと　$\left(\frac{1}{5}\right)^x=25$

$\left(\frac{1}{5}\right)^x=(5^{-1})^x=5^{-x}$，$25=5^2$ より
$5^{-x}=5^2$
であるから $-x=2$ より　$x=-2$
よって　$\log_{\frac{1}{5}} 25=\mathbf{-2}$

(別解)

$\log_{\frac{1}{5}} 25=x$ とおくと　$\left(\frac{1}{5}\right)^x=25$

$25=5^2=\left\{\left(\frac{1}{5}\right)^{-1}\right\}^2=\left(\frac{1}{5}\right)^{-2}$ より

$\left(\frac{1}{5}\right)^x=\left(\frac{1}{5}\right)^{-2}$

であるから　$x=-2$
よって　$\log_{\frac{1}{5}} 25=\mathbf{-2}$

363 (1)　$\log_{10} 4+\log_{10} 25$
$=\log_{10}(4\times 25)$
$=\log_{10} 100=\log_{10} 10^2=\mathbf{2}$

(2)　$\log_3 30-\log_3 10=\log_3 \frac{30}{10}$
$=\log_3 3=\mathbf{1}$

(3) $\log_6\frac{9}{4}+\log_6 16=\log_6\left(\frac{9}{4}\times 16\right)$

$=\log_6 36=\log_6 6^2=\mathbf{2}$

(4) $\log_5\frac{2}{15}-\log_5\frac{50}{3}$

$=\log_5\left(\frac{2}{15}\div\frac{50}{3}\right)=\log_5\left(\frac{2}{15}\times\frac{3}{50}\right)$

$=\log_5\frac{1}{125}=\log_5 5^{-3}=\mathbf{-3}$

364 (1) $\log_5\sqrt{15}+\log_5\sqrt{\frac{5}{3}}$

$=\log_5\left(\sqrt{15}\times\sqrt{\frac{5}{3}}\right)=\log_5 5=\mathbf{1}$

(2) $\log_2\sqrt{18}-\log_2\frac{3}{4}$

$=\log_2\left(\sqrt{18}\div\frac{3}{4}\right)$

$=\log_2\left(3\sqrt{2}\times\frac{4}{3}\right)$

$=\log_2 4\sqrt{2}=\log_2 2^{\frac{5}{2}}=\mathbf{\frac{5}{2}}$ ←

$4\sqrt{2}=2^2\cdot 2^{\frac{1}{2}}$

$=2^{2+\frac{1}{2}}=2^{\frac{5}{2}}$

(3) $2\log_3\sqrt{15}+\log_3\frac{9}{5}$

$=\log_3(\sqrt{15})^2+\log_3\frac{9}{5}$

$=\log_3 15+\log_3\frac{9}{5}=\log_3\left(15\times\frac{9}{5}\right)$

$=\log_3 27=\log_3 3^3=\mathbf{3}$

(4) $\log_6 72-\frac{1}{3}\log_6 8$

$=\log_6 72-\log_6 8^{\frac{1}{3}}$

$=\log_6 72-\log_6 2=\log_6\frac{72}{2}$

$=\log_6 36=\log_6 6^2=\mathbf{2}$

(5) $\log_{10}\frac{9}{2}-\log_{10}\frac{5}{4}-2\log_{10}\frac{3}{5}$

$=\log_{10}\frac{9}{2}-\log_{10}\frac{5}{4}-\log_{10}\left(\frac{3}{5}\right)^2$

$=\log_{10}\left(\frac{9}{2}\div\frac{5}{4}\div\frac{9}{25}\right)=\log_{10}\left(\frac{9}{2}\times\frac{4}{5}\times\frac{25}{9}\right)$

$=\log_{10}10=\mathbf{1}$

(6) $\log_2\sqrt{12}-\frac{1}{2}\log_2\frac{3}{32}+\frac{3}{2}\log_2\frac{1}{\sqrt[6]{4}}$

$=\log_2 2\sqrt{3}-\log_2\left(\frac{3}{32}\right)^{\frac{1}{2}}+\log_2\left(\frac{1}{\sqrt[6]{4}}\right)^{\frac{3}{2}}$

$=\log_2 2\sqrt{3}-\log_2\sqrt{\frac{3}{32}}+\log_2\{(2^2)^{-\frac{1}{6}}\}^{\frac{3}{2}}$

$=\log_2 2\sqrt{3}-\log_2\frac{\sqrt{3}}{4\sqrt{2}}+\log_2 2^{-\frac{1}{2}}$

$=\log_2\left(2\sqrt{3}\times\frac{4\sqrt{2}}{\sqrt{3}}\times\frac{1}{\sqrt{2}}\right)$

$=\log_2 8=\log_2 2^3=\mathbf{3}$

365 (1) $\log_{10}72=\log_{10}(2^3\times 3^2)$

$=\log_{10}2^3+\log_{10}3^2$

$=3\log_{10}2+2\log_{10}3=\mathbf{3a+2b}$

(2) $\log_{10}\sqrt[3]{\frac{16}{81}}=\log_{10}\left(\frac{2^4}{3^4}\right)^{\frac{1}{3}}$

$=\frac{1}{3}(\log_{10}2^4-\log_{10}3^4)$

$=\frac{1}{3}(4\log_{10}2-4\log_{10}3)=\mathbf{\frac{4}{3}a-\frac{4}{3}b}$

(3) $\log_{10}\sqrt{5}=\log_{10}5^{\frac{1}{2}}$

$=\frac{1}{2}\log_{10}5=\frac{1}{2}\log_{10}\frac{10}{2}$

$=\frac{1}{2}(\log_{10}10-\log_{10}2)$

$=\frac{1}{2}(1-a)=\mathbf{\frac{1}{2}-\frac{a}{2}}$

366 (1) $\log_8 32=\frac{\log_2 32}{\log_2 8}$ ← 底を 2 に変換

$=\frac{\log_2 2^5}{\log_2 2^3}=\frac{5\log_2 2}{3\log_2 2}=\mathbf{\frac{5}{3}}$

(2) $\log_{\frac{1}{3}}9=\frac{\log_3 9}{\log_3\frac{1}{3}}$ ← 底を 3 に変換

$=\frac{\log_3 3^2}{\log_3 3^{-1}}=\frac{2\log_3 3}{-\log_3 3}=\mathbf{-2}$

(3) $\log_5 9\cdot\log_3 25$

$=\frac{\log_3 9}{\log_3 5}\cdot\log_3 25$ ← 底を 3 に変換

$=\frac{\log_3 3^2}{\log_3 5}\cdot\log_3 5^2=\frac{2}{\log_3 5}\cdot 2\log_3 5=\mathbf{4}$

(4) $\log_3 6-\log_9 12=\log_3 6-\dfrac{\log_3 12}{\log_3 9}$ ← 底を 3 に変換

$=\log_3 6-\dfrac{\log_3 12}{\log_3 3^2}$

$=\log_3 6-\dfrac{1}{2}\log_3 12=\log_3 6-\log_3\sqrt{12}$

$=\log_3\dfrac{6}{2\sqrt{3}}=\log_3\sqrt{3}=\log_3 3^{\frac{1}{2}}=\mathbf{\dfrac{1}{2}}$

(5) $\log_2\dfrac{1}{3}+\dfrac{1}{\log_3 2}=\dfrac{\log_3\frac{1}{3}}{\log_3 2}+\dfrac{1}{\log_3 2}$ ← 底を 3 に変換

$=\dfrac{\log_3 3^{-1}}{\log_3 2}+\dfrac{1}{\log_3 2}$

$=\dfrac{-1}{\log_3 2}+\dfrac{1}{\log_3 2}=\mathbf{0}$

367 (1) $(左辺)=\dfrac{\log_a b}{\log_c d}=\log_a b\times\dfrac{1}{\log_c d}$

$=\dfrac{\log_b b}{\log_b a}\times\dfrac{\log_d c}{\log_d d}$ ← 底を b, d にそれぞれ変換

$=\dfrac{1}{\log_b a}\times\log_d c$

$=\dfrac{\log_d c}{\log_b a}=(右辺)$ 終

(2) $(左辺)=\log_a b\cdot\log_b c\cdot\log_c d$

$=\log_a b\cdot\dfrac{\log_a c}{\log_a b}\cdot\dfrac{\log_a d}{\log_a c}$ ← 底を a に変換

$=\log_a d=(右辺)$ 終

B

368 (1) $\log_2 2\sqrt[3]{4}=p$ より　$2^p=2\sqrt[3]{4}$

$2\sqrt[3]{4}=2\cdot(2^2)^{\frac{1}{3}}=2^{1+\frac{2}{3}}=2^{\frac{5}{3}}$ より

$2^p=2^{\frac{5}{3}}$

よって　$\boldsymbol{p=\dfrac{5}{3}}$

(2) $\log_3 M=-\dfrac{5}{2}$ より

$M=3^{-\frac{5}{2}}=\dfrac{1}{3^{\frac{5}{2}}}=\dfrac{1}{3^2\cdot 3^{\frac{1}{2}}}=\dfrac{1}{9\sqrt{3}}=\mathbf{\dfrac{\sqrt{3}}{27}}$

(3) $\log_a\dfrac{1}{81}=4$ より　$a^4=\dfrac{1}{81}=\left(\dfrac{1}{3}\right)^4$

$a>0$, $a\neq 1$ であるから　$\boldsymbol{a=\dfrac{1}{3}}$

369 (1) $\log_2 3\cdot\log_3 6\cdot\log_6 4$

$=\log_2 3\cdot\dfrac{\log_2 6}{\log_2 3}\cdot\dfrac{\log_2 4}{\log_2 6}$

$=\log_2 4=\log_2 2^2=\mathbf{2}$

(2) $\log_2 25\div\log_4 5$

$=\log_2 5^2\div\dfrac{\log_2 5}{\log_2 4}$

$=2\log_2 5\times\dfrac{\log_2 4}{\log_2 5}$

$=2\log_2 4=2\log_2 2^2=\mathbf{4}$

(3) $\log_2 3\cdot\log_9 16+\log_3 4\cdot\log_4 3$

$=\log_2 3\cdot\dfrac{\log_2 16}{\log_2 9}+\log_3 4\cdot\dfrac{\log_3 3}{\log_3 4}$

$=\log_2 3\cdot\dfrac{\log_2 2^4}{\log_2 3^2}+1$

$=\log_2 3\cdot\dfrac{4}{2\log_2 3}+1=2+1=\mathbf{3}$

(4) $\log_2 16+\log_4 8-\log_8 4$

$=\log_2 2^4+\dfrac{\log_2 8}{\log_2 4}-\dfrac{\log_2 4}{\log_2 8}$

$=4+\dfrac{\log_2 2^3}{\log_2 2^2}-\dfrac{\log_2 2^2}{\log_2 2^3}$

$=4+\dfrac{3}{2}-\dfrac{2}{3}$

$=\dfrac{24+9-4}{6}=\mathbf{\dfrac{29}{6}}$

370 $\log_{35}63=\dfrac{\log_3 63}{\log_3 35}=\dfrac{\log_3 3^2\cdot 7}{\log_3 5\cdot 7}$

$=\dfrac{\log_3 3^2+\log_3 7}{\log_3 5+\log_3 7}$

$=\dfrac{2+\log_3 7}{\log_3 5+\log_3 7}$

ここで　$\log_5 7=\dfrac{\log_3 7}{\log_3 5}$

より　$\log_3 7=\log_3 5\cdot\log_5 7=ab$

よって

$\log_{35}63=\dfrac{2+\log_3 7}{\log_3 5+\log_3 7}=\mathbf{\dfrac{2+ab}{a+ab}}$

C

371 (1) $(\log_4 3-\log_8 3)(\log_3 2+\log_9 2)$

$=\left(\dfrac{\log_2 3}{\log_2 4}-\dfrac{\log_2 3}{\log_2 8}\right)\left(\dfrac{\log_2 2}{\log_2 3}+\dfrac{\log_2 2}{\log_2 9}\right)$

⇦底を 2 にそろえる。

$=\left(\dfrac{\log_2 3}{\log_2 2^2}-\dfrac{\log_2 3}{\log_2 2^3}\right)\left(\dfrac{\log_2 2}{\log_2 3}+\dfrac{\log_2 2}{\log_2 3^2}\right)$

$=\left(\dfrac{\log_2 3}{2}-\dfrac{\log_2 3}{3}\right)\left(\dfrac{1}{\log_2 3}+\dfrac{1}{2\log_2 3}\right)$

$=\left(\dfrac{1}{2}-\dfrac{1}{3}\right)\log_2 3\times\left(1+\dfrac{1}{2}\right)\dfrac{1}{\log_2 3}$

$=\dfrac{1}{6}\times\dfrac{3}{2}=\mathbf{\dfrac{1}{4}}$

(2) $(\log_3 4+\log_5 8\cdot\log_3 5)\log_2 3$

$=\left(\dfrac{\log_2 4}{\log_2 3}+\dfrac{\log_2 8}{\log_2 5}\cdot\dfrac{\log_2 5}{\log_2 3}\right)\log_2 3$

⇦底を 2 にそろえる。

$=\log_2 2^2+\log_2 2^3=2+3=\mathbf{5}$

(3) $\log_2 3+\log_3 2-\log_2 6\cdot\log_3 6$

$=\log_2 3+\dfrac{\log_2 2}{\log_2 3}-\log_2(2\times3)\cdot\dfrac{\log_2(2\times3)}{\log_2 3}$

⇦底を 2 にそろえる。

$=\dfrac{(\log_2 3)^2+1-(\log_2 2+\log_2 3)^2}{\log_2 3}$

$=\dfrac{(\log_2 3)^2+1-(1+\log_2 3)^2}{\log_2 3}$

$=-\dfrac{2\log_2 3}{\log_2 3}=\mathbf{-2}$

372 (1) $2^{\log_2 10}=x$ とおくと

$\log_2 10=\log_2 x$

⇦ $a^p=M \Leftrightarrow p=\log_a M$ を利用

よって　$x=10$

ゆえに　$2^{\log_2 10}=\mathbf{10}$

(2) $10^{2\log_{10}\sqrt{3}}=x$ とおくと

$2\log_{10}\sqrt{3}=\log_{10}x$

$2\log_{10}\sqrt{3}=\log_{10}(\sqrt{3})^2=\log_{10}3$

であるから　$\log_{10}x=\log_{10}3$

よって　$x=3$

ゆえに　$10^{2\log_{10}\sqrt{3}}=\mathbf{3}$

(3) $3^{\log_9 4}=x$ とおくと

$\log_9 4=\log_3 x$

$\log_9 4=\dfrac{\log_3 4}{\log_3 9}=\dfrac{\log_3 2^2}{\log_3 3^2}=\dfrac{2\log_3 2}{2}=\log_3 2$

⇦底を 3 にそろえる。

であるから　$\log_3 x=\log_3 2$

よって　$x=2$

ゆえに　$3^{\log_9 4}=\mathbf{2}$

373 $2\log_5(a-b)=\log_5 a+\log_5 b$ ……①とする。

真数は正であるから,

$a-b>0$ かつ $a>0$ かつ $b>0$

これより $a>b>0$

よって $\dfrac{a}{b}>1$ ……②

①が成り立つとき $\log_5(a-b)^2=\log_5 ab$

であるから $(a-b)^2=ab$

展開して整理すると $a^2-3ab+b^2=0$

これを a について解くと $a=\dfrac{3b\pm\sqrt{5b^2}}{2}=\dfrac{(3\pm\sqrt{5})b}{2}$

②より $\dfrac{a}{b}=\mathbf{\dfrac{3+\sqrt{5}}{2}}$

⇦真数の条件から, a, b の満たすべき条件を調べる。

⇦$\dfrac{a}{b}>1$(②)に注意

374 $2^x=3^y=72^z$ の各辺は正の数であるから,

各辺の 2 を底とする対数をとり, その値を k とおくと

$\log_2 2^x=\log_2 3^y=\log_2 72^z=k$ ($xyz\neq0$ より $k\neq0$)

すなわち $x=y\log_2 3=z\log_2 72=k$

よって

$$\frac{3}{x}+\frac{2}{y}=\frac{3}{k}+2\cdot\frac{\log_2 3}{k}=\frac{3+2\log_2 3}{k}$$

$$\frac{1}{z}=\frac{\log_2 72}{k}=\frac{\log_2(2^3\cdot3^2)}{k}=\frac{\log_2 2^3+\log_2 3^2}{k}=\frac{3+2\log_2 3}{k}$$

ゆえに $\dfrac{3}{x}+\dfrac{2}{y}=\dfrac{1}{z}$ 終

㊙教 p.173 章末A 8

⇦左辺と右辺が同じ k の式で表されることを示す。

375 a は 1 でない正の定数で, $2^x=5^y=a$ の各辺は正の数であるから, 各辺の a を底とする対数をとると

$\log_a 2^x=\log_a 5^y=\log_a a$

すなわち $x\log_a 2=y\log_a 5=1$

よって $\dfrac{1}{x}=\log_a 2$, $\dfrac{1}{y}=\log_a 5$

このとき

$$\frac{1}{x}+\frac{1}{y}=\log_a 2+\log_a 5=\log_a 10$$

であるから $\log_a 10=\dfrac{1}{3}$

すなわち $a^{\frac{1}{3}}=10$

ゆえに $a=10^3=\mathbf{1000}$

⇦$\log_a M=p \Leftrightarrow a^p=M$

⇦両辺を 3 乗する。

4

2節 対数関数

2 対数関数とそのグラフ

本編 p.076～079

A

376 (1)(2)

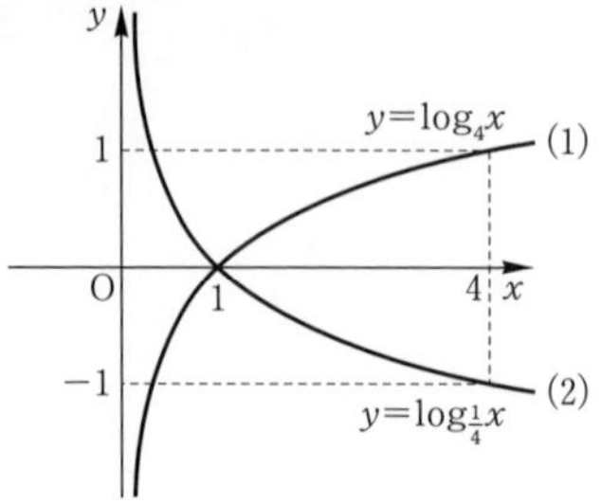

紙面の都合で(1)と(2)を 1 つの図にまとめている。

(3)(4)

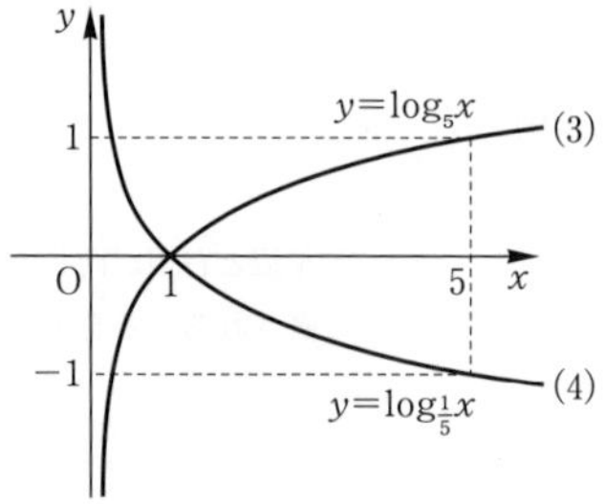

紙面の都合で(3)と(4)を 1 つの図にまとめている。

377 (1) $1=\log_6 6$

$2\log_6\sqrt{3}=\log_6(\sqrt{3})^2=\log_6 3$

真数を比較すると　$3<5<6$

底 6 は 1 より大きいから

$\log_6 3<\log_6 5<\log_6 6$

よって　$\boldsymbol{2\log_6\sqrt{3}<\log_6 5<1}$

(2) $2\log_{\frac{1}{3}}5=\log_{\frac{1}{3}}5^2=\log_{\frac{1}{3}}25$

$\dfrac{5}{2}\log_{\frac{1}{3}}4=\dfrac{5}{2}\log_{\frac{1}{3}}2^2=\log_{\frac{1}{3}}(2^2)^{\frac{5}{2}}$

$=\log_{\frac{1}{3}}2^{2\times\frac{5}{2}}=\log_{\frac{1}{3}}2^5=\log_{\frac{1}{3}}32$

$3\log_{\frac{1}{3}}3=\log_{\frac{1}{3}}3^3=\log_{\frac{1}{3}}27$

真数を比較すると　$25<27<32$

底 $\dfrac{1}{3}$ は 1 より小さいから

$\log_{\frac{1}{3}}32<\log_{\frac{1}{3}}27<\log_{\frac{1}{3}}25$

よって　$\boldsymbol{\dfrac{5}{2}\log_{\frac{1}{3}}4<3\log_{\frac{1}{3}}3<2\log_{\frac{1}{3}}5}$

378 (1) 対数の定義より　$x+4=2^3=8$

よって　$\boldsymbol{x=4}$

(別解)

真数は正であるから　$x+4>0$

すなわち　$x>-4$　……①

$3=\log_2 2^3=\log_2 8$ であるから

$\log_2(x+4)=\log_2 8$

よって　$x+4=8$　すなわち　$x=4$

これは①を満たすから　$\boldsymbol{x=4}$

(2) 対数の定義より　$x+1=8^{\frac{1}{3}}=2$

よって　$\boldsymbol{x=1}$

(別解)

真数は正であるから　$x+1>0$

すなわち　$x>-1$　……①

$\dfrac{1}{3}=\log_8 8^{\frac{1}{3}}=\log_8 2$ であるから

$\log_8(x+1)=\log_8 2$

よって　$x+1=2$　すなわち　$x=1$

これは①を満たすから　$\boldsymbol{x=1}$

(3) 対数の定義より　$x-2=\left(\dfrac{1}{4}\right)^{-3}=64$

よって　$\boldsymbol{x=66}$

(別解)

真数は正であるから　$x-2>0$

すなわち　$x>2$　……①

$-3=\log_{\frac{1}{4}}\left(\dfrac{1}{4}\right)^{-3}=\log_{\frac{1}{4}}64$ であるから

$\log_{\frac{1}{4}}(x-2)=\log_{\frac{1}{4}}64$

よって　$x-2=64$　すなわち　$x=66$

これは①を満たすから　$\boldsymbol{x=66}$

379 (1) 真数は正であるから　$x>0$　……①

$\dfrac{1}{2}=\log_4 4^{\frac{1}{2}}=\log_4 2$ であるから

$\log_4 x>\log_4 2$

底 4 は 1 より大きいから　$x>2$　……②

①, ②より　$\boldsymbol{x>2}$

(2) 真数は正であるから　$x-4>0$

すなわち　$x>4$　……①

$2=\log_3 3^2=\log_3 9$ であるから

$\log_3(x-4)<\log_3 9$

底 3 は 1 より大きいから

$x-4<9$

すなわち　$x<13$　……②

①, ②より　**$4<x<13$**

(3) 真数は正であるから　$x+1>0$

すなわち　$x>-1$　……①

$-3=\log_{\frac{1}{2}}\left(\frac{1}{2}\right)^{-3}=\log_{\frac{1}{2}}8$ であるから

$\log_{\frac{1}{2}}(x+1)\geqq\log_{\frac{1}{2}}8$

底 $\frac{1}{2}$ は 1 より小さいから

$x+1\leqq 8$

すなわち　$x\leqq 7$　……②

①, ②より　**$-1<x\leqq 7$**

380 (1) 真数は正であるから

$x>0$　かつ　$x+1>0$

これより　$x>0$　……①

方程式を変形すると

$\log_6 x(x+1)=\log_6 6$

よって　$x(x+1)=6$

整理して　$x^2+x-6=0$

すなわち　$(x+3)(x-2)=0$

①より　**$x=2$** ← $x=-3$ は①を満たさない。

(2) 真数は正であるから

$x>0$　かつ　$x-2>0$

これより　$x>2$　……①

方程式を変形すると

$\log_3 x+\log_3(x-2)=1$

$\log_3 x(x-2)=\log_3 3$

よって　$x(x-2)=3$

整理して　$x^2-2x-3=0$

すなわち　$(x+1)(x-3)=0$

①より　**$x=3$** ← $x=-1$ は①を満たさない。

(3) 真数は正であるから

$x-5>0$　かつ　$x-2>0$

これより　$x>5$　……①

方程式を変形すると

$2\log_2(x-5)=\log_2(x-2)+2$

$\log_2(x-5)^2=\log_2(x-2)+\log_2 2^2$

$\log_2(x-5)^2=\log_2 4(x-2)$

よって　$(x-5)^2=4(x-2)$

整理して　$x^2-14x+33=0$

すなわち　$(x-3)(x-11)=0$

①より　**$x=11$** ← $x=3$ は①を満たさない。

B

381 (1) 真数は正であるから

$x+1>0$　かつ　$x-2>0$

これより　$x>2$　……①

不等式を変形すると

$\log_{10}(x+1)(x-2)>\log_{10}10$

底 10 は 1 より大きいから

$(x+1)(x-2)>10$

整理して　$x^2-x-12>0$

すなわち　$(x+3)(x-4)>0$

よって　$x<-3,\ 4<x$　……②

①, ②より　**$x>4$**

(2) 真数は正であるから

$x-1>0$　かつ　$x+5>0$

これより　$x>1$　……①

不等式を変形すると

$\log_2(x-1)(x+5)<\log_2 2^4$

底 2 は 1 より大きいから

$(x-1)(x+5)<16$

整理して　$x^2+4x-21<0$

すなわち　$(x+7)(x-3)<0$

よって　$-7<x<3$　……②

①, ②より　**$1<x<3$**

(3) 真数は正であるから

$x-3>0$ かつ $x-1>0$

これより $x>3$ ……①

不等式を変形すると

$\log_{\frac{1}{2}}(x-3)^2 \geqq \log_{\frac{1}{2}}(x-1)$

底 $\frac{1}{2}$ は1より小さいから

$(x-3)^2 \leqq x-1$

整理して $x^2-7x+10 \leqq 0$

すなわち $(x-2)(x-5) \leqq 0$

よって $2 \leqq x \leqq 5$ ……②

①，②より **$3<x\leqq 5$**

382 $\log_2 x=t$ とおくと

$y=-(\log_2 x)^2+2\log_2 x+3$

$=-t^2+2t+3=-(t-1)^2+4$

ここで，$1\leqq x\leqq 8$ より，各辺の2を底とする対数をとると，底2は1より大きいから

$\log_2 1 \leqq \log_2 x \leqq \log_2 8$

すなわち $0\leqq t\leqq 3$

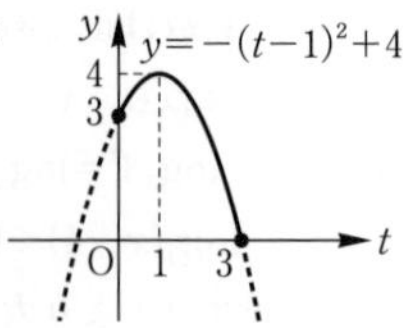

よって，y は

$t=1$ のとき，最大値4

$t=3$ のとき，最小値0

をとる。ここで

$t=1$ のとき，$\log_2 x=1$ より $x=2^1=2$

$t=3$ のとき，$\log_2 x=3$ より $x=2^3=8$

ゆえに **$x=2$ のとき 最大値4**

$x=8$ のとき 最小値0

383 真数は正であるから $x^2>0$

これより $x\neq 0$ ……①

対数の定義より $x^2=2^4$

①より **$x=\pm 4$**

C

384 (1) $\log_{\sqrt{2}} 3=\dfrac{\log_2 3}{\log_2 2^{\frac{1}{2}}}=2\log_2 3=\log_2 3^2=\log_2 9$

$\log_4 50=\dfrac{\log_2 50}{\log_2 2^2}=\dfrac{1}{2}\log_2 50=\log_2\sqrt{50}$

⇦底を2にそろえる。

真数を比較すると $7<\sqrt{50}<9$

⇦$7=\sqrt{49}$，$9=\sqrt{81}$

底2は1より大きいから

$\log_2 7<\log_2\sqrt{50}<\log_2 9$

すなわち **$\log_2 7<\log_4 50<\log_{\sqrt{2}} 3$**

(2) $\log_{\frac{1}{9}} 15=\dfrac{\log_{\frac{1}{3}} 15}{\log_{\frac{1}{3}}\frac{1}{9}}=\dfrac{1}{2}\log_{\frac{1}{3}} 15=\log_{\frac{1}{3}}\sqrt{15}$

$\log_{\frac{1}{27}} 65=\dfrac{\log_{\frac{1}{3}} 65}{\log_{\frac{1}{3}}\frac{1}{27}}=\dfrac{1}{3}\log_{\frac{1}{3}} 65=\log_{\frac{1}{3}}\sqrt[3]{65}$

⇦底を $\frac{1}{3}$ にそろえる。

真数を比較すると $\sqrt{15}<4<\sqrt[3]{65}$

底 $\frac{1}{3}$ は1より小さいから

$\log_{\frac{1}{3}}\sqrt[3]{65}<\log_{\frac{1}{3}} 4<\log_{\frac{1}{3}}\sqrt{15}$

すなわち **$\log_{\frac{1}{27}} 65<\log_{\frac{1}{3}} 4<\log_{\frac{1}{9}} 15$**

(3) $\log_{\frac{1}{3}}4=\dfrac{1}{\log_4\dfrac{1}{3}}$, $\log_2 4=\dfrac{1}{\log_4 2}$, $\log_3 4=\dfrac{1}{\log_4 3}$

ここで，各分母の対数について真数を比較すると

$$\frac{1}{3}<1<2<3$$

底 4 は 1 より大きいから　$\log_4\dfrac{1}{3}<0<\log_4 2<\log_4 3$

よって　$\dfrac{1}{\log_4\dfrac{1}{3}}<0<\dfrac{1}{\log_4 3}<\dfrac{1}{\log_4 2}$

ゆえに　$\boldsymbol{\log_{\frac{1}{3}}4<\log_3 4<\log_2 4}$

(4) $1.5=\dfrac{3}{2}=\log_4 4^{\frac{3}{2}}=\log_4(2^2)^{\frac{3}{2}}=\log_4 2^3=\log_4 8$

底 4 は 1 より大きいから　$\log_4 8<\log_4 9$

よって　$1.5<\log_4 9$　……①

また　$1.5=\dfrac{3}{2}=\log_9 9^{\frac{3}{2}}=\log_9(3^2)^{\frac{3}{2}}=\log_9 3^3=\log_9 27$

底 9 は 1 より大きいから　$\log_9 25<\log_9 27$

よって　$\log_9 25<1.5$　……②

①，②より　$\boldsymbol{\log_9 25<1.5<\log_4 9}$

> ⇦ $\log_a b=\dfrac{\log_b b}{\log_b a}=\dfrac{1}{\log_b a}$
> 底を 4 にそろえる。
>
> ⇦ $\log_4 1=0$
>
> ⇦ 1.5 と他の 2 数との大小をそれぞれ比較してみる。

385 $1<a<b<a^2$ の各辺の a を底とする対数をとると，$a>1$ より

$$\log_a 1<\log_a a<\log_a b<\log_a a^2$$

よって　$1<\log_a b<2$　……①

$1<a<b<a^2$ の各辺の b を底とする対数をとると，$b>1$ より

$$\log_b 1<\log_b a<\log_b b<\log_b a^2$$

$$0<\log_b a<1<2\log_b a$$

よって　$\dfrac{1}{2}<\log_b a<1$　……②

また，$\log_a\dfrac{a}{b}=\log_a a-\log_a b=1-\log_a b$ であるから，①より

$$-1<\log_a\frac{a}{b}<0　……③$$

$\log_b\dfrac{b}{a}=\log_b b-\log_b a=1-\log_b a$ であるから，②より

$$0<\log_b\frac{b}{a}<\frac{1}{2}　……④$$

①，②，③，④より

$$\boldsymbol{\log_a\frac{a}{b}<\log_b\frac{b}{a}<\log_b a<\log_a b}$$

> ⇦ $1<2\log_b a$ より　$\dfrac{1}{2}<\log_b a$
>
> ⇦①より，辺々に -1 をかけて
> $-2<-\log_a b<-1$ より
> $1-2<1-\log_a b<1-1$
>
> ⇦②より，辺々に -1 をかけて
> $-1<-\log_b a<-\dfrac{1}{2}$ より
> $1-1<1-\log_b a<1-\dfrac{1}{2}$

386 真数は正であるから　$x-x^2>0$
これより　$x(x-1)<0$
よって　　$0<x<1$　……①
ここで　$t=x-x^2$ とおくと　$t=-\left(x-\frac{1}{2}\right)^2+\frac{1}{4}$
底 2 は 1 より大きいから，$y=\log_2 t$ について，
t が最大のとき，y も最大となり，
t が最小のとき，y も最小となる。
①の範囲で t は　$x=\frac{1}{2}$ のとき最大値 $\frac{1}{4}$ をとり，
最小値はない。
したがって，y は
$\boldsymbol{x=\frac{1}{2}}$ **のとき最大値** $\log_2\frac{1}{4}=\boldsymbol{-2}$ をとる。
また，**最小値はない**。

387 真数は正であるから　$x+1>0$ かつ $5-x>0$
よって　$-1<x<5$　……①
与式を変形すると
$$y=\log_3(x+1)(5-x)=\log_3(-x^2+4x+5)$$
ここで，$t=-x^2+4x+5$ とおくと
$$y=\log_3 t,\ t=-(x-2)^2+9$$
底 3 は 1 より大きいから，$y=\log_3 t$ について
t が最大のとき，y も最大となる。
①の範囲で t は　$x=2$ のとき　最大値 9 をとる。
したがって，y は
$\boldsymbol{x=2}$ **のとき**　最大値 $\log_3 9=\boldsymbol{2}$ をとる。

㊈p.173 章末A 3

⇦ $y=\log_3 t$ において，
t の値が増加すると y の値も増加する。

388 $1\leqq x\leqq 4$ のとき，$\frac{x^2}{4}>0$，$\frac{4}{x}>0$ はともに成り立つ。
与式を変形して
$$y=(\log_2 x^2-\log_2 4)(\log_2 4-\log_2 x)$$
$$=(2\log_2 x-2)(2-\log_2 x)$$
$\log_2 x=t$ とおくと
$$y=(2t-2)(2-t)$$
$$=-2t^2+6t-4$$
$$=-2\left(t-\frac{3}{2}\right)^2+\frac{1}{2}$$
また，$1\leqq x\leqq 4$ より，
底 2 は 1 より大きいから
$$\log_2 1\leqq\log_2 x\leqq\log_2 4$$
すなわち　$0\leqq t\leqq 2$　……①

㊈p.173 章末A 4

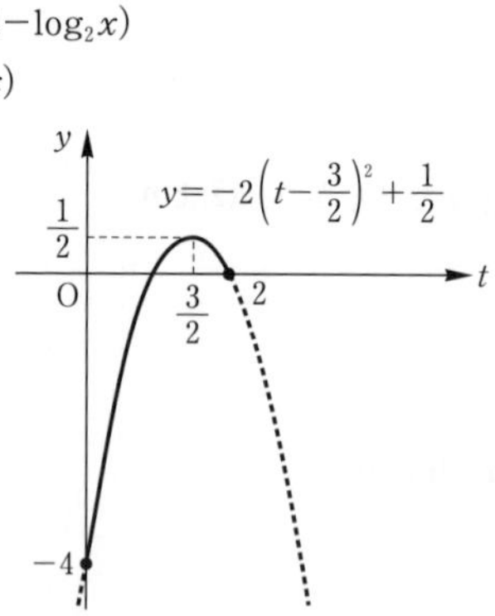

①の範囲で y は

$t=\dfrac{3}{2}$ のとき，最大値 $\dfrac{1}{2}$

$t=0$ のとき，最小値 -4

をとる。ここで，

$t=\dfrac{3}{2}$ のとき，$\log_2 x=\dfrac{3}{2}$ より　$x=2^{\frac{3}{2}}=2\sqrt{2}$

$t=0$ のとき，$\log_2 x=0$ より　$x=2^0=1$

よって　**$x=2\sqrt{2}$ のとき　最大値 $\dfrac{1}{2}$**

$x=1$ のとき　最小値 -4

389 真数は正であるから　$x>0$　……①

$\log_{\frac{1}{3}} x=t$ とおくと　$\log_{\frac{1}{3}} x^4=4\log_{\frac{1}{3}} x=4t$

であるから，不等式は　$t^2-4t+3<0$　と表される。

$t^2-4t+3=(t-1)(t-3)<0$　より　$1<t<3$

すなわち　$1<\log_{\frac{1}{3}} x<3$

$\log_{\frac{1}{3}}\dfrac{1}{3}<\log_{\frac{1}{3}} x<\log_{\frac{1}{3}}\dfrac{1}{27}$

⇦ $1=\log_{\frac{1}{3}}\dfrac{1}{3}$,

$3=\log_{\frac{1}{3}}\left(\dfrac{1}{3}\right)^3=\log_{\frac{1}{3}}\dfrac{1}{27}$

底 $\dfrac{1}{3}$ は1より小さいから　$\dfrac{1}{27}<x<\dfrac{1}{3}$　……②

①，②より　**$\dfrac{1}{27}<x<\dfrac{1}{3}$**

390 (1)　真数は正であるから　$x>0$　……①

$\log_9 x=\dfrac{\log_3 x}{\log_3 9}=\dfrac{1}{2}\log_3 x$ であるから

⇦底を3にそろえる。

$\log_3 x+\dfrac{1}{2}\log_3 x=3$　すなわち　$\dfrac{3}{2}\log_3 x=3$

$\log_3 x=2$ より　$x=3^2=$**9**　　これは①を満たす。

(2)　真数は正であるから　$4-x>0$ かつ $2x>0$

これより　$0<x<4$　……①

$\log_4 2x=\dfrac{\log_2 2x}{\log_2 4}=\dfrac{1}{2}\log_2 2x$　であるから

⇦底を2にそろえる。

$\log_2(4-x)>\dfrac{1}{2}\log_2 2x$

すなわち　$2\log_2(4-x)>\log_2 2x$

$\log_2(4-x)^2>\log_2 2x$

底2は1より大きいから　$(4-x)^2>2x$

整理して　$x^2-10x+16>0$

すなわち　$(x-8)(x-2)>0$

よって　$x<2,\ 8<x$

①より　**$0<x<2$**

391 (1) 真数は正であるから　$x>0$　……①

$\log_2 x=t$ とおくと　$\log_4 x=\dfrac{\log_2 x}{\log_2 4}=\dfrac{1}{2}\log_2 x=\dfrac{1}{2}t$

⇦底を 2 にそろえる。

であるから，方程式は　$t^2+\dfrac{1}{2}t-3=0$

整理して　$2t^2+t-6=0$

すなわち　$(2t-3)(t+2)=0$

よって　$t=-2,\ \dfrac{3}{2}$

すなわち　$\log_2 x=-2,\ \dfrac{3}{2}$

⇦ $-2=\log_2 2^{-2}$，
$\dfrac{3}{2}=\log_2 2^{\frac{3}{2}}$

ゆえに　$x=2^{-2},\ 2^{\frac{3}{2}}$

すなわち　$\boldsymbol{x=\dfrac{1}{4},\ 2\sqrt{2}}$　これらは①を満たす。

(2) 真数は正であるから　$x>0$　……①

$\log_{\frac{1}{3}} x=t$ とおくと

$$10\log_{\frac{1}{27}} x=10\frac{\log_{\frac{1}{3}} x}{\log_{\frac{1}{3}}\frac{1}{27}}=\frac{10}{3}\log_{\frac{1}{3}} x=\frac{10}{3}t$$

⇦底を $\dfrac{1}{3}$ にそろえる。

であるから，不等式は　$t^2+\dfrac{10}{3}t+1\geqq 0$

整理して　$3t^2+10t+3\geqq 0$

すなわち　$(3t+1)(t+3)\geqq 0$

よって　$t\leqq -3,\ -\dfrac{1}{3}\leqq t$

すなわち　$\log_{\frac{1}{3}} x\leqq -3,\ -\dfrac{1}{3}\leqq \log_{\frac{1}{3}} x$

$\log_{\frac{1}{3}} x\leqq \log_{\frac{1}{3}}\left(\dfrac{1}{3}\right)^{-3},\ \log_{\frac{1}{3}}\left(\dfrac{1}{3}\right)^{-\frac{1}{3}}\leqq \log_{\frac{1}{3}} x$

⇦ $-3=\log_{\frac{1}{3}}\left(\dfrac{1}{3}\right)^{-3}$，
$-\dfrac{1}{3}=\log_{\frac{1}{3}}\left(\dfrac{1}{3}\right)^{-\frac{1}{3}}$

底 $\dfrac{1}{3}$ は 1 より小さいから　$x\geqq\left(\dfrac{1}{3}\right)^{-3},\ \left(\dfrac{1}{3}\right)^{-\frac{1}{3}}\geqq x$

ゆえに　$x\leqq\sqrt[3]{3},\ 27\leqq x$　……②

①，②より　$\boldsymbol{0<x\leqq\sqrt[3]{3},\ 27\leqq x}$

392 真数は正であるから　$x-1>0$ かつ $3-x>0$

これより　$1<x<3$　……①

(i) $a>1$ のとき，底 a は 1 より大きいから

$x-1<3-x$

⇦ $a>1$ と $0<a<1$ の場合に分けて考える。

これを解くと　$x<2$　……②

①，②より　$1<x<2$

(ii)　$0<a<1$ のとき，底 a は1より小さいから

$x-1>3-x$

これを解くと　$x>2$　……③

①，③より　$2<x<3$

(i)，(ii)より　**$a>1$ のとき　$1<x<2$**

$0<a<1$ のとき　$2<x<3$

393 (1)　$5^x>0$，$10^{2x-1}>0$ であるから，

両辺の10を底とする対数をとると

$\log_{10}5^x=\log_{10}10^{2x-1}$

$x\log_{10}5=(2x-1)\log_{10}10$

$x\log_{10}5=2x-1$

$x(2-\log_{10}5)=1$

よって　$\boldsymbol{x=\dfrac{1}{2-\log_{10}5}}$

⇦底は10以外，たとえば5でもよい。底を5とした場合，解は $x=\dfrac{1+\log_5 2}{1+2\log_5 2}$ となる。

(2)　$4^{x+1}>0$，$3^{2x}>0$ であるから，

両辺の3を底とする対数をとると

$\log_3 4^{x+1}=\log_3 3^{2x}$

$(x+1)\log_3 4=2x\log_3 3$

$x\log_3 4+\log_3 4=2x$

$x(2-\log_3 4)=\log_3 4$

よって　$\boldsymbol{x=\dfrac{\log_3 4}{2-\log_3 4}}$

⇦底は3以外，たとえば4でもよい。底を4とした場合，解は $x=\dfrac{1}{2\log_4 3-1}$ となる。

3　常用対数

本編 p.080～081

A

394 (1)　$\log_{10}5.43=\mathbf{0.7348}$

(2)　$\log_{10}543=\log_{10}(5.43\times10^2)$

$=\log_{10}5.43+\log_{10}10^2$

$=0.7348+2=\mathbf{2.7348}$

(3)　$\log_{10}24=\log_{10}(2.4\times10)$

$=\log_{10}2.4+\log_{10}10$

$=0.3802+1=\mathbf{1.3802}$

(4)　$\log_{10}0.925=\log_{10}(9.25\times10^{-1})$

$=\log_{10}9.25+\log_{10}10^{-1}$

$=0.9661-1=\mathbf{-0.0339}$

395 (1)　$\log_{10}6=\log_{10}(2\times3)$

$=\log_{10}2+\log_{10}3$

$=0.3010+0.4771=\mathbf{0.7781}$

(2)　$\log_{10}24=\log_{10}(3\times2^3)$

$=\log_{10}3+\log_{10}2^3$

$=\log_{10}3+3\log_{10}2$

$=0.4771+3\times0.3010=\mathbf{1.3801}$

(3)　$\log_{10}5=\log_{10}\dfrac{10}{2}$

$=\log_{10}10-\log_{10}2$

$=1-0.3010$

$=\mathbf{0.6990}$

(4)　$\log_2 10=\dfrac{\log_{10}10}{\log_{10}2}$

$=\dfrac{1}{0.3010}\fallingdotseq\mathbf{3.322}$ ⟵ $1\div0.3010=3.3222\cdots$

396 (1) $\log_{10}2^{30}=30\log_{10}2$

$=30\times0.3010=9.03$

より　$9<\log_{10}2^{30}<10$

よって　$10^9<2^{30}<10^{10}$

ゆえに，2^{30} の桁数は **10 桁**

(2) $\log_{10}3^{15}=15\log_{10}3$

$=15\times0.4771$

$=7.1565$

より　$7<\log_{10}3^{15}<8$

よって　$10^7<3^{15}<10^8$

ゆえに，3^{15} の桁数は **8 桁**

397 (1) $\log_{10}0.3^{15}=\log_{10}\left(\frac{3}{10}\right)^{15}$

$=15\log_{10}\frac{3}{10}$

$=15(\log_{10}3-\log_{10}10)$

$=15(\log_{10}3-1)$

$=15(0.4771-1)$

$=15\times(-0.5229)$

$=-7.8435$

より　$-8<\log_{10}0.3^{15}<-7$

よって　$10^{-8}<0.3^{15}<10^{-7}$

ゆえに，0.3^{15} は**小数第 8 位**にはじめて 0 でない数字が現れる。

(2) $\log_{10}\left(\frac{1}{4}\right)^{50}=\log_{10}4^{-50}$

$=\log_{10}(2^2)^{-50}$

$=\log_{10}2^{2\times(-50)}$

$=\log_{10}2^{-100}$

$=-100\log_{10}2$

$=-100\times0.3010$

$=-30.10$

より　$-31<\log_{10}\left(\frac{1}{4}\right)^{50}<-30$

よって　$10^{-31}<\left(\frac{1}{4}\right)^{50}<10^{-30}$

ゆえに，$\left(\frac{1}{4}\right)^{50}$ は**小数第 31 位**にはじめて 0 でない数字が現れる。

B

398 このビーカーを n 回水洗いすると，残留する薬品の量は，はじめの量の $\left(\frac{20}{100}\right)^n$ となる。

ビーカーに付着している薬品がはじめの 100000 分の 1 以下になるとき

$\left(\frac{20}{100}\right)^n\leqq\frac{1}{100000}$

すなわち　$\left(\frac{2}{10}\right)^n\leqq10^{-5}$

両辺の常用対数をとると

$\log_{10}\left(\frac{2}{10}\right)^n\leqq\log_{10}10^{-5}$

よって　$n(\log_{10}2-\log_{10}10)\leqq-5$

すなわち　$n(0.3010-1)\leqq-5$

$-0.6990n\leqq-5$

ゆえに　$n\geqq\frac{5}{0.6990}=7.153\cdots$

したがって，**8 回以上**水洗いすればよい。

399 $\log_{10}6^{16}=16\log_{10}6$

$=16\log_{10}(2\times3)$

$=16(\log_{10}2+\log_{10}3)$

$=16(0.3010+0.4771)$

$=16\times0.7781=12.4496$

$\log_{10}18^{10}=10\log_{10}18$

$=10\log_{10}(2\times3^2)$

$=10(\log_{10}2+2\log_{10}3)$

$=10(0.3010+2\times0.4771)$

$=10\times1.2552=12.552$

これより　$\log_{10}6^{16}<\log_{10}18^{10}$

よって　$\mathbf{6^{16}<18^{10}}$

C

400 (1) $\left(\frac{3}{2}\right)^n>100$ の両辺の常用対数をとると

$$\log_{10}\left(\frac{3}{2}\right)^n>\log_{10}100$$

$$n\log_{10}\frac{3}{2}>\log_{10}10^2$$

$$n(\log_{10}3-\log_{10}2)>2$$

$$n(0.4771-0.3010)>2$$

$0.1761n>2$ から　$n>\frac{2}{0.1761}=11.357\cdots$

よって，求める最小の整数 n は $\boldsymbol{n=12}$

(2) $0.8^n<0.003$ の両辺の常用対数をとると

$$\log_{10}0.8^n<\log_{10}0.003$$

$$n\log_{10}0.8<\log_{10}0.003$$

$$n\log_{10}(8\times10^{-1})<\log_{10}(3\times10^{-3})$$

$$n(3\log_{10}2-1)<\log_{10}3-3$$

ここで　$3\log_{10}2-1=3\times0.3010-1=-0.097$,

$\log_{10}3-3=0.4771-3=-2.5229$

であるから

$$-0.097n<-2.5229$$

$$n>\frac{-2.5229}{-0.097}=26.009\cdots$$

よって，求める最小の整数 n は $\boldsymbol{n=27}$

401 (1) 15^n が 20 桁の数となるとき

$$10^{19}\leqq15^n<10^{20}$$

各辺の常用対数をとると

$$\log_{10}10^{19}\leqq\log_{10}15^n<\log_{10}10^{20}$$

よって　$19\leqq n\log_{10}15<20$

ここで

$$\log_{10}15=\log_{10}(3\times5)=\log_{10}3+\log_{10}5$$

$$=\log_{10}3+\log_{10}\frac{10}{2}$$

$$=\log_{10}3+\log_{10}10-\log_{10}2$$

$$=0.4771+1-0.3010=1.1761$$

であるから　$19\leqq n\times1.1761<20$

ゆえに　$\frac{19}{1.1761}\leqq n<\frac{20}{1.1761}$　……①

$$\frac{19}{1.1761}=16.155\cdots,\ \frac{20}{1.1761}=17.005\cdots$$

であるから，不等式①を満たす整数 n の値は　$\boldsymbol{n=17}$

㊙教 p.173 章末A 6

⇦ $\log_{10}10^2=2\log_{10}10$
$=2$

⇦不等号の向きに注意

⇦ 10^{19} は 20 桁の整数のうち最小，10^{20} は 21 桁の整数のうち最小。

(2) 0.3^n, すなわち $\left(\frac{3}{10}\right)^n$ の小数第 5 位にはじめて 0 でない数字が現れるとき

$$10^{-5} \leqq \left(\frac{3}{10}\right)^n < 10^{-4}$$

各辺の常用対数をとると

$$\log_{10} 10^{-5} \leqq \log_{10}\left(\frac{3}{10}\right)^n < \log_{10} 10^{-4}$$

よって　$-5 \leqq n\log_{10}\frac{3}{10} < -4$

ここで　$\log_{10}\frac{3}{10} = \log_{10}3 - \log_{10}10$

$= 0.4771 - 1 = -0.5229$

であるから　$-5 \leqq -0.5229n < -4$

ゆえに　$\frac{4}{0.5229} < n \leqq \frac{5}{0.5229}$　……①

$$\frac{4}{0.5229} = 7.6496\cdots,\ \frac{5}{0.5229} = 9.5620\cdots$$

であるから，不等式①を満たす整数 n の値は　$\boldsymbol{n=8,\ 9}$

⇦ $10^{-5}=0.00001$ は，小数第 5 位にはじめて 0 でない数字が現れる数のうち最小，
$10^{-4}=0.0001$ は，小数第 4 位にはじめて 0 でない数字が現れる数のうち最小。

⇦不等号の向きに注意

研究 最高位の数字

本編 p.081

B

402 (1) $\log_{10}3^{100} = 100\log_{10}3$

$= 100 \times 0.4771 = 47.71$

よって

$3^{100} = 10^{47.71} = 10^{0.71} \times 10^{47}$　……①

ここで

$\log_{10}5 = \log_{10}\frac{10}{2} = 1 - \log_{10}2$

$= 1 - 0.3010 = 0.6990$

$\log_{10}6 = \log_{10}2 + \log_{10}3$

$= 0.3010 + 0.4771 = 0.7781$

より　$5 = 10^{0.6990}$, $6 = 10^{0.7781}$

ここで　$0.6990 < 0.71 < 0.7781$

であるから　$10^{0.6990} < 10^{0.71} < 10^{0.7781}$

ゆえに　$5 < 10^{0.71} < 6$　……②

①, ②より　$5 \times 10^{47} < 10^{47.71} < 6 \times 10^{47}$

すなわち　$5 \times 10^{47} < 3^{100} < 6 \times 10^{47}$

したがって，3^{100} の最高位の数字は **5**

(2) $\log_{10}0.8^{15} = 15\log_{10}\frac{8}{10} = 15(3\log_{10}2 - 1)$

$= 15(3 \times 0.3010 - 1)$

$= -1.455$

よって

$0.8^{15} = 10^{-1.455} = 10^{0.545} \times 10^{-2}$　……①

ここで

$\log_{10}3 = 0.4771$

$\log_{10}4 = 2\log_{10}2 = 0.6020$

より　$3 = 10^{0.4771}$, $4 = 10^{0.6020}$

ここで　$0.4771 < 0.545 < 0.6020$

であるから　$10^{0.4771} < 10^{0.545} < 10^{0.6020}$

ゆえに　$3 < 10^{0.545} < 4$　……②

①, ②より　$3 \times 10^{-2} < 10^{-1.455} < 4 \times 10^{-2}$

すなわち　$3 \times 10^{-2} < 0.8^{15} < 4 \times 10^{-2}$

したがって，0.8^{15} の小数点以下にはじめて現れる 0 以外の数字は **3**

《章末問題》

本編 p.082～083

403 (1)　$y=2^{x-1}$ のグラフは，
$y=2^x$ のグラフを
x 軸方向に 1 だけ
平行移動したもので
あるから，右の図の
ようになる。

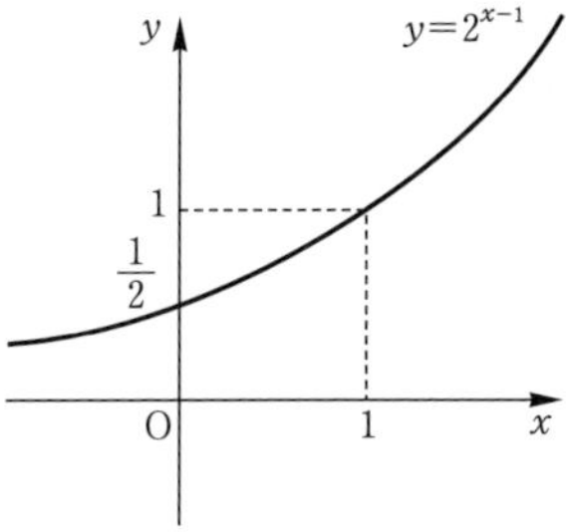

(2)　$y=-2^{x+1}+3$ のグラフは
$y=-2^x$ のグラフを
x 軸方向に -1，
y 軸方向に 3 だけ
平行移動したもので
あるから，右の図の
ようになる。

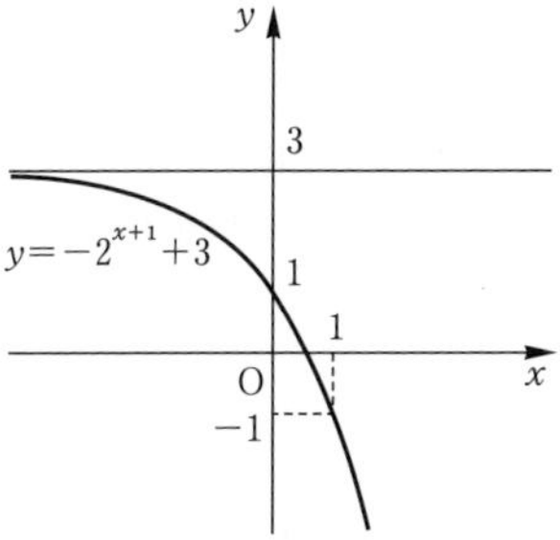

(3)　$y=\log_{\frac{1}{2}}(-x)$ のグラフは
$y=\log_{\frac{1}{2}}x$ のグラフを
y 軸に関して対称移動
したものであるから，
右の図のようになる。

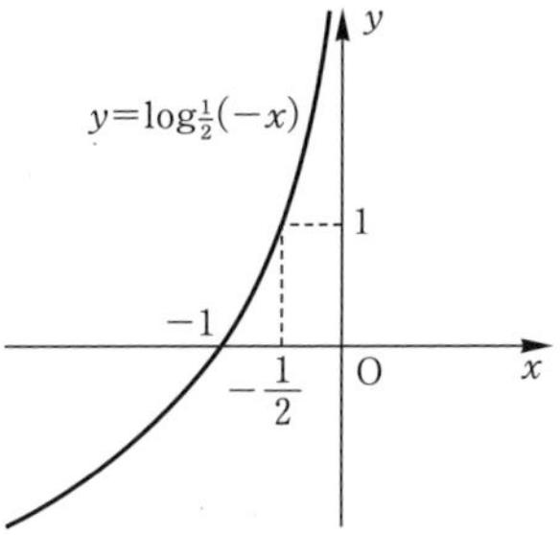

グラフの対称移動

$y=f(x)$ のグラフを
- x 軸に関して対称移動すると，$-y=f(x)$ のグラフになる。
- y 軸に関して対称移動すると，$y=f(-x)$ のグラフになる。
- 原点に関して対称移動すると，$-y=f(-x)$ のグラフになる。

404　$t=3^x+3^{-x}$ とおく。

$3^x>0$，$3^{-x}>0$ であるから，相加平均と相乗平均の関係より

$$3^x+3^{-x}\geqq 2\sqrt{3^x\cdot 3^{-x}}$$

すなわち　$t\geqq 2$　……①

⇦ t のとりうる値の範囲に制限があることに注意する。

また　$9^x+9^{-x}=(3^x)^2+(3^{-x})^2$

$$=(3^x+3^{-x})^2-2\cdot 3^x\cdot 3^{-x}$$

$$=t^2-2$$

であるから

$$3(t^2-2)-13t+16=0$$

$$3t^2-13t+10=0$$

$$(t-1)(3t-10)=0$$

①より　$t=\dfrac{10}{3}$

このとき，$3^x+3^{-x}=\dfrac{10}{3}$ であるから

$3\cdot(3^x)^2-10\cdot3^x+3=0$

$(3\cdot3^x-1)(3^x-3)=0$

$3^x=\dfrac{1}{3}$，3　　すなわち　$3^x=3^{-1}$，3^1

よって　$\boldsymbol{x=-1,\ 1}$

⇦ $3^x+3^{-x}=1$ を満たす実数 x は存在しない。

⇦両辺に 3×3^x を掛けて整理する。

⇦ $3^x=X$ とおくと
$3X^2-10X+3=0$
$(3X-1)(X-3)=0$

405　$4^x-2^{x+2}+2a-6=0$　……①

$2^x=t$ とおくと $t>0$ であり，①式は

$t^2-4t+2a-6=0$　　……②

方程式①が異なる2つの実数解をもつとき，t についての2次方程式②は，$t>0$ の範囲で異なる2つの実数解をもつ。

⇦ $2^x=t \Leftrightarrow x=\log_2 t$ より，$t>0$ の値を1つ定めると，対応する x の値が1つ決まる。

②式を変形して

$-t^2+4t+6=2a$

$t>0$ における $y=-t^2+4t+6$ のグラフと直線 $y=2a$ の共有点を考える。

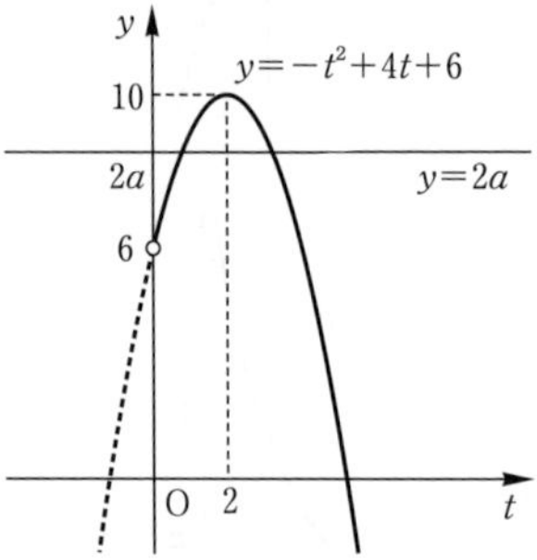

$y=-t^2+4t+6$
$=-(t-2)^2+10$

$t>0$ における $y=-t^2+4t+6$ のグラフと直線 $y=2a$ の共有点の個数が2個であればよいから，右の図より

$6<2a<10$

すなわち　$\boldsymbol{3<a<5}$

406 (1)　真数は正であるから　$x>0$　……①

このとき，両辺の3を底とする対数をとると

$\log_3 x^{2\log_3 x}=\log_3\dfrac{x^5}{27}$

$2(\log_3 x)^2=\log_3 x^5-\log_3 3^3$

$2(\log_3 x)^2-5\log_3 x+3=0$

$(2\log_3 x-3)(\log_3 x-1)=0$

$\log_3 x=\dfrac{3}{2}$，1 より　$x=3^{\frac{3}{2}}$，3^1

よって　$\boldsymbol{x=3\sqrt{3},\ 3}$　　これらは①を満たす。

⇦ $\log_3 x^{2\log_3 x}=(2\log_3 x)\log_3 x$
$=2(\log_3 x)^2$

⇦ $t=\log_3 x$ とおくと，
$2t^2-5t+3=0$
$(2t-3)(t-1)=0$

(2) 底は正で，かつ1ではないから

$x>0,\ x\neq 1,\ x^2>0,\ x^2\neq 1$

すなわち　$x>0,\ x\neq 1$　……①

方程式の左辺を変形して

$$\frac{\log_2 2}{\log_2 x}+\frac{\log_2 4}{\log_2 x^2}=8$$

⇦底を2にそろえる。

$$\frac{1}{\log_2 x}+\frac{2}{2\log_2 x}=8$$

$\frac{2}{\log_2 x}=8$ より　$\log_2 x=\frac{1}{4}$

よって　$\boldsymbol{x=2^{\frac{1}{4}}}(=\sqrt[4]{2})$　　これは①を満たす。

407 (1) 真数は正であるから　$\log_2 x>0$ かつ $x>0$

⇦$\log_2(\log_2 x)$ の真数は $\log_2 x$

これより　$x>1$　……①

$\log_2(\log_2 x)>\log_2 1$

⇦$0=\log_2 1$

底2は1より大きいから　$\log_2 x>1$

⇦$1=\log_2 2$

すなわち　$\log_2 x>\log_2 2$

底2は1より大きいから　$\boldsymbol{x>2}$

これは①を満たす。

(2) $a^{2x+1}-a^{x+2}-a^x+a=a\cdot(a^x)^2-a^2\cdot a^x-a^x+a$

$=a\cdot(a^x)^2-(a^2+1)a^x+a$

より，$a^x=t$ とおくと $t>0$ であり，不等式は

$at^2-(a^2+1)t+a>0$

$(at-1)(t-a)>0$

(i) $\frac{1}{a}>a$，すなわち $0<a<1$ のとき

⇦$\frac{1}{a}>a$ に $a(>0)$ を両辺に掛けて
$1>a^2$ より　$-1<a<1$
$a>0,\ a\neq 1$ より　$0<a<1$

不等式の解は　$t<a,\ \frac{1}{a}<t$

すなわち　$a^x<a,\ \frac{1}{a}<a^x$

$0<a<1$ より　$x>1,\ -1>x$

(ii) $\frac{1}{a}<a$，すなわち $a>1$ のとき

⇦$\frac{1}{a}<a$ に $a(>0)$ を両辺に掛けて
$1<a^2$ より　$a<-1,\ 1<a$
$a>0,\ a\neq 1$ より　$1<a$

不等式の解は　$t<\frac{1}{a},\ a<t$

すなわち　$a^x<\frac{1}{a},\ a<a^x$

$a>1$ より　$x<-1,\ 1<x$

(i)，(ii)より　$\boldsymbol{x<-1,\ 1<x}$

4 章末問題

408　真数は正であるから　$x>0,\ y>0$

$\log_3 x+\log_3 y=\log_3 xy=1$ より　$xy=3$

相加平均と相乗平均の関係から

$$x^2+y^2 \geqq 2\sqrt{x^2y^2}=2|xy|=6$$

等号は $x=y$ のとき，$xy=3$ より $x=y=\sqrt{3}$ のとき成り立つ。

よって，x^2+y^2 は $x=y=\sqrt{3}$ のとき最小値 **6** をとる。

409　$x=8-2y>0,\ y>0$ より　$0<y<4$　……①

$$\log_{10}x+\log_{10}y=\log_{10}xy$$

ここで　$xy=(8-2y)y$

$=-2y^2+8y$

$=-2(y-2)^2+8$

⇦ xy を y の関数で表す。

①の範囲において　$0<xy\leqq 8$

各辺の常用対数をとると　$\log_{10}xy\leqq\log_{10}8$

よって　$\boldsymbol{\log_{10}x+\log_{10}y\leqq 3\log_{10}2}$

410 (1)　$2^x=X,\ 3^y=Y$ とおくと，$X>0,\ Y>0$ であり，

$3^{y+1}=3\cdot 3^y$ であるから，連立方程式は

$$\begin{cases} X-Y=1 \\ 3XY=36 \end{cases} \quad \text{すなわち} \quad \begin{cases} X-Y=1 & \cdots\cdots① \\ XY=12 & \cdots\cdots② \end{cases}$$

①から $Y=X-1$ を②に代入して　$X(X-1)=12$

整理して　$X^2-X-12=0$

すなわち　$(X+3)(X-4)=0$

$X>0$ であるから　$X=4$

このとき　$Y=4-1=3$

よって　$2^x=4,\ 3^y=3$

ゆえに　$\boldsymbol{x=2,\ y=1}$

(2)　真数は正であるから　$x>0,\ y>0$

$xy^2=9$ の両辺の 3 を底とする対数をとると

$$\log_3 xy^2=\log_3 9$$

⇦ $\log_3 x,\ \log_3 y$ についての連立方程式をつくる。

$\log_3 xy^2=\log_3 x+2\log_3 y,\ \log_3 9=\log_3 3^2=2$ であるから

$$\log_3 x+2\log_3 y=2$$

よって，$\log_3 x=X,\ \log_3 y=Y$ とおくと，

連立方程式は　$\begin{cases} X+2Y=2 & \cdots\cdots① \\ X+Y^2=1 & \cdots\cdots② \end{cases}$

①，②から X を消去して整理すると　$Y^2-2Y+1=0$

すなわち　$(Y-1)^2=0$ であるから　$Y=1$

このとき　$X=2-2Y=0$

よって　$X=\log_3 x=0,\ Y=\log_3 y=1$

⇦定義より　$x=3^0,\ y=3^1$

ゆえに　$\boldsymbol{x=1,\ y=3}$

411 a^2 は9桁の数だから $10^8 \leqq a^2 < 10^9$

各辺の常用対数をとると

$$\log_{10} 10^8 \leqq \log_{10} a^2 < \log_{10} 10^9$$

$$8 \leqq 2\log_{10} a < 9$$

$$4 \leqq \log_{10} a < 4.5 \quad \cdots\cdots ①$$

よって $10^4 \leqq a < 10^{4.5}$

ゆえに a は **5桁**の整数

また，ab^2 は20桁の数だから $10^{19} \leqq ab^2 < 10^{20}$

各辺の常用対数をとると

$$19 \leqq \log_{10} a + 2\log_{10} b < 20 \quad \cdots\cdots ②$$

①より $-4.5 < -\log_{10} a \leqq -4$

これを②の各辺に加えると

$14.5 < 2\log_{10} b < 16$ より $7.25 < \log_{10} b < 8$

したがって $10^{7.25} < b < 10^8$

であるから b は **8桁**の整数

⇦ N が n 桁の整数ならば，$10^{n-1} \leqq N < 10^n$

412 真数は正であるから $y>0$ ……①

底は正で，かつ1ではないから $x>0$，$x \neq 1$ ……②

不等式 $(\log_x y)^2 - 2\log_x y > 0$ より

$$(\log_x y - 2)\log_x y > 0$$

これより $\log_x y < 0$ または $2 < \log_x y$

よって $\log_x y < \log_x 1$ または $\log_x x^2 < \log_x y$

(i) $0<x<1$ のとき

底 x は1より小さいから

$y>1$ または $y<x^2$

(ii) $x>1$ のとき

底 x は1より大きいから

$y<1$ または $y>x^2$

①，②と「(i)または(ii)」から，不等式

$(\log_x y)^2 - 2\log_x y > 0$

の表す領域は右の図の斜線部分である。ただし，境界線は含まない。

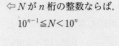

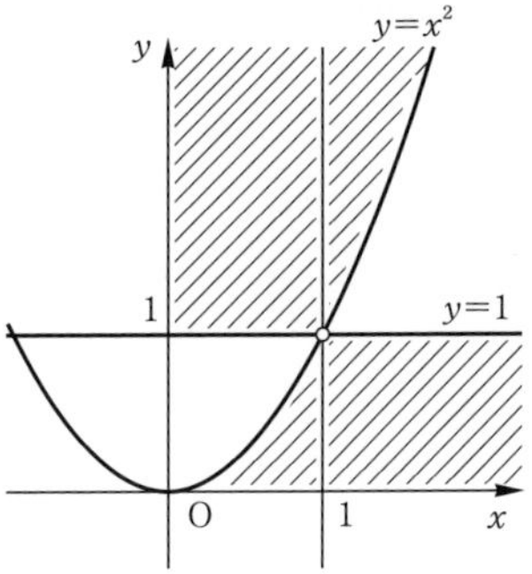

⇦①，②は真数と底に関する条件なので，いずれも満たさなくてはならない。

⇦底 x が1より小さいか，大きいかで場合分け

⇦ $x \neq 1$ に注意

413 (1) $2^{10}=1024$ より $10^3<2^{10}$ であるから，
両辺の常用対数をとると

$$\log_{10}10^3<\log_{10}2^{10}$$
$$3<10\log_{10}2$$

よって $\dfrac{3}{10}<\log_{10}2$ ……①

また，$2^{13}=8192$ より $2^{13}<10^4$ であるから，
両辺の常用対数をとると $13\log_{10}2<4$

よって $\log_{10}2<\dfrac{4}{13}$ ……②

①，②より $\dfrac{3}{10}<\log_{10}2<\dfrac{4}{13}$ 終

⇦(注意)
$\log_{10}2=0.3010$ は必要に応じて与えられる近似の値であるから，いきなり「$\log_{10}2=0.3010$ より」としてはいけない。

(2) $\dfrac{3}{10}=0.3$，$\dfrac{4}{13}=0.3076\cdots\cdots$

これと(1)より，$\log_{10}2$ の小数第 1 位の数は 3 である。 終

414 (1) このくじを n 回引いたとき，1 回も当たりくじが出ない確率は

$$\left(1-\frac{1}{10}\right)^n=\left(\frac{9}{10}\right)^n$$

⇦「少なくとも 1 回」なので，余事象を考える。

この事象は，少なくとも 1 回は当たりくじを引く事象の余事象であるから，求める確率 p は

$$\boldsymbol{p=1-\left(\frac{9}{10}\right)^n}$$

(2) $p>0.99$ となるとき $1-\left(\dfrac{9}{10}\right)^n>0.99$ より

$$\left(\frac{9}{10}\right)^n<0.01$$

⇦ $\left(\dfrac{9}{10}\right)^n<0.01$ を満たす整数 n の最小値を求める。

両辺の常用対数をとると

$$\log_{10}\left(\frac{9}{10}\right)^n<\log_{10}0.01$$
$$n\log_{10}\frac{9}{10}<\log_{10}10^{-2}$$
$$n(2\log_{10}3-1)<-2$$

$\log_{10}3=0.477$ より $2\log_{10}3-1=2\times0.477-1$
$=-0.046$

よって $-0.046n<-2$

ゆえに $n>\dfrac{2}{0.046}=43.478\cdots\cdots$

これを満たす整数 n の最小値は $\boldsymbol{n=44}$

415 $\left(\frac{1}{2}\right)^x=2^{-x}$ であるから，

$y=2^x$ のグラフと $y=\left(\frac{1}{2}\right)^x$ のグラフは y 軸に関して対称である。

よって　**ア：②**

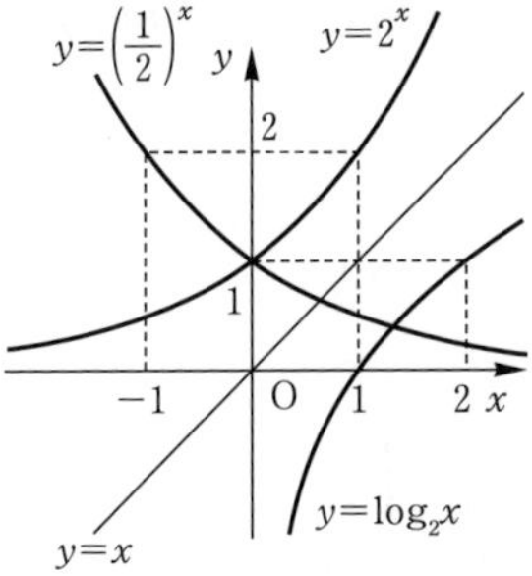

⇦ $y=f(x)$ のグラフと $y=f(-x)$ のグラフは y 軸に関して対称

$y=\log_2 x$ を変形すると $x=2^y$ となるから，$y=2^x$ のグラフと $y=\log_2 x$ のグラフは直線 $y=x$ に関して対称である。

よって　**イ：③**

$$\log_{\frac{1}{2}} x=\frac{\log_2 x}{\log_2 \frac{1}{2}}=-\log_2 x \quad \cdots\cdots(*)$$

であるから，$y=\log_2 x$ のグラフと $y=\log_{\frac{1}{2}} x$ のグラフは x 軸に関して対称である。

よって　**ウ：①**

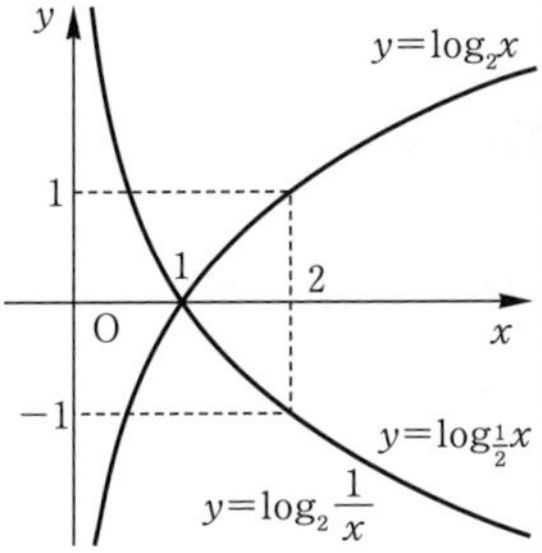

⇦ $y=f(x)$ のグラフと $y=-f(x)$ のグラフは x 軸に関して対称

$$\log_2 \frac{1}{x}=\log_2 x^{-1}=-\log_2 x$$

これと $(*)$ から

$$\log_{\frac{1}{2}} x=\log_2 \frac{1}{x}$$

すなわち，$y=\log_{\frac{1}{2}} x$ のグラフと $y=\log_2 \frac{1}{x}$ のグラフは一致する。

よって　**エ：⓪**

416 (1)　$\log_{10} x$ において，真数は正であるから　$x>0$

$3^{1+\log_{10} x}-5^y=1$ より　$5^y=3\times 3^{\log_{10} x}-1$

$z=3^{\log_{10} x}$ より　$5^y=3z-1$

$5^y>0$ であるから　$3z-1>0$

すなわち　$\boldsymbol{z>\frac{1}{3}}$

⇦ $5^y>0$ であることを利用することを考える。

(2)　$K=\frac{5^y}{3}+3^{-\log_{10} x}=\frac{3z-1}{3}+z^{-1}$

よって　$\boldsymbol{K=z+\frac{1}{z}-\frac{1}{3}}$

(3)　$z>0$, $\dfrac{1}{z}>0$ であるから，相加平均と相乗平均の関係より

$$z+\frac{1}{z}\geqq 2\sqrt{z\times\frac{1}{z}}=2$$

等号が成り立つのは　$z=\dfrac{1}{z}$ かつ $z>0$

すなわち，$z=1$ のときである。

このときの K の最小値は　$2-\dfrac{1}{3}=\dfrac{5}{3}$

K が最小のとき，$z=3^{\log_{10}x}=1$ より　$\log_{10}x=0$

すなわち　$\boldsymbol{x=1}$

また　$5^y=3\times1-1=2$

よって　$\boldsymbol{y=\log_5 2}$

⇦ $3^0=1$

⇦ $5^y=3z-1$ に $z=1$ を代入

417　等式 $\log_4(3x-1)^2=2\log_4(3x-1)$ は，右辺の対数の真数が正，すなわち $3x-1>0$ より $x>\dfrac{1}{3}$ のときにしか定義されないので，この範囲でしか成り立たない。

よって，教子さんの答案には**誤りがある**。

正しい答案は次のようになる。

真数は正であるから　$(3x-1)^2>0$, $x+5>0$

すなわち　$-5<x<\dfrac{1}{3}$, $\dfrac{1}{3}<x$　……①

$2\log_4(x+5)=\log_4(x+5)^2$ より

$$\log_4(3x-1)^2=\log_4(x+5)^2$$

よって　$(3x-1)^2=(x+5)^2$

両辺を展開して整理すると　$x^2-2x-3=0$

$$(x+1)(x-3)=0$$

これを解いて　$x=-1,\ 3$　　これらは①を満たす。

以上より，正しい解は　$\boldsymbol{x=-1,\ 3}$

⇦対数を含む式を変形する場合，とくに真数が変わる場合は，等号が成り立つ条件に注意。

⇦教子さんの答案においても，①の範囲までは正しい。

⇦**(別解)**　絶対値記号を用いて
$\log_4(3x-1)^2=2\log_4|3x-1|$
とすれば，等式が成り立つ。
これを用いると
$|3x-1|=x+5$
が得られる。これを解いてもよい。

5章 微分法と積分法

1節 微分係数と導関数

1 平均変化率と微分係数

本編 p.084～085

A

418 (1) $\dfrac{f(5)-f(1)}{5-1}$

$=\dfrac{(2\cdot5+1)-(2\cdot1+1)}{5-1}$

$=\dfrac{11-3}{4}=\mathbf{2}$

(2) $\dfrac{f(3)-f(-2)}{3-(-2)}$

$=\dfrac{(3^2+2\cdot3)-\{(-2)^2+2\cdot(-2)\}}{3-(-2)}$

$=\dfrac{15-0}{5}=\mathbf{3}$

(3) $\dfrac{f(a+h)-f(a)}{(a+h)-a}$

$=\dfrac{\{-3(a+h)+2\}-(-3a+2)}{(a+h)-a}$

$=\dfrac{-3h}{h}=\mathbf{-3}$

(4) $\dfrac{f(b)-f(a)}{b-a}=\dfrac{b^3-a^3}{b-a}$

$=\dfrac{(b-a)(b^2+ba+a^2)}{b-a}$

$=\boldsymbol{a^2+ab+b^2}$

419 (1) $\displaystyle\lim_{x\to-2}(x^2+x)=(-2)^2+(-2)=\mathbf{2}$

(2) $\displaystyle\lim_{h\to0}(4-5h+h^2)=4-5\cdot0+0^2=\mathbf{4}$

420 (1) $\displaystyle\lim_{h\to0}\frac{3h-2h^2}{h}$

$\displaystyle=\lim_{h\to0}\frac{h(3-2h)}{h}$

$\displaystyle=\lim_{h\to0}(3-2h)=3-2\cdot0=\mathbf{3}$

(2) $\displaystyle\lim_{h\to0}\frac{(3+h)^2-2(3+h)-3}{h}$

$\displaystyle=\lim_{h\to0}\frac{9+6h+h^2-6-2h-3}{h}$

$\displaystyle=\lim_{h\to0}\frac{h(h+4)}{h}=\lim_{h\to0}(h+4)=\mathbf{4}$

(3) $\displaystyle\lim_{x\to-1}\frac{x^2-1}{x+1}=\lim_{x\to-1}\frac{(x+1)(x-1)}{x+1}$

$\displaystyle=\lim_{x\to-1}(x-1)=\mathbf{-2}$

(4) $\displaystyle\lim_{x\to3}\frac{x^2-7x+12}{x-3}=\lim_{x\to3}\frac{(x-3)(x-4)}{x-3}$

$\displaystyle=\lim_{x\to3}(x-4)=3-4=\mathbf{-1}$

421 $f(x)=4.9x^2$ とすると，4 秒後の瞬間の速さは

$\displaystyle\lim_{h\to0}\frac{f(4+h)-f(4)}{(4+h)-4}$

$\displaystyle=\lim_{h\to0}\frac{4.9(4+h)^2-4.9\cdot4^2}{h}$

$\displaystyle=\lim_{h\to0}\frac{4.9h(h+8)}{h}$

$\displaystyle=\lim_{h\to0}4.9(h+8)=4.9\cdot8=39.2$

よって，**秒速 39.2 m**

422 (1) $\displaystyle f'(1)=\lim_{h\to0}\frac{f(1+h)-f(1)}{h}$

ここで

$f(1+h)-f(1)$

$=\{(1+h)^2-2(1+h)+1\}-(1^2-2\cdot1+1)$

$=h^2$

であるから

$\displaystyle f'(1)=\lim_{h\to0}\frac{h^2}{h}=\lim_{h\to0}h=\mathbf{0}$

(2) $\displaystyle f'(1)=\lim_{h\to0}\frac{f(1+h)-f(1)}{h}$

ここで

$f(1+h)-f(1)$

$=\{2(1+h)^3+(1+h)\}-(2\cdot1^3+1)$

$=2h^3+6h^2+7h=h(2h^2+6h+7)$

であるから

$\displaystyle f'(1)=\lim_{h\to0}\frac{h(2h^2+6h+7)}{h}$

$\displaystyle=\lim_{h\to0}(2h^2+6h+7)=\mathbf{7}$

B

423 $\lim_{x\to 2} f(x)=\lim_{x\to 2}(ax+b)=2a+b$ より
$2a+b=1$ ……①
$\lim_{x\to 3} f(x)=\lim_{x\to 3}(ax+b)=3a+b$ より
$3a+b=4$ ……②
①, ②を連立して解くと
$\boldsymbol{a=3,\ b=-5}$

424 (1) $\lim_{x\to 1}\dfrac{x^3-1}{x-1}$
$=\lim_{x\to 1}\dfrac{(x-1)(x^2+x+1)}{x-1}$
$=\lim_{x\to 1}(x^2+x+1)=1^2+1+1=\mathbf{3}$

(2) $\lim_{x\to -1}\dfrac{x^3+2x^2-2x-3}{x+1}$
$=\lim_{x\to -1}\dfrac{(x+1)(x^2+x-3)}{x+1}$
$=\lim_{x\to -1}(x^2+x-3)$
$=(-1)^2+(-1)-3=\mathbf{-3}$

(3) $\lim_{x\to 2}\dfrac{x-2}{x^2-4}$
$=\lim_{x\to 2}\dfrac{x-2}{(x-2)(x+2)}$
$=\lim_{x\to 2}\dfrac{1}{x+2}=\dfrac{1}{2+2}=\boldsymbol{\dfrac{1}{4}}$

(4) $\lim_{x\to a}\dfrac{2x^2+ax-3a^2}{x-a}$
$=\lim_{x\to a}\dfrac{(x-a)(2x+3a)}{x-a}$
$=\lim_{x\to a}(2x+3a)=2a+3a=\boldsymbol{5a}$

425 $x=1$ から $x=3$ までの平均変化率は,
$\dfrac{f(3)-f(1)}{3-1}$
$=\dfrac{(3^2+3a+b)-(1^2+a+b)}{3-1}$
$=\dfrac{2a+8}{2}=a+4$
よって $a+4=6$ ……①
また $\lim_{x\to 2} f(x)=\lim_{x\to 2}(x^2+ax+b)$
$=2^2+2a+b=2a+b+4$
よって $2a+b+4=5$ ……②
①, ②より $\boldsymbol{a=2,\ b=-3}$

426 (1) $m=\dfrac{f(a+2)-f(a)}{(a+2)-a}$
$=\dfrac{\{(a+2)^2+(a+2)\}-(a^2+a)}{2}$
$=\dfrac{4a+6}{2}=\boldsymbol{2a+3}$

(2) $f'(2)=\lim_{h\to 0}\dfrac{f(2+h)-f(2)}{h}$
$=\lim_{h\to 0}\dfrac{\{(2+h)^2+(2+h)\}-(2^2+2)}{h}$
$=\lim_{h\to 0}\dfrac{h^2+5h}{h}=\lim_{h\to 0}\dfrac{h(h+5)}{h}$
$=\lim_{h\to 0}(h+5)=5$
$m=f'(2)$ より $2a+3=5$
よって $\boldsymbol{a=1}$

427 (1) $f(1+h)-f(1)$
$=\{(1+h)^3+2\}-(1^3+2)$
$=3h+3h^2+h^3=h(3+3h+h^2)$
であるから
$f'(1)=\lim_{h\to 0}\dfrac{f(1+h)-f(1)}{h}$
$=\lim_{h\to 0}\dfrac{h(3+3h+h^2)}{h}$
$=\lim_{h\to 0}(3+3h+h^2)=\mathbf{3}$

(2) $f(b)-f(1)=(b^3+2)-(1^3+2)$
$=b^3-1=(b-1)(b^2+b+1)$
であるから
$f'(1)=\lim_{b\to 1}\dfrac{f(b)-f(1)}{b-1}$
$=\lim_{b\to 1}\dfrac{(b-1)(b^2+b+1)}{b-1}$
$=\lim_{b\to 1}(b^2+b+1)$
$=1^2+1+1=\mathbf{3}$

2 導関数

本編 p.086～087

A

428 (1) $f(x+h)-f(x)$

$=\{3(x+h)-1\}-(3x-1)=3h$

より

$$f'(x)=\lim_{h\to 0}\frac{f(x+h)-f(x)}{h}$$

$$=\lim_{h\to 0}\frac{3h}{h}=\lim_{h\to 0}3=\mathbf{3}$$

(2) $f(x+h)-f(x)$

$=-3(x+h)^2-(-3x^2)$

$=-6xh-3h^2=-3h(2x+h)$

より

$$f'(x)=\lim_{h\to 0}\frac{f(x+h)-f(x)}{h}$$

$$=\lim_{h\to 0}\frac{-3h(2x+h)}{h}$$

$$=\lim_{h\to 0}\{-3(2x+h)\}$$

$$=-3\cdot 2x=\boldsymbol{-6x}$$

(3) $f(x+h)-f(x)$

$=\{2(x+h)^3-(x+h)+1\}-(2x^3-x+1)$

$=6x^2h+6xh^2+2h^3-h$

$=h(6x^2+6xh+2h^2-1)$

より

$$f'(x)=\lim_{h\to 0}\frac{f(x+h)-f(x)}{h}$$

$$=\lim_{h\to 0}\frac{h(6x^2+6xh+2h^2-1)}{h}$$

$$=\lim_{h\to 0}(6x^2+6xh+2h^2-1)$$

$$=\boldsymbol{6x^2-1}$$

(4) $f(x+h)-f(x)=9-9=0$ より

$$f'(x)=\lim_{h\to 0}\frac{f(x+h)-f(x)}{h}$$

$$=\lim_{h\to 0}\frac{0}{h}=\mathbf{0}$$

429 (1) $\boldsymbol{y'=6x^5}$ $(x^n)'=nx^{n-1}$

(2) $\boldsymbol{y'=8x^7}$

430 (1) $y'=2(x^2)'+3(x)'-(8)'$

$=2\cdot 2x+3\cdot 1-0$

$=\boldsymbol{4x+3}$

(2) $y'=-(x^2)'-5(x)'+(2)'$

$=-2x-5\cdot 1+0$

$=\boldsymbol{-2x-5}$

(3) $y'=3(x^3)'-4(x^2)'+2(x)'-(1)'$

$=3\cdot 3x^2-4\cdot 2x+2\cdot 1-0$

$=\boldsymbol{9x^2-8x+2}$

(4) 展開して整理すると

$y=9x^2-12x+4$ であるから

$y'=9(x^2)'-12(x)'+(4)'$

$=9\cdot 2x-12\cdot 1+0$

$=\boldsymbol{18x-12}$

(5) 展開して整理すると

$y=-2x^2-x+6$ であるから

$y'=-2(x^2)'-(x)'+(6)'$

$=-2\cdot 2x-1\cdot 1+0$

$=\boldsymbol{-4x-1}$

(6) 展開して整理すると

$y=x^3-4x$ であるから

$y'=(x^3)'-4(x)'$

$=3x^2-4\cdot 1=\boldsymbol{3x^2-4}$

(7) 展開して整理すると

$y=x^3-9x^2+27x-27$ であるから

$y'=(x^3)'-9(x^2)'+27(x)'-(27)'$

$=3x^2-9\cdot 2x+27\cdot 1-0$

$=\boldsymbol{3x^2-18x+27}$

(8) 展開して整理すると

$y=x^4+2x^2$ であるから

$y'=(x^4)'+2(x^2)'$

$=4x^3+2\cdot 2x=\boldsymbol{4x^3+4x}$

431 関数 $f(x)$ を微分すると

$f'(x)=-3x^2+6x$ である。

(1) $f'(0)=-3\cdot 0^2+6\cdot 0=\mathbf{0}$

(2) $f'(3)=-3\cdot 3^2+6\cdot 3=\mathbf{-9}$

(3) $f'(-1)=-3\cdot(-1)^2+6\cdot(-1)=\mathbf{-9}$

432 関数 $f(x)$ を微分すると

$f'(x)=3x^2+2ax+3$ であるから

$f'(1)=3\cdot1^2+2a\cdot1+3=2a+6$

$f'(1)=2$ のとき　$2a+6=2$

よって　$\boldsymbol{a=-2}$

433 (1) $\dfrac{dy}{dt}=(5t^2-3t+2)'$

$=5(t^2)'-3(t)'+(2)'=\boldsymbol{10t-3}$

(2) $\dfrac{dS}{dr}=\left(\dfrac{1}{2}r^2\theta\right)'$

$=\dfrac{1}{2}\theta(r^2)'=\dfrac{1}{2}\theta\cdot2r=\boldsymbol{r\theta}$

← θ は定数扱い

(3) $\dfrac{dz}{dy}=(y^2+ay+a^2)'$

$=(y^2)'+a(y)'+(a^2)'=\boldsymbol{2y+a}$

← a は定数扱い

← $(a^2)'=0$

B

434 $f(x)=ax^2+bx+8$ より　$f'(x)=2ax+b$

$f(2)=0$ より　$a\cdot2^2+b\cdot2+8=0$

整理すると　$2a+b=-4$ ……①

$f'(0)=2$ より　$2a\cdot0+b=2$

よって　$b=2$ ……②

①，②を解いて　$\boldsymbol{a=-3,\ b=2}$

435 関数 $f(x)$ における $x=-1$ から $x=3$ までの平均変化率は

$\dfrac{f(3)-f(-1)}{3-(-1)}$

$=\dfrac{(3^2-3\cdot3)-\{(-1)^2-3\cdot(-1)\}}{4}$

$=\dfrac{0-4}{4}=-1$

また，$f'(x)=2x-3$ であるから

$f'(a)=2a-3$

$2a-3=-1$ より　$\boldsymbol{a=1}$

436 $f(x)=ax^3+bx^2+cx+d$ $(a\neq0)$ とおくと

$f'(x)=3ax^2+2bx+c$

← $f(x)$ は3次関数

$f(0)=-2$ より　$d=-2$ ……①

$f(1)=0$ より　$a+b+c+d=0$ ……②

$f'(0)=3$ より　$c=3$ ……③

$f'(1)=3$ より　$3a+2b+c=3$ ……④

①，②，③，④を連立して解くと

$a=2,\ b=-3,\ c=3,\ d=-2$

よって，求める3次関数 $f(x)$ は

$\boldsymbol{f(x)=2x^3-3x^2+3x-2}$

C

437 (1) $f(x)=ax^2+bx+c$ $(a\neq0)$ とおくと　$f'(x)=2ax+b$

⇦ $f(x)$ は2次関数なので　$a\neq0$

これらを等式に代入して整理すると

$ax^2+bx+c=2(x+1)(2ax+b)+3x^2+x-2$

$=(4a+3)x^2+(4a+2b+1)x+2b-2$

これは x についての恒等式であるから，係数を比較して

⇦ x についての恒等式であることに注目

$a=4a+3,\ b=4a+2b+1,\ c=2b-2$

これを解いて　$a=-1,\ b=3,\ c=4$

（これは $a\neq0$ を満たす）

よって　$\boldsymbol{f(x)=-x^2+3x+4}$

(2) $f(x)=ax^2+bx+c$ $(a\neq0)$ とおくと　$f'(x)=2ax+b$

⇦ $f(x)$ は2次関数なので　$a\neq0$

これらを等式に代入して整理すると

$ax^2+bx+c+x(2ax+b)=3x^2+2x+1$

$3ax^2+2bx+c=3x^2+2x+1$

これは x についての恒等式であるから，係数を比較して

$3a=3,\ 2b=2,\ c=1$

これを解いて　$a=1,\ b=1,\ c=1$

（これは $a \neq 0$ を満たす）

よって　$\boldsymbol{f(x)=x^2+x+1}$

⇦ x についての恒等式であることに注目

(3)　$f(x)=ax^3+bx^2+cx+d\ (a \neq 0)$ とおくと

$f'(x)=3ax^2+2bx+c$

⇦ $f(x)$ は 3 次関数なので　$a \neq 0$

これらを等式に代入して整理すると

$$ax^3+bx^2+cx+d=-x(3ax^2+2bx+c)-4x^3+6x^2-8$$
$$=(-3a-4)x^3+(-2b+6)x^2-cx-8$$

これは x についての恒等式であるから，係数を比較して

$a=-3a-4,\ b=-2b+6,\ c=-c,\ d=-8$

⇦ x についての恒等式であることに注目

これを解いて　$a=-1,\ b=2,\ c=0,\ d=-8$

（これは $a \neq 0$ を満たす）

よって　$\boldsymbol{f(x)=-x^3+2x^2-8}$

3　接線の方程式

本編 p.088～089

A

438　$f(x)=x^2+2x$ とおくと　$f'(x)=2x+2$

(1)　接線の傾きは　$f'(1)=2\cdot 1+2=\boldsymbol{4}$

(2)　接線の傾きは　$f'(-1)=2\cdot(-1)+2=\boldsymbol{0}$

(3)　接線の傾きは　$f'(0)=2\cdot 0+2=\boldsymbol{2}$

439 (1)　$f(x)=x^2-5x+6$ とおくと

$f'(x)=2x-5$

接線の傾きは　$f'(2)=2\cdot 2-5=-1$

求める接線は点 $(2,\ 0)$ を通り，傾きが -1 の直線であるから，その方程式は

$y-0=(-1)\cdot(x-2)$

すなわち　$\boldsymbol{y=-x+2}$

(2)　$f(x)=-x^2+x$ とおくと

$f'(x)=-2x+1$

接線の傾きは　$f'(-1)=-2\cdot(-1)+1=3$

求める接線は点 $(-1,\ -2)$ を通り，傾きが 3 の直線であるから，その方程式は

$y-(-2)=3\{x-(-1)\}$

すなわち　$\boldsymbol{y=3x+1}$

(3)　$f(x)=x^3+1$ とおくと　$f'(x)=3x^2$

接線の傾きは　$f'(1)=3\cdot 1^2=3$

求める接線は点 $(1,\ 2)$ を通り，傾きが 3 の直線であるから，その方程式は

$y-2=3(x-1)$

すなわち　$\boldsymbol{y=3x-1}$

440　$f(x)=-x^2+3x+1$ とおくと

$f'(x)=-2x+3$

接線 l の傾きは　$f'(1)=-2\cdot 1+3=1$

であり，接線 l は点 A$(1,\ 3)$ を通るから，その方程式は

$y-3=1\cdot(x-1)$

すなわち　$y=x+2$　……①

接線 m の傾きは　$f'(3)=-2\cdot 3+3=-3$

であり，接線 m は点 B$(3,\ 1)$ を通るから，その方程式は

$y-1=-3(x-3)$

すなわち　$y=-3x+10$　……②

2 直線 $l,\ m$ の交点は①，②を連立して解いて

$x=2,\ y=4$

よって，求める交点の座標は　**(2, 4)**

441 接点の x 座標を a とおく。

$y'=-4x+4$ ← 接線の傾きは $-4a+4$

であるから　$-4a+4=4$

よって　$a=0$

ゆえに，接点の座標は $(0,\ 3)$ であるから，

求める接線の方程式は

$y-3=4(x-0)$ ← 点 $(0,\ 3)$ を通り傾き 4 の直線

すなわち　$\boldsymbol{y=4x+3}$

442 (1) 接点の x 座標を a とおくと，

接点は点 $(a,\ a^2-4a)$ となる。

$y'=2x-4$ であるから，接線の方程式は

$y-(a^2-4a)=(2a-4)(x-a)$

すなわち

$y=(2a-4)x-a^2$ ……①

①が点 $(3,\ -7)$ を通るから

$-7=(2a-4)\cdot 3-a^2$

整理して　$a^2-6a+5=0$

これを解いて　$a=1,\ 5$

①より，求める接線の方程式は

$a=1$ のとき　$\boldsymbol{y=-2x-1}$

$a=5$ のとき　$\boldsymbol{y=6x-25}$

(2) 接点の x 座標を a とおくと，

接点は点 $(a,\ -2a^2+4a+1)$ となる。

$y'=-4x+4$ であるから，接線の方程式は

$y-(-2a^2+4a+1)=(-4a+4)(x-a)$

すなわち

$y=(-4a+4)x+2a^2+1$ ……①

①が点 $(3,\ -3)$ を通るから

$-3=(-4a+4)\cdot 3+2a^2+1$

整理して　$a^2-6a+8=0$

これを解いて　$a=2,\ 4$

①より，求める接線の方程式は

$a=2$ のとき　$\boldsymbol{y=-4x+9}$

$a=4$ のとき　$\boldsymbol{y=-12x+33}$

B

443 $f(x)=ax^2+bx$ とおくと　$f'(x)=2ax+b$

曲線 $y=f(x)$ が点 $(1,\ -5)$ を通ることから

$-5=a\cdot 1^2+b\cdot 1$

すなわち　$a+b=-5$ ……①

点 $(1,\ -5)$ における接線の傾きが -4 であるから

$f'(1)=2a\cdot 1+b=-4$

すなわち　$2a+b=-4$ ……②

①，②を連立して解くと　$\boldsymbol{a=1,\ b=-6}$

444 $f(x)=x^2-2x$ とおくと　$f'(x)=2x-2$

(1) 原点における接線の傾きは　$f'(0)=-2$

↑ 原点 $(0,\ 0)$ は曲線上の点

であるから，求める接線の方程式は

$\boldsymbol{y=-2x}$

(2) 接点の x 座標を a とおく。

接線の傾きが -4 であるから

$f'(a)=2a-2=-4$

よって　$a=-1$

接点の座標が $(-1,\ 3)$ ← y 座標は $f(-1)=(-1)^2-2\cdot(-1)=3$

であるから，求める

接線の方程式は

$y-3=-4\{x-(-1)\}$

すなわち　$\boldsymbol{y=-4x-1}$

(3) 接点の x 座標を a とおく。

x 軸に平行な直線の傾きは 0 であるから

$f'(a)=2a-2=0$

よって　$a=1$

接点の座標が $(1,\ -1)$ ← y 座標は $f(1)=1^2-2\cdot 1=-1$

であるから，求める

接線の方程式は　$\boldsymbol{y=-1}$

C

445 2つの放物線 $y=x^2-3x+2$, $y=ax^2+bx$ をそれぞれ C_1, C_2, 点 $(1,\ 0)$ における C_1 の接線を l, C_2 の接線を m とする。

C_1 において, $y'=2x-3$ であるから,

接線 l の傾きは　$2\cdot1-3=-1$

また, C_2 において

点 $(1,\ 0)$ を通るから　$a+b=0$　……①

$y'=2ax+b$ であるから, 接線 m の傾きは　$2a\cdot1+b=2a+b$

2つの接線 l, m は垂直に交わるので

$$-1\cdot(2a+b)=-1$$

⇦ 2直線が垂直に交わる ⇔ 傾きの積が -1

すなわち　$2a+b=1$　……②

①, ②を連立して解くと　$\boldsymbol{a=1,\ b=-1}$

446 (1) 曲線 $y=x^2+3x+2$ について, $y'=2x+3$ であるから

曲線上の点 $\mathrm{A}(a,\ a^2+3a+2)$ における接線の方程式は

⇦接線の傾きは $2a+3$

$$y-(a^2+3a+2)=(2a+3)(x-a)$$

すなわち　$y=(2a+3)x-a^2+2$　……①

また, 曲線 $y=x^2-3x+5$ について, $y'=2x-3$ であるから

曲線上の点 $\mathrm{B}(b,\ b^2-3b+5)$ における接線の方程式は

⇦接線の傾きは $2b-3$

$$y-(b^2-3b+5)=(2b-3)(x-b)$$

すなわち　$y=(2b-3)x-b^2+5$　……②

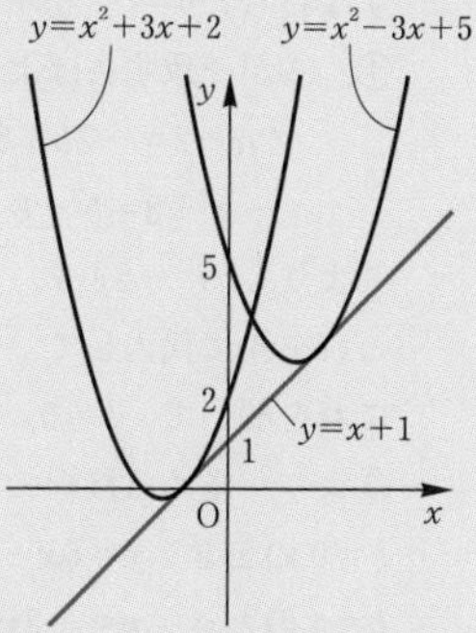

①, ②が一致すればよいから,

係数を比較して

$$2a+3=2b-3 \quad \cdots\cdots③$$
$$-a^2+2=-b^2+5 \quad \cdots\cdots④$$

③より　$a=b-3$

これを④に代入して　$-(b-3)^2+2=-b^2+5$

これを解いて　$b=2$

②より, 求める接線の方程式は　$\boldsymbol{y=x+1}$

(別解)

求める接線の方程式を $y=ax+b$ とおく。

⇦他にも, 本編 p.105 の例題 37 のように, 一方の曲線の接線がもう一方に接すると考える方法もある。

これが曲線 $y=x^2+3x+2$ と接するので

$$x^2+3x+2=ax+b$$

すなわち　$x^2+(3-a)x+2-b=0$

の判別式を D_1 とすると　$D_1=0$

$$D_1=(3-a)^2-4\cdot1\cdot(2-b)=a^2-6a+4b+1$$

より　$a^2-6a+4b+1=0$　……①

また，$y=x^2-3x+5$ とも接するので

$$x^2-3x+5=ax+b$$

すなわち　$x^2-(3+a)x+5-b=0$

の判別式を D_2 とすると　$D_2=0$

$$D_2=\{-(3+a)\}^2-4\cdot1\cdot(5-b)=a^2+6a+4b-11$$

より　$a^2+6a+4b-11=0$　……②

①−②より　$-12a+12=0$

よって　$a=1$

これと①から　$b=1$

ゆえに，求める接線の方程式は　$\boldsymbol{y=x+1}$

(2)　曲線 $y=x^2-2x+8$ について，$y'=2x-2$ であるから

曲線上の点 $\mathrm{A}(a,\ a^2-2a+8)$ における接線の方程式は

⇦接線の傾きは $2a-2$

$$y-(a^2-2a+8)=(2a-2)(x-a)$$

すなわち　$y=(2a-2)x-a^2+8$　……①

また，曲線 $y=-x^2+6x-8$ について，

$y'=-2x+6$ であるから

曲線上の点 $\mathrm{B}(b,\ -b^2+6b-8)$ における接線の方程式は

⇦接線の傾きは $-2b+6$

$$y-(-b^2+6b-8)=(-2b+6)(x-b)$$

すなわち　$y=(-2b+6)x+b^2-8$　……②

①，②が一致すればよいから，係数を比較して

$$2a-2=-2b+6 \quad ……③$$

$$-a^2+8=b^2-8 \quad ……④$$

③より　$a=-b+4$

これを④に代入して　$-(-b+4)^2+8=b^2-8$

これを解いて　$b=0,\ 4$

②より，求める接線の方程式は

$b=0$ のとき　$\boldsymbol{y=6x-8}$

$b=4$ のとき　$\boldsymbol{y=-2x+8}$

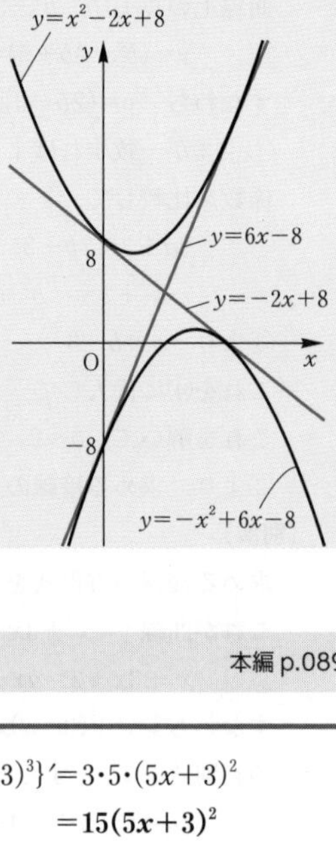

研究　$(ax+b)^n$ の導関数

本編 p.089

B

447 (1)　$y'=\{(x-9)^2\}'=2\cdot1\cdot(x-9)^1$
$\quad=\boldsymbol{2(x-9)}$

(2)　$y'=\{(3x+8)^2\}'=2\cdot3\cdot(3x+8)^1$
$\quad=\boldsymbol{6(3x+8)}$

(3)　$y'=\{(5x+3)^3\}'=3\cdot5\cdot(5x+3)^2$
$\quad=\boldsymbol{15(5x+3)^2}$

(4)　$y'=\{(5-3x)^4\}'=4\cdot(-3)\cdot(5-3x)^3$
$\quad=\boldsymbol{-12(5-3x)^3}$

2節 微分法の応用

1 関数の増減と極大・極小

本編 p.090～091

A

448 (1) $f'(x)=3x^2-6x-24=3(x+2)(x-4)$

であるから

$x=-2,\ 4$ で $f'(x)=0$

であり

$x<-2,\ 4<x$ のとき $f'(x)>0$

$-2<x<4$ のとき $f'(x)<0$

よって，関数 $f(x)$ の増加・減少は次の表のようになり，

$x \leqq -2,\ 4 \leqq x$ で増加

$-2 \leqq x \leqq 4$ で減少する。

x	$\cdots$	-2	$\cdots$	4	$\cdots$
$f'(x)$	$+$	0	$-$	0	$+$
$f(x)$	↗	28	↘	-80	↗

(2) $f'(x)=6x^2-6x-12=6(x+1)(x-2)$

であるから

$x=-1,\ 2$ で $f'(x)=0$

であり

$x<-1,\ 2<x$ のとき $f'(x)>0$

$-1<x<2$ のとき $f'(x)<0$

よって，関数 $f(x)$ の増加・減少は次の表のようになり，

$x \leqq -1,\ 2 \leqq x$ で増加

$-1 \leqq x \leqq 2$ で減少する。

x	$\cdots$	-1	$\cdots$	2	$\cdots$
$f'(x)$	$+$	0	$-$	0	$+$
$f(x)$	↗	16	↘	-11	↗

(3) $f'(x)=9x^2-9=9(x+1)(x-1)$

であるから

$x=-1,\ 1$ で $f'(x)=0$

であり

$x<-1,\ 1<x$ のとき $f'(x)>0$

$-1<x<1$ のとき $f'(x)<0$

よって，関数 $f(x)$ の増加・減少は次の表のようになり，

$x \leqq -1,\ 1 \leqq x$ で増加

$-1 \leqq x \leqq 1$ で減少する。

x	$\cdots$	-1	$\cdots$	1	$\cdots$
$f'(x)$	$+$	0	$-$	0	$+$
$f(x)$	↗	4	↘	-8	↗

(4) $f'(x)=-3x^2+8x=-x(3x-8)$

であるから

$x=0,\ \dfrac{8}{3}$ で $f'(x)=0$

であり

$0<x<\dfrac{8}{3}$ のとき $f'(x)>0$

$x<0,\ \dfrac{8}{3}<x$ のとき $f'(x)<0$

よって，関数 $f(x)$ の増加・減少は次の表のようになり，

$0 \leqq x \leqq \dfrac{8}{3}$ で増加

$x \leqq 0,\ \dfrac{8}{3} \leqq x$ で減少する。

x	$\cdots$	0	$\cdots$	$\dfrac{8}{3}$	$\cdots$
$f'(x)$	$-$	0	$+$	0	$-$
$f(x)$	↘	1	↗	$\dfrac{283}{27}$	↘

449 (1) $y'=3x^2-6x-9=3(x+1)(x-3)$

$y'=0$ とすると $x=-1,\ 3$

よって，増減表は次のようになる。

x	$\cdots$	-1	$\cdots$	3	$\cdots$
$f'(x)$	$+$	0	$-$	0	$+$
$f(x)$	↗	極大 10	↘	極小 -22	↗

ゆえに $x=-1$ のとき **極大値 10**

$x=3$ のとき **極小値 -22**

グラフは次のようになる。

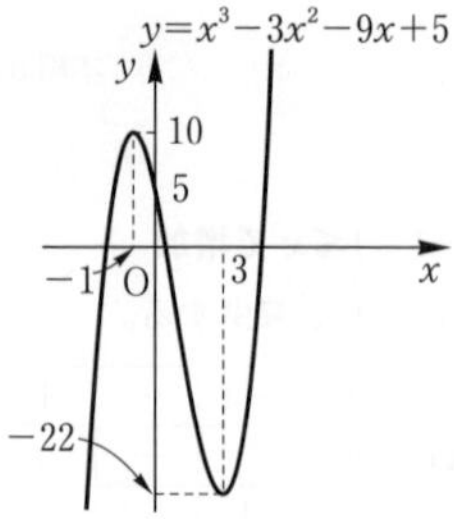

(2) $y'=-3x^2+6x=-3x(x-2)$

$y'=0$ とすると　$x=0,\ 2$

よって，増減表は次のようになる。

x	$\cdots$	0	$\cdots$	2	$\cdots$
$f'(x)$	−	0	+	0	−
$f(x)$	↘	極小 −4	↗	極大 0	↘

ゆえに　$x=2$ のとき　**極大値 0**

　　　　$x=0$ のとき　**極小値 −4**

グラフは次のようになる。

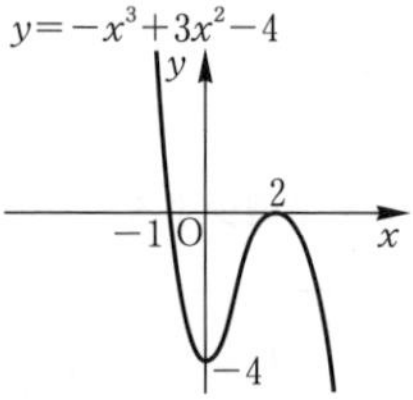

450 (1) $f'(x)=x^2-2x+1$

$=(x-1)^2$

$f'(x)=0$ とすると　$x=1$

よって，増減表は次のようになる。

x	$\cdots$	1	$\cdots$
$f'(x)$	+	0	+
$f(x)$	↗	$\frac{1}{3}$	↗

ゆえに，$f(x)$ は**つねに増加し，極値をもたない**。

(2) $f'(x)=-3x^2+4x-4$

$=-3\left(x-\frac{2}{3}\right)^2-\frac{8}{3}<0$

よって，増減表は次のようになる。

x	$\cdots$
$f'(x)$	−
$f(x)$	↘

ゆえに，$f(x)$ は**つねに減少し，極値をもたない**。

451 $f(x)=x^3+ax^2+bx-7$ より

$f'(x)=3x^2+2ax+b$

$x=1$ で極小値 −12 をとるから

$f'(1)=0,\ f(1)=-12$

$f'(1)=3+2a+b=0$ より

$2a+b=-3$ ……①

$f(1)=1+a+b-7=-12$ より

$a+b=-6$ ……②

①，②を解いて　$a=3,\ b=-9$

このとき

$f(x)=x^3+3x^2-9x-7$ ……③

関数③の増減を調べる。

$f'(x)=3x^2+6x-9$

$=3(x+3)(x-1)$

となり，増減表は次のようになる。

x	$\cdots$	−3	$\cdots$	1	$\cdots$
$f'(x)$	+	0	−	0	+
$f(x)$	↗	極大 20	↘	極小 −12	↗

よって，この関数は

$x=-3$ で極大値 20 をとり，

$x=1$ で極小値 −12 をとる。

ゆえに　$\boldsymbol{a=3,\ b=-9}$

また，$x=-3$ のとき **極大値 20** をとる。

> $f'(1)=0$ のとき，$f(x)$ が $x=1$ で極小値をとるとは限らないので，$f(x)$ の増減を調べて確認する。

452 $f(x)=x^3+ax$ より　$f'(x)=3x^2+a$

$x=-2$ で極値をとるから

$f'(-2)=3\cdot(-2)^2+a=12+a=0$

これより　$a=-12$

このとき　$f(x)=x^3-12x$

この関数の増減を調べる。

$f'(x)=3x^2-12=3(x+2)(x-2)$

となり，増減表は次のようになる。

x	$\cdots$	-2	$\cdots$	2	$\cdots$
$f'(x)$	$+$	0	$-$	0	$+$
$f(x)$	↗	極大	↘	極小	↗

よって，この関数は，

$x=-2$ のとき極大となり，条件を満たす。

ゆえに　$\boldsymbol{a=-12}$

$x=-2$ で極大となることを確認すればよく，極値を求める必要はない。

B

453 (1)　$f'(x)=3x^2+2>0$

よって，$f(x)$ はつねに増加し，

極値をもたない。　終

(2)　$f'(x)=-6x^2+12x-6$

$=-6(x-1)^2$

よって，

$x\neq1$ のとき　$f'(x)<0$

$x=1$ のとき　$f'(x)=0$

（$f'(x)>0$ となる x の値は存在しない。）

ゆえに，$f(x)$ はつねに減少し，

極値をもたない。　終

454　$f(x)=x^3+ax^2+bx+4$ より

$f'(x)=3x^2+2ax+b$

$x=-2$ で極大値をとるから，

$f'(-2)=12-4a+b=0$ より

$4a-b=12$　……①

$x=2$ で極小値をとるから，

$f'(2)=12+4a+b=0$ より

$4a+b=-12$　……②

①，②を解いて　$a=0$，$b=-12$

このとき　$f(x)=x^3-12x+4$

この関数の増減を調べる。←（$x=-2$ で極大　$x=2$ で極小　となることを確かめる。）

$f'(x)=3x^2-12=3(x+2)(x-2)$

となり，増減表は次のようになる。

x	$\cdots$	-2	$\cdots$	2	$\cdots$
$f'(x)$	$+$	0	$-$	0	$+$
$f(x)$	↗	極大 20	↘	極小 -12	↗

よって，この関数は

$x=-2$ で極大，$x=2$ で極小となる。

ゆえに　$\boldsymbol{a=0}$，$\boldsymbol{b=-12}$

また，極値は

$x=-2$ のとき　**極大値 20**

$x=2$　のとき　**極小値 -12**

455　$f(x)=x^3+ax^2+bx+c$ より

$f'(x)=3x^2+2ax+b$

$x=1$ で極小値 6 をとるから

$f'(1)=0$，$f(1)=6$

$f'(1)=3+2a+b=0$ より

$2a+b=-3$　……①

$f(1)=1+a+b+c=6$ より

$a+b+c=5$　……②

$x=-1$ で極大値をとるから

$f'(-1)=3-2a+b=0$ より

$2a-b=3$　……③

①，②，③を解くと

$a=0$，$b=-3$，$c=8$

このとき

$f(x)=x^3-3x+8$

この関数の増減を調べる。←（$x=-1$ で極大　$x=1$ で極小　となることを確かめる。）

$f'(x)=3x^2-3=3(x+1)(x-1)$

となり，増減表は次のようになる。

x	$\cdots$	-1	$\cdots$	1	$\cdots$
$f'(x)$	$+$	0	$-$	0	$+$
$f(x)$	↗	極大 10	↘	極小 6	↗

よって，この関数は

$x=-1$ で極大値 10 をとり，

$x=1$ で極小値 6 をとる。

ゆえに　$\boldsymbol{a=0}$，$\boldsymbol{b=-3}$，$\boldsymbol{c=8}$

また，$x=-1$ のとき **極大値 10** をとる。

C

456 (1) $f(x)=x^3+ax^2+\left(a+\frac{4}{3}\right)x+1$ より

$$f'(x)=3x^2+2ax+a+\frac{4}{3}$$

$f(x)$ が極値をもつ条件は，2 次方程式 $f'(x)=0$

すなわち　　$3x^2+2ax+a+\frac{4}{3}=0$　……①

が異なる 2 つの実数解をもつことである。

2 次方程式①の判別式を D とすると

$$\frac{D}{4}=a^2-3\left(a+\frac{4}{3}\right)=a^2-3a-4=(a+1)(a-4) \leftarrow b'=a$$

$D>0$ であればよいから　$\boldsymbol{a<-1,\ 4<a}$

㊨ p.226 章末A 1

⇦ 3 次関数 $f(x)$ の導関数 $f'(x)$ は 2 次関数であるから，$f'(x)$ の符号が正から負，または負から正に変わるのは，$f'(x)=0$ が異なる 2 つの実数解をもつときである。

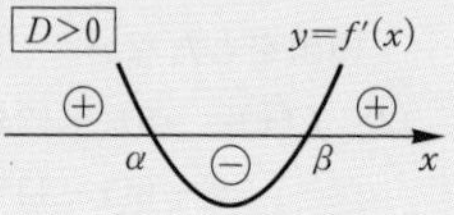

(2) $f(x)=x^3-2ax^2+4ax+3$ より

$$f'(x)=3x^2-4ax+4a$$

$f(x)$ が極値をもたない条件は，2 次方程式 $f'(x)=0$

すなわち　　$3x^2-4ax+4a=0$　……①

が重解をもつか，異なる 2 つの虚数解をもつ（実数解をもたない）ことである。

2 次方程式①の判別式を D とすると

$$\frac{D}{4}=(-2a)^2-3\cdot4a=4a^2-12a=4a(a-3) \leftarrow b'=-2a$$

$D\leqq0$ であればよいから　$\boldsymbol{0\leqq a\leqq3}$

⇦ $f(x)$ が極値をもたないのは，$f'(x)<0$ となる x が存在しないから

(i) $f'(x)=0$ が重解をもつ

(ii) $f'(x)=0$ が異なる 2 つの虚数解をもつ（実数解をもたない）

のいずれかのときである。

457　$f(x)=\frac{1}{3}x^3+3x^2+ax+4$ より

$$f'(x)=x^2+6x+a$$

$f(x)$ がつねに増加するとき，すべての x において

$$f'(x)=x^2+6x+a\geqq0$$

であればよい。

2 次方程式 $x^2+6x+a=0$ の判別式を D とすると

$$\frac{D}{4}=3^2-1\cdot a=9-a \leftarrow b'=3$$

$D\leqq0$ であればよいから　$\boldsymbol{a\geqq9}$

㊨ p.226 章末A 1

⇦　すべての x において $f'(x)\geqq0$

⇔ $y=f'(x)$ のグラフがつねに x 軸より上にあるか，x 軸と接する。

⇔ $f'(x)=0$ の判別式 $D\leqq0$

458　$f(x)=ax^3+6x^2+3ax+2$（$a\neq0$）より

$$f'(x)=3ax^2+12x+3a$$

⇦ $f(x)$ は 3 次関数なので $a\neq0$

(1)　すべての x について $f'(x)\geqq0$ であればよいから，

2 次方程式 $3ax^2+12x+3a=0$ の判別式を D とすると

$a>0$　……①　かつ　$D\leqq0$　……②

⇦すべての x について $f'(x)\geqq0$ のとき，$y=f'(x)$ のグラフは下に凸の放物線なので $a>0$

$\dfrac{D}{4}=6^2-3a\cdot 3a=36-9a^2$ ← $b'=6$

$=-9(a+2)(a-2)$

②より　$-9(a+2)(a-2)\leqq 0$ であるから

$(a+2)(a-2)\geqq 0$

よって　$a\leqq -2,\ 2\leqq a$

これと①の共通範囲をとって

$a\geqq 2$

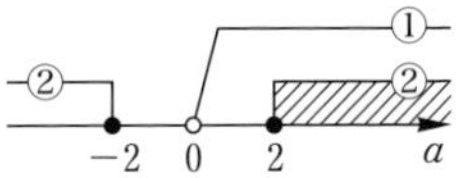

(2)　すべての x について $f'(x)\leqq 0$ であればよいから

$a<0$ ……③　かつ　$D\leqq 0$ ……④

④より　$a\leqq -2,\ 2\leqq a$

これと③の共通範囲をとって

$a\leqq -2$

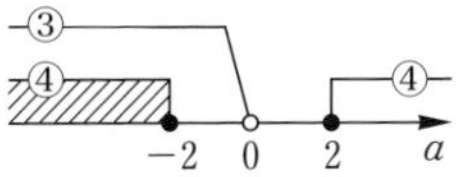

⇦ $f(x)$ がつねに減少
⇔ すべての x について $f'(x)\leqq 0$
このとき，$y=f'(x)$ のグラフは上に凸の放物線なので $a<0$

(3)　すべての x について，$f'(x)\geqq 0$ または $f'(x)\leqq 0$ であればよいから，(1)，(2)より

$a\leqq -2,\ 2\leqq a$

⇦ $f(x)$ が極値をもたないとき，$f(x)$ はつねに増加するか，つねに減少するかのいずれか。

(4)　2次方程式 $f'(x)=0$ が異なる2つの実数解をもてばよいから　$D>0$

(1)から　$\dfrac{D}{4}=-9(a+2)(a-2)>0$ より

$(a+2)(a-2)<0$

よって　$-2<a<2$

これと $a\neq 0$ より　**$-2<a<0,\ 0<a<2$**

⇦ $a\neq 0$ に注意する。

2　導関数のいろいろな応用

本編 p.092～094

A

459 (1)　$f'(x)=-3x^2+12x=-3x(x-4)$

$f'(x)=0$ とすると　$x=0,\ 4$

よって，$-1\leqq x\leqq 5$ における増減表は次のようになる。

x	-1	$\cdots$	0	$\cdots$	4	$\cdots$	5
$f'(x)$		$-$	0	$+$	0	$-$	
$f(x)$	-1	↘	極小 -8	↗	極大 24	↘	17

ゆえに　$x=4$ のとき**最大値 24**

$x=0$ のとき**最小値 −8**

(2)　$f'(x)=6x^2-6=6(x+1)(x-1)$

$f'(x)=0$ とすると　$x=-1,\ 1$

よって，$-2\leqq x\leqq 3$ における増減表は次のようになる。

x	-2	$\cdots$	-1	$\cdots$	1	$\cdots$	3
$f'(x)$		$+$	0	$-$	0	$+$	
$f(x)$	-7	↗	極大 1	↘	極小 -7	↗	33

ゆえに　$x=3$ のとき　**最大値 33**

$x=-2,\ 1$ のとき**最小値 −7**

(3) $f'(x)=6x^2+10x-4=2(x+2)(3x-1)$

$f'(x)=0$ とすると　$x=-2,\ \dfrac{1}{3}$ ← $x=\dfrac{1}{3}$ は区間の外

よって，$-3<x<0$ における

増減表は次のようになる。

x	-3	$\cdots$	-2	$\cdots$	0
$f'(x)$		$+$	0	$-$	
$f(x)$		↗	極大 5	↘	

ゆえに　$x=-2$ のとき**最大値 5**

最小値はない。

B

460　縦の長さを x cm とすると，横の長さは $2x$ cm，高さは $(18-3x)$cm と表せる。

体積を y cm^3 とすると

$y=x\cdot 2x\cdot(18-3x)=-6x^3+36x^2$

また，直方体ができるためには

$x>0,\ 2x>0,\ 18-3x>0$

すなわち　$0<x<6$

このとき　$y'=-18x^2+72x=-18x(x-4)$

$y'=0$ とすると　$x=0,\ 4$

よって，$0<x<6$ における

増減表は次のようになる。

x	0	$\cdots$	4	$\cdots$	6
y'		$+$	0	$-$	
y		↗	極大 192	↘	

ゆえに，$x=4$ のとき y は最大値 192 をとる。

したがって，縦の長さを **4 cm** にすればよい。

また，求める体積の最大値は **192 cm^3**

461 (1) $f(x)=x^3-9x^2+15x+a$ であるから

$f'(x)=3x^2-18x+15=3(x-1)(x-5)$

$f'(x)=0$ とすると　$x=1,\ 5$ ← $x=5$ は区間の外

よって，$-1\leqq x\leqq 2$ における

増減表は次のようになる。

x	-1	$\cdots$	1	$\cdots$	2
$f'(x)$		$+$	0	$-$	
$f(x)$	$a-25$	↗	極大 $a+7$	↘	$a+2$

ゆえに，$x=1$ のとき，$f(x)$ は最大値 $a+7$ をとる。

$a+7=3$ より　$\boldsymbol{a=-4}$

(2) (1)より，$f(x)$ は $x=-1$ のとき最小値 $a-25$ をとる。

$a=-4$ であるから，求める最小値は

$a-25=-4-25=\boldsymbol{-29}$

462　丸める辺の長さを x cm とすると，円柱の高さは $(15-x)$cm，底面の半径は $\dfrac{x}{2\pi}$ cm と表せる。

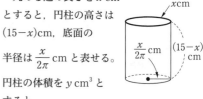

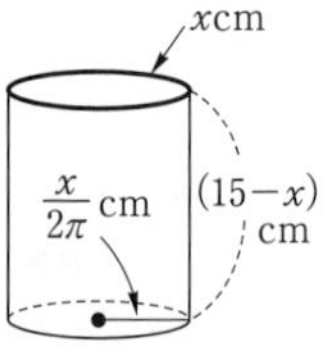

円柱の体積を y cm^3 とすると

$$y=\pi\left(\frac{x}{2\pi}\right)^2(15-x)=\frac{1}{4\pi}(-x^3+15x^2)$$

また，円柱が作れるためには

$x>0,\ 15-x>0$

すなわち　$0<x<15$

このとき

$$y'=\frac{1}{4\pi}(-3x^2+30x)=-\frac{3}{4\pi}x(x-10)$$

$y'=0$ とすると　$x=0,\ 10$

よって，$0<x<15$ における

増減表は次のようになる。

x	0	$\cdots$	10	$\cdots$	15
y'		$+$	0	$-$	
y		↗	極大 $\dfrac{125}{\pi}$	↘	

ゆえに，$x=10$ のとき y は最大値 $\dfrac{125}{\pi}$ をとる。

したがって，丸める辺の長さを **10 cm** にすればよい。

C

463 $x+2y=3$ より　$x=3-2y$

これを xy^2 に代入すると ← x を消去する方が，分数が現れなくなる。

$$xy^2=(3-2y)y^2=-2y^3+3y^2$$

$f(y)=-2y^3+3y^2$ とおく。

$x\geqq 0$，$y\geqq 0$ より　$3-2y\geqq 0$，$y\geqq 0$

すなわち　$0\leqq y\leqq \dfrac{3}{2}$

このとき

$$f'(y)=-6y^2+6y=-6y(y-1)$$

$f'(y)=0$ とすると　$y=0$，1

よって，$0\leqq y\leqq \dfrac{3}{2}$ における増減表は次のようになる。

y	0	…	1	…	$\frac{3}{2}$
$f'(y)$		+	0	−	
$f(y)$	0	↗	極大 1	↘	0

ゆえに　$y=1$ のとき，$f(y)$ は最大値 1 をとり

$y=0$，$\dfrac{3}{2}$ のとき，$f(y)$ は最小値 0 をとる。

ここで，$y=1$ のとき　$x=3-2\cdot 1=1$

$y=0$ のとき　$x=3-2\cdot 0=3$

$y=\dfrac{3}{2}$ のとき　$x=3-2\cdot\dfrac{3}{2}=0$

したがって

$x=1$，$y=1$ のとき　最大値 1

$x=0$，$y=\dfrac{3}{2}$ または $x=3$，$y=0$ のとき　最小値 0

㊌ p.226 章末A 5

⇦消去された文字 x の値の範囲が残る y の値の範囲に関係することに注意する。

⇦ 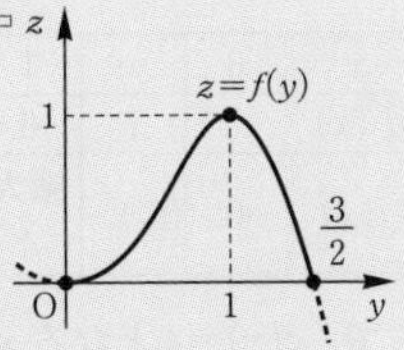

464 $f(x)=ax^3+3ax^2-6$ であるから

$$f'(x)=3ax^2+6ax=3ax(x+2)$$

$a=0$ のとき

つねに $f(x)=-6$ となり，条件を満たさない。（条件：最小値が −26）

$a>0$ のとき

$f'(x)=0$ とすると　$x=-2$，0

よって，$0\leqq x\leqq 2$ における増減表は次のようになる。

x	0	…	2
$f'(x)$		+	
$f(x)$	−6	↗	$20a-6$

このとき，最小値が −6 となり，条件を満たさない。（条件：$0\leqq x\leqq 2$ における最小値が −26）

⇦単に「関数」とあるので，$a=0$ の場合も考える。

$a<0$ のとき

$0 \leqq x \leqq 2$ における増減表は次のようになる。

x	0	…	2
$f'(x)$		−	
$f(x)$	−6	↘	$20a-6$

このとき，$x=2$ で $f(x)$ は最小値 $20a-6$ をとる。

$0 \leqq x \leqq 2$ における最小値が -26 となるのは

$20a-6=-26$ より　$a=-1$　　これは $a<0$ を満たす。

以上から，$\boldsymbol{a=-1}$

465　$f(x)=x^3-6x^2+9x$ であるから

$$f'(x)=3x^2-12x+9=3(x-1)(x-3)$$

㊌ p.226 章末A 3

$f'(x)=0$ とすると　$x=1,\ 3$

よって，$x \geqq 0$ における増減表は次のようになる。

⇦ $x \geqq 0$ における $f(x)$ の増減を調べ，定義域の右端 a の値によって，最大値がどのようになるかを調べる。

x	0	…	1	…	3	…
$f'(x)$		+	0	−	0	+
$f(x)$	0	↗	極大 4	↘	極小 0	↗

ここで，$f(x)=4$ となる x の値を求める。

$$x^3-6x^2+9x=4$$

より　$x^3-6x^2+9x-4=0$

$$(x-1)^2(x-4)=0$$

であるから　$x=1,\ 4$

⇦
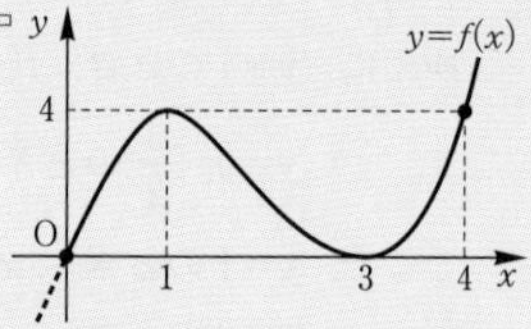

よって

(i)　$0<a<1$ のとき

$f(x)$ は $0 \leqq x \leqq a$ においてつねに増加するから，

$x=a$ で最大値 $f(a)=a^3-6a^2+9a$ をとる。

(ii)　$1 \leqq a<4$ のとき

$f(x)$ は $0 \leqq x \leqq a$ において $x=1$ で極大かつ最大となる。

よって，$f(x)$ は $x=1$ で最大値 4 をとる。

(iii)　$a=4$ のとき

$f(x)$ は $0 \leqq x \leqq 4$ において，$x=1,\ 4$ で最大値 4 をとる。

(iv)　$4<a$ のとき

$f(x)$ は $0 \leqq x \leqq a$ において，$x=a$ で

最大値 $f(a)=a^3-6a^2+9a$ をとる。

以上より

$0<a<1$ のとき　$x=a$　　で最大値 a^3-6a^2+9a

$1 \leqq a<4$ のとき　$x=1$　　で最大値 4

$a=4$　　のとき　$x=1,\ 4$ で最大値 4

$4<a$　　のとき　$x=a$　　で最大値 a^3-6a^2+9a

㊫p.227 章末B 9

466 $f(x)=x^3-3ax$ より　$f'(x)=3x^2-3a=3(x^2-a)$

$a\leqq 0$ のとき

$x^2-a\geqq 0$ より $f'(x)\geqq 0$

よって，$f(x)$ はつねに増加する。

ゆえに　$x=1$ で最大値 $f(1)=1-3a$ をとる。

$a>0$ のとき

$f'(x)=0$ とすると　$x=\pm\sqrt{a}$

(i)　$0<\sqrt{a}<1$，すなわち　$0<a<1$ のとき

⇦極値をとる x の値が定義域の中にある場合

$0\leqq x\leqq 1$ における増減表は次のようになる。

x	0	$\cdots$	$\sqrt{a}$	$\cdots$	1
$f'(x)$		$-$	0	$+$	
$f(x)$	0	↘	極小 $-2a\sqrt{a}$	↗	$1-3a$

ここで，0 と $1-3a$ の大小は

$0<1-3a$ のとき $a<\frac{1}{3}$，$0>1-3a$ のとき $a>\frac{1}{3}$

であるから　$0<a<\frac{1}{3}$ のとき　$x=1$ で最大値 $1-3a$

$a=\frac{1}{3}$ のとき　$x=0$，1 で最大値 0

$\frac{1}{3}<a<1$ のとき　$x=0$ で最大値 0

(ii)　$1\leqq\sqrt{a}$，すなわち　$a\geqq 1$ のとき

⇦極値をとる x の値が定義域の外にある場合

$0\leqq x\leqq 1$ における増減表は右のようになるので，

$x=0$ で最大値 0

x	0	$\cdots$	1
$f'(x)$		$-$	
$f(x)$	0	↘	$1-3a$

⇦ $0\leqq x\leqq 1$ において $f(x)$ はつねに減少する。

以上より

$a<\frac{1}{3}$ のとき　$x=1$　で最大値 $1-3a$

$a=\frac{1}{3}$ のとき　$x=0$，1 で最大値 0

$\frac{1}{3}<a$ のとき　$x=0$　で最大値 0

467 (1)　右の断面図において

⇦断面図において，相似な三角形を見つけ，比を利用する。

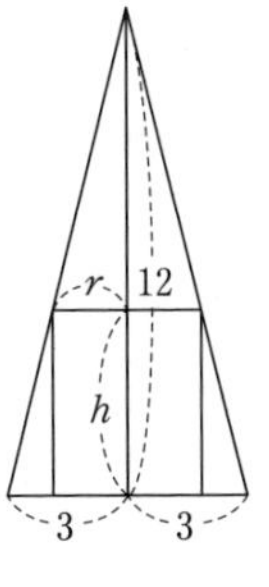

$r:3=(12-h):12$

$3(12-h)=12r$

よって　$\boldsymbol{h=12-4r}$

(2)　$V=\pi r^2h$

$=\pi r^2(12-4r)$

$=-4\pi(r^3-3r^2)$

また，円柱が作れるためには

$r>0,\ 12-4r>0 \longleftarrow h>0$

すなわち　$0<r<3$

このとき　$\dfrac{dV}{dr}=-4\pi(3r^2-6r)=-12\pi r(r-2)$

$\dfrac{dV}{dr}=0$ とすると　$r=0,\ 2$

よって，$0<r<3$ における増減表は次のようになる。

r	0	$\cdots$	2	$\cdots$	3
$\dfrac{dV}{dr}$		$+$	0	$-$	
V		↗	極大 16π	↘	

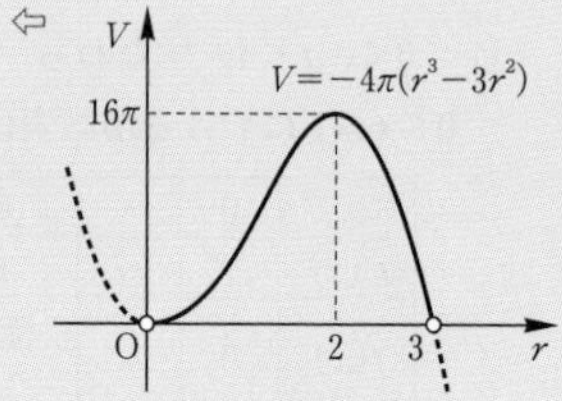

ゆえに，$r=2$ のとき，V は最大値 $\mathbf{16\pi}$ をとる。

A

468 (1)　$y=x^3-3x-2$　……①

とおくと

$y'=3x^2-3=3(x+1)(x-1)$

$y'=0$ とすると　$x=-1,\ 1$

よって，増減表は次のようになる。

x	$\cdots$	-1	$\cdots$	1	$\cdots$
y'	$+$	0	$-$	0	$+$
y	↗	極大 0	↘	極小 -4	↗

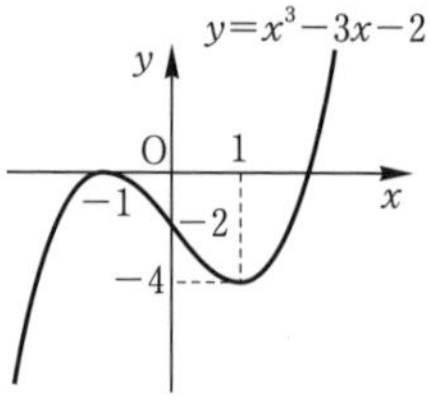

①のグラフは上の図のようになり，x 軸と 2 個の共有点をもつ。

ゆえに，方程式は異なる **2 個**の実数解をもつ。

(2)　$y=2x^3+3x^2-12x-5$　……①

とおくと

$y'=6x^2+6x-12=6(x+2)(x-1)$

$y'=0$ とすると　$x=-2,\ 1$

よって，増減表は次のようになる。

x	$\cdots$	-2	$\cdots$	1	$\cdots$
y'	$+$	0	$-$	0	$+$
y	↗	極大 15	↘	極小 -12	↗

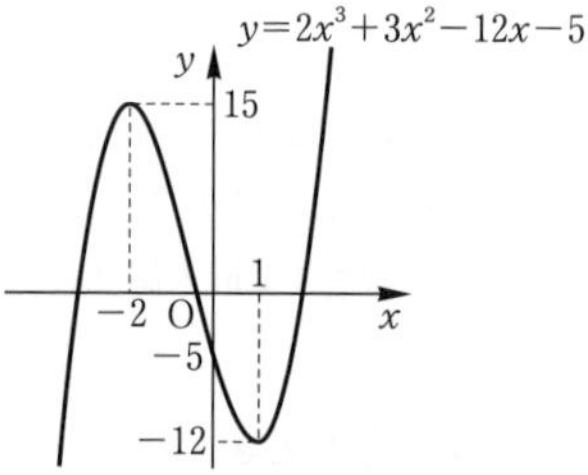

①のグラフは上の図のようになり，x 軸と 3 個の共有点をもつ。

ゆえに，方程式は異なる **3 個**の実数解をもつ。

(3)　$y=-3x^3+3x^2-x-2$　……①

とおくと

$y'=-9x^2+6x-1=-(3x-1)^2$

$y'=0$ とすると　$x=\dfrac{1}{3}$

よって，増減表は次のようになる。

x	$\cdots$	$\frac{1}{3}$	$\cdots$
y'	$-$	0	$-$
y	↘	$-\frac{19}{9}$	↘

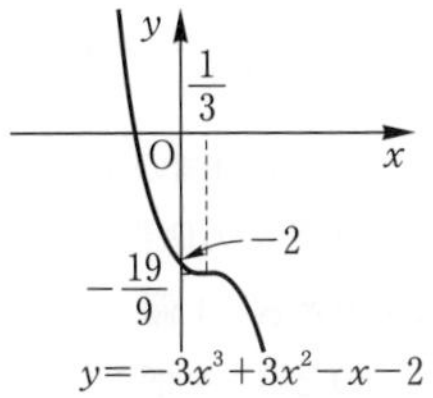

①のグラフは上の図のようになり，x 軸と1個の共有点をもつ。

ゆえに，方程式は異なる**1個**の実数解をもつ。

469 $y=x^3-2x^2+4x+2$ ……①

とおくと

$y'=3x^2-4x+4$

$=3\left(x-\frac{2}{3}\right)^2+\frac{8}{3}>0$

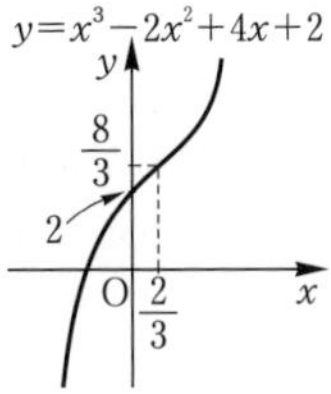

$y'>0$ であるから，①の関数はつねに増加し，グラフは右の図のようになり，x 軸と1個の共有点をもつ。

ゆえに，方程式 $x^3-2x^2+4x+2=0$ はただ1つの実数解をもつ。 終

B

470 $x^3-4x^2-3x-a=0$ ……① とする。

3次方程式①は

$x^3-4x^2-3x=a$ と変形できる。

$f(x)=x^3-4x^2-3x$

とおくと，3次方程式①の異なる実数解の個数は，$y=f(x)$ のグラフと直線 $y=a$ との共有点の個数に等しい。

$f'(x)=3x^2-8x-3=(3x+1)(x-3)$

$f'(x)=0$ とすると $x=-\frac{1}{3}$，3

よって，増減表は次のようになる。

x	$\cdots$	$-\frac{1}{3}$	$\cdots$	3	$\cdots$
y'	$+$	0	$-$	0	$+$
y	↗	極大 $\frac{14}{27}$	↘	極小 -18	↗

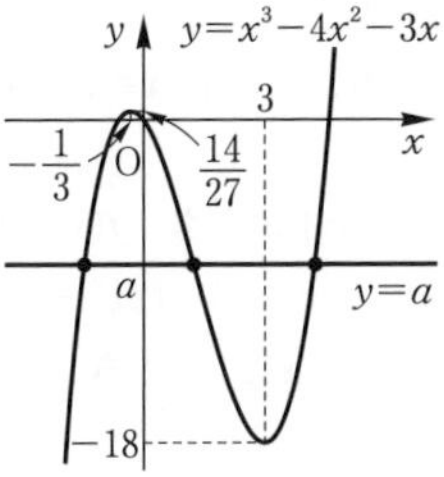

$y=f(x)$ のグラフは上の図のようになる。

ゆえに，求める a の値の範囲は

$$-18<a<\frac{14}{27}$$

471 (1) $f(x)=(x^3+x^2+8)-(4x^2+4)$

$=x^3-3x^2+4$

とおくと

$f'(x)=3x^2-6x=3x(x-2)$

$f'(x)=0$ とすると $x=0$，2

よって，$x\geqq0$ における増減表は次のようになる。

x	0	$\cdots$	2	$\cdots$
$f'(x)$		$-$	0	$+$
$f(x)$	4	↘	極小 0	↗

増減表より，$f(x)$ は $x=2$ で最小値 0 をとる。

ゆえに，$x \geqq 0$ のとき　$f(x) \geqq 0$

すなわち　$(x^3+x^2+8)-(4x^2+4) \geqq 0$

したがって，$x \geqq 0$ のとき

$x^3+x^2+8 \geqq 4x^2+4$

等号が成り立つのは **$x=2$ のとき**である。終

(2)　$f(x)=(x^3-2)-(2x^2-3x)$

$=x^3-2x^2+3x-2$　とおくと

$f'(x)=3x^2-4x+3$

$=3\left(x-\dfrac{2}{3}\right)^2+\dfrac{5}{3}>0$

であるから，つねに $f'(x)>0$

よって，$x \geqq 1$ における増減表は次のようになる。

x	1	$\cdots$
$f'(x)$		+
$f(x)$	0	↗

増減表より，$f(x)$ は $x=1$ で最小値 0 をとる。

ゆえに，$x \geqq 1$ のとき　$f(x) \geqq 0$

すなわち　$(x^3-2)-(2x^2-3x) \geqq 0$

したがって，$x \geqq 1$ のとき

$x^3-2 \geqq 2x^2-3x$

等号が成り立つのは **$x=1$ のとき**である。終

472　$2x^3+3x^2+1-a=0$　……①とする。

3 次方程式①は　$2x^3+3x^2+1=a$

と変形できる。

$f(x)=2x^3+3x^2+1$

とおくと，3 次方程式①の異なる実数解の個数は，$y=f(x)$ のグラフと直線 $y=a$ との共有点の個数に等しい。

$f'(x)=6x^2+6x=6x(x+1)$

$f'(x)=0$ とすると　$x=-1,\ 0$

よって，増減表は次のようになる。

x	$\cdots$	-1	$\cdots$	0	$\cdots$
$f'(x)$	+	0	−	0	+
$f(x)$	↗	極大 2	↘	極小 1	↗

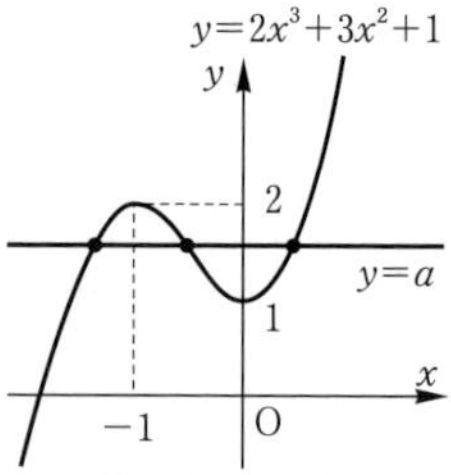

$y=f(x)$ のグラフは上の図のようになる。

ゆえに，異なる実数解の個数は

$a<1,\ 2<a$ のとき　1 個

$a=1,\ 2$　のとき　2 個

$1<a<2$　のとき　3 個

473　$x^3-3x-a=0$　……①とする。

3 次方程式①は　$x^3-3x=a$

と変形できる。

$f(x)=x^3-3x$

とおくと，3 次方程式①の実数解は，$y=f(x)$ のグラフと直線 $y=a$ との共有点の x 座標の値に等しい。

$f'(x)=3x^2-3=3(x+1)(x-1)$

$f'(x)=0$ とすると　$x=-1,\ 1$

よって，増減表は次のようになる。

x	$\cdots$	-1	$\cdots$	1	$\cdots$
$f'(x)$	+	0	−	0	+
$f(x)$	↗	極大 2	↘	極小 -2	↗

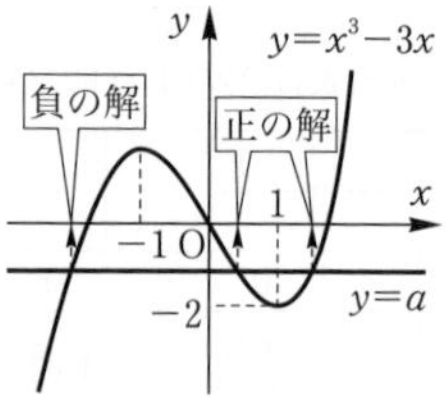

$y=f(x)$ のグラフは上の図のようになる。

このグラフと直線 $y=a$ のグラフが

$x<0$ の範囲で 1 個 ←― 負の解が 1 個

$x>0$ の範囲で 2 個 ←― 正の解が 2 個

の共有点をもてばよいから，グラフより

$-2<a<0$

474 $f(x)=x^3-3a^2x+16$ とおくと

$f'(x)=3x^2-3a^2=3(x+a)(x-a)$

$f'(x)=0$ とすると $x=-a,\ a$

$a>0$ であるから ←― a は正の定数

$x \geqq 0$ における増減表は次のようになる。

x	0	…	a	…
$f'(x)$		$-$	0	$+$
$f(x)$	16	↘	極小 $-2a^3+16$	↗

増減表より，$f(x)$ は

$x=a$ で最小値 $-2a^3+16$ をとる。

ゆえに，$x \geqq 0$ のとき $f(x) \geqq 0$ がつねに成り立つような a の値の範囲は

$-2a^3+16 \geqq 0$ より $a^3-8 \leqq 0$

$(a-2)(a^2+2a+4) \leqq 0$

$a^2+2a+4=(a+1)^2+3>0$ であるから

$a-2 \leqq 0$ すなわち $a \leqq 2$

また，$a>0$ であるから **$0<a \leqq 2$**

研究 4次関数のグラフ

本編 p.095

B

475 (1) $y'=x^3+3x^2-4x$

$=x(x+4)(x-1)$

$y'=0$ とすると

$x=-4,\ 0,\ 1$

よって，増減表は次のようになる。

x	…	-4	…	0	…	1	…
y'	$-$	0	$+$	0	$-$	0	$+$
y	↘	極小 -28	↗	極大 4	↘	極小 $\frac{13}{4}$	↗

ゆえに $x=0$ のとき **極大値 4**

$x=-4$ のとき **極小値 -28**

$x=1$ のとき **極小値 $\frac{13}{4}$**

以上のことから，グラフは次の図のようになる。

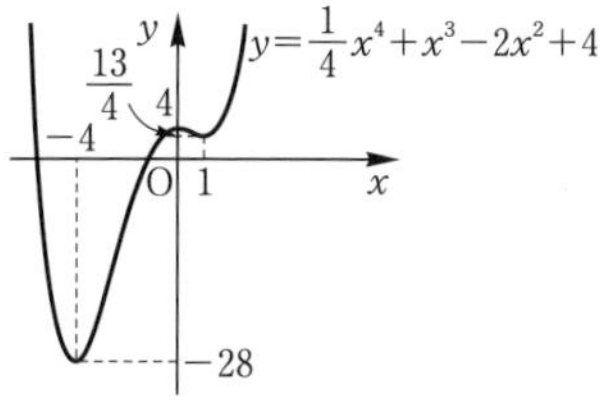

(2) $y'=-4x^3+16x$

$=-4x(x+2)(x-2)$

$y'=0$ とすると

$x=-2,\ 0,\ 2$

よって，増減表は次のようになる。

x	…	-2	…	0	…	2	…
y'	$+$	0	$-$	0	$+$	0	$-$
y	↗	極大 8	↘	極小 -8	↗	極大 8	↘

ゆえに $x=-2$ のとき **極大値 8**

$x=2$ のとき **極大値 8**

$x=0$ のとき **極小値 -8**

以上のことから，グラフは次の図のようになる。

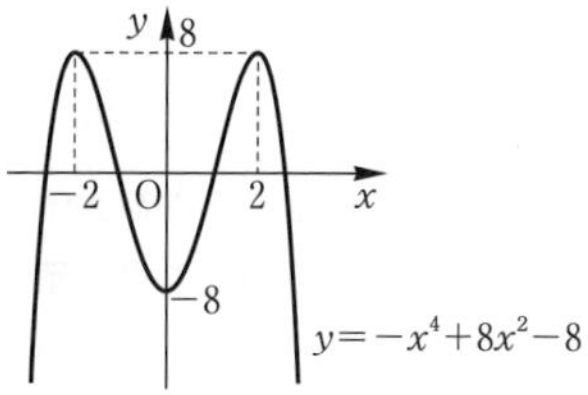

(3) $y'=3x^3-6x^2$

$=3x^2(x-2)$

$y'=0$ とすると

$x=0,\ 2$

よって，増減表は次のようになる。

x	$\cdots$	0	$\cdots$	2	$\cdots$
y'	$-$	0	$-$	0	$+$
y	↘	0	↘	極小 -4	↗

ゆえに，$x=2$ のとき　**極小値 -4**

極大値はない。

以上のことから，グラフは次の図のようになる。

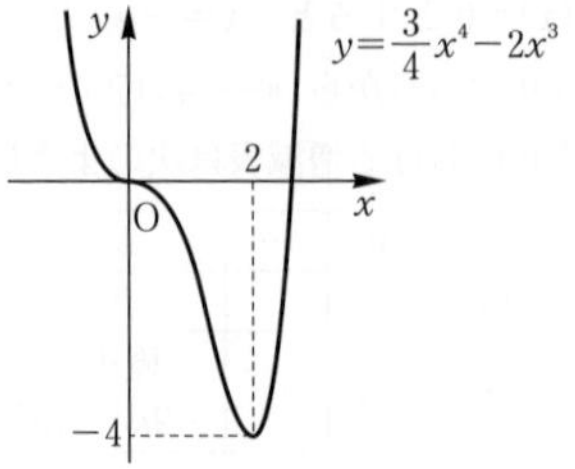

C

476 (1) $y'=4x^3-10x=2x(2x^2-5)$

$y'=0$ とすると　$x=-\frac{\sqrt{10}}{2},\ 0,\ \frac{\sqrt{10}}{2}$

よって，$-1\leqq x\leqq 3$ における増減表は次のようになる。

x	-1	$\cdots$	0	$\cdots$	$\frac{\sqrt{10}}{2}$	$\cdots$	3
y'		$+$	0	$-$	0	$+$	
y	-2	↗	極大 2	↘	極小 $-\frac{17}{4}$	↗	38

ゆえに，$x=3$　　のとき**最大値 38**

$x=\frac{\sqrt{10}}{2}$ のとき**最小値 $-\frac{17}{4}$**

(2) $y'=4x^3-48x^2+80x=4x(x-2)(x-10)$

$y'=0$ とすると　$x=0,\ 2,\ 10$

よって，$0\leqq x\leqq 2$ における増減表は次のようになる。

x	0	$\cdots$	2
y'		$+$	
y	2	↗	50

ゆえに，$x=2$ のとき**最大値 50**

$x=0$ のとき**最小値 2**

477　$x^4-6x^2-8x-a=0$　……①とする。

4 次方程式①は　$x^4-6x^2-8x=a$　と変形できる。

$f(x)=x^4-6x^2-8x$

とおくと，4 次方程式①が実数解をもつのは，

$y=f(x)$ のグラフが直線 $y=a$ と共有点をもつときである。

⇦ $2x^2-5=0$ を解くと

$x^2=\frac{5}{2}$ より　$x=\pm\frac{\sqrt{10}}{2}$

⇦極大値 2 は最大値ではない。

$$f'(x)=4x^3-12x-8=4(x+1)^2(x-2)$$

$f'(x)=0$ とすると　$x=-1,\ 2$

よって，増減表は次のようになる。

x	$\cdots$	-1	$\cdots$	2	$\cdots$
$f'(x)$	$-$	0	$-$	0	$+$
$f(x)$	↘	3	↘	極小 -24	↗

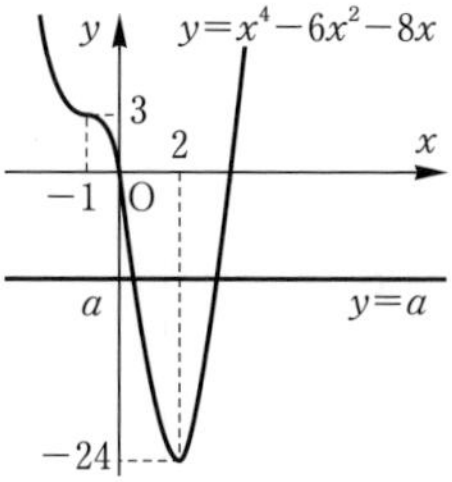

$y=f(x)$ のグラフは右の図のようになる。

このグラフと直線 $y=a$ が共有点をもてばよいから

$\boldsymbol{a\geqq-24}$

478　$f(x)=3x^4-4x^3+3x^2-6x+4$　とおくと

⇦ $f(x)$ の最小値が 0 以上であることを示せばよい。

$$f'(x)=12x^3-12x^2+6x-6=6(x-1)(2x^2+1)$$

$f'(x)=0$ とすると　$x=1$

よって，増減表は次のようになる。

x	$\cdots$	1	$\cdots$
$f'(x)$	$-$	0	$+$
$f(x)$	↘	極小 0	↗

増減表より，$f(x)$ は $x=1$ で最小値 0 をとる。

ゆえに　$f(x)\geqq0$，すなわち　$3x^4-4x^3+3x^2-6x+4\geqq0$

等号が成り立つのは $\boldsymbol{x=1}$ のときである。　終

479　$f(x)=3x^4-4ax^3+6(a+3)x^2$ より

$$f'(x)=12x^3-12ax^2+12(a+3)x$$
$$=12x\{x^2-ax+(a+3)\}$$

4 次関数 $f(x)$ が極大値と極小値の両方をもつには，

3 次方程式 $f'(x)=0$，

すなわち　$12x\{x^2-ax+(a+3)\}=0$　……①

が異なる 3 つの実数解をもてばよい。

⇦ $f'(x)=0$ の異なる実数解が 2 つのとき，一方は重解なので，$f(x)$ はそこでは極値をとらない。

①は $x=0$ を解にもつから，2 次方程式

$x^2-ax+(a+3)=0$　……②

が 0 以外の異なる 2 つの実数解をもてばよい。

②は $a=-3$ のとき $x=0$ を解にもつので　$a\neq-3$

⇦②が $x=0$ を解にもつとすると $0^2-a\cdot0+(a+3)=0$ より　$a=-3$

②の判別式を D とすると　$D>0$

$$D=(-a)^2-4\cdot1\cdot(a+3)=a^2-4a-12$$
$$=(a+2)(a-6)$$

$(a+2)(a-6)>0$ より　$a<-2,\ 6<a$

$a\neq-3$ であるから　$\boldsymbol{a<-3,\ -3<a<-2,\ 6<a}$

3節 積分法

1 不定積分

本編 p.096～097

※以下，C は積分定数とする。

A

480 (1) $\int x^4dx=\dfrac{1}{4+1}x^{4+1}+C=\boldsymbol{\dfrac{1}{5}x^5+C}$

(2) $\int x^6dx=\dfrac{1}{6+1}x^{6+1}+C=\boldsymbol{\dfrac{1}{7}x^7+C}$

(3) $\int x^7dx=\dfrac{1}{7+1}x^{7+1}+C=\boldsymbol{\dfrac{1}{8}x^8+C}$

481 (1) $\int(6x-4)dx$

$=\int 6x\,dx+\int(-4)dx$

$=6\int x\,dx-4\int dx$

$=6\cdot\dfrac{1}{2}x^2-4\cdot x+C$

$=\boldsymbol{3x^2-4x+C}$

(2) $\int(3x^2+6x+4)dx$

$=\int 3x^2dx+\int 6x\,dx+\int 4\,dx$

$=3\int x^2dx+6\int x\,dx+4\int dx$

$=3\cdot\dfrac{1}{3}x^3+6\cdot\dfrac{1}{2}x^2+4\cdot x+C$

$=\boldsymbol{x^3+3x^2+4x+C}$

(3) $\int(-5)dx=-5\int dx$

$=-5\cdot x+C=\boldsymbol{-5x+C}$

(4) $\int(4x^3-4x-1)dx$

$=\int 4x^3dx+\int(-4x)dx+\int(-1)dx$

$=4\int x^3dx-4\int x\,dx-\int dx$

$=4\cdot\dfrac{1}{4}x^4-4\cdot\dfrac{1}{2}x^2-x+C$

$=\boldsymbol{x^4-2x^2-x+C}$

(5) $\int(-2x^3-3x^2+2x+1)dx$

$=\int(-2x^3)dx+\int(-3x^2)dx+\int 2x\,dx+\int dx$

$=-2\int x^3dx-3\int x^2dx+2\int x\,dx+\int dx$

$=-2\cdot\dfrac{1}{4}x^4-3\cdot\dfrac{1}{3}x^3+2\cdot\dfrac{1}{2}x^2+x+C$

$=\boldsymbol{-\dfrac{1}{2}x^4-x^3+x^2+x+C}$

(6) $\int(x^4-x^3+x^2-x)dx$

$=\int x^4dx+\int(-x^3)dx+\int x^2dx+\int(-x)dx$

$=\int x^4dx-\int x^3dx+\int x^2dx-\int x\,dx$

$=\boldsymbol{\dfrac{1}{5}x^5-\dfrac{1}{4}x^4+\dfrac{1}{3}x^3-\dfrac{1}{2}x^2+C}$

482 (1) $\int(x+2)(x-3)dx=\int(x^2-x-6)dx$

$=\boldsymbol{\dfrac{1}{3}x^3-\dfrac{1}{2}x^2-6x+C}$

(2) $\int(x+3)(x-3)dx=\int(x^2-9)dx$

$=\boldsymbol{\dfrac{1}{3}x^3-9x+C}$

(3) $\int(3x+2)^2dx$

$=\int(9x^2+12x+4)dx$

$=9\cdot\dfrac{1}{3}x^3+12\cdot\dfrac{1}{2}x^2+4\cdot x+C$

$=\boldsymbol{3x^3+6x^2+4x+C}$

(4) $\int(2x+1)(3x-4)dx$

$=\int(6x^2-5x-4)dx$

$=6\cdot\dfrac{1}{3}x^3-5\cdot\dfrac{1}{2}x^2-4\cdot x+C$

$=\boldsymbol{2x^3-\dfrac{5}{2}x^2-4x+C}$

(5) $\int(t+2)^3dx$

$=\int(t^3+6t^2+12t+8)dt$

$=\frac{1}{4}t^4+6\cdot\frac{1}{3}t^3+12\cdot\frac{1}{2}t^2+8\cdot t+C$

$=\boldsymbol{\frac{1}{4}t^4+2t^3+6t^2+8t+C}$

(6) $\int(t+1)(t+2)(t-1)dt$

$=\int(t^3+2t^2-t-2)dt$

$=\frac{1}{4}t^4+2\cdot\frac{1}{3}t^3-\frac{1}{2}t^2-2\cdot t+C$

$=\boldsymbol{\frac{1}{4}t^4+\frac{2}{3}t^3-\frac{1}{2}t^2-2t+C}$

483 (1) $f'(x)=6x-2$ より

$f(x)=\int(6x-2)dx$

$=3x^2-2x+C$

$f(0)=1$ であるから　$C=1$

よって　$\boldsymbol{f(x)=3x^2-2x+1}$

(2) $f'(x)=-x^2+4x+1$ より

$f(x)=\int(-x^2+4x+1)dx$

$=-\frac{1}{3}x^3+2x^2+x+C$

$f(3)=1$ であるから

$-\frac{1}{3}\cdot3^3+2\cdot3^2+3+C=1$

すなわち　$C=-11$

よって　$\boldsymbol{f(x)=-\frac{1}{3}x^3+2x^2+x-11}$

484 曲線 $y=f(x)$ 上の点 $(x,\ y)$ における接線の傾きは $f'(x)$ であるから

$f'(x)=-3x^2+4x+2$

よって

$f(x)=\int(-3x^2+4x+2)dx$

$=-x^3+2x^2+2x+C$

曲線 $y=f(x)$ は点 $(2,\ 1)$ を通るから

$f(2)=1$ より　$-2^3+2\cdot2^2+2\cdot2+C=1$

すなわち　$C=-3$

したがって　$\boldsymbol{f(x)=-x^3+2x^2+2x-3}$

B

485 (1) $\int(2x^2+5x+3)dx+\int(x^2-5x-2)dx$

$=\int\{(2x^2+5x+3)+(x^2-5x-2)\}dx$

$=\int(3x^2+1)dx=\boldsymbol{x^3+x+C}$

(2) $\int(x+1)^2dx-\int(x-1)^2dx$

$=\int\{(x^2+2x+1)-(x^2-2x+1)\}dx$

$=\int4x\,dx=\boldsymbol{2x^2+C}$

(3) $\int(x^3+2x^2+2x-3)dx-\int x(x+1)^2dx$

$=\int\{(x^3+2x^2+2x-3)-(x^3+2x^2+x)\}dx$

$=\int(x-3)dx=\boldsymbol{\frac{1}{2}x^2-3x+C}$

486 (1) $f(x)=\int(2x+a)dx=x^2+ax+C$

$f(0)=1$ より　$C=1$　……①

$f(1)=0$ より　$1^2+a\cdot1+C=0$

すなわち　$a+C+1=0$　……②

①，②を解いて　$\boldsymbol{a=-2}$，$C=1$

よって　$\boldsymbol{f(x)=x^2-2x+1}$

(2) $f(x)=\int(3x^2-2ax+1)dx$

$=x^3-ax^2+x+C$

$f(1)=3$ より　$1^3-a\cdot1^2+1+C=3$

すなわち　$-a+C=1$　……①

$f(-2)=6$ より

$(-2)^3-a\cdot(-2)^2+(-2)+C=6$

すなわち　$-4a+C=16$　……②

①，②を解いて　$\boldsymbol{a=-5}$，$C=-4$

よって　$\boldsymbol{f(x)=x^3+5x^2+x-4}$

C

487 $f'(x)=0$ とすると，条件(i)から，

$(3x+5)(x-1)=0$ より　$x=-\frac{5}{3}$，1

よって，関数 $f(x)$ の増加・減少は，次の増減表のようになる。

x	…	$-\frac{5}{3}$	…	1	…
$f'(x)$	+	0	−	0	+
$f(x)$	↗	極大	↘	極小	↗

⇦極大・極小となる x の値を調べる。極大値・極小値をここで求める必要はない。

ゆえに，$x=1$ で $f(x)$ は極小となる。

また　$f(x)=\int f'(x)dx=\int(3x+5)(x-1)dx$

$=\int(3x^2+2x-5)dx=x^3+x^2-5x+C$

⇦条件(ii)「極小値1をとる」を利用するために，極小となる x の値を求める。

条件(ii)より，極小値は1であるから　$f(1)=1$

$1^3+1^2-5\cdot1+C=1$

すなわち　$C=4$

したがって　$\boldsymbol{f(x)=x^3+x^2-5x+4}$

2 定積分

本編 p.098〜101

A

488 (1) $\int_{-1}^{2}x\,dx=\left[\frac{1}{2}x^2\right]_{-1}^{2}$

$=2-\frac{1}{2}=\boldsymbol{\frac{3}{2}}$

(2) $\int_{-1}^{4}(-2)dx=\left[-2x\right]_{-1}^{4}$

$=-8-2=\boldsymbol{-10}$

(3) $\int_{-3}^{3}x^2dx=\left[\frac{1}{3}x^3\right]_{-3}^{3}$

$=9-(-9)=\boldsymbol{18}$

(4) $\int_{-2}^{1}\left(\frac{1}{2}x+3\right)dx=\left[\frac{1}{4}x^2+3x\right]_{-2}^{1}$

$=\frac{13}{4}-(-5)=\boldsymbol{\frac{33}{4}}$

(5) $\int_{0}^{3}(3x^2-6x+2)dx$

$=\left[x^3-3x^2+2x\right]_{0}^{3}$

$=(27-27+6)-0=\boldsymbol{6}$

(6) $\int_{-1}^{1}(-x^2+2x)dx$

$=\left[-\frac{1}{3}x^3+x^2\right]_{-1}^{1}$

$=\left(-\frac{1}{3}+1\right)-\left(\frac{1}{3}+1\right)=\boldsymbol{-\frac{2}{3}}$

(7) $\int_{-2}^{2}(2t^3-5t^2-3t)dt$

$=\left[\frac{1}{2}t^4-\frac{5}{3}t^3-\frac{3}{2}t^2\right]_{-2}^{2}$

$=\left(8-\frac{40}{3}-6\right)-\left(8+\frac{40}{3}-6\right)=\boldsymbol{-\frac{80}{3}}$

489 (1) $\int_{-1}^{2}(x+2)(x-2)dx$

$=\int_{-1}^{2}(x^2-4)dx$

$=\left[\frac{1}{3}x^3-4x\right]_{-1}^{2}$

$=\left(\frac{8}{3}-8\right)-\left(-\frac{1}{3}+4\right)=\boldsymbol{-9}$

(2) $\int_{-2}^{4}(2x+1)^2dx$

$=\int_{-2}^{4}(4x^2+4x+1)dx$

$=\left[\frac{4}{3}x^3+2x^2+x\right]_{-2}^{4}$

$=\left(\frac{256}{3}+32+4\right)-\left(-\frac{32}{3}+8-2\right)$

$=\mathbf{126}$

(3) $\int_{-2}^{4}(x+2)(x-4)dx$

$=\int_{-2}^{4}(x^2-2x-8)dx$

$=\left[\frac{1}{3}x^3-x^2-8x\right]_{-2}^{4}$

$=\left(\frac{64}{3}-16-32\right)-\left(-\frac{8}{3}-4+16\right)$

$=\mathbf{-36}$

(4) $\int_{-1}^{0}(t-2)^3dt$

$=\int_{-1}^{0}(t^3-6t^2+12t-8)dt$

$=\left[\frac{1}{4}t^4-2t^3+6t^2-8t\right]_{-1}^{0}$

$=0-\left(\frac{1}{4}+2+6+8\right)=\mathbf{-\frac{65}{4}}$

490 (1) $\int_{1}^{3}(x^2-2x+3)dx+\int_{1}^{3}(2x^2-4x-3)dx$

$=\int_{1}^{3}\{(x^2-2x+3)+(2x^2-4x-3)\}dx$

$=\int_{1}^{3}(3x^2-6x)dx$

$=\left[x^3-3x^2\right]_{1}^{3}$

$=(27-27)-(1-3)=\mathbf{2}$

(2) $\int_{-3}^{3}(5x^2-9x+6)dx-\int_{-3}^{3}(2x^2-7x+3)dx$

$=\int_{-3}^{3}\{(5x^2-9x+6)-(2x^2-7x+3)\}dx$

$=\int_{-3}^{3}(3x^2-2x+3)dx$

$=\left[x^3-x^2+3x\right]_{-3}^{3}$

$=(27-9+9)-(-27-9-9)=\mathbf{72}$

491 (1) $\int_{0}^{2}(3x^2-4x-3)dx+\int_{2}^{4}(3x^2-4x-3)dx$

$=\int_{0}^{4}(3x^2-4x-3)dx$ ← 定積分の性質より1つにまとめられる。

$=\left[x^3-2x^2-3x\right]_{0}^{4}$

$=(64-32-12)-0=\mathbf{20}$

(2) $\int_{3}^{5}(2x^2+3x+4)dx+\int_{5}^{3}(2x^2+3x+4)dx$

$=\int_{3}^{5}(2x^2+3x+4)dx-\int_{3}^{5}(2x^2+3x+4)dx$ ← 上端と下端の入れかえ

$=\mathbf{0}$

(別解)

$\int_{3}^{5}(2x^2+3x+4)dx+\int_{5}^{3}(2x^2+3x+4)dx$

$=\int_{3}^{3}(2x^2+3x+4)dx$ ← 定積分の性質より，1つにまとめられる。

$=\mathbf{0}$

(3) $\int_{-3}^{-1}(x^2+2x)dx-\int_{1}^{-1}(x^2+2x)dx$

上端と下端の入れかえ

$=\int_{-3}^{-1}(x^2+2x)dx+\int_{-1}^{1}(x^2+2x)dx$

$=\int_{-3}^{1}(x^2+2x)dx$ ← 定積分の性質より1つにまとめられる。

$=\left[\frac{1}{3}x^3+x^2\right]_{-3}^{1}$

$=\left(\frac{1}{3}+1\right)-(-9+9)=\mathbf{\frac{4}{3}}$

(4) $\int_{-1}^{0}(x^2-4x)dx$

$+\int_{\frac{1}{2}}^{1}(x^2-4x)dx-\int_{\frac{1}{2}}^{0}(x^2-4x)dx$

上端と下端の入れかえ

$=\int_{-1}^{0}(x^2-4x)dx$

$+\int_{\frac{1}{2}}^{1}(x^2-4x)dx+\int_{0}^{\frac{1}{2}}(x^2-4x)dx$

$=\int_{-1}^{0}(x^2-4x)dx$

$+\int_{0}^{\frac{1}{2}}(x^2-4x)dx+\int_{\frac{1}{2}}^{1}(x^2-4x)dx$

$=\int_{-1}^{1}(x^2-4x)dx$ ← 定積分の性質より1つにまとめられる。

$=\left[\frac{1}{3}x^3-2x^2\right]_{-1}^{1}$

$=\left(\frac{1}{3}-2\right)-\left(-\frac{1}{3}-2\right)=\mathbf{\frac{2}{3}}$

492 (1) $f'(x)=\dfrac{d}{dx}\displaystyle\int_1^x(-3t+2)dt$

$=\mathbf{-3x+2}$

(2) $f'(x)=\dfrac{d}{dx}\displaystyle\int_0^x(-t^2+1)dt$

$=\mathbf{-x^2+1}$

(3) $f'(x)=\dfrac{d}{dx}\displaystyle\int_{-2}^x(t-2)(t+1)dt$

$=\mathbf{(x-2)(x+1)}$

493 (1) $\displaystyle\int_a^x f(t)dt=x^2-4x-12$ ……①とする。

①の両辺を x で微分して

$f(x)=2x-4$

また，①で $x=a$ とおくと

$\displaystyle\int_a^a f(t)dt=0$

であるから

$0=a^2-4a-12$ ⟵ $(a+2)(a-6)=0$

これを解いて　$a=-2,\ 6$

よって　$\mathbf{f(x)=2x-4,\ a=-2,\ 6}$

(2) $\displaystyle\int_a^x f(t)dt=3x^2-8x+5$ ……①とする。

①の両辺を x で微分して

$f(x)=6x-8$

また，①で $x=a$ とおくと

$\displaystyle\int_a^a f(t)dt=0$

であるから

$0=3a^2-8a+5$ ⟵ $(3a-5)(a-1)=0$

これを解いて　$a=1,\ \dfrac{5}{3}$

よって　$\mathbf{f(x)=6x-8,\ a=1,\ \dfrac{5}{3}}$

B

494 (1) $\displaystyle\int_0^2 f(t)dt$ は定数であるから

$k=\displaystyle\int_0^2 f(t)dt$ ……①

とおくと

$f(x)=4x+k$ ……②

①，②より　（$f(t)=4t+k$）

$k=\displaystyle\int_0^2 f(t)dt=\int_0^2(4t+k)dt$

$=\Big[2t^2+kt\Big]_0^2=8+2k$

よって，$k=8+2k$ より　$k=-8$

ゆえに　$\mathbf{f(x)=4x-8}$ ⟵ ②に代入

(2) $\displaystyle\int_0^1 f(t)dt$ は定数であるから

$k=\displaystyle\int_0^1 f(t)dt$ ……①

とおくと

$f(x)=6x^2-k$ ……②

①，②より　（$f(t)=6t^2-k$）

$k=\displaystyle\int_0^1 f(t)dt=\int_0^1(6t^2-k)dt$

$=\Big[2t^3-kt\Big]_0^1=2-k$

よって，$k=2-k$ より　$k=1$

ゆえに　$\mathbf{f(x)=6x^2-1}$ ⟵ ②に代入

495 (1) $\displaystyle\int_0^1 f(t)dt$ は定数であるから

$k=\displaystyle\int_0^1 f(t)dt$ ……①

とおくと

$f(x)=kx-1$ ……②

①，②より　（$f(t)=kt-1$）

$k=\displaystyle\int_0^1 f(t)dt=\int_0^1(kt-1)dt$

$=\Big[\dfrac{1}{2}kt^2-t\Big]_0^1=\dfrac{1}{2}k-1$

よって，$k=\dfrac{1}{2}k-1$ より　$k=-2$

ゆえに　$\mathbf{f(x)=-2x-1}$

(2) $\displaystyle\int_0^2 tf(t)dt$ は定数であるから

$k=\displaystyle\int_0^2 tf(t)dt$ ……①

とおくと

$f(x)=3x+k$ ……②

①，②より

$\leftarrow f(t)=3t+k$

$$k=\int_0^2 tf(t)dt=\int_0^2 t(3t+k)dt$$
$$=\int_0^2 (3t^2+kt)dt$$
$$=\left[t^3+\frac{1}{2}kt^2\right]_0^2=8+2k$$

よって，$k=8+2k$ より　$k=-8$

ゆえに　$\boldsymbol{f(x)=3x-8}$

(3)　$f(x)=3x^2+x\int_0^1 f(t)dt$

$\int_0^1 f(t)dt$ は定数であるから

$k=\int_0^1 f(t)dt$　……①

とおくと

$f(x)=3x^2+kx$　……②

①，②より

$\leftarrow f(t)=3t^2+kt$

$$k=\int_0^1 f(t)dt=\int_0^1 (3t^2+kt)dt$$
$$=\left[t^3+\frac{1}{2}kt^2\right]_0^1=1+\frac{1}{2}k$$

よって，$k=1+\frac{1}{2}k$ より　$k=2$

ゆえに　$\boldsymbol{f(x)=3x^2+2x}$

496 (1)　$\int_1^x f(t)dt=2x^2+3x+a$　……①とする。

①の両辺を x で微分して

$f(x)=4x+3$

また，①で $x=1$ とおくと

$\int_1^1 f(t)dt=0$

であるから

$2\cdot1^2+3\cdot1+a=0$

よって　$a=-5$

ゆえに　$\boldsymbol{f(x)=4x+3,\ a=-5}$

(2)　$\int_2^x f(t)dt=-x^2+ax-4$　……①とする。

①の両辺を x で微分して

$f(x)=-2x+a$

また，①で $x=2$ とおくと

$\int_2^2 f(t)=0$

であるから

$-2^2+a\cdot2-4=0$

よって　$a=4$

ゆえに　$\boldsymbol{f(x)=-2x+4,\ a=4}$

C

497　$f(x)=ax^2+bx+c$ $(a\neq0)$ とおくと

$$\int_0^3 f(x)dx=\int_0^3 (ax^2+bx+c)dx$$
$$=\left[\frac{a}{3}x^3+\frac{b}{2}x^2+cx\right]_0^3$$
$$=9a+\frac{9}{2}b+3c=3$$

であるから　$6a+3b+2c=2$　……①

$$\int_0^2 xf(x)dx=\int_0^2 (ax^3+bx^2+cx)dx$$
$$=\left[\frac{a}{4}x^4+\frac{b}{3}x^3+\frac{c}{2}x^2\right]_0^2$$
$$=4a+\frac{8}{3}b+2c=-4$$

であるから　$6a+4b+3c=-6$　……②

⇦ $f(x)$ は2次関数であるから
$f(x)=ax^2+bx+c$ $(a\neq0)$
とおいて考える。

⇦ $xf(x)=x(ax^2+bx+c)$
$=ax^3+bx^2+cx$

$f'(x)=2ax+b$ より

$$\int_{-1}^{1} f'(x)dx=\int_{-1}^{1}(2ax+b)dx$$
$$=\left[ax^2+bx\right]_{-1}^{1}$$
$$=(a+b)-(a-b)$$
$$=2b=-12$$

であるから　$b=-6$ ……③

①，②，③を解いて

$a=4$，$b=-6$，$c=-2$

よって，求める 2 次関数は　$\boldsymbol{f(x)=4x^2-6x-2}$

⇦ $\int_{-1}^{1} f'(x)dx=\left[f(x)\right]_{-1}^{1}$
$=(a+b+c)-(a-b+c)$
$=2b$
としてもよい。

⇦ $a \neq 0$ を満たす。

498 $\int_{-2}^{0} f'(x)dx=\left[f(x)\right]_{-2}^{0}=f(0)-f(-2)=4$ ……①

$\int_{-2}^{1} f'(x)dx=\left[f(x)\right]_{-2}^{1}=f(1)-f(-2)=6$ ……②

であるから，②−①より

$f(1)-f(0)=2$

ここで，$f(0)=1$ であるから

$f(1)-1=2$

よって　$\boldsymbol{f(1)=3}$

⇦ $\int_{a}^{b} f'(x)dx=f(b)-f(a)$
であることを利用する。

(別解)

$f(x)=ax^3+bx^2+cx+d$ $(a \neq 0)$ とおくと

$f(0)=1$ より　$d=1$ ……①

$f'(x)=3ax^2+2bx+c$　であるから，

$$\int_{-2}^{0} f'(x)dx=\int_{-2}^{0}(3ax^2+2bx+c)dx$$
$$=\left[ax^3+bx^2+cx\right]_{-2}^{0}$$
$$=0-(-8a+4b-2c)=8a-4b+2c$$

より　$8a-4b+2c=4$ ……②

$$\int_{-2}^{1} f'(x)dx=\int_{-2}^{1}(3ax^2+2bx+c)dx$$
$$=\left[ax^3+bx^2+cx\right]_{-2}^{1}$$
$$=(a+b+c)-(-8a+4b-2c)$$
$$=9a-3b+3c$$

より　$9a-3b+3c=6$ ……③

③−②より　$a+b+c=2$

これと①より

$f(1)=a+b+c+d=2+1=\boldsymbol{3}$

⇦ $f(x)$ を具体的な式でおいて考えてもよいが，未知の係数が 4 つに対して条件式が 3 つしかないので，$f(x)$ は 1 通りに定まらないことに注意する。

⇦ $\int_{-2}^{0} f'(x)dx=\left[f(x)\right]_{-2}^{0}$
を用いてもよい。

⇦ $\int_{-2}^{1} f'(x)dx=\left[f(x)\right]_{-2}^{1}$
を用いてもよい。

⇦一般には，②，③より
a，b，c のいずれかの文字で他の 2 つの文字を表すことになる。

499 (1) $\int_0^1 f(t)dt$, $\int_0^2 f(t)dt$ は定数であるから

$$a=\int_0^1 f(t)dt \quad \cdots\cdots ①$$

$$b=\int_0^2 f(t)dt \quad \cdots\cdots ②$$

とおくと　$f(x)=ax+b-1$　$\cdots\cdots$③

①, ③より

$$a=\int_0^1 f(t)dt=\int_0^1 (at+b-1)dt$$
$$=\left[\frac{1}{2}at^2+(b-1)t\right]_0^1$$
$$=\frac{1}{2}a+b-1$$

⇦ $f(t)=at+b-1$

よって, $a=\frac{1}{2}a+b-1$ より　$a-2b=-2$　$\cdots\cdots$④

②, ③より

$$b=\int_0^2 f(t)dt=\int_0^2 (at+b-1)dt$$
$$=\left[\frac{1}{2}at^2+(b-1)t\right]_0^2$$
$$=2a+2b-2$$

よって, $b=2a+2b-2$ より　$2a+b=2$　$\cdots\cdots$⑤

④, ⑤を解いて　$a=\frac{2}{5}$, $b=\frac{6}{5}$

ゆえに　$\boldsymbol{f(x)=\frac{2}{5}x+\frac{1}{5}}$

(2) $f(x)=x^2+x\int_0^1 f(t)dt+\int_0^2 f(t)dt$

⇦ $\int_0^1 xf(t)dt=x\int_0^1 f(t)dt$
$=ax$

$\int_0^1 f(t)dt$, $\int_0^2 f(t)dt$ は定数であるから

$$a=\int_0^1 f(t)dt \quad \cdots\cdots ①$$

$$b=\int_0^2 f(t)dt \quad \cdots\cdots ②$$

とおくと　$f(x)=x^2+ax+b$　$\cdots\cdots$③

①, ③より

$$a=\int_0^1 f(t)dt=\int_0^1 (t^2+at+b)dt$$
$$=\left[\frac{1}{3}t^3+\frac{1}{2}at^2+bt\right]_0^1$$
$$=\frac{1}{3}+\frac{1}{2}a+b$$

⇦ $f(t)=t^2+at+b$

よって, $a=\frac{1}{3}+\frac{1}{2}a+b$ より　$3a-6b=2$　$\cdots\cdots$④

②，③より

$$b=\int_0^2 f(t)dt=\int_0^2 (t^2+at+b)dt$$

$$=\left[\frac{1}{3}t^3+\frac{1}{2}at^2+bt\right]_0^2$$

$$=\frac{8}{3}+2a+2b$$

よって，$b=\frac{8}{3}+2a+2b$ より　$6a+3b=-8$　……⑤

④，⑤を解いて　$a=-\frac{14}{15}$，$b=-\frac{4}{5}$

ゆえに　$\boldsymbol{f(x)=x^2-\frac{14}{15}x-\frac{4}{5}}$

500 (1)　$f(x)=\int_{-2}^{x}(4t^2+4t-3)dt$ の両辺を x で微分して

$$f'(x)=4x^2+4x-3=(2x+3)(2x-1)$$

$f'(x)=0$ とすると　$x=-\frac{3}{2}$，$\frac{1}{2}$

よって，増減表は次のようになる。

x	…	$-\frac{3}{2}$	…	$\frac{1}{2}$	…
$f'(x)$	+	0	−	0	+
$f(x)$	↗	極大	↘	極小	↗

⇦問われているのは「極値をとる x の値」なので，極値そのものを求める必要はない。

増減表より　**$x=-\frac{3}{2}$ のとき，極大**

$x=\frac{1}{2}$ のとき，極小となる。

(2)　$f(x)=x^2+\int_0^x t(t-3)dt$ の両辺を x で微分して

$$f'(x)=2x+x(x-3)=x^2-x=x(x-1)$$

$f'(x)=0$ とすると　$x=0$，1

よって，増減表は次のようになる。

x	…	0	…	1	…
$f'(x)$	+	0	−	0	+
$f(x)$	↗	極大	↘	極小	↗

⇦問われているのは「極値をとる x の値」なので，極値そのものを求める必要はない。

増減表より　**$x=0$ のとき，極大**

$x=1$ のとき，極小となる。

501　$f(x)=\int_0^x (t^2+2t-3)dt$ の両辺を x で微分して

$$f'(x)=x^2+2x-3=(x+3)(x-1)$$

$f'(x)=0$ とすると　$x=-3$，1

よって，増減表は次のようになる。

x	$\cdots$	-3	$\cdots$	1	$\cdots$
$f'(x)$	$+$	0	$-$	0	$+$
$f(x)$	↗	極大 $f(-3)$	↘	極小 $f(1)$	↗

ここで　$f(x)=\int_0^x(t^2+2t-3)dt$

$$=\left[\frac{1}{3}t^3+t^2-3t\right]_0^x=\frac{1}{3}x^3+x^2-3x$$

⇦極値を求める必要があるが，$f(x)$ の具体的な式を求めてから計算する方が楽になる。

より　$f(-3)=9$，$f(1)=-\frac{5}{3}$

以上のことから　**$x=-3$ のとき　極大値 9**

$x=1$ のとき　極小値 $-\frac{5}{3}$ をとる。

502　$f(x)=\int_0^x(t^2-4t+3)dt$ の両辺を x で微分して

$$f'(x)=x^2-4x+3=(x-1)(x-3)$$

$f'(x)=0$ とすると　$x=1$，3

よって，$0\leqq x\leqq 5$ における増減表は次のようになる。

x	0	$\cdots$	1	$\cdots$	3	$\cdots$	5
$f'(x)$		$+$	0	$-$	0	$+$	
$f(x)$	$f(0)$	↗	極大 $f(1)$	↘	極小 $f(3)$	↗	$f(5)$

ここで　$f(x)=\int_0^x(t^2-4t+3)dt$

$$=\left[\frac{1}{3}t^3-2t^2+3t\right]_0^x=\frac{1}{3}x^3-2x^2+3x$$

⇦ $f(0)$，$f(1)$，$f(3)$，$f(5)$ の値は $f(x)$ の具体的な式を求めてから計算する方が楽に計算できる。

より　$f(0)=0$，$f(1)=\frac{4}{3}$，$f(3)=0$，$f(5)=\frac{20}{3}$

以上のことから　**$x=5$ のとき　最大値 $\frac{20}{3}$**

$x=0$，3 のとき　最小値 0

503 (1)　$\int_1^2 f'(t)dt$ は定数であるから

$$k=\int_1^2 f'(t)dt \quad \cdots\cdots①$$

とおくと　$f(x)=3x-k$

このとき　$f'(x)=3$　……②

①，②より

$$k=\int_1^2 f'(t)dt=\int_1^2 3dt=\Big[3t\Big]_1^2=3$$

⇦ $f'(t)=3$

よって　**$f(x)=3x-3$**

(2) $\int_0^1 tf'(t)$ は定数であるから

$$k=\int_0^1 tf'(t)dt \quad \cdots\cdots ①$$

とおくと　$f(x)=x^2-x+k$

このとき　$f'(x)=2x-1$　……②

①, ②より

$$k=\int_0^1 tf'(t)dt$$

$$=\int_0^1 t(2t-1)dt=\int_0^1 (2t^2-t)dt$$

⇦ $f'(t)=2t-1$

$$=\left[\frac{2}{3}t^3-\frac{1}{2}t^2\right]_0^1=\frac{1}{6}$$

よって　$\boldsymbol{f(x)=x^2-x+\frac{1}{6}}$

504　条件(i)の等式の両辺を x で微分すると

$$2f(x)-g(x)=6x-3 \quad \cdots\cdots ①$$

条件(ii)の等式の両辺を x で微分すると

$$f(x)+2g(x)=15x^2-2x+1 \quad \cdots\cdots ②$$

①×2+②より

$$5f(x)=15x^2+10x-5$$

よって　$f(x)=3x^2+2x-1$

②×2−①より

$$5g(x)=30x^2-10x+5$$

よって　$g(x)=6x^2-2x+1$

次に，条件(i)の等式に $x=1$ を代入すると

$0=3\cdot1^2-3\cdot1+a$　より　$a=0$

また，条件(ii)の等式に $x=1$ を代入すると

$0=5\cdot1^3-1^2+1+b$　より　$b=-5$

以上のことから

$\boldsymbol{f(x)=3x^2+2x-1,\ g(x)=6x^2-2x+1}$

$\boldsymbol{a=0,\ b=-5}$

研究 不定積分，定積分のいろいろな公式

本編 p.101

B

505 (1) $\int(x+1)^2dx=\frac{1}{2+1}(x+1)^{2+1}+C$

$=\boldsymbol{\frac{1}{3}(x+1)^3+C}$

(2) $\int 8(x-2)^3dx=8\int(x-2)^3dx$

$=8\cdot\frac{1}{3+1}(x-2)^{3+1}+C$

$=\boldsymbol{2(x-2)^4+C}$

506 (1) $\int_{-3}^{0}x(x+3)dx$

$=\int_{-3}^{0}\{x-(-3)\}(x-0)dx$

$=-\frac{1}{6}\cdot\{0-(-3)\}^3$

$=-\frac{1}{6}\cdot 27=\boldsymbol{-\frac{9}{2}}$

(2) $\int_{-2}^{1}(2x^2+2x-4)dx$

$=2\int_{-2}^{1}(x+2)(x-1)dx$

$=2\int_{-2}^{1}\{x-(-2)\}(x-1)dx$

$=2\cdot\left(-\frac{1}{6}\right)\cdot\{1-(-2)\}^3$

$=2\cdot\left(-\frac{1}{6}\right)\cdot 27=\boldsymbol{-9}$

$2x^2+2x-4$
$=2(x^2+x-2)$
$=2(x+2)(x-1)$

(3) $\int_{-\frac{1}{2}}^{\frac{1}{3}}(6x^2+x-1)dx$

$=6\int_{-\frac{1}{2}}^{\frac{1}{3}}\left(x+\frac{1}{2}\right)\left(x-\frac{1}{3}\right)dx$

$=6\int_{-\frac{1}{2}}^{\frac{1}{3}}\left\{x-\left(-\frac{1}{2}\right)\right\}\left(x-\frac{1}{3}\right)dx$

$=6\cdot\left(-\frac{1}{6}\right)\cdot\left\{\frac{1}{3}-\left(-\frac{1}{2}\right)\right\}^3$

$=6\cdot\left(-\frac{1}{6}\right)\cdot\left(\frac{5}{6}\right)^3=\boldsymbol{-\frac{125}{216}}$

$6x^2+x-1$
$=(2x+1)(3x-1)$
$=2\left(x+\frac{1}{2}\right)\cdot 3\left(x-\frac{1}{3}\right)$

(4) $-x^2+4x+1=0$

すなわち

$x^2-4x-1=0$

を解くと

$x=2\pm\sqrt{5}$ ←

であるから

$\int_{2-\sqrt{5}}^{2+\sqrt{5}}(-x^2+4x+1)dx$

$=-\int_{2-\sqrt{5}}^{2+\sqrt{5}}\{x-(2-\sqrt{5})\}\{x-(2+\sqrt{5})\}dx$

$=-\left(-\frac{1}{6}\right)\cdot\{(2+\sqrt{5})-(2-\sqrt{5})\}^3$

$=-\left(-\frac{1}{6}\right)\cdot(2\sqrt{5})^3=\boldsymbol{\frac{20\sqrt{5}}{3}}$

$\alpha=2-\sqrt{5}$，$\beta=2+\sqrt{5}$
とおくと
$-x^2+4x+1$
$=-(x-\alpha)(x-\beta)$

507 (1) $\int_{-1}^{2}(x-2)^2dx$

$=\left[\frac{1}{3}(x-2)^3\right]_{-1}^{2}$

$=\frac{1}{3}\{(2-2)^3-(-1-2)^3\}$

$=\frac{1}{3}\{0-(-27)\}=\boldsymbol{9}$

(2) $\int_{1}^{5}(x-3)^3dx$

$=\left[\frac{1}{4}(x-3)^4\right]_{1}^{5}$

$=\frac{1}{4}\{(5-3)^4-(1-3)^4\}$

$=\frac{1}{4}(16-16)=\boldsymbol{0}$

3 定積分と面積

本編 p.102～104

A

508 (1) $S=\int_0^2 (x^2+2)dx$

$=\left[\frac{1}{3}x^3+2x\right]_0^2$

$=\frac{8}{3}+4=\mathbf{\frac{20}{3}}$

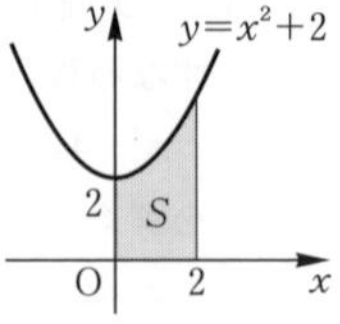

(2) $S=\int_2^3 (x^2-2x+2)dx$

$=\left[\frac{1}{3}x^3-x^2+2x\right]_2^3$

$=(9-9+6)$

$\quad-\left(\frac{8}{3}-4+4\right)$

$=\mathbf{\frac{10}{3}}$

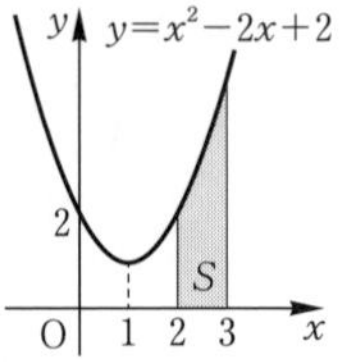

509 (1) 放物線と x 軸の共有点の x 座標は

$-x^2+1=0$

の解である。これを解いて　$x=-1,\ 1$

よって，求める面積 S は

$S=\int_{-1}^1 (-x^2+1)dx$

$=\left[-\frac{1}{3}x^3+x\right]_{-1}^1$

$=\left(-\frac{1}{3}+1\right)-\left(\frac{1}{3}-1\right)$

$=\mathbf{\frac{4}{3}}$

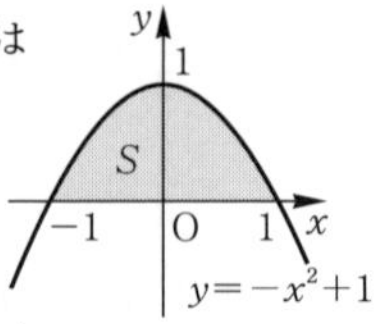

（別解） 教 p.214（研究）「定積分の公式」の利用

$S=\int_{-1}^1 (-x^2+1)dx$

$=\int_{-1}^1 \{-(x+1)(x-1)\}dx$

$=-\int_{-1}^1 \{x-(-1)\}(x-1)dx$

$=-\left(-\frac{1}{6}\right)\cdot\{1-(-1)\}^3=\mathbf{\frac{4}{3}}$

(2) 放物線と x 軸の共有点の x 座標は

$-x^2+4x+5=0$

の解である。これを解いて　$x=-1,\ 5$

よって，求める面積 S は

$S=\int_{-1}^5 (-x^2+4x+5)dx$

$=\left[-\frac{1}{3}x^3+2x^2+5x\right]_{-1}^5$

$=\left(-\frac{125}{3}+50+25\right)$

$\quad-\left(\frac{1}{3}+2-5\right)$

$=\mathbf{36}$

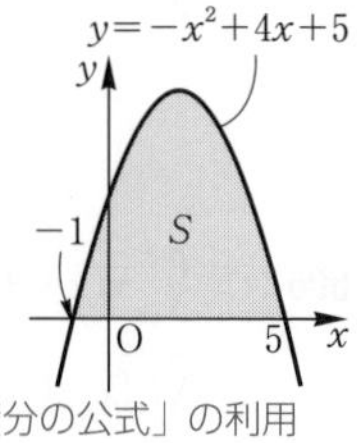

（別解）

教 p.214（研究）「定積分の公式」の利用

$S=\int_{-1}^5 \{-(x+1)(x-5)\}dx$

$=-\int_{-1}^5 \{x-(-1)\}(x-5)dx$

$=-\left(-\frac{1}{6}\right)\cdot\{5-(-1)\}^3=\mathbf{36}$

510 (1) 放物線と x 軸の共有点の x 座標は

$x^2-5x+4=0$

の解である。これを解いて　$x=1,\ 4$

$1\leqq x\leqq 4$ のとき，

$y\leqq 0$ であるから，

求める面積 S は

$S=-\int_1^4 (x^2-5x+4)dx$

$=-\left[\frac{1}{3}x^3-\frac{5}{2}x^2+4x\right]_1^4$

$=-\left(\frac{64}{3}-40+16\right)+\left(\frac{1}{3}-\frac{5}{2}+4\right)$

$=\mathbf{\frac{9}{2}}$

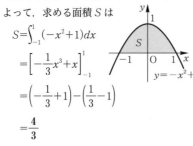

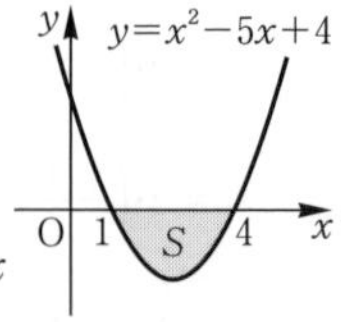

（別解） 教 p.214（研究）「定積分の公式」の利用

$S=-\int_1^4 (x^2-5x+4)dx$

$=-\int_1^4 (x-1)(x-4)dx$

$=-\left(-\frac{1}{6}\right)\cdot(4-1)^3=\mathbf{\frac{9}{2}}$

(2) 放物線と x 軸の共有点の x 座標は

$3x^2-6=0$

の解である。

これを解いて　$x=-\sqrt{2},\ \sqrt{2}$

$-\sqrt{2}\leqq x\leqq\sqrt{2}$ のとき，

$y\leqq 0$ であるから，

求める面積 S は

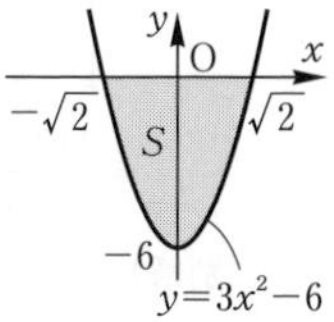

$$S=-\int_{-\sqrt{2}}^{\sqrt{2}}(3x^2-6)dx$$

$$=-\Big[x^3-6x\Big]_{-\sqrt{2}}^{\sqrt{2}}$$

$$=-(2\sqrt{2}-6\sqrt{2})+(-2\sqrt{2}+6\sqrt{2})$$

$$=\mathbf{8\sqrt{2}}$$

（別解） ㊔ p. 214（研究）「定積分の公式」の利用

$$S=-\int_{-\sqrt{2}}^{\sqrt{2}}(3x^2-6)dx$$

$$=-3\int_{-\sqrt{2}}^{\sqrt{2}}(x^2-2)dx$$

$$=-3\int_{-\sqrt{2}}^{\sqrt{2}}\{x-(-\sqrt{2})\}(x-\sqrt{2})dx$$

$$=-3\cdot\left(-\frac{1}{6}\right)\cdot\{\sqrt{2}-(-\sqrt{2})\}^3=\mathbf{8\sqrt{2}}$$

511 (1) 放物線と x 軸の共有点の x 座標は

$-x^2-x=0$

の解である。

これを解いて

$x=-1,\ 0$

右の図より

$-1\leqq x\leqq 0$ のとき

$y\geqq 0$

$0\leqq x\leqq 2$ のとき

$y\leqq 0$

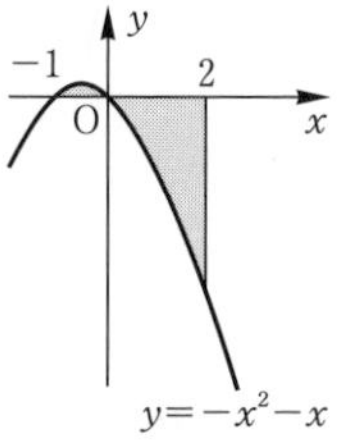

よって，求める面積 S は

$$S=\int_{-1}^{0}(-x^2-x)dx-\int_{0}^{2}(-x^2-x)dx$$

$$=\left[-\frac{1}{3}x^3-\frac{1}{2}x^2\right]_{-1}^{0}-\left[-\frac{1}{3}x^3-\frac{1}{2}x^2\right]_{0}^{2}$$

$$=\left\{0-\left(-\frac{1}{6}\right)\right\}-\left(-\frac{14}{3}-0\right)$$

$$=\mathbf{\frac{29}{6}}$$

(2) 放物線と x 軸の共有点の x 座標は

$x^2-4x+3=0$

の解である。

これを解いて　$x=1,\ 3$

右の図より

$1\leqq x\leqq 3$ のとき

$y\leqq 0$

$3\leqq x\leqq 4$ のとき

$y\geqq 0$

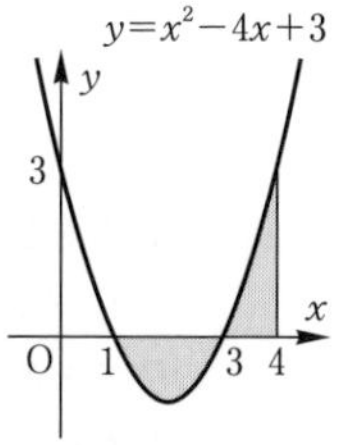

よって，求める

面積 S は

$$S=-\int_{1}^{3}(x^2-4x+3)dx+\int_{3}^{4}(x^2-4x+3)dx$$

$$=-\left[\frac{1}{3}x^3-2x^2+3x\right]_{1}^{3}+\left[\frac{1}{3}x^3-2x^2+3x\right]_{3}^{4}$$

$$=-\left(0-\frac{4}{3}\right)+\left(\frac{4}{3}-0\right)$$

$$=\mathbf{\frac{8}{3}}$$

512 (1) 放物線と直線の共有点の x 座標は

$x^2+2x-3=-2x+2$

の解である。

これを解いて

$x=-5,\ 1$

右の図より

$-5\leqq x\leqq 1$ のとき

$-2x+2\geqq x^2+2x-3$

であるから，

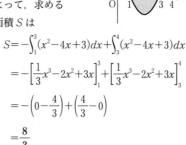

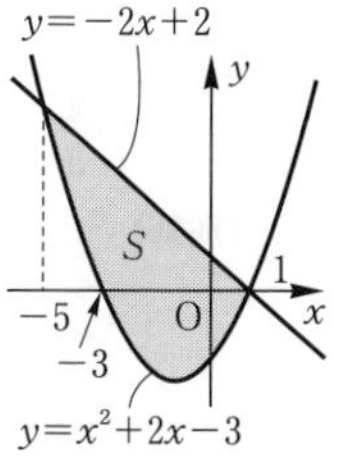

求める面積 S は

$$S=\int_{-5}^{1}\{(-2x+2)-(x^2+2x-3)\}dx$$

$$=\int_{-5}^{1}(-x^2-4x+5)dx$$

$$=\left[-\frac{1}{3}x^3-2x^2+5x\right]_{-5}^{1}$$

$$=\frac{8}{3}-\left(-\frac{100}{3}\right)=\mathbf{36}$$

(別解) 教 p.214（研究）「定積分の公式」の利用

$$S=\int_{-5}^{1}\{(-2x+2)-(x^2+2x-3)\}dx$$
$$=\int_{-5}^{1}(-x^2-4x+5)dx$$
$$=-\int_{-5}^{1}\{x-(-5)\}(x-1)dx$$
$$=-\left(-\frac{1}{6}\right)\cdot\{1-(-5)\}^3=\mathbf{36}$$

(2)　放物線と直線の共有点の x 座標は

$$-2x^2+3x-1=x-5$$

の解である。

これを解いて

$x=-1,\ 2$

右の図より

$-1\leqq x\leqq 2$ のとき

$-2x^2+3x-1\geqq x-5$

であるから，

求める面積 S は

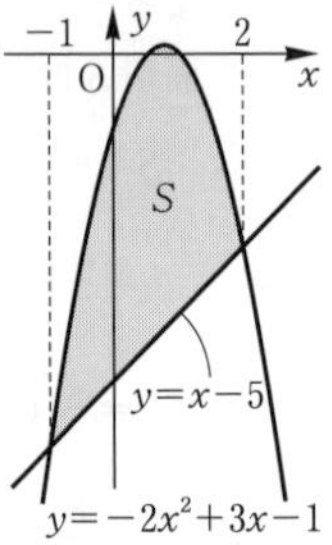

$$S=\int_{-1}^{2}\{(-2x^2+3x-1)-(x-5)\}dx$$
$$=\int_{-1}^{2}(-2x^2+2x+4)dx$$
$$=\left[-\frac{2}{3}x^3+x^2+4x\right]_{-1}^{2}$$
$$=\frac{20}{3}-\left(-\frac{7}{3}\right)=\mathbf{9}$$

(別解) 教 p.214（研究）「定積分の公式」の利用

$$S=\int_{-1}^{2}(-2x^2+2x+4)dx$$
$$=-2\int_{-1}^{2}(x+1)(x-2)dx$$
$$=-2\cdot\left(-\frac{1}{6}\right)\cdot\{2-(-1)\}^3=\mathbf{9}$$

513 (1)　2 つの放物線の共有点の座標は

$$x^2-5x+4=-x^2+x+12$$

の解である。

これを解いて

$x=-1,\ 4$

右の図より

$-1\leqq x\leqq 4$ のとき

$-x^2+x+12\geqq x^2-5x+4$

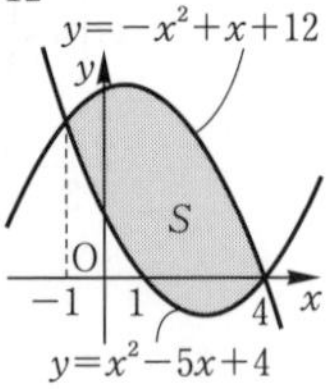

であるから，求める面積 S は

$$S=\int_{-1}^{4}\{(-x^2+x+12)-(x^2-5x+4)\}dx$$
$$=\int_{-1}^{4}(-2x^2+6x+8)dx$$
$$=\left[-\frac{2}{3}x^3+3x^2+8x\right]_{-1}^{4}$$
$$=\frac{112}{3}-\left(-\frac{13}{3}\right)=\mathbf{\frac{125}{3}}$$

(別解) 教 p.214（研究）「定積分の公式」の利用

$$S=\int_{-1}^{4}(-2x^2+6x+8)dx$$
$$=-2\int_{-1}^{4}(x+1)(x-4)dx$$
$$=-2\cdot\left(-\frac{1}{6}\right)\cdot\{4-(-1)\}^3=\mathbf{\frac{125}{3}}$$

(2)　2 つの放物線の共有点の x 座標は

$$2x^2=x^2+9$$

の解である。

これを解いて

$x=-3,\ 3$

右の図より

$-3\leqq x\leqq 3$ のとき

$x^2+9\geqq 2x^2$

であるから，

求める面積 S は

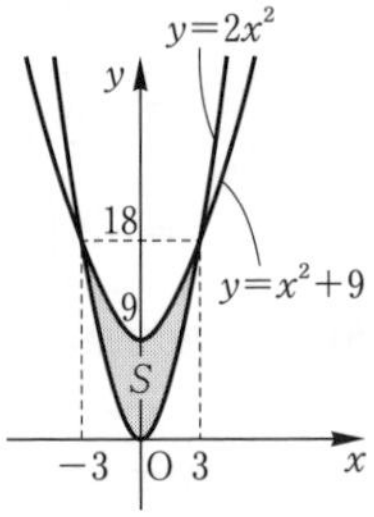

$$S=\int_{-3}^{3}\{(x^2+9)-2x^2\}dx$$
$$=\int_{-3}^{3}(-x^2+9)dx$$
$$=\left[-\frac{1}{3}x^3+9x\right]_{-3}^{3}$$
$$=18-(-18)=\mathbf{36}$$

(別解) 教 p.214（研究）「定積分の公式」の利用

$$S=\int_{-3}^{3}\{(x^2+9)-2x^2\}dx$$
$$=-\int_{-3}^{3}(x+3)(x-3)dx$$
$$=-\left(-\frac{1}{6}\right)\cdot\{3-(-3)\}^3=\mathbf{36}$$

514 (1)　曲線 $y=-x^3+4x$ と直線 $y=3x$ の共有点の x 座標は

$-x^3+4x=3x$

の解である。

これを解いて　$x=-1,\ 0,\ 1$

右の図より

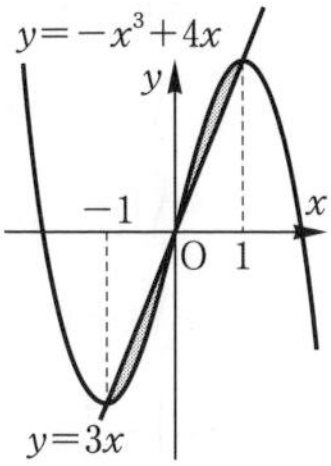

$-1\leqq x\leqq 0$ のとき

$3x\geqq -x^3+4x$

$0\leqq x\leqq 1$ のとき

$-x^3+4x\geqq 3x$

であるから，

求める面積 S は

$$S=\int_{-1}^{0}\{3x-(-x^3+4x)\}dx+\int_{0}^{1}\{(-x^3+4x)-3x\}dx$$

$$=\int_{-1}^{0}(x^3-x)dx+\int_{0}^{1}(-x^3+x)dx$$

$$=\left[\frac{1}{4}x^4-\frac{1}{2}x^2\right]_{-1}^{0}+\left[-\frac{1}{4}x^4+\frac{1}{2}x^2\right]_{0}^{1}$$

$$=\left\{0-\left(-\frac{1}{4}\right)\right\}+\left(\frac{1}{4}-0\right)=\boldsymbol{\frac{1}{2}}$$

(2)　曲線 $y=x^3-2x^2-3x$ と直線 $y=5x$ の共有点の x 座標は

$x^3-2x^2-3x=5x$

の解である。

これを解いて

$x=-2,\ 0,\ 4$

右の図より

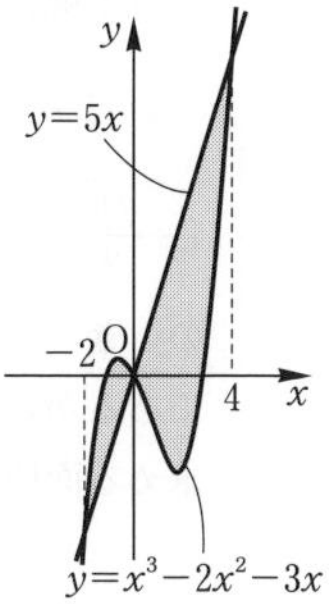

$-2\leqq x\leqq 0$ のとき

$x^3-2x^2-3x\geqq 5x$

$0\leqq x\leqq 4$ のとき

$5x\geqq x^3-2x^2-3x$

であるから，求める面積 S は

$$S=\int_{-2}^{0}\{(x^3-2x^2-3x)-5x\}dx+\int_{0}^{4}\{5x-(x^3-2x^2-3x)\}dx$$

$$=\int_{-2}^{0}(x^3-2x^2-8x)dx+\int_{0}^{4}(-x^3+2x^2+8x)dx$$

$$=\left[\frac{1}{4}x^4-\frac{2}{3}x^3-4x^2\right]_{-2}^{0}+\left[-\frac{1}{4}x^4+\frac{2}{3}x^3+4x^2\right]_{0}^{4}$$

$$=\left\{0-\left(-\frac{20}{3}\right)\right\}+\left(\frac{128}{3}-0\right)=\boldsymbol{\frac{148}{3}}$$

515 (1)　$-1\leqq x\leqq 1$ のとき

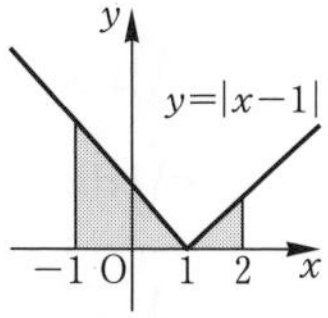

$|x-1|=-(x-1)$

$1\leqq x\leqq 2$ のとき

$|x-1|=x-1$

であるから，

求める定積分は

$$\int_{-1}^{2}|x-1|dx$$

$$=\int_{-1}^{1}|x-1|dx+\int_{1}^{2}|x-1|dx$$

$$=\int_{-1}^{1}(-x+1)dx+\int_{1}^{2}(x-1)dx$$

$$=\left[-\frac{1}{2}x^2+x\right]_{-1}^{1}+\left[\frac{1}{2}x^2-x\right]_{1}^{2}$$

$$=\left\{\frac{1}{2}-\left(-\frac{3}{2}\right)\right\}+\left\{0-\left(-\frac{1}{2}\right)\right\}=\boldsymbol{\frac{5}{2}}$$

(2)　$0\leqq x\leqq \dfrac{3}{2}$ のとき

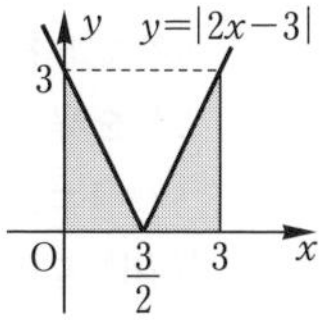

$|2x-3|=-(2x-3)$

$\dfrac{3}{2}\leqq x\leqq 3$ のとき

$|2x-3|=2x-3$

であるから，

求める定積分は

$$S=\int_{0}^{3}|2x-3|dx$$

$$=\int_{0}^{\frac{3}{2}}|2x-3|dx+\int_{\frac{3}{2}}^{3}|2x-3|dx$$

$$=\int_{0}^{\frac{3}{2}}(-2x+3)dx+\int_{\frac{3}{2}}^{3}(2x-3)dx$$

$$=\left[-x^2+3x\right]_{0}^{\frac{3}{2}}+\left[x^2-3x\right]_{\frac{3}{2}}^{3}$$

$$=\left(\frac{9}{4}-0\right)+\left\{0-\left(-\frac{9}{4}\right)\right\}=\boldsymbol{\frac{9}{2}}$$

516 (1) 関数 $y=|x(x-2)|$ は

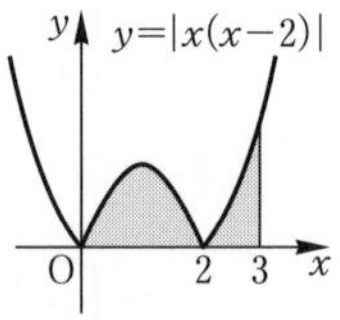

$0 \leqq x \leqq 2$ のとき

$|x(x-2)|=-x(x-2)$

$2 \leqq x \leqq 3$ のとき

$|x(x-2)|=x(x-2)$

であるから，求める定積分は

$$\int_0^3 |x(x-2)|dx$$
$$=\int_0^2 |x(x-2)|dx+\int_2^3 |x(x-2)|dx$$
$$=\int_0^2 (-x^2+2x)dx+\int_2^3 (x^2-2x)dx$$
$$=\left[-\frac{1}{3}x^3+x^2\right]_0^2+\left[\frac{1}{3}x^3-x^2\right]_2^3$$
$$=\left(\frac{4}{3}-0\right)+\left\{0-\left(-\frac{4}{3}\right)\right\}$$
$$=\boldsymbol{\frac{8}{3}}$$

(2) 関数 $y=|x^2-4|$ は

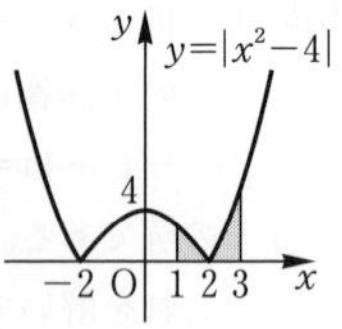

$1 \leqq x \leqq 2$ のとき

$|x^2-4|=-(x^2-4)$

$2 \leqq x \leqq 3$ のとき

$|x^2-4|=x^2-4$

であるから，求める定積分は

$$\int_1^3 |x^2-4|dx$$
$$=\int_1^2 |x^2-4|dx+\int_2^3 |x^2-4|dx$$
$$=\int_1^2 (-x^2+4)dx+\int_2^3 (x^2-4)dx$$
$$=\left[-\frac{1}{3}x^3+4x\right]_1^2+\left[\frac{1}{3}x^3-4x\right]_2^3$$
$$=\left(\frac{16}{3}-\frac{11}{3}\right)+\left\{-3-\left(-\frac{16}{3}\right)\right\}$$
$$=\mathbf{4}$$

B

517 (1) 放物線と x 軸の共有点の x 座標は

$-x^2+2x+1=0$

の解である。

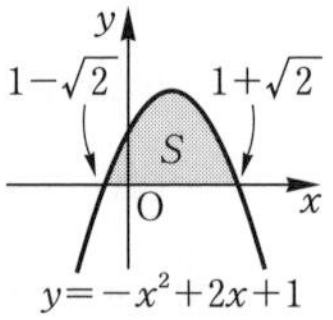

これを解いて

$x=1\pm\sqrt{2}$

右の図より，

求める面積 S は

$$S=\int_{1-\sqrt{2}}^{1+\sqrt{2}}(-x^2+2x+1)dx$$
$$=-\int_{1-\sqrt{2}}^{1+\sqrt{2}}(x^2-2x-1)dx$$
$$=-\int_{1-\sqrt{2}}^{1+\sqrt{2}}\{x-(1-\sqrt{2})\}\{x-(1+\sqrt{2})\}dx$$
$$=-\left(-\frac{1}{6}\right)\cdot\{(1+\sqrt{2})-(1-\sqrt{2})\}^3$$
$$=\frac{1}{6}\cdot(2\sqrt{2})^3=\boldsymbol{\frac{8\sqrt{2}}{3}}$$

㊙ p.214（研究）「定積分の公式」を利用

(2) 放物線と x 軸の共有点の x 座標は

$2x^2-4x-1=0$

の解である。

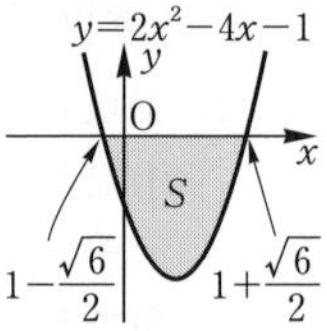

これを解いて

$x=1\pm\frac{\sqrt{6}}{2}$

$1-\frac{\sqrt{6}}{2} \leqq x \leqq 1+\frac{\sqrt{6}}{2}$

のとき　$y \leqq 0$

であるから

求める面積 S は

㊙ p.214（研究）「定積分の公式」を利用

$$S=-\int_{1-\frac{\sqrt{6}}{2}}^{1+\frac{\sqrt{6}}{2}}(2x^2-4x-1)dx$$
$$=-2\int_{1-\frac{\sqrt{6}}{2}}^{1+\frac{\sqrt{6}}{2}}\left\{x-\left(1-\frac{\sqrt{6}}{2}\right)\right\}\cdot\left\{x-\left(1+\frac{\sqrt{6}}{2}\right)\right\}dx$$
$$=-2\cdot\left(-\frac{1}{6}\right)\cdot\left\{\left(1+\frac{\sqrt{6}}{2}\right)-\left(1-\frac{\sqrt{6}}{2}\right)\right\}^3$$
$$=\frac{2\cdot(\sqrt{6})^3}{6}=\boldsymbol{2\sqrt{6}}$$

518 (1)　曲線 $y=(x+1)(x-2)^2$ と x 軸の共有点の x 座標は

$(x+1)(x-2)^2=0$

の解である。

これを解いて

$x=-1,\ 2$

右の図より，

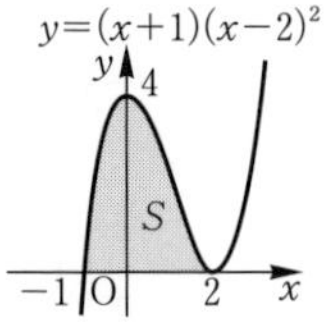

求める面積 S は

$$S=\int_{-1}^{2}(x+1)(x-2)^2dx$$
$$=\int_{-1}^{2}(x^3-3x^2+4)dx$$
$$=\left[\frac{1}{4}x^4-x^3+4x\right]_{-1}^{2}$$
$$=4-\left(-\frac{11}{4}\right)=\mathbf{\frac{27}{4}}$$

(別解)　㊖ p.214「$(x-\alpha)^n$ の不定積分」の利用

$$S=\int_{-1}^{2}(x+1)(x-2)^2dx$$
$$=\int_{-1}^{2}\{(x-2)+3\}(x-2)^2dx$$
$$=\int_{-1}^{2}\{(x-2)^3+3(x-2)^2\}dx$$
$$=\int_{-1}^{2}(x-2)^3dx+3\int_{-1}^{2}(x-2)^2dx$$
$$=\left[\frac{1}{4}(x-2)^4\right]_{-1}^{2}+3\left[\frac{1}{3}(x-2)^3\right]_{-1}^{2}$$
$$=\frac{1}{4}\{0-(-3)^4\}+\{0-(-3)^3\}=\mathbf{\frac{27}{4}}$$

(2)　曲線 $y=x^3-4x^2+4x$ と x 軸の共有点の x 座標は

$x^3-4x^2+4x=0$

の解である。

これを解いて

$x=0,\ 2$

右の図より，

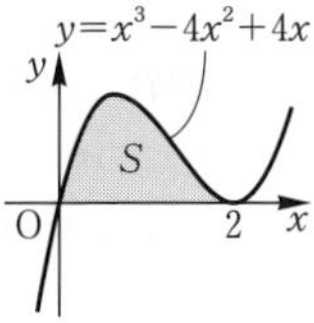

求める面積 S は

$$S=\int_{0}^{2}(x^3-4x^2+4x)dx$$
$$=\left[\frac{1}{4}x^4-\frac{4}{3}x^3+2x^2\right]_{0}^{2}$$
$$=\left(4-\frac{32}{3}+8\right)-0=\mathbf{\frac{4}{3}}$$

(別解)　㊖ p.214「$(x-\alpha)^n$ の不定積分」の利用

$$S=\int_{0}^{2}(x^3-4x^2+4x)dx$$
$$=\int_{0}^{2}x(x-2)^2dx$$
$$=\int_{0}^{2}\{(x-2)+2\}(x-2)^2dx$$
$$=\int_{0}^{2}\{(x-2)^3+2(x-2)^2\}dx$$
$$=\int_{0}^{2}(x-2)^3dx+2\int_{0}^{2}(x-2)^2dx$$
$$=\left[\frac{1}{4}(x-2)^4\right]_{0}^{2}+2\left[\frac{1}{3}(x-2)^3\right]_{0}^{2}$$
$$=\frac{1}{4}\{0-(-2)^4\}+\frac{2}{3}\{0-(-2)^3\}$$
$$=\mathbf{\frac{4}{3}}$$

519 (1)　2 つの曲線の共有点の x 座標は

$2x^2=x^3$

の解である。

これを解いて

$x=0,\ 2$

右の図より

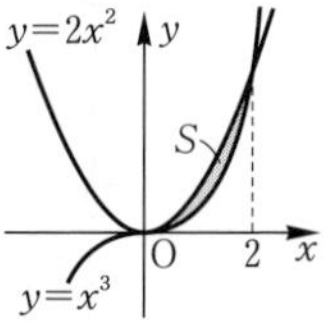

$0\leqq x\leqq 2$ において

$2x^2\geqq x^3$

であるから，求める面積 S は

$$S=\int_{0}^{2}(2x^2-x^3)dx$$
$$=\left[\frac{2}{3}x^3-\frac{1}{4}x^4\right]_{0}^{2}$$
$$=\left(\frac{16}{3}-4\right)-0=\mathbf{\frac{4}{3}}$$

(2)　2 つの曲線の共有点の x 座標は

$x^3-1=x^2+x-2$

の解である。

これを解くと

$x=-1,\ 1$

右の図より

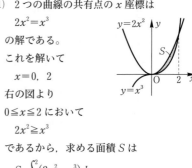

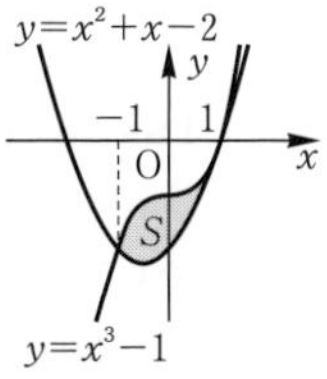

$-1\leqq x\leqq 1$ のとき

$x^3-1\geqq x^2+x-2$

であるから，求める面積 S は

$S=\int_{-1}^{1}\{(x^3-1)-(x^2+x-2)\}dx$

$=\int_{-1}^{1}(x^3-x^2-x+1)dx$

$=\left[\frac{1}{4}x^4-\frac{1}{3}x^3-\frac{1}{2}x^2+x\right]_{-1}^{1}$

$=\frac{5}{12}-\left(-\frac{11}{12}\right)$

$=\mathbf{\frac{4}{3}}$

（別解） ㊝ p.214「$(x-\alpha)^n$ の不定積分」の利用

$S=\int_{-1}^{1}\{(x^3-1)-(x^2+x-2)\}dx$

$=\int_{-1}^{1}(x^3-x^2-x+1)dx$

$=\int_{-1}^{1}(x+1)(x-1)^2dx$

$=\int_{-1}^{1}\{(x-1)+2\}(x-1)^2dx$

$=\int_{-1}^{1}\{(x-1)^3+2(x-1)^2\}dx$

$=\int_{-1}^{1}(x-1)^3dx+2\int_{-1}^{1}(x-1)^2dx$

$=\left[\frac{1}{4}(x-1)^4\right]_{-1}^{1}+2\left[\frac{1}{3}(x-1)^3\right]_{-1}^{1}$

$=\frac{1}{4}\{0-(-2)^4\}+\frac{2}{3}\{0-(-2)^3\}$

$=\mathbf{\frac{4}{3}}$

520 (1)　2 つの曲線の共有点の x 座標は

$x^3-3x^2+x=x^2-2x$

の解である。

これを解いて

$x=0,\ 1,\ 3$

右の図より

$0\leqq x\leqq 1$ のとき

$x^3-3x^2+x\geqq x^2-2x$

$1\leqq x\leqq 3$ のとき

$x^2-2x\geqq x^3-3x^2+x$

であるから，

求める面積 S は

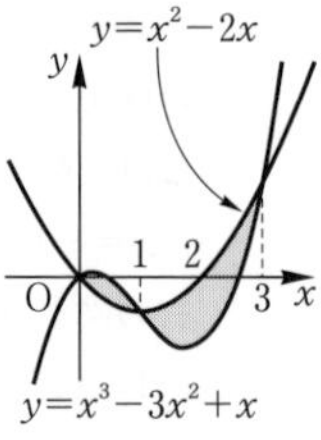

$S=\int_{0}^{1}\{(x^3-3x^2+x)-(x^2-2x)\}dx$

$\quad+\int_{1}^{3}\{(x^2-2x)-(x^3-3x^2+x)\}dx$

$=\int_{0}^{1}(x^3-4x^2+3x)dx$

$\quad+\int_{1}^{3}(-x^3+4x^2-3x)dx$

$=\left[\frac{1}{4}x^4-\frac{4}{3}x^3+\frac{3}{2}x^2\right]_{0}^{1}$

$\quad+\left[-\frac{1}{4}x^4+\frac{4}{3}x^3-\frac{3}{2}x^2\right]_{1}^{3}$

$=\left(\frac{5}{12}-0\right)+\left\{\frac{9}{4}-\left(-\frac{5}{12}\right)\right\}$

$=\mathbf{\frac{37}{12}}$

(2)　2 つの曲線の共有点の x 座標は

$2x^2=x^4$

の解である。

これを解いて

$x=-\sqrt{2},\ 0,\ \sqrt{2}$

右の図より

$-\sqrt{2}\leqq x\leqq\sqrt{2}$ のとき

$2x^2\geqq x^4$

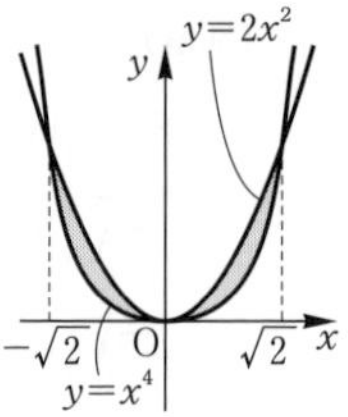

であるから，求める面積 S は

$S=\int_{-\sqrt{2}}^{\sqrt{2}}(2x^2-x^4)dx$

$=\left[\frac{2}{3}x^3-\frac{1}{5}x^5\right]_{-\sqrt{2}}^{\sqrt{2}}$

$=\frac{8\sqrt{2}}{15}-\left(-\frac{8\sqrt{2}}{15}\right)=\mathbf{\frac{16\sqrt{2}}{15}}$

（別解） 対称性に着目する。

2 つの曲線で囲まれた部分は y 軸に関して対称であるから

$S=2\int_{0}^{\sqrt{2}}(2x^2-x^4)dx$

$=2\left[\frac{2}{3}x^3-\frac{1}{5}x^5\right]_{0}^{\sqrt{2}}$

$=2\cdot\frac{8\sqrt{2}}{15}=\mathbf{\frac{16\sqrt{2}}{15}}$

521 関数 $y=|x^2-7x+10|$ のグラフと x 軸の共有点の x 座標は

$$|x^2-7x+10|=0$$

の解である。

これを解いて $x=2,\ 5$

関数 $y=|x^2-7x+10|$ は

$0 \leqq x \leqq 2$ のとき

$$|x^2-7x+10|$$
$$=x^2-7x+10$$

$2 \leqq x \leqq 5$ のとき

$$|x^2-7x+10|$$
$$=-(x^2-7x+10)$$
$$=-x^2+7x-10$$

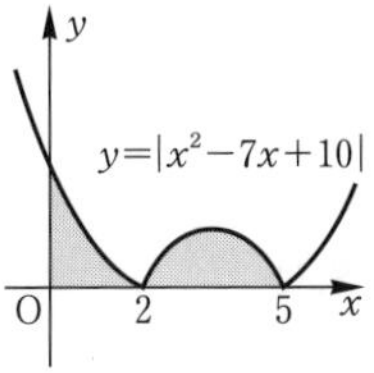

であるから，求める面積 S は

$$S=\int_0^5|x^2-7x+10|dx$$
$$=\int_0^2|x^2-7x+10|dx+\int_2^5|x^2-7x+10|dx$$
$$=\int_0^2(x^2-7x+10)dx+\int_2^5(-x^2+7x-10)dx$$
$$=\left[\frac{1}{3}x^3-\frac{7}{2}x^2+10x\right]_0^2+\left[-\frac{1}{3}x^3+\frac{7}{2}x^2-10x\right]_2^5$$
$$=\left(\frac{26}{3}-0\right)+\left\{-\frac{25}{6}-\left(-\frac{26}{3}\right)\right\}$$
$$=\boldsymbol{\frac{79}{6}}$$

C

522 放物線 $y=x^2$ と直線 $y=ax$ の共有点の x 座標は

$$x^2=ax$$

の解である。

これを解いて $x=0,\ a$

$0 \leqq x \leqq a$ のとき

$$ax \geqq x^2$$

であるから，放物線と直線で囲まれた図形の面積 S は

⇦直線が放物線より上側にある。

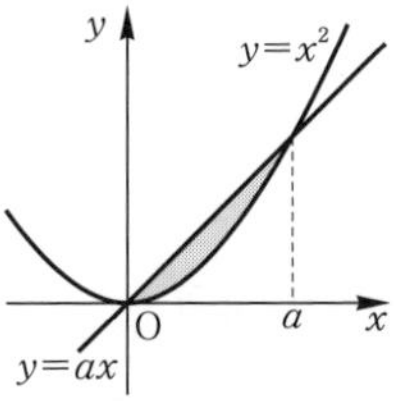

$$S=\int_0^a(ax-x^2)dx$$
$$=\left[\frac{1}{2}ax^2-\frac{1}{3}x^3\right]_0^a=\frac{1}{6}a^3$$

よって $\frac{1}{6}a^3=\frac{4}{3}$

$a>0$ に注意してこれを解くと $\boldsymbol{a=2}$

523 放物線 $y=x^2-3x$ と直線 $y=ax$ の共有点の x 座標は

$$x^2-3x=ax$$

の解である。

これを解いて

$$x=0,\ a+3$$

$0 \leqq x \leqq a+3$ のとき

$$ax \geqq x^2-3x$$

であるから，

⇦直線が放物線より上側にある。

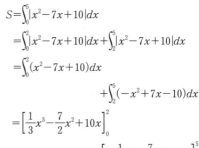

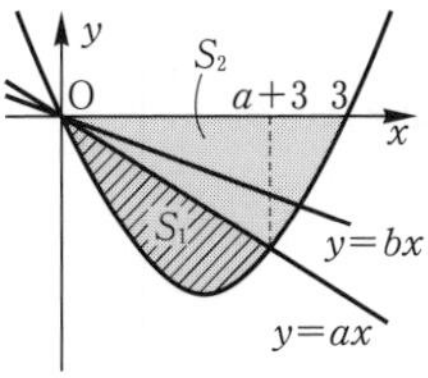

放物線と直線 $y=ax$ で囲まれた図形の面積 S_1 は

$$S_1=\int_0^{a+3}\{ax-(x^2-3x)\}dx$$
$$=-\int_0^{a+3}x\{x-(a+3)\}dx$$
$$=-\left(-\frac{1}{6}\right)\cdot(a+3)^3=\frac{(a+3)^3}{6}$$

⇦㊍ p.214（研究）
「定積分の公式」の利用

また，放物線と x 軸の共有点の x 座標は
$$x^2-3x=0$$
の解である。
これを解いて　$x=0,\ 3$
$0\leqq x\leqq 3$ のとき　$y\leqq 0$
であるから，放物線と x 軸で囲まれた図形の面積 S_2 は
$$S_2=-\int_0^3(x^2-3x)dx$$
$$=-\int_0^3 x(x-3)dx$$
$$=-\left(-\frac{1}{6}\right)\cdot 3^3=\frac{9}{2}$$

⇦㊍ p.214（研究）
「定積分の公式」の利用

$S_1=\frac{1}{3}S_2$ のとき　$\frac{(a+3)^3}{6}=\frac{1}{3}\cdot\frac{9}{2}$
よって　$(a+3)^3=9$
ゆえに　$a+3=\sqrt[3]{9}$
したがって　$\boldsymbol{a=-3+\sqrt[3]{9}}$

研究 曲線と接線で囲まれた図形の面積

本編 p.104～105

B

524　$y=x^2-4x+1$ より
$y'=2x-4$
点 $(-1,\ 6)$ における
接線 l_1 の傾きは
$2\times(-1)-4=-6$
よって，l_1 の方程式は
$y-6=-6(x+1)$
すなわち　$y=-6x$

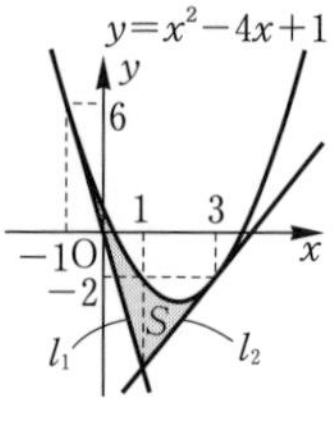

点 $(3,\ -2)$ における接線 l_2 の傾きは
$2\times 3-4=2$
よって，l_2 の方程式は
$y-(-2)=2(x-3)$
すなわち　$y=2x-8$

2 直線 l_1，l_2 の交点の x 座標は
$-6x=2x-8$
の解である。
これを解いて　$x=1$
$-1\leqq x\leqq 1$ のとき　$x^2-4x+1\geqq -6x$
$1\leqq x\leqq 3$ のとき　$x^2-4x+1\geqq 2x-8$
であるから，求める面積 S は
$$S=\int_{-1}^1\{(x^2-4x+1)-(-6x)\}dx$$
$$+\int_1^3\{(x^2-4x+1)-(2x-8)\}dx$$
$$=\int_{-1}^1(x^2+2x+1)dx+\int_1^3(x^2-6x+9)dx$$

$=\left[\frac{1}{3}x^3+x^2+x\right]_{-1}^{1}+\left[\frac{1}{3}x^3-3x^2+9x\right]_{1}^{3}$

$=\left\{\frac{7}{3}-\left(-\frac{1}{3}\right)\right\}+\left(9-\frac{19}{3}\right)$

$=\mathbf{\frac{16}{3}}$

(別解) 教 p.214「$(x-\alpha)^n$ の不定積分」の利用

$S=\int_{-1}^{1}(x^2+2x+1)dx+\int_{1}^{3}(x^2-6x+9)dx$

$=\int_{-1}^{1}(x+1)^2dx+\int_{1}^{3}(x-3)^2dx$

$=\left[\frac{1}{3}(x+1)^3\right]_{-1}^{1}+\left[\frac{1}{3}(x-3)^3\right]_{1}^{3}$

$=\frac{1}{3}(2^3-0)+\frac{1}{3}\{0-(-2)^3\}=\mathbf{\frac{16}{3}}$

525 (1)　$y=x^3-10x+8$ より

$y'=3x^2-10$

点 $(2,\ -4)$ における接線 l の傾きは,

$3\cdot 2^2-10=2$

よって，接線 l の方程式は

$y-(-4)=2(x-2)$

すなわち　$\boldsymbol{y=2x-8}$

(2)　曲線と接線の共有点の x 座標は

$x^3-10x+8=2x-8$

の解である。

これを解くと

$x^3-12x+16=0$

$(x+4)(x-2)^2=0$

よって　$x=-4,\ 2$

右の図より

$-4\leqq x\leqq 2$ のとき

$x^3-10x+8\geqq 2x-8$

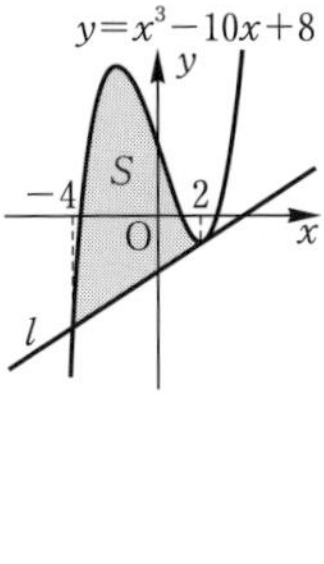

であるから,

求める面積 S は

$S=\int_{-4}^{2}\{(x^3-10x+8)-(2x-8)\}dx$

$=\int_{-4}^{2}(x^3-12x+16)dx$

$=\left[\frac{1}{4}x^4-6x^2+16x\right]_{-4}^{2}$

$=12-(-96)$

$=\mathbf{108}$

(別解) 教 p.214「$(x-\alpha)^n$ の不定積分」の利用

$S=\int_{-4}^{2}(x^3-12x+16)dx$

$=\int_{-4}^{2}(x+4)(x-2)^2dx$

$=\int_{-4}^{2}\{(x-2)+6\}(x-2)^2dx$

$=\int_{-4}^{2}\{(x-2)^3+6(x-2)^2\}dx$

$=\int_{-4}^{2}(x-2)^3dx+6\int_{-4}^{2}(x-2)^2dx$

$=\left[\frac{1}{4}(x-2)^4\right]_{-4}^{2}+6\left[\frac{1}{3}(x-2)^3\right]_{-4}^{2}$

$=\frac{1}{4}\{0-(-6)^4\}+2\{0-(-6)^3\}=\mathbf{108}$

C

526 (1)　$y=x^3$ より　$y'=3x^2$

点 $\mathrm{P}(t,\ t^3)$ における接線 l の傾きは　$3\cdot t^2=3t^2$

よって，接線 l の方程式は

$y-t^3=3t^2(x-t)$

すなわち　$\boldsymbol{y=3t^2x-2t^3}$

⇦接線 l は，点 $\mathrm{P}(t,\ t^3)$ を通り，傾きが $3t^2$ である直線

(2)　曲線 C と接線 l の共有点の x 座標は

$$x^3=3t^2x-2t^3$$

の解である。これを解くと

$$x^3-3t^2x+2t^3=0$$
$$(x-t)^2(x+2t)=0$$

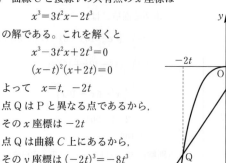

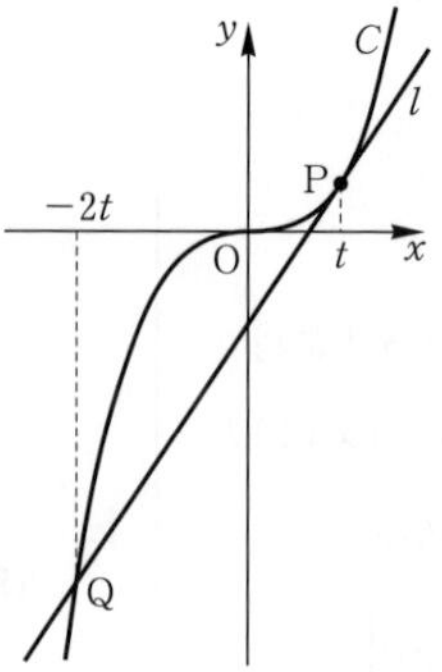

⇦接点が $\mathrm{P}(t,\ t^3)$ なので，左辺は $(x-t)^2$ を因数にもつ。

よって　$x=t,\ -2t$

点 Q は P と異なる点であるから，

その x 座標は $-2t$

点 Q は曲線 C 上にあるから，

その y 座標は $(-2t)^3=-8t^3$

ゆえに　$\mathbf{Q(-2t,\ -8t^3)}$

(3)　$t>0$ より　$-2t<t$

$-2t\leqq x\leqq t$ のとき　$x^3\geqq 3t^2x-2t^3$

⇦曲線 C が直線 l より上側にある。

であるから，l と C で囲まれた図形の面積 S は

$$S=\int_{-2t}^{t}\{x^3-(3t^2x-2t^3)\}dx$$
$$=\int_{-2t}^{t}(x^3-3t^2x+2t^3)dx$$
$$=\left[\frac{1}{4}x^4-\frac{3}{2}t^2x^2+2t^3x\right]_{-2t}^{t}$$
$$=\left(\frac{1}{4}t^4-\frac{3}{2}t^4+2t^4\right)-(4t^4-6t^4-4t^4)$$
$$=\frac{27}{4}t^4$$

$S=\dfrac{4}{3}$ より，$\dfrac{27}{4}t^4=\dfrac{4}{3}$　すなわち　$t^4=\dfrac{16}{81}$

$t>0$ より　$\boldsymbol{t=\dfrac{2}{3}}$

(別解)

⇦㊙教 p.214（研究）
「$(x-\alpha)^n$ の不定積分」の利用

$$S=\int_{-2t}^{t}(x^3-3t^2x+2t^3)dx$$
$$=\int_{-2t}^{t}(x-t)^2(x+2t)dx$$
$$=\int_{-2t}^{t}(x-t)^2\{(x-t)+3t\}dx$$
$$=\int_{-2t}^{t}\{(x-t)^3+3t(x-t)^2\}dx$$
$$=\int_{-2t}^{t}(x-t)^3dx+3t\int_{-2t}^{t}(x-t)^2dx$$
$$=\left[\frac{1}{4}(x-t)^4\right]_{-2t}^{t}+3t\left[\frac{1}{3}(x-t)^3\right]_{-2t}^{t}$$
$$=\left(0-\frac{81}{4}t^4\right)+3t\{0-(-9t^3)\}=\frac{27}{4}t^4$$

（以下同様）

527 放物線 $y=x^2$ 上の点 $(t,\ t^2)$ における接線の方程式は

$y'=2x$ より　$y-t^2=2t(x-t)$

すなわち　　$y=2tx-t^2$　……①

放物線 $y=x^2-6x+3$ と直線①が接するには，2 次方程式

$$x^2-6x+3=2tx-t^2$$

すなわち　$x^2-2(t+3)x+t^2+3=0$　……②

が重解をもてばよい。②の判別式を D とすると

$$\frac{D}{4}=\{-(t+3)\}^2-(t^2+3)=6t+6 \longleftarrow b'=-(t+3)$$

$D=0$ であればよいから　$t=-1$

①より，求める接線の方程式は

$\boldsymbol{y=-2x-1}$

このとき，この接線と放物線 $y=x^2$ の接点の座標は $(-1,\ 1)$

また，この接線と放物線 $y=x^2-6x+3$ の接点の x 座標は②の重解であるから

$$x^2-4x+4=0$$

より　$(x-2)^2=0$

よって　$x=2$

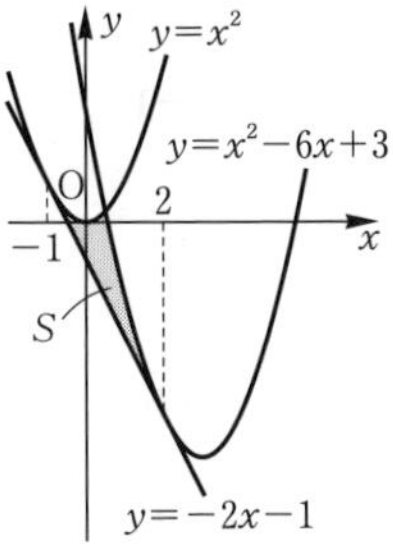

2 つの放物線の交点の x 座標は　$x^2=x^2-6x+3$

の解である。これを解くと　$x=\frac{1}{2}$

以上から，求める面積 S は

$$S=\int_{-1}^{\frac{1}{2}}\{x^2-(-2x-1)\}dx+\int_{\frac{1}{2}}^{2}\{(x^2-6x+3)-(-2x-1)\}dx$$

$$=\int_{-1}^{\frac{1}{2}}(x^2+2x+1)dx+\int_{\frac{1}{2}}^{2}(x^2-4x+4)dx$$

$$=\left[\frac{1}{3}x^3+x^2+x\right]_{-1}^{\frac{1}{2}}+\left[\frac{1}{3}x^3-2x^2+4x\right]_{\frac{1}{2}}^{2}$$

$$=\left\{\frac{19}{24}-\left(-\frac{1}{3}\right)\right\}+\left(\frac{8}{3}-\frac{37}{24}\right)=\boldsymbol{\frac{9}{4}}$$

(別解)

$$S=\int_{-1}^{\frac{1}{2}}\{x^2-(-2x-1)\}dx+\int_{\frac{1}{2}}^{2}\{(x^2-6x+3)-(-2x-1)\}dx$$

$$=\int_{-1}^{\frac{1}{2}}(x^2+2x+1)dx+\int_{\frac{1}{2}}^{2}(x^2-4x+4)dx$$

$$=\int_{-1}^{\frac{1}{2}}(x+1)^2dx+\int_{\frac{1}{2}}^{2}(x-2)^2dx$$

$$=\left[\frac{1}{3}(x+1)^3\right]_{-1}^{\frac{1}{2}}+\left[\frac{1}{3}(x-2)^3\right]_{\frac{1}{2}}^{2}$$

$$=\left(\frac{9}{8}-0\right)+\left\{0-\left(-\frac{9}{8}\right)\right\}=\boldsymbol{\frac{9}{4}}$$

⇦接線は点 $(t,\ t^2)$ を通り，傾きが $2t$ である直線

⇦接線①と放物線 $y=x^2$ の接点の座標は $(t,\ t^2)$

⇦②に $t=-1$ を代入。

⇦㊜ p.214
「$(x-\alpha)^n$ の不定積分」の利用

《章末問題》

本編 p.106〜107

528 $f(x)=ax^2+bx+c$ より

$$f(1)=a+b+c=0 \quad \cdots\cdots①$$

$f'(x)=2ax+b$ であるから

$$f'(1)=2a+b=4 \quad \cdots\cdots②$$

$$\int_0^1 f(x)dx=\int_0^1 (ax^2+bx+c)dx$$
$$=\left[\frac{a}{3}x^3+\frac{b}{2}x^2+cx\right]_0^1$$
$$=\frac{a}{3}+\frac{b}{2}+c=-1$$

すなわち　$2a+3b+6c=-6 \quad \cdots\cdots③$

①，②，③を解いて　$\boldsymbol{a=3,\ b=-2,\ c=-1}$

⇦②を用いて b を消去するとよい。

529 (1) $f(x)=ax^3+bx^2+cx+d$ より

$$f(-1)=-a+b-c+d=1 \quad \cdots\cdots①$$
$$f(1)=a+b+c+d=5 \quad \cdots\cdots②$$
$$\int_{-1}^1 f(x)dx=\int_{-1}^1 (ax^3+bx^2+cx+d)dx$$
$$=\left[\frac{1}{4}ax^4+\frac{1}{3}bx^3+\frac{1}{2}cx^2+dx\right]_{-1}^1$$
$$=\frac{2}{3}b+2d=8$$

すなわち　$b+3d=12 \quad \cdots\cdots③$

①＋②より，$2b+2d=6$ であるから　$b+d=3 \quad \cdots\cdots④$

③，④より　$b=-\frac{3}{2}$，$d=\frac{9}{2}$

よって　$f(0)=d=\boldsymbol{\frac{9}{2}}$

⇦$f(0)=d$ より，d の値を求めればよい。

(2) $f'(x)=3ax^2+2bx+c$ より　$f'(0)=c$

$f'(0)=0$ より　$c=0 \quad \cdots\cdots⑤$

②－①より，$2a+2c=4$ であるから　$a+c=2$

これと⑤より　$a=2$

(1)より　$b=-\frac{3}{2}$，$d=\frac{9}{2}$ であるから

$$f(x)=2x^3-\frac{3}{2}x^2+\frac{9}{2}$$

関数 $f(x)$ の増減を調べる。

$$f'(x)=6x^2-3x=3x(2x-1)$$

$f'(x)=0$ とすると　$x=0,\ \frac{1}{2}$

⇦$f(x)$ が $x=0$ で極値をとるから $f'(0)=0$

⇦$a=2$，$b=-\frac{3}{2}$，$c=0$，$d=\frac{9}{2}$ を $f(x)=ax^3+bx^2+cx+d$ に代入

よって，増減表は次のようになる。

x	$\cdots$	0	$\cdots$	$\dfrac{1}{2}$	$\cdots$
$f'(x)$	$+$	0	$-$	0	$+$
$f(x)$	↗	極大	↘	極小	↗

ゆえに，$f(x)$ は $x=\dfrac{1}{2}$ で極小値をとる。

したがって，極小値は　$f\left(\dfrac{1}{2}\right)=\mathbf{\dfrac{35}{8}}$

⇦ $f\left(\dfrac{1}{2}\right)=2\left(\dfrac{1}{2}\right)^3-\dfrac{3}{2}\left(\dfrac{1}{2}\right)^2+\dfrac{9}{2}$

530 (1)　接点の x 座標を a とおくと，

接点は点 $(a,\ a^3-9a+16)$

$f'(x)=3x^2-9$ であるから，接線の方程式は

$$y-(a^3-9a+16)=(3a^2-9)(x-a)$$

⇦接線は，点 $(a,\ a^3-9a+16)$ を通り，傾きが $3a^2-9$ である直線

すなわち　$y=(3a^2-9)x-2a^3+16$　……①

直線①が原点を通るとき

$$0=(3a^2-9)\cdot 0-2a^3+16$$

整理して　$a^3-8=0$

$$(a-2)(a^2+2a+4)=0$$

a は実数であるから　$a=2$

⇦ $a^2+2a+4=(a+1)^2+3>0$ より，$a^2+2a+4=0$ は実数解をもたない。

①より，接線の方程式は　$y=3x$

よって　$\boldsymbol{g(x)=3x}$

(2)　$h(x)=f(x)-g(x)$

$$=(x^3-9x+16)-3x=x^3-12x+16$$

よって　$h'(x)=3x^2-12=3(x+2)(x-2)$

$h'(x)=0$ とすると　$x=-2,\ 2$

$x\leqq 3$ における増減表は次のようになる。

x	$\cdots$	-2	$\cdots$	2	$\cdots$	3
$h'(x)$	$+$	0	$-$	0	$+$	
$h(x)$	↗	極大 32	↘	極小 0	↗	7

ゆえに，$h(x)$ は $x=-2$ のとき，最大値 **32** をとる。

531　$f(x)=x^3-3ax^2-4$ とおく。

3 次方程式 $f(x)=0$ が異なる 3 つの実数解をもつ条件は，
3 次関数 $y=f(x)$ のグラフが x 軸と 3 個の共有点をもつことであるから，

　　極大値が正，かつ，極小値が負

すなわち，極値の積が負であればよい。

⇦定数 a を分離できないので，極大値・極小値を考える。

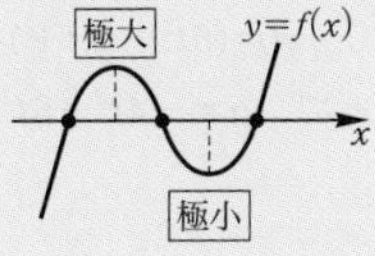

ここで　$f'(x)=3x^2-6ax=3x(x-2a)$

$f'(x)=0$ とすると　$x=0,\ 2a$

よって，極値は

$$f(0)=-4,\ f(2a)=-4a^3-4$$

ゆえに，3 次方程式 $f(x)=0$ が異なる 3 つの実数解をもつとき

$$-4\cdot(-4a^3-4)<0$$

⇦極値の積を考えることで，$f(0)$，$f(2a)$ のどちらが極大値かを考える必要がなくなる。

すなわち　$16(a^3+1)<0$

$$16(a+1)(a^2-a+1)<0$$

ここで　$a^2-a+1=\left(a-\dfrac{1}{2}\right)^2+\dfrac{3}{4}>0$

であるから　$a+1<0$

したがって　$\boldsymbol{a<-1}$

532　曲線 $y=x^3+kx$ と直線 $y=-3x+16$ の接点 T の x 座標を a とする。

曲線 $y=x^3+kx$ の点 T における接線の傾きは

$y'=3x^2+k$ より　$3a^2+k$

⇦（別解）
点 T における接線
$y-(a^3+ka)=(3a^2+k)(x-a)$
が $y=-3x+16$ と一致すると考えてもよい。

これが直線 $y=-3x+16$ の傾きと一致すればよいから

$$3a^2+k=-3 \quad \cdots\cdots①$$

また，点 T の y 座標が一致するから

$$a^3+ka=-3a+16$$

すなわち　$a^3+(k+3)a-16=0$　……②

①より　$k=-3a^2-3$　……①′

①′を②に代入して

$$a^3+(-3a^2-3+3)a-16=0$$

$$-2a^3-16=0$$

すなわち　$a^3+8=0$

$$(a+2)(a^2-2a+4)=0$$

a は実数であるから　$a=-2$

⇦ $a^2-2a+4=(a-1)^2+3>0$ より，$a^2-2a+4=0$ は実数解をもたない。

①′に代入して

$$k=-3\cdot(-2)^2-3=\boldsymbol{-15}$$

533 (1)　接点の x 座標が t のとき，

接点は点 $(t,\ 2t^3-6t^2+12t)$

$y'=6x^2-12x+12$ であるから，接線の方程式は

$$y-(2t^3-6t^2+12t)=(6t^2-12t+12)(x-t)$$

⇦接線は点 $(t,\ 2t^3-6t^2+12t)$ を通り，傾きが $6t^2-12t+12$ である直線

すなわち　$\boldsymbol{y=(6t^2-12t+12)x-4t^3+6t^2}$

(2)　(1)の接線が点 $(0,\ a)$ を通るとき

$$a=(6t^2-12t+12)\cdot 0-4t^3+6t^2$$

よって　$\boldsymbol{a=-4t^3+6t^2}$

(3) 点 $(0,\ a)$ を通る接線が 3 本存在するためには，それぞれの接線に対応する異なる接点が 3 個あればよい。
すなわち，(2)で求めた等式

$$-4t^3+6t^2=a \quad \cdots\cdots①$$

を t についての方程式とみたとき，異なる 3 個の実数解をもてばよい。

$$f(t)=-4t^3+6t^2$$

とおくと，3 次方程式①の異なる実数解の個数は，$y=f(t)$ のグラフと直線 $y=a$ との共有点の個数に等しい。

$$f'(t)=-12t^2+12t$$
$$=-12t(t-1)$$

$f'(t)=0$ とすると　$t=0,\ 1$

よって，増減表は次のようになる。

t	$\cdots$	0	$\cdots$	1	$\cdots$
$f'(t)$	$-$	0	$+$	0	$-$
$f(t)$	↘	極小 0	↗	極大 2	↘

$y=f(t)$ のグラフは右の図のようになる。
このグラフと直線 $y=a$ との共有点が 3 個であるような a の値の範囲であるから

$0<a<2$

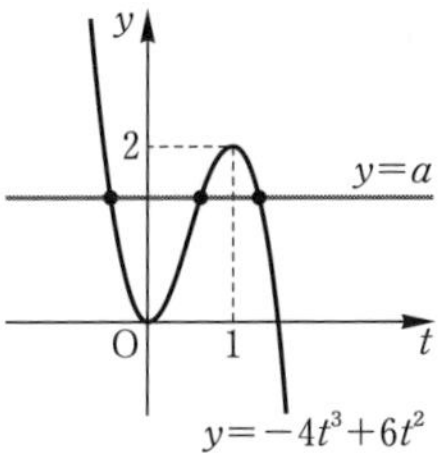

⇦ 3 次関数のグラフにおいて，1 つの接線が異なる 2 点で接することはない。

534 (1) $y'=3x^2-4$ より，点 $A(-2,\ 0)$ における接線の傾きは

$$3\cdot(-2)^2-4=8$$

よって，点 A における接線の方程式は

$$y-0=8(x+2)$$

すなわち　$y=8x+16$

この接線と曲線の共有点の x 座標は

$$x^3-4x=8x+16$$

の解である。

これを解いて　$x=-2,\ 4$

よって，点 B の x 座標は 4 であり，点 B は曲線上の点であるから，その y 座標は

$$y=4^3-4\cdot4=48$$

ゆえに　**B(4, 48)**

⇦点 $A(-2,\ 0)$ で接するから
$x^3-4x=8x+16$
すなわち　$x^3-12x-16=0$
の左辺は $(x+2)^2$ を因数にもつ。

5 章末問題

(2) 曲線上の点 $P(t,\ t^3-4t)$ が点 A から点 B まで動くことから

$$-2 \leqq t \leqq 4$$

△ABP において，

$$AB=\sqrt{\{4-(-2)\}^2+(48-0)^2}$$
$$=6\sqrt{65}$$

点 P から直線 AB へ引いた垂線の長さを d とすると

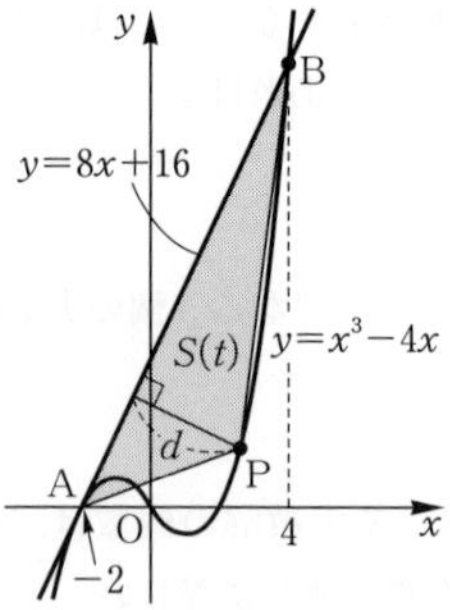

$$d=\frac{|8\cdot t-(t^3-4t)+16|}{\sqrt{8^2+(-1)^2}}$$
$$=\frac{|-t^3+12t+16|}{\sqrt{65}}$$

⇦直線 AB は点 A における接線 $y=8x+16$ すなわち $8x-y+16=0$

⇦点と直線の距離の公式（㊜ p.75）を利用

よって，△ABP の面積 $S(t)$ は

$$S(t)=\frac{1}{2}\cdot AB\cdot d=\frac{1}{2}\cdot 6\sqrt{65}\cdot\frac{|-t^3+12t+16|}{\sqrt{65}}$$
$$=3|-t^3+12t+16|$$

⇦ AB を底辺とみると，高さは d

ここで　$-t^3+12t+16=-(t^3-12t-16)$
$$=-(t+2)^2(t-4)$$

⇦ t の値の範囲から絶対値記号をはずせないか考える。

$-2 \leqq t \leqq 4$ より　$t-4 \leqq 0$ かつ $(t+2)^2 \geqq 0$

であるから　$-(t+2)^2(t-4) \geqq 0$

ゆえに　$|-t^3+12t+16|=-t^3+12t+16$

したがって　$\boldsymbol{S(t)=-3t^3+36t+48}$

(3) $S'(t)=-9t^2+36=-9(t+2)(t-2)$

$S'(t)=0$ とすると　$t=-2,\ 2$

よって，$-2 \leqq t \leqq 4$ における増減表は次のようになる。

t	-2	$\cdots$	2	$\cdots$	4
$S'(t)$		$+$	0	$-$	
$S(t)$	0	↗	極大 96	↘	0

ゆえに　$t=2$ のとき　最大値 96 をとる。

また，$t=2$ のとき　$y=2^3-4\cdot 2=0$

であるから　$P(2,\ 0)$

以上より　**$P(2,\ 0)$ のとき，最大値 96**

AB は一定なので，$S(t)$ が最大となるのは，d が最大となるときである。
このとき，点 P における曲線の接線の傾きは
$y'=3\cdot 2^2-4=8$ より，この接線と直線 AB は平行になる。
このことを用いて，先に点 P の座標を求める方法もある。

535 (1)　$t=\sin\theta+\cos\theta=\sqrt{2}\sin\left(\theta+\frac{\pi}{4}\right)$

⇦三角関数の合成（㊥ p.137）を用いる。

$0\leqq\theta<2\pi$ より　$\frac{\pi}{4}\leqq\theta+\frac{\pi}{4}<\frac{9}{4}\pi$ であるから

$$-1\leqq\sin\left(\theta+\frac{\pi}{4}\right)\leqq1$$

よって　$\boldsymbol{-\sqrt{2}\leqq t\leqq\sqrt{2}}$

(2)　$t^2=(\sin\theta+\cos\theta)^2=\sin^2\theta+2\sin\theta\cos\theta+\cos^2\theta$
　　$=1+2\sin\theta\cos\theta$

⇦ $\sin^2\theta+\cos^2\theta=1$

より　$\sin\theta\cos\theta=\frac{1}{2}(t^2-1)$

よって　$y=\sin^3\theta+\cos^3\theta$
　　$=(\sin\theta+\cos\theta)^3-3\sin\theta\cos\theta(\sin\theta+\cos\theta)$
　　$=t^3-3\cdot\frac{1}{2}(t^2-1)\cdot t=-\frac{1}{2}t^3+\frac{3}{2}t$

⇦ $a^3+b^3=(a+b)^3-3ab(a+b)$

すなわち　$\boldsymbol{y=-\frac{1}{2}t^3+\frac{3}{2}t}$

（別解）　$y=\sin^3\theta+\cos^3\theta$
　　$=(\sin\theta+\cos\theta)(\sin^2\theta-\sin\theta\cos\theta+\cos^2\theta)$
　　$=t\cdot\left\{1-\frac{1}{2}(t^2-1)\right\}=-\frac{1}{2}t^3+\frac{3}{2}t$

⇦ $a^3+b^3=(a+b)(a^2-ab+b^2)$

すなわち　$\boldsymbol{y=-\frac{1}{2}t^3+\frac{3}{2}t}$

(3)　$y'=-\frac{3}{2}t^2+\frac{3}{2}=-\frac{3}{2}(t+1)(t-1)$

$y'=0$ とすると　$t=-1,\ 1$

よって，$-\sqrt{2}\leqq t\leqq\sqrt{2}$ における増減表は次のようになる。

⇦(1)で求めたように，t の値の範囲に制限があることに注意

t	$-\sqrt{2}$	$\cdots$	-1	$\cdots$	1	$\cdots$	$\sqrt{2}$
y'		$-$	0	$+$	0	$-$	
y	$-\frac{\sqrt{2}}{2}$	↘	極小 -1	↗	極大 1	↘	$\frac{\sqrt{2}}{2}$

ゆえに，y は　$t=1$　のとき　最大値 1
　　　　　　$t=-1$ のとき　最小値 -1　をとる。

$t=1$ のとき

⇦ t に対応する θ の値を求める。

$\sqrt{2}\sin\left(\theta+\frac{\pi}{4}\right)=1$ より　$\sin\left(\theta+\frac{\pi}{4}\right)=\frac{1}{\sqrt{2}}$

⇦

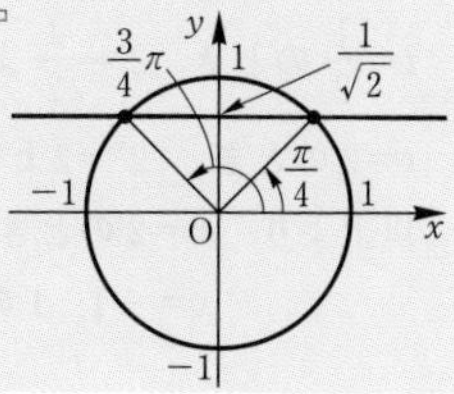

$\frac{\pi}{4}\leqq\theta+\frac{\pi}{4}<\frac{9}{4}\pi$ であるから　$\theta+\frac{\pi}{4}=\frac{\pi}{4},\ \frac{3}{4}\pi$

すなわち　$\theta=0,\ \frac{\pi}{2}$

$t=-1$ のとき

$\sqrt{2}\sin\left(\theta+\frac{\pi}{4}\right)=-1$ より　$\sin\left(\theta+\frac{\pi}{4}\right)=-\frac{1}{\sqrt{2}}$

$\frac{\pi}{4}\leqq\theta+\frac{\pi}{4}<\frac{9}{4}\pi$ であるから　$\theta+\frac{\pi}{4}=\frac{5}{4}\pi,\ \frac{7}{4}\pi$

すなわち　$\theta=\pi,\ \frac{3}{2}\pi$

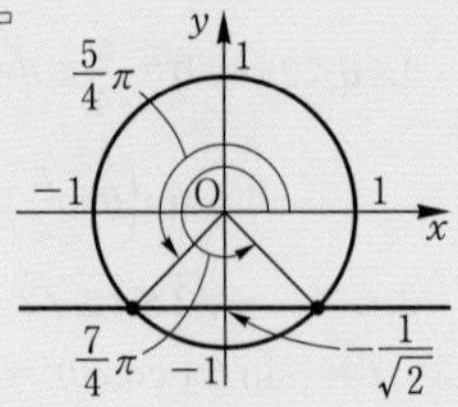

以上より　**$\theta=0,\ \frac{\pi}{2}$ のとき　最大値 1**

$\theta=\pi,\ \frac{3}{2}\pi$ のとき　最小値 -1

536 (1)　底 2 は 1 より大きいので

$-1\leqq x\leqq 2$ のとき　$2^{-1}\leqq 2^x\leqq 2^2$

よって　**$\frac{1}{2}\leqq t\leqq 4$**

(2)　$y=8^x-\frac{9}{2}\cdot 4^x+3\cdot 2^{x+1}-2$

⇦ $8^x=2^{3x}=(2^x)^3=t^3$
$4^x=2^{2x}=(2^x)^2=t^2$

$=(2^x)^3-\frac{9}{2}\cdot(2^x)^2+3\cdot 2\cdot 2^x-2$

$=t^3-\frac{9}{2}t^2+6t-2$

(3)　$y'=3t^2-9t+6=3(t-1)(t-2)$

$y'=0$ とすると　$t=1,\ 2$

よって，$\frac{1}{2}\leqq t\leqq 4$ における増減表は次のようになる。

⇦(1)で求めたように，t の値の範囲に制限があることに注意

t	$\frac{1}{2}$	$\cdots$	1	$\cdots$	2	$\cdots$	4
y'		+	0	−	0	+	
y	0	↗	極大 $\frac{1}{2}$	↘	極小 0	↗	14

ゆえに，y は　$t=4$ のとき　最大値 14

$t=\frac{1}{2},\ 2$ のとき　最小値 0　をとる。

$t=4$ のとき　$2^x=4$ より　$x=2$

⇦ t の値から，対応する x の値を求める。

$t=\frac{1}{2}$ のとき　$2^x=\frac{1}{2}$ より　$x=-1$

$t=2$ のとき　$2^x=2$ より　$x=1$

以上より　**$x=2$ のとき　最大値 14**

$x=-1,\ 1$ のとき　最小値 0

537 $\int_0^1 tg(t)dt$, $\int_0^1 f(t)dt$ は定数であるから

$$a=\int_0^1 tg(t)dt \quad \cdots\cdots①,\quad b=\int_0^1 f(t)dt \quad \cdots\cdots②$$

とおくと

$$f(x)=3x^2+ax \quad \cdots\cdots③,\quad g(x)=3x+2b \quad \cdots\cdots④$$

①，④より　$a=\int_0^1 tg(t)dt=\int_0^1 t(3t+2b)dt=\int_0^1(3t^2+2bt)dt$

$$=\Big[t^3+bt^2\Big]_0^1=1+b$$

よって　$a-b=1$　……⑤

②，③より　$b=\int_0^1 f(t)dt=\int_0^1(3t^2+at)dt$

$$=\Big[t^3+\frac{1}{2}at^2\Big]_0^1=1+\frac{1}{2}a$$

よって　$a-2b=-2$　……⑥

⑤，⑥を解いて　$a=4$，$b=3$

ゆえに　$\boldsymbol{f(x)=3x^2+4x}$，$\boldsymbol{g(x)=3x+6}$

⇦③，④に代入する。

538 (1)　$f(x)=\int_x^0(t^2+t)dt=-\int_0^x(t^2+t)dt=\int_0^x(-t^2-t)dt$

よって　$f'(x)=\frac{d}{dx}\int_0^x(-t^2-t)dt=\boldsymbol{-x^2-x}$

⇦$\frac{d}{dx}\int_a^x f(t)dt=f(x)$ が使えるよう，上端に x が現れる形に変形する。

(2)　(1)より　$f'(x)=-x^2-x=-x(x+1)$

$f'(x)=0$ とすると　$x=0$，-1

よって，$-2\leqq x\leqq 0$ における増減表は次のようになる。

x	-2	$\cdots$	-1	$\cdots$	0
$f'(x)$		$-$	0	$+$	
$f(x)$	$f(-2)$	↘	極小 $f(-1)$	↗	$f(0)$

ここで　$f(x)=\int_x^0(t^2+t)dt$

$$=\Big[\frac{1}{3}t^3+\frac{1}{2}t^2\Big]_x^0=-\frac{1}{3}x^3-\frac{1}{2}x^2$$

より　$f(-2)=\frac{2}{3}$，$f(-1)=-\frac{1}{6}$，$f(0)=0$

ゆえに

$x=-2$ のとき　最大値 $\frac{2}{3}$

$x=-1$ のとき　最小値 $-\frac{1}{6}$

⇦最大値は $f(-2)$，$f(0)$ の値を計算し，比べて求める。

5

章末問題

539 (1) 関数 $y=|x-2|$ は

$0 \leqq x \leqq 2$ のとき $|x-2|=-(x-2)$

$2 \leqq x$ のとき $|x-2|=x-2$

であるから，次の 2 つの場合分けをして考える。

(i) $0<a<2$ のとき

$\int_0^a |x-2|dx$

$=\int_0^a (-x+2)dx$

$=\left[-\frac{1}{2}x^2+2x\right]_0^a$

$=-\frac{1}{2}a^2+2a$

(i)

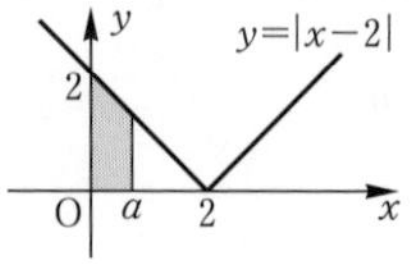

⇦(i) 端点 $x=a$ が $x=2$ よりも左側にある場合
定積分 $\int_0^a |x-2|dx$ は，左の図の台形の面積を表す。

(ii) $2 \leqq a$ のとき

$\int_0^a |x-2|dx$

$=\int_0^2 |x-2|dx+\int_2^a |x-2|dx$

$=\int_0^2 (-x+2)dx+\int_2^a (x-2)dx$

$=\left[-\frac{1}{2}x^2+2x\right]_0^2+\left[\frac{1}{2}x^2-2x\right]_2^a$

$=\frac{1}{2}a^2-2a+4$

(ii)

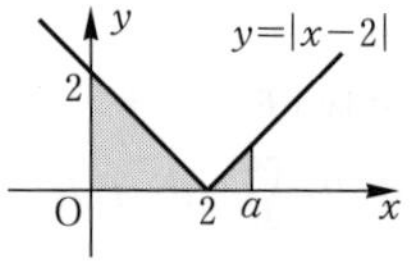

⇦(ii) 端点 $x=a$ が $x=2$ よりも右側にある場合
定積分 $\int_0^a |x-a|dx$ は，左の図の 2 つの直角三角形の面積の和を表す。

以上から **$0<a<2$ のとき $-\frac{1}{2}a^2+2a$**

$2 \leqq a$ のとき $\frac{1}{2}a^2-2a+4$

(2) 関数 $y=|x-a|$ は

$0 \leqq x \leqq a$ のとき $|x-a|=-(x-a)$

$a \leqq x$ のとき $|x-a|=x-a$

であるから，次の 2 つの場合分けをして考える。

(i) $0<a<3$ のとき

$\int_0^3 |x-a|dx$

$=\int_0^a |x-a|dx+\int_a^3 |x-a|dx$

$=\int_0^a (-x+a)dx+\int_a^3 (x-a)dx$

$=\left[-\frac{1}{2}x^2+ax\right]_0^a+\left[\frac{1}{2}x^2-ax\right]_a^3$

$=a^2-3a+\frac{9}{2}$

(i)

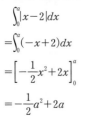

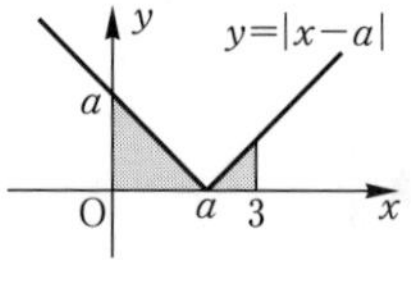

⇦(i) グラフの折り目 $x=a$ が積分区間の内部にある場合
定積分 $\int_0^3 |x-a|dx$ は，左の図の 2 つの直角三角形の面積の和を表す。

(ii) $3 \leqq a$ のとき

$$\int_0^3 |x-a|dx = \int_0^3 (-x+a)dx$$

$$= \left[-\frac{1}{2}x^2 + ax\right]_0^3$$

$$= 3a - \frac{9}{2}$$

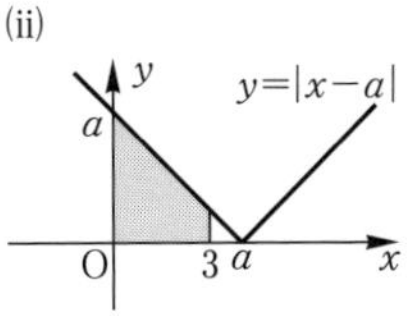

以上から　**$0 < a < 3$ のとき　$a^2 - 3a + \frac{9}{2}$**

$3 \leqq a$ 　のとき　$3a - \frac{9}{2}$

540 (1)　3 次関数 $f(x)$ が極大値と極小値をもつための条件は，2 次方程式 $f'(x)=0$ が異なる 2 つの実数解をもつことである。

$f'(x) = 3x^2 + 2ax + b$ より，$f'(x)=0$ の判別式を D とすると

$$\frac{D}{4} = a^2 - 3 \cdot b = a^2 - 3b \longleftarrow b' = a$$

$D > 0$ であるから　**$a^2 - 3b > 0$**

(2)　α，β は 2 次方程式 $f'(x)=0$ の異なる 2 つの実数解であるから，

$$f'(x) = 3x^2 + 2ax + b = 3(x-\alpha)(x-\beta)$$

よって　$f(\alpha) - f(\beta) = \int_\beta^\alpha f'(x)dx$

$$= \int_\beta^\alpha 3(x-\beta)(x-\alpha)dx$$

$$= 3\int_\beta^\alpha (x-\beta)(x-\alpha)dx$$

$$= 3 \cdot \left(-\frac{1}{6}\right) \cdot (\alpha-\beta)^3$$

$$= -\frac{1}{2}(\alpha-\beta)^3 = \boldsymbol{\frac{1}{2}(\beta-\alpha)^3}$$

(3)　$f'(x) = 3x^2 + 4x - 3$ より，$f'(x)=0$ の判別式を D とおくと

$$\frac{D}{4} = 2^2 - 3 \cdot (-3) = 13 > 0 \longleftarrow b' = 2$$

より，$f'(x)=0$ は異なる 2 つの実数解をもつ。

よって，$f(x)$ は極大値と極小値をもつ。

この 2 つの実数解を α，β $(\alpha < \beta)$ とすると，解と係数の関係から

$$\alpha + \beta = -\frac{4}{3},\ \alpha\beta = -1$$

⇦(ii)　グラフの折り目 $x=a$ が積分区間の右側にある場合定積分 $\int_0^3 |x-a|dx$ は，左の図の台形の面積を表す。

⇦

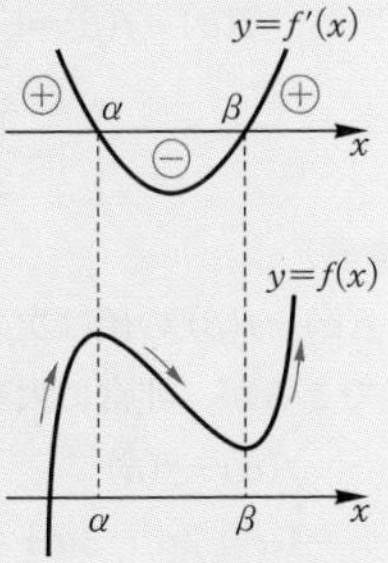

⇦（参考）

与えられた等式は

$$\int_\beta^\alpha f'(x)dx = \left[f(x)\right]_\beta^\alpha$$

$$= f(\alpha) - f(\beta)$$

のようにして得られる。

⇦ x^3 の係数が正なので　$\alpha < \beta$

⇦極大値と極小値をもつことを確かめる。

このとき

$$(\beta-\alpha)^2=\alpha^2-2\alpha\beta+\beta^2$$
$$=(\alpha+\beta)^2-4\alpha\beta$$
$$=\left(-\frac{4}{3}\right)^2-4\cdot(-1)=\frac{52}{9}$$

⇦(2)の結果を利用するために，$\beta-\alpha$ の値を求める。

$\alpha<\beta$ より　$\beta-\alpha>0$ であるから

$$\beta-\alpha=\sqrt{\frac{52}{9}}=\frac{2\sqrt{13}}{3}$$

$f(x)=x^3+2x^2-3x+4$ は $x=\alpha$ で極大，$x=\beta$ で極小となるから，極大値と極小値の差 $f(\alpha)-f(\beta)$ は，(2)より

$$f(\alpha)-f(\beta)=\frac{1}{2}(\beta-\alpha)^3$$
$$=\frac{1}{2}\cdot\left(\frac{2\sqrt{13}}{3}\right)^3=\mathbf{\frac{52\sqrt{13}}{27}}$$

（参考）

$f(\alpha)-f(\beta)$ の値は次のように(2)の結果を用いなくても計算できるが，非常に大変な計算になる。

$$f(\alpha)-f(\beta)$$
$$=(\alpha^3+2\alpha^2-3\alpha+4)-(\beta^3+2\beta^2-3\beta+4)$$
$$=(\alpha^3-\beta^3)+2(\alpha^2-\beta^2)-3(\alpha-\beta)$$
$$=(\alpha-\beta)(\alpha^2+\alpha\beta+\beta^2)+2(\alpha-\beta)(\alpha+\beta)-3(\alpha-\beta)$$
$$=(\alpha-\beta)\{(\alpha^2+\alpha\beta+\beta^2)+2(\alpha+\beta)-3\}$$
$$=(\alpha-\beta)\{(\alpha+\beta)^2-\alpha\beta+2(\alpha+\beta)-3\}$$

ここで

$$\alpha-\beta=-(\beta-\alpha)=-\frac{2\sqrt{13}}{3},\ \alpha+\beta=-\frac{4}{3},\ \alpha\beta=-1$$

を代入すると

$$f(\alpha)-f(\beta)=-\frac{2\sqrt{13}}{3}\cdot\left\{\left(-\frac{4}{3}\right)^2-(-1)+2\cdot\left(-\frac{4}{3}\right)-3\right\}$$
$$=-\frac{2\sqrt{13}}{3}\cdot\left(-\frac{26}{9}\right)=\frac{52\sqrt{13}}{27}$$

Prominence 数学Ⅱ　解答編

●編　者——実教出版編修部

●発行者——小田　良次

●印刷所——共同印刷株式会社

●発行所——実教出版株式会社

〒102-8377
東京都千代田区五番町5
電話〈営業〉(03) 3238-7777
〈編修〉(03) 3238-7785
〈総務〉(03) 3238-7700
https://www.jikkyo.co.jp/

002402023②

ISBN978-4-407-35149-1